# 臨床栄養学

栗原伸公・今本美幸・辻秀美 編著

市川　大介　井ノ上恭子
大原　秋子　小野　尚美
金石智津子　小見山百絵
榊原美津枝　澤　　幸子
塩谷　育子　幣　憲一郎
武政　睦子　多田　賢代
富安　広幸　林　　直哉
藤澤　早美　松木　道裕
溝畑　秀隆　三宅　沙知
山下　美保

学 文 社

# 編者のことば

本書は，食物と栄養学基礎シリーズ第10巻の「新臨床栄養学」の後継として，2022年度改定された管理栄養士国家試験出題基準（ガイドライン）に準拠して刷新したものである。臨床栄養学を専門領域とする諸先生からご執筆の協力を得て，新しい教科書として出版することとなった。

特徴としては，医学的アプローチと栄養学的アプローチの協働によって構成されていることである。臨床の場における医学の知識から栄養管理や実践的な栄養・食事療法までを連続的に学ぶことで，高度な専門内容をわかりやすく学べる仕様になっている。また，このシリーズの特徴である側注は，その都度キーワードを理解しながら学べることから好評であったが，この度さらに充実を図っている。

さらに，管理栄養士の活躍により栄養介入効果が認められて，臨床・介護分野とも診療報酬の加算項目が増えたことに加え，日進月歩である医療の各分野のガイドラインを充実させた。臨床栄養学は管理栄養士国家試験での出題数が最も多い学問分野であるだけではなく，管理栄養士業務に直接役立つことを目的とする集大成の学問でもある。個人および地域における栄養課題が多様化・複雑化し，多職種連携による対応が一層進められる時代であることからも，今後，さらに臨床栄養学の専門性を身につけた管理栄養士がチームの中心として求められることは間違いない。

本書が，栄養士・管理栄養士を目指す学生の皆さんの学びとなることはもちろんであるが，自分自身，そして周りのすべての人々に役立つ生涯学問として，臨床栄養学に興味を持つきっかけとなることを切に祈っている。

末筆ながら，本書刊行に向けて，学文社の田中千津子社長をはじめとする皆様の多大なご尽力に厚く御礼を申し上げる。

2024年3月吉日

編著者　栗原伸公，今本美幸，辻秀美

# 令和4年（2022年）度診療報酬改定における主な新設，変更事項

2022年4月に診療報酬の改定があり，管理栄養士が関わる栄養管理介入や栄養食事指導に関する診療報酬にも新設や見直しがあった。その主なものを示す。

**病棟における栄養管理体制に対する評価の新設（入院栄養管理体制加算の新設）**

特定機能病院において，病棟に常勤管理栄養士を配置し，患者の病態・状態に応じた栄養管理を実施できる体制を確保している場合の評価とし，当該患者に対して，退院後の栄養食事管理に関する指導を行い，入院中の栄養管理に関する情報を他の保険医療機関等に提供を行った場合について評価し270点（入院初日及び退院時に1回）が新設された。

**周術期の栄養管理の推進（周術期栄養管理実施加算の新設）**

全身麻酔下で実施する手術を要する患者に対して，医師および管理栄養士が連携し，当該患者の日々変化する栄養状態を把握し，術前，術後における適切な栄養管理を実施した場合の評価が新設された。

**早期からの回復に向けた取組みへの評価（早期栄養介入管理加算の算定要件の見直し）**

患者の早期離床及び在宅復帰を推進する観点から，早期栄養介入管理加算の対象となる治療室及び評価の在り方が見直された。

**栄養サポートチーム加算の見直し**

算定対象となる入院料として，障害者施設等入院基本料を追加された。

**褥瘡対策の見直し**

入院患者に対する褥瘡対策について，薬剤師又は管理栄養士が他職種と連携し，当該患者の状態に応じて，薬学，栄養管理を実施することに関し，診療計画への記載を求めるよう見直された。

**摂食嚥下支援加算の見直し（摂食嚥下機能回復体制加算）**

従前は摂食嚥下支援加算という名称であったが，名称変更とともに，療養病棟における「早期の中心静脈栄養離脱」を目指す目的で区分され，摂食嚥下機能回復体制加算1　210点，摂食嚥下機能回復体制加算2　190点，摂食嚥下機能回復体制加算3　120点と見直された。

**情報通信機器等を用いた外来栄養指導の評価の見直し**

外来栄養食事指導料1及び2について，初回から情報通信機器等を用いて栄養食事指導を行った場合の評価が見直された。

**外来化学療法に係る栄養管理の充実（外来栄養指導料の要件の見直し）～がん病態栄養専門士に対する評価～**

外来栄養食事指導料において，外来化学療法を実施しているがん患者に対して，専門的な知識を有する管理栄養士が指導を行った場合について，月1回に限り260点算定用件が新設された。

# 目　次

## 1　臨床栄養の概念



## 2　傷病者・要支援者・要介護者の栄養管理

## 3　疾病・病態別栄養管理

# 1 臨床栄養の概念

## 1.1 意義と目的

### 1.1.1 臨床栄養の意義と目的

「栄養管理は全ての疾患治療の上で共通する基本的医療の一つである」と考えられており，臨床栄養とは，医学と栄養学を人間に活かすことである。栄養とは，生物が生命を維持するために摂取した物質を体内に取り入れること。また，それらを代謝しエネルギーとして利用したり，体を構成したりすることで，生命活動を営む一連の現象である。よって，臨床栄養の目的は，人体における疾患と栄養の関係を理解し，疾患の予防と病状の悪化・再発の防止，さらにヒトの QOL（Quality Of Life）の向上をめざすことである。

### 1.1.2 傷病者や要支援者・要介護者への栄養ケア・マネジメント

栄養状態の悪化により，免疫能の低下，回復の遅れ，感染症や合併症の発症リスクが高まり，治療効果の低下や入院期間の延長の要因となる。栄養状態の悪化を防ぐために栄養スクリーニングから栄養ケア全般の評価まで**図 1.1** のように行われる栄養ケア・マネジメントの過程を経て，多職種協働で対象者の状態の改善をめざしている。

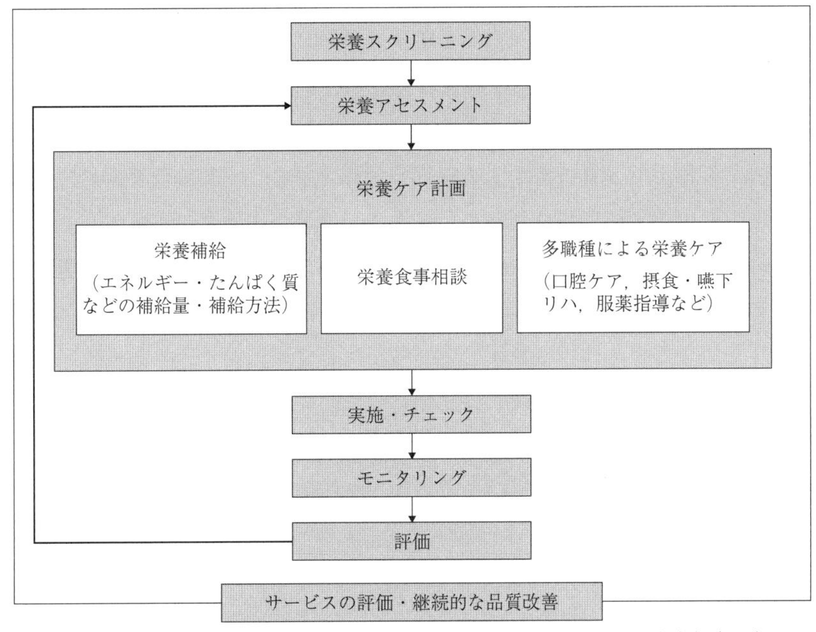


出所）厚生省老人保健事業推進等補助金研究：高齢者の栄養管理サービスに関する研究報告書（1997）

**図 1.1** 栄養ケア・マネジメント

### 1.1.3　内部環境の恒常性と栄養支援

ヒトの**恒常性**[*1]を保ち健康状態を維持するために栄養支援を行う。栄養支援には経腸栄養法（経口栄養法，経管栄養法）と，消化管が使えない場合の経静脈栄養法がある。いずれの場合も適切な栄養管理がなければ，回復の遅れや免疫能の低下を招く。栄養支援は健康状態維持のために重要である。

*1 恒常性（ホメオスタシス）　外傷，病原微生物による感染症などの侵襲から，生体の内部環境が一定に保たれるという性質，あるいはその状態をいう。

### 1.1.4　疾患の予防

適切に栄養摂取ができなくなると，エネルギーや各栄養素の過剰または不足が起き，生体の**ホメオスタシス**[*1]の維持が困難になる。生活時間や食習慣の変化から，エネルギー消費量を上回る過食や，偏食，不規則な食事などが原因でエネルギーや各栄養素が過剰となり，継続すると生活習慣病が引き起こされる。また，エネルギーやたんぱく質ほか必要な栄養素の不足が継続すると，筋タンパクが失われ，最悪の場合死に至るような重篤な状態を招きかねない。栄養ケア・マネジメントは，これらの予防に必須である。

### 1.1.5　疾患の治癒促進

栄養状態の悪化は，消化器系疾患による食欲低下や脳疾患後遺症による摂食機能低下，傷病による痛みや，薬物の副作用による食事摂取量不足により徐々に進行する事例が多々見られる。大半の疾患は低栄養になるリスクがあり，疾患の治癒促進と治療効果を高める効率的な方法として，栄養ケア・マネジメントの手法により栄養状態を良好に保つことができる。

### 1.1.6　疾患の増悪化と再発防止

栄養状態は，治療効果にも大きな影響を与える。周術期においても低栄養は，術後の悪化や回復の遅れをもたらすため，**イムノニュートリション**[*2]（免疫賦活栄養）という自然治癒力を高める栄養療法もある。術前より免疫力や抗酸化作用のある栄養成分を摂取することで，術後の治癒促進や疾患の増悪化を防ぐことができる。また，栄養状態の悪化により，薬剤投与量の増加や治療法の変更を余儀なくされることもある。適切な栄養ケア・マネジメントの継続は，治療も経過も長期に及ぶ慢性疾患の再発の防止にも有効である。

*2 イムノニュートリション（Immunonutrition）とは，手術患者や外傷患者に対して，特殊栄養成分（アルギニン，グルタミン，n-3系脂肪酸，核酸など）を強化して生体防御能や免疫能を増強させ，感染症の発症予防や創傷治癒の促進によって生体防御能を増強し，予後を改善させることを目的とした栄養法である。

### 1.1.7　栄養状態の改善

良好な栄養状態の維持は，疾患の予防や増悪化防止に重要であり，周術期の転機おいても低栄養は，術後の創部悪化や回復遅延など大きな影響をもたらす。慢性疾患では，不十分な栄養管理により，病態の悪化や再燃を引き起こす場合もある。患者の状態に応じた適切な栄養管理は，疾患治療における基本的医療として欠くことが出来ない。

### 1.1.8　社会的不利とノーマライゼーション

社会的不利とは，世界保健機関（WHO：World Health Organization）が1980年に提案した国際傷害分類（ICIDH）の1項目で，身体機能の障害による生活機能障害（社会的不利）を分類するという考え方が中心であった。その後 2001（平成 13）年に国際生活機能分類（ICF：International Classification of Functioning, Disability and Health）に改訂された（**図 1.2**）。ICF は環境因子という観点を加え，バリアフリー等の環境を評価できるように構成され，社会的不利は**参加制約**[*1]となった。

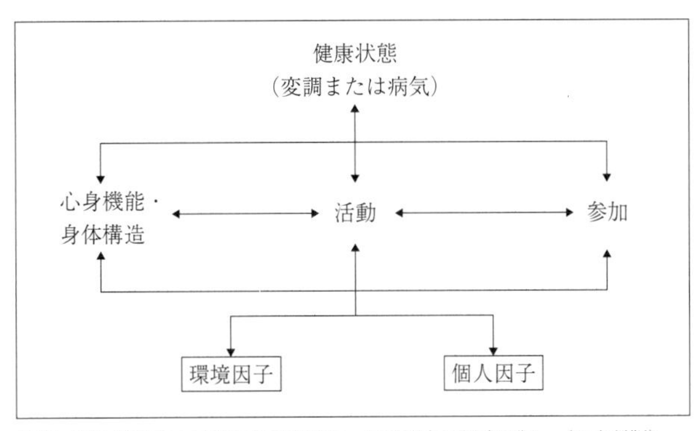


出所）厚生労働省：国際生活機能分類—国際障害分類改訂版—（日本語版）

**図 1.2**　ICF の構成要素間の相互作用

ノーマライゼーション（normalization）とは，高齢者や障害者といった社会的弱者が，地域や社会から疎外されたり特別視されたりすることなく，障害のない人たちと同等に暮らしたり活動したりでき，他の人々と同等に生きていける（共生）社会・環境づくりの理念である。段差の解消のためのスロープやエレベーターの設置なども，社会的弱者の障害を取り除くバリアフリーの考え方から，最初から多くの人々に利用できることを目的にしたユニバーサルデザインの考え方に移行しており，食生活についても，食べやすさに配慮したユニバーサルデザインの食器が考案されている。

*1 **参加制約**　個人が生活・人生の場面にかかわる際に経験する制約。

### 1.1.9　QOL（生活の質，人生の質）の向上

QOL（Quality Of Life）とは，人生の内容の質や社会的にみた「生活の質」のことを指す。臨床では，疾患治療のみならず，その人が満足した生活を送ることができることが重視されている。QOL は，健康状態に直接関連する健康関連 QOL と環境や経済などのように治療に直接影響を受けない QOL に分類される。健康関連 QOL を測定する尺度として **SF-36v2**[*2]が広く用いられている。

栄養状態の改善により全身状態が安定することは，生きる意欲や治療への意欲が高まり，食事摂取への意欲も高まる。口から食べる味覚・視覚・臭覚・触覚・聴覚などの刺激により「おいしい」と感じることは，満足感に繋がり QOL の向上に寄与する。

*2 **SF-36v2**　健康概念を測定するため 8 領域36の質問からなる自記式の健康調査票。SF-36®を改良したもの。

## 1.2 医療・介護制度の基本

### 1.2.1 医療保険制度

医療保険制度は，我が国の社会保障制度の4つの柱（社会保険，社会福祉，公的扶助，保健医療・公衆衛生）である社会保険制度の中のひとつである。すべての国民に医療を受ける機会を保障するという観点から国民皆保険制度の下で，保険証（被保険者証）があれば医療を受けられる体制が構築されている。

医療保険は雇われている人とその家族が加入する職域の**被用者保険**と自営業，雇われている人以外の人とその家族が加入する地域の**国民健康保険**，75歳以上の人が加入する**後期高齢者医療保険制度**に大別される（国民皆保険）。保険医療機関および保険薬局が，行った医療サービス（診療・検査・投薬等）の対価として保険から受け取る報酬を**診療報酬**という。診療報酬はすべての医療行為に診療報酬点数が決められており，1点10円で算出される。この医療費の算定を行う仕組みのことを**診療報酬制度**といい2年ごとに改定されている。

診療報酬の算定方法には「出来高払い」と「包括払い」の二種類がある。出来高払いとは細分化された一つ一つの医療行為毎に点数を設定し，それらを合算する算定方法である。包括払いとは，国が定めた診断群毎にいくつかの治療行為をまとめて定額医療費を定め，点数化した算定方法である。

### 1.2.2 介護保険制度

介護保険制度は，介護が必要になった高齢者やその家族を社会全体で支えていく仕組みで2000（平成12）年に施行された。40歳以上の国民のすべてが支払う「保険料」と，国・都道府県・市町村の「税金」とで運営されている。被保険者は，第1号被保険者（65歳以上の高齢者）と第2号被保険者（40-64歳で**特定の疾病***のため介護を必要としている人）に分けられる。介護サービスを受けるには，市町村に要介護認定の申請を行い要介護あるいは要支援の認定を受ければ，原則として1割の自己負担で必要な介護サービスを受けることができる。要介護度は，介護の状態により要支援1～2，要介護1～5の7段階に分けられる。各介護サービスの利用単価が単位で決められており，原則1単位10円で算出され，3年ごとに改定が行われる。

また，介護サービスは居宅（在宅）サービスと施設サービスがあり，居宅サービスを受ける場合にはケアプランの作成が必要となる（**表1.1**）。ケアプランは，介護支援専門員（ケアマネージャー）が利用者やその家族と医療，保健，福祉と連携して，介護サービスのケアプランを立てる。要支援の場合は，同様に介護予防のケアプランを作成する。

* **特定の疾病**　介護保険法施行令第2条で定められている16疾患を指し，脳血管疾患や末期がん，慢性関節リウマチ，筋萎縮性側索硬化症，骨折を伴う骨粗鬆症，脳血管疾患などがある。

**表 1.1**　介護施設の種類

| 介護保険施設 | | 介護保険施設以外の施設 | |
|---|---|---|---|
| 在宅介護型施設 | 訪問看護ステーション<br>通所介護（デイサービスセンター）<br>通所リハビリテーション（デイケアセンター）<br>短期入所療養介護（ショートケア）<br>短期入所生活介護（ショートステイ） | 市町村・<br>社会福祉法人運営 | 養護老人ホーム<br>軽費老人ホームA型<br>軽費老人ホームB型<br>軽費老人ホームC型<br>（ケアハウス） |
| 入所介護型施設 | グループホーム（認知症対応型共同生活介護）<br>介護老人保健施設（老健施設）[1)]<br>介護老人福祉施設（特別養護老人ホーム）[2)]<br>介設療養型医療施設[3)] | 民間運営 | 介護付有料老人ホーム<br>住居型有料老人ホーム<br>健康型有料老人ホーム |

注 1）リハビリテーションや看護，介護をする入院する必要のない病状安定期の要介護者。
2）食事，排せつ，入浴など常時介護が必要で，在宅生活が困難な要介護者。
3）療養病床等を有する病院または診療所で常時医療管理が必要である要介護者。

### 1.2.3　医療・介護保険における栄養に関する算定の基本

#### 1）　医療保険における栄養に関する算定項目

① 食事サービスに関係する診療報酬

入院期間中の食事の費用は，医療保険からの支給（**入院時食事療養費・入院時生活療養費**）と入院患者が負担する**標準負担額**とで支払われる。診療報酬における食事サービス関係の基準は，**表 1.2** のように決められている。**入院時食事療養費（Ⅰ）**の算定要件を満たさない施設は，**入院時食事療養費（Ⅱ）**として算定される。また，65 歳以上の療養病棟対象者については必要

**表 1.2**　診療報酬：食事サービス関係

| 項目 | 金額 | 算定要件 |
|---|---|---|
| 入院時食事療養費（Ⅰ） | （1） 640 円/食<br>（2） 575 円/食<br>濃厚流動食のみ提供の場合 | 常勤管理栄養士，栄養士の配置（委託可），一般食の栄養補給量の決定，適切な特別食の提供，適時・適温，衛生管理など必要条件を満たす施設に認められる。特別食加算，食堂加算あり。（1）は 1 日 3 食限度で算定。（2）は市販流動食を経管栄養法で投与する場合は回数に関わらず 1 日につき 3 食限度で算定可。但し，65 歳以上の療養病棟患者は入院時生活療養費に該当。 |
| 入院時食事療養費（Ⅱ） | （1） 506 円/食<br>（2） 460 円/食<br>濃厚流動食のみ提供の場合 | （Ⅰ）以外の医療機関は，特別食加算，食堂加算はなし。 |
| 入院時生活療養費（Ⅰ） | （1） 554 円/食<br>（2） 500 円/食<br>濃厚流動食のみ提供の場合 | 65 歳以上の療養病棟患者対象。1 日 3 食限定で算定。入院時食事療養（Ⅰ）同様必要条件を満たす場合に認められる。特別食加算，食堂加算あり。（1）は 1 日 3 食限度で算定。（2）は市販流動食を経管栄養法で投与する場合は回数に関わらず 1 日につき 3 食限度で算定可。食費と居住費に分かれている。 |
| 入院時生活療養費（Ⅱ） | 420 円/食 | （Ⅰ）以外の医療機関。特別食加算なし。 |
| 食堂加算 | 50 円/日 | 1 病床当たり 0.5$m^2$以上，病棟単位で算定 |
| 特別食加算 | 76 円/食 | 医師の発行する食事箋に基づいて厚生労働大臣が定める特別食（表 1.3 参照）を提供された場合に算定。胃潰瘍食以外は，濃厚流動食のみ提供する場合も加算できる。1 日 3 食を限度として算定できる。 |
| 自己負担額 | 460 円/食 | |

**表 1.3**　特別食加算と栄養食事指導料の対象となる特別食

| 特別食 | 特別食加算 | 栄養食事指導 | 適応の条件等 |
|---|---|---|---|
| 腎臓病食 | ○ | ○ | 腎臓病食のほか，心臓疾患などの減塩食（食塩相当量 6 g 未満/日），妊娠高血圧症候群の減塩食の場合は，日本妊娠高血圧学会の基準に準じていること |
| 肝臓病食 | ○ | ○ | 肝硬変食，肝炎食，肝庇護食，閉鎖性黄疸食などを含む |
| 代謝疾患食 | ○ | ○ | 糖尿病食，痛風（高尿酸血症）食 |
| 胃潰瘍食 | ○ | ○ | 十二指腸潰瘍および消化管術後の胃潰瘍食に準じる食事 |
| 低残渣食 | ○ | ○ | クローン病および腫瘍性大腸炎などによる低残渣食 |
| 貧血食 | ○ | ○ | 血中ヘモグロビン濃度が 10g/dL 以下かつその原因が鉄欠乏に由来する場合 |
| 膵臓病食 | ○ | ○ | 膵炎等 膵臓病に対する食事 |
| 脂質代謝異常食 | ○ | ○ | 空腹時の LDL コレステロール値 140mg/dL 以上，HDL コレステロール値 40mg/dL 未満，中性脂肪値 150mg/dL 以上のいずれかに該当する高度肥満症（肥満度＋ 70％以上，BMI が 35kg/m$^2$以上）に対する食事療法は，脂質異常症食に準じて取り扱う<br>栄養指導加算の要件：肥満度＋ 40％以上また BMI が 30kg/m$^2$以上の場合 |
| 先天性代謝異常食 | ○ | ○ | フェニルケトン尿症食，楓糖尿食（メープルシロップ尿症）食，ホモシスチン尿症食，ガラクトース血症食<br>R 2 年より追加：尿素サイクル異常症食，メチルマロン酸血症食，プロピオン酸血症食，極長鎖アシル-CoA 脱水素酵素欠損症食，糖原病食 |
| てんかん食 | ○ | ○ | 低糖質高脂肪の治療食（難治性てんかん患者に対し，グルコースに代わりケトン体を熱量源として提供することを目的)<br>※グルコーストランスポーター 1 欠損症またはミトコンドリア脳筋症の患者に対し，「てんかん食」として取り扱って差し支えない |
| 治療乳 | ○ | ○ | 治療乳以外の調乳，離乳食，単なる流動食等は除く |
| 無菌食 | ○ | ○ | 無菌食対象患者は，無菌治療室管理加算を算定している者に限定する |
| 特別な場合の検査食 | ○ | ○ | 主に潜血食，大腸 X 線検査および大腸内視鏡検査のための食事で，単なる流動食および軟食を除く（外来患者への提供は保険給付対象外） |
| 高血圧食 | × | ○ | 食塩相当量 6 g 未満/日の減塩食 |
| 小児食物アレルギー食 | × | ○ | 食物アレルギーを有する 9 歳未満の小児が対象となる<br>※集団栄養食事指導は対象外 |
| 肥満症 | × | ○ | 肥満度が＋ 40％以上または BMI が 30 以上 |
| がん，後天性免疫不全症候群，末期心不全 | | ○ | 特食加算においては，基礎疾患の食事療法に準ずる<br>緩和ケア見直しによる |
| 低栄養 | × | ○ | 血中 Alb 濃度 3.0g/dL 以下または低栄養状態の改善を要する患者 |
| 嚥下食 | | ○ | 摂食嚥下機能低下患者。特食加算は，基礎疾患の食事療法に準ずる |

条件を満たす場合に入院時生活療養費（Ⅰ）が算定され，算定要件を満たさない場合は，入院時生活療養費（Ⅱ）として算定される。

② 栄養食事指導に関する診療報酬

栄養食事指導に関する診療報酬は，外来栄養食事指導料，入院栄養食事指導料Ⅰ・Ⅱ，集団栄養食事指導料，在宅患者訪問栄養食事指導料Ⅰ・Ⅱがある。医師が厚生労働大臣の定める特別食（**表 1.3**）を必要と認めた入院患者または，外来患者に対しその保険医療機関の管理栄養士が医師の指示に基づき栄養食事指導を行った場合に算定できる。ただし在宅患者訪問栄養食事指導料Ⅱについては，当該診療所以外の管理栄養士が栄養食事指導を行った場合に算定できる（**表 1.4**）。さらに，厚生労働大臣の定める特別食以外に，がん患者，摂食・嚥下機能が低下した患者，または低栄養状態にある患者が，外来・入院・訪問栄養指導の対象とされている。これは，管理栄養士による栄養管理の専門性を評価するものである。

③ 栄養管理に関係する診療報酬

近年，栄養管理に関する評価が高まり，**表 1.5** に示すように栄養管理に関する多くの診療報酬の新設および見直しが行われた。診療報酬における栄養項目に対する評価として，入院に関して管理栄養士が介入する業務が増加し，管理栄養士のチーム医療参画が増えている。2006（平成 18）年に栄養管理実施加算が開始され，2012（平成 24）年に廃止されて入院基本料特定入院料に包括されたが，2014（平成 26）年に有床診療所において算定要件を満たしている場合には，栄養管理実施加算が算定できることとなった。2010（平成 22）年栄養障害の予防と改善を目的として，**栄養サポートチーム（NST）加算***が新設された。2012 年（平成 24 年）チーム医療で糖尿病患者への指導を行い透析導入を予防することを目的として，**糖尿病透析予防指導管理料**の加算が新設された。また，2022（令和 4）年，入院基本料に係る褥瘡対策について見直しが行われ，褥瘡対策の診療計画における栄養管理に関する事項については，必要に応じて管理栄養士と連携して当該事項を記載する。栄養管理については，栄養管理計画書に体重減少，浮腫等の有無等の褥瘡対策を記載することとなった。

* **栄養サポートチーム加算**　栄養管理に関する専門知識をもった多職種チームによる診察を行った場合に算定できる。

**2)　介護保険における栄養に関する算定項目**

① 食事サービス（入所施設）に関係する介護報酬

食事提供に関わる食事の材料費や調理にかかる人件費は，介護保険では 2005（平成 17）年に全額自己負担になった。医療保険の特別食に該当する食事に対して介護報酬では，療養食加算，短期入所療養食加算（短期入所生活介護施設，短期入所療養介護施設）が認められている（**表 1.6** 参照）。

② 栄養食事指導に関係する介護報酬

通所介護において旧栄養改善加算（150 単位/回）は，栄養改善サービスの一環として実施され，必要に応じて居宅を訪問指導する**栄養改善加算**（200 単位/回）に改められた。必要に応じて管理栄養士が利用者の居宅を訪問し栄養ケア計画を説明して同意を得ることで低栄養状態の防止を図っている。また訪問栄養指導は，通所困難な利用者に対し居宅療養管理指導Ⅰ，Ⅱとして算定される。居宅療養管理指導は，要介護状態となった場合においても，可能な限り利用者の居宅において持っている能力に応じ自立した日常生活を営むことができるよう，医師，歯科医師，薬剤師，看護師，歯科衛生士または管理栄養士が，居宅を訪問して心身の状況や置かれている環境等を把握し

**表 1.4　診療報酬：栄養食事指導関係（◆は 2022 年新設）**

| 項目 | 点 | 算定要件 |
| --- | --- | --- |
| 外来栄養食事指導料 1 | イ 初回<br>①対面で行った場合 260 点/回<br>②情報機器等を用いた場合 235 点/回◆<br>ロ 2 回目以降<br>①対面で行った場合 200 点/回<br>②情報通信機器を用いた場合 180 点/回 | 初回月 2 回，以後月 1 回。<br>初回は 30 分以上，2 回目以降は 20 分以上の管理栄養士による個別指導で算定。保険医療機関の医師の指示に基づき該当保険医療機関の管理栄養士が具体的な献立等によって指導を行った場合に算定できる。管理栄養士への指示は，熱量・熱量構成，蛋白質，脂質その他栄養素の量，病態に応じた食事形態等から医師が必要と認めるものに関する具体的な指示が含まれる。対象範囲は特別食に，がん，摂食・嚥下機能低下，低栄養の患者に対する治療食が含まれる。<br>外来化学療法の患者に対して，施設基準に該当する管理栄養士が対面指導をした場合初回以降も 260 点/回，さらに外来化学療法加算算定日に限り，初月以降も月 2 回目（200 点/月）の栄養食事指導料を算定できる。 |
| 外来栄養食事指導料 2 | イ 初回<br>①対面で行った場合 250 点/回<br>②情報通信機器を用いた場合 225 点/回◆<br>ロ 2 回目以降<br>①対面で行った場合 190 点/回<br>②情報通信機器を用いた場合 170 点/回 | 初回月 2 回，以後月 1 回。<br>初回は 30 分以上，2 回目以降は 20 分以上の管理栄養士による個別指導で算定。診療所において該当診療所以外の管理栄養士が栄養指導を行った場合に算定できる。管理栄養士が具体的な献立等によって指導を行った場合に算定できる。<br>管理栄養士への指示は，熱量・熱量構成，蛋白質，脂質その他栄養素の量，病態に応じた食事形態等から医師が必要と認めるものに関する具体的な指示が含まれる。対象範囲は特別食に，がん，摂食・嚥下機能低下，低栄養の患者に対する治療食が含まれる。 |
| 入院栄養食事指導料 1 | イ 初回<br>260 点/回<br>ロ 2 回目以降<br>200 点/回 | 週 1 回，入院中 2 回まで。厚生労働大臣が認める保険医療機関において，初回は 30 分以上，2 回目以降は 20 分以上の管理栄養士による入院患者に対する個別指導で算定。管理栄養士への指示は，熱量・熱量構成，蛋白質，脂質その他栄養素の量，病態に応じた食事形態等から医師が必要と認めるものに関する具体的な指示が含まれる。対象範囲は特別食に，がん，摂食・嚥下機能低下，低栄養の患者に対する治療食が含まれる。 |
| 入院栄養食事指導料 2 | イ 初回<br>250 点/回<br>ロ 2 回目以降<br>190 点/回 | 週 1 回，入院中 2 回まで。有床診療所において，当該保険医療機関以外の管理栄養士が栄養指導を行った場所にも算定できる。常勤管理栄養士が配置されている場合は栄養管理実施加算できるが，入院栄養食事指導料を合わせて算定することはできない。他は同上。 |
| 集団栄養食事指導料 | 80 点/回 | 月 1 回（入院中 2 回まで）管理栄養士による集団指導。1 回 15 人以下で 40 分を超えること。医師の指示が必要。対象範囲は特別食。<br>外来患者と入院患者が混在しても可能であり個別栄養食事指導と集団栄養食事指導が同一日であってもどちらも算定可能。 |
| 在宅患者訪問栄養食事指導料 1 | ・単一建物診療患者が 1 人の場合 530 点/回<br>・単一建物診療患者が 2 〜 9 人の場合 480 点/回<br>・単一建物診療患者が 10 人以上の場合 440 点/回 | 在宅療養または施設入居などの患者対象に月 2 回算定可。退院後に通院が困難な在宅療養患者を対象。医師の指示により当該保険医療機関の管理栄養士（非常勤可）が訪問。具体的な献立等を示した栄養食事指導せんを交付し，食事の用意や摂取等に関する具体的な指導を 30 分以上した場合に算定（調理実技は不要）。対象範囲は特別食のほかに，がん，摂食・嚥下機能低下，低栄養の患者に対する治療食が含まれる（表 1.3 参照）。材料費，交通費は患家負担。 |
| 在宅患者訪問栄養食事指導料 2◆ | ・単一建物診療患者が 1 人の場合　510 点/回<br>・単一建物診療患者が 2 〜 9 人の場合　460 点/回<br>・単一建物診療患者が 10 人以上の場合 420 点/回 | 算定対象疾患，対象者は，在宅患者訪問栄養食事指導料 1 と同様。<br>診療所において，当該診療所以外（公益社団法人日本栄養士会もしくは都道府県栄養士会が設置し，運営する「栄養ケア・ステーション」または他の保険医療機関に限る。）の管理栄養士が当該診療所の医師の指示に基づき，対面による指導を行った場合に算定する。 |
| 退院時共同指導料 1（退院後の在宅療養を担う保険医療機関において算定） | 1500 点/入院中 1 回<br>900 点（在宅療養支援診療所以外の場合） | 入院中の患者に対し，退院後の在宅療養を担う医療機関の医師または医師の指示を受けた看護師等，薬剤師，管理栄養士，理学療法士等もしくは社会福祉士が，患者の同意を得て，退院後の在宅での療養上必要な説明および指導を，入院中の医療機関の医師，看護師等，多職種※と共同して行ったうえで，文書により情報提供した場合に，入院中 1 回に限り，退院後の在宅療養を担う保険医療機関において算定する。ただし，別に定める疾病等について，入院中 2 回算定できる。<br>※多職種：薬剤師，管理栄養士，理学療法士，社会福祉士等 |
| 退院時共同指導料 2（入院している保険医療機関において算定） | 400 点/入院中 1 回 | 保険医療機関に入院中の患者に対し，当該保険医療機関の保険医または看護師等，薬剤師，管理栄養士，理学療法士，作業療法士，言語聴覚士もしくは社会福祉士が，当該患者の同意を得て，退院後の在宅での療養上必要な説明および指導を，退院後の在宅療養を担う多職種と共同して行った上で，文書により情報提供した場合に，当該患者が入院している保険医療機関において，当該入院中 1 回に限り算定する。ただし，別に定める疾病等について，入院中 2 回算定できる。 |

**表 1.5**　診療報酬：栄養管理関係（◆は 2022 年新設）

| 項目 | 点 | 算定要件 |
|---|---|---|
| 栄養管理実施加算 | 12 点/日 | 2012（平成 24）年に廃止され入院基本料，特定入院料に包括されたが，2014（平成 26）年に有床診療所において常勤の管理栄養士 1 名以上が配置されている場合は，算定可能となった。全入院患者対象の栄養管理計画を作成。多職種協働。患者説明・定期的評価が必要。 |
| 栄養サポートチーム加算 | 200 点/回/週 | 200 点（週 1 回）入院基本料に加算。算定要件として，栄養カンファレンスと回診（週 1 回程度）。栄養治療実施計画とチーム診療。1 チーム概ね 30 人以内/日。専任チーム構成員（いずれも 1 人専従）は所定の研修を修了した常勤の医師，看護師，薬剤師，管理栄養士が必置。ただし，患者数が 15 人以内/日の場合は専従者を置かなくてもよい。対象患者は一般病棟，特定機能病院（一般病棟，結核病棟，精神病棟），専門病院，療養病棟，結核病棟，精神病棟，障害者施設等入院基本料を算定している施設。算定された場合には，入院時栄養食事指導料，集団栄養食事指導料および乳幼児育児栄養指導料は同時に算定できない。 |
| | （特定地域）100 点/回/週 | 医療従事者の確保が困難な二次医療圏や離島の医療機関では，専従要件が緩和。その他の算定要件は上記と同じ。 |
| 糖尿病透析予防指導管理料 | 350 点/回/月 | HbAlc が 6.1%（JDS 値）以上，6.5%（国際基準値）以上または内服薬やインスリン製剤使用の糖尿病性腎症第 2 期以上の外来患者。透析予防診療チーム（糖尿病指導の経験のある医師，看護師（保健師），管理栄養士）が病期分類，食塩制限，たんぱく質制限等の食事指導，運動指導，その他生活習慣に関する指導を実施。 |
| 栄養情報提供加算 | 50 点/回（入院中 1 回） | 入院栄養食事指導料を算定している患者について，退院後の栄養・食事管理について指導するとともに入院中の栄養管理に関する情報を示す文書を用いて患者に説明し，これを他の保険医療機関または介護老人福祉施設，介護老人保健施設，介護療養型医療施設もしくは介護医療院等の医師または管理栄養士に対して提供した場合。 |
| 早期栄養介入管理加算 | 250 点/1 日<br>400 点/1 日※ | 特定集中治療室，救命救急，ハイケアユニット，脳卒中ケアユニット，小児特定集中治療室に入室後，早期から必要な栄養管理（栄養アセスメント，栄養管理に係る早期介入の計画を作成，腸管機能評価を実施）を行った場合に，早期栄養介入管理加算として，入室した日から起算して 7 日を限度として 250 点。ただし，入院栄養食事指導料は別に算定できない。<br>※入室後早期（48 時間以内）から経腸栄養を開始した場合は，当該開始日以降は 400 点を加算できる。 |
| 周術期栄養管理加算◆ | 270 点/1 手術 | 手術の前後に必要な栄養管理を行った場合であって，マスクまたは気管内挿管による閉鎖循環式全身麻酔を伴う手術を行った場合は，周術期栄養管理実施加算として，270 点を所定点数に加算する。早期栄養介入管理加算は別に算定できない。 |
| 入院栄養管理体制加算◆ | 270 点/入院初日および退院時にそれぞれ 1 回に限り | 入院している患者（特定機能病院入院基本料を現に算定している患者に限る。）に対して，当該病棟専従の常勤管理栄養士が必要な栄養管理を行った場合に加算する。栄養サポートチーム加算および入院栄養食事指導料は別に算定できない。 |
| 在宅患者訪問褥瘡管理指導料 | 750 点/月<br>初回から起算して 6 月以内に限り，3 回に限り所定点数を算定 | 重点的な褥瘡管理を行う必要が認められる在宅療養患者患者（DESIGN-R 分類 d 2 以上）に対して，在宅褥瘡管理者を含む，保険医療機関の保険医，管理栄養士又は看護師など多職種からなる在宅褥瘡対策チームが共同して，褥瘡管理に関する計画的な指導管理を行った場合。 |
| 摂食障害入院医療管理加算 | 200 点/日<br>（入院 30 日迄）<br>100 点/日<br>（入院 31～60 日） | 体重減少が著しい BMI 15 未満の摂食障害患者を対象。医師，精神保健福祉士，公認心理師および管理栄養士を配置。加算は，入院日から起算して 60 日を限度とする。 |
| 摂食嚥下機能回復体制加算◆ | 1：210 点/週<br>2：190 点/週<br>3：120 点/週 | 多職種からなる摂食嚥下支援チームによるリハビリに対し，専任の管理栄養士ほか医師または歯科医師（専任），適切な研修を修了した看護師（専任）または言語聴覚士（専従）からなるメンバーによる週 1 回のカンファレンス実施。<br>※摂食嚥下機能回復体制加算 3 は，専任の医師，看護師または言語聴覚士で算定。 |

**表 1.6　介護報酬：食事サービス（入所）関係**

<table>
<tr><th>項目</th><th>単位</th><th>算定要件</th></tr>
<tr><td>療養食加算</td><td>6 単位／日</td><td rowspan="2">医師の食事せんが必要。管理栄養士または栄養士により食事提供管理が行われていることが必要。対象範囲は，厚生労働大臣の定める療養食。</td></tr>
<tr><td>短期入所<br>療養食加算</td><td>8 単位／日</td></tr>
</table>

**表 1.7　介護報酬：栄養食事指導関係（◆は 2021 年新設）**

<table>
<tr><th>項目</th><th>単位</th><th colspan="2">算定要件</th></tr>
<tr><td>栄養改善加算</td><td>200 単位／回</td><td colspan="2">月 2 回（3 カ月以内の期間）まで管理栄養士（非常勤でも配置できる）を中心に多職種協働で実施。低栄養状態の防止（予備軍含む）。摂食嚥下配慮。栄養ケア計画を説明して同意を得る。必要に応じて，管理栄養士が利用者の居宅を訪問。</td></tr>
<tr><td>居宅療養管理指導費（Ⅰ）</td><td colspan="2">・単一建物居住者が 1 人の場合 544 単位/回<br>・単一建物居住者が<br>　2 人以上 9 人以下の場合　486 単位/回<br>・上記以外の場合　443 単位/回</td><td rowspan="3">月 2 回算定，1 回 30 分以上が必要。<br>医師が厚生労働大臣が別に定める特別食を提供する必要性を認めた場合または低栄養状態にあると医師が判断した場合，管理栄養士が利用者の居宅を訪問し，作成した栄養ケア計画を患者またはその家族等に対して交付し，計画に従った栄養管理に係る情報提供および栄養食事相談または助言を 30 分以上行った場合に算定する。（対象者：表 1.2 参照）<br>※管理栄養士が，指定居宅療養指導事業所である医療機関および医療機関と契約している管理栄養士の場合は，（Ⅰ）を算定する。当該事業所以外の栄養ケア・ステーションと連携して実施した場合は（Ⅱ）を算定する<br>介護予防居宅療養管理指導は，要支援 1 または要支援 2 の認定を受けた方が対象。</td></tr>
<tr><td>居宅療養管理指導費（Ⅱ）</td><td colspan="2">・単一建物居住者が 1 人の場合 524 単位/回<br>・単一建物居住者が<br>　2 人以上 9 人以下の場合　466 単位/回<br>・上記以外の場合　423 単位/回</td></tr>
<tr><td>介護予防居宅療養管理指導</td><td colspan="2">・単一建物居住者が 1 人の場合 539 単位/回<br>・単一建物居住者が<br>　2 人以上 9 人以下の場合　485 単位/回<br>・上記以外の場合　444 単位/回</td></tr>
</table>

療養上の管理および指導を行うことにより，利用者の療養生活の質の向上を図る目的で提供される介護給付のサービスである。算定単位数は，単一建物に居住する対象者の人数によって異なる。同様に，要支援 1・要支援 2 の認定者を対象には，介護予防居宅療養管理指導が行われている（**表 1.7** 参照）。

③ 栄養管理に関係する介護報酬

2021（令和 3）年，高齢者の介護施設入所者に対して，栄養ケア・マネジメント加算は廃止され，低栄養ハイリスクの入所者を多職種でケアする**栄養マネジメント強化加算**が新設された。それまでの栄養ケア・マネジメント加算は，基本サービスに包括された。入所者の栄養状態に応じた計画的な栄養管理が実施されるために，人員基準に栄養士または管理栄養士 1 名以上の配置がなければ**栄養ケア・マネジメントの未実施として，14 単位/日減算**（3 年の経過措置期間を設ける）が新設された（**表 1.8** 参照）。また，経管栄養から本来の経口摂取に移行できるようにする**経口移行加算**，経口移行後に，再び経管栄養に戻らないようにする**経口維持加算（Ⅰ）（Ⅱ）**がある。通所サービス利用者の多職種連携による栄養アセスメントの取り組みを評価して**栄養アセスメント加算**が新設された。さらに，通所サービス利用者の口腔機能低下を早期に確認し，定期的な評価と適切な管理等を行うことで重度化予防につなげる観点から，栄養スクリーニング加算が廃止され，**口腔・栄養スク**

**表 1.8**　介護報酬：栄養管理関係（◆2021 年新設）

| 項目 | 単位 | 算定要件 |
|---|---|---|
| 栄養マネジメント強化加算◆（施設） | 11 単位/日 | 低栄養ハイリスクの入所者に対しては，医師，管理栄養士，看護師等による栄養ケア計画に従い，ミールラウンドを週 3 回以上行う。*1 |
| 経口移行加算（施設） | 28 単位/日 | 経管から経口への移行目的。医師の指示により多職種協働で経口移行計画。管理栄養士または栄養士が必要。計画作成日から 180 日以内に限る。*1 |
| 経口維持加算（Ⅰ）（施設） | 400 単位/月 | 食事を経口摂取している摂食嚥下障害を有する者に対して，月 1 回以上多職種が共同して，食事の観察および会議等を行い，入所者等が経口による継続的な食事の摂取を進めるための経口維持計画を作成し，特別な管理を実施した場合に算定。経口摂取の維持が目的。療養食加算の併算定可。経口移行加算算定不可。*1 |
| 経口維持加算（Ⅱ）（施設） | 100 単位/月 | 経口維持加算（Ⅰ）を算定しているもので，介護保険施設等が協力歯科医療機関を定めた上で，医師（配置医師を除く），歯科医師，歯科衛生士または言語聴覚士のいずれか 1 名以上が食事の観察および会議等に加わった場合に，経口維持加算（Ⅰ）に加えて（Ⅱ）を算定。療養食加算の併算定可。*1 |
| 口腔・栄養スクリーニング加算（Ⅰ）◆（施設，通所，居宅） | 20 単位/日 | 介護職員等が，利用開始時および 6 か月ごとに口腔の健康状態および栄養状態のスクリーニングを一体的に取り組むことを評価。栄養アセスメント加算，栄養改善加算，口腔機能向上加算との併算はできない。*1 |
| 口腔・栄養スクリーニング加算（Ⅱ）◆（施設，通所，居宅） | 5 単位/日 | 栄養アセスメント加算，栄養改善加算，口腔機能向上加算との併算はできる。*1 |
| 栄養アセスメント加算◆（通所，居宅） | 50 単位/月 | 管理栄養士と介護職員等の連携による栄養アセスメントの取り組み。利用者ごとに管理栄養士その他の職種が共同してアセスメントを実施。<br>口腔・栄養スクリーニング加算（Ⅰ）および栄養改善加算との併算定は不可。 |
| 栄養管理体制加算◆（認知症対応型グループホーム） | 30 単位/月 | 管理栄養士（外部との連携可）が介護職員等へ利用者の栄養・食生活に関する助言や指導を行う体制づくりを進めることを評価する加算。*1 |
| 再入所時栄養連携加算（施設） | 200 単位/月 | 指定介護老人福祉施設に入所している者が退所し，当該者が病院または診療所に入院した場合であって，退院した後に再入所する際，入院前の栄養管理とは大きく異なる場合，当該指定介護老人福祉施設の管理栄養士が当該病院または診療所の管理栄養士と連携し当該者に関する栄養ケア計画を策定した場合に，入所者 1 人につき 1 回を限度として所定単位数を加算する。*1 |

＊1　栄養ケア・マネジメントの未実施で減算されている場合は，加算できない。

**リーニング加算（Ⅰ）（Ⅱ）**が新設された。また，グループホームの栄養改善を目的に**栄養管理体制加算**が新設された。

## 1.3　医療と臨床栄養

### 1.3.1　医療における栄養管理の意義

傷病者の適切な栄養管理の効果として，低栄養状態の改善や褥瘡の予防・改善，在院日数の短縮などが報告されている。適切な栄養管理は治療の基本となり，疾患の治療，再発の防止につながる。2023（令和5）年5月より病院等における人員配置を報告することとされる医療従事者の職種に管理栄養士および栄養士が追加され，栄養管理の重要性が増している。

傷病者の栄養管理は複雑であり，とくに高齢者では，疾患が重複したり，摂食機能の低下や栄養素の消化，吸収，代謝などに個人差が大きく現れたりする場合がある。ときには経腸・経静脈栄養法を用いた強制的な栄養補給や薬の食事への影響についても検討する必要がある。

栄養スクリーニングや栄養アセスメント，栄養管理計画，モニタリング，評価を行うことにより患者の病態と栄養状態を総合的に評価，判定し，適切な栄養管理を行うことが重要である。

### 1.3.2　医療における倫理

#### (1)　医の倫理

医療人は人を対象とした専門職であり，患者の人権を尊重し博愛と奉仕の精神で職務を遂行することが求められている。古代ギリシャの医師で「医学の祖」と称されているヒポクラテスにより，医師の職業倫理について書かれた「ヒポクラテスの誓い」がある。この誓いでは患者にはいかなる危害も加えない，患者は身分を問わず扱う，医師の地位を利用して不正を働かない，患者の秘密を守るなど重要な倫理指針が述べられ，世界中の西洋医学教育において現代に至るまで語り継がれている。

#### (2)　管理栄養士・栄養士の職業倫理

管理栄養士・栄養士は，「栄養の指導」を行う専門職である。「栄養の指導」は，人の代謝への介入であり，一種の医学的な侵襲となるため，管理栄養士・栄養士も先の医療倫理で説かれていることを前提とする必要がある。

医療に関わる職種にはそれぞれ行動規範が職業綱領として定められており，管理栄養士・栄養士については日本栄養士会において次のように定められている（制定　平成14年4月17日／改訂　平成26年6月23日）。

① 管理栄養士・栄養士は，保健，医療，福祉及び教育等の分野において，専門職として，この職業の尊厳と責任を自覚し，科学的根拠に裏づけられかつ高度な技術をもって行う「栄養の指導」を実践し，公衆衛生の向上に尽くす。

② 管理栄養士・栄養士は，人びとの人権・人格を尊重し，良心と愛情をもって接するとともに，「栄養の指導」についてよく説明し，信頼を得

るように努める。また，互いに尊敬し，同僚及び他の関係者とともに協議してすべての人びとのニーズに応える。

③ 管理栄養士・栄養士は，その免許によって「栄養の指導」を実践する権限を与えられた者であり，法規範の遵守及び法秩序の形成に努め，常に自らを律し，職能の発揮に努める。また，生涯にわたり高い知識と技術の水準を維持・向上するように積極的に研鑽し，人格を高める。

**(3)　守秘義務**

管理栄養士・栄養士は，職務上知り得た個人情報の保護に努め，守秘義務を遵守しなければならない。守秘義務とは，患者についての「業務上知り得た秘密」を外部に漏らさない義務であり，その内容が他人に知られ，広まれば患者の人格が失われる事態も発生しうる。個人情報は，氏名，生年月日，その他の記述などにより個人を識別できるもののほか，個人の身体，財産，職種，肩書きなどの属性に関して，事実，判断，評価を表す，すべての情報である。

管理栄養士・栄養士においても，カルテや栄養指導などから得た個人情報を流出させないだけでなく，日常生活でも注意が必要である。

### 1.3.3　クリニカルパスと栄養ケア

**(1)　クリニカルパスの意義と歴史**

クリニカルパスとは，一定の疾患や検査においてその到達目標に向けて入院から退院までの間にどの時点でそのような医療介入を行うか，各医療スタッフの役割をスケジュール表で示し標準化された医療プログラムである。行われる医療介入から得られる成果や結果を予測し，その達成期間を事前に設定し，結果から導かれる過程や資源を統制していくアウトカム・マネジメントを用いる。臨床的成果，費用対効果，在院日数，患者のQOLなどをアウトカムとして検討する。**バリアンス***の場合，医療のアウトカムとプロセスの見直しを行い，より良い医療を導くことができる。

**＊ バリアンス**　相違，不一致・分散などの意味を持つ言葉で，クリニカルパスにおいてアウトカムが達成されない状態のことを示す。

**(2)　クリニカルパスにおける栄養ケア**

糖尿病教育入院や人工透析導入時，胃瘻（ろう）造設などのクリニカルパスには栄養管理や栄養指導が組み込まれている（**表1.9**）。

地域連携クリティカルパスは，医療連携体制に基づく地域完結型医療を実現するために，急性期病院から回復期病院を経て早期に自宅に戻ることができるような診療計画を作成し，治療を受けるすべての医療機関で共有して用いる。栄養情報提供書を作成して病院や関係施設が連携し，切れ目のない栄養管理をめざす。

**表 1.9**　クリニカルパス（糖尿病教育入院の患者用パスの例）

| 月/日 | / | / | / |
|---|---|---|---|
| 目 標 | 糖尿病の必要な知識（食事・運動・薬物）や療養の仕方を習得することができる | | |
| 予 定 | □身体計測をします<br>□血糖測定をします | □血液・尿・便検査があります<br>□胸部 X 線検査があります<br>□リハビリテーション科受診があります | □眼科受診があります（必要時）<br>□腹部超音波の検査があります（必要時） |
| 食 事 | □糖尿病食（　　kcal）となります<br>□塩分制限があります（　　）g 未満 | ------------------------ | ------------------------▶ |
| 清 潔 | □期間中にシャワー浴ができます | | |
| 説 明<br>指 導 | □入院時に病棟の説明をします<br>□糖尿病教室のスケジュールを説明します<br>□日常生活について伺います | □薬剤師より服薬指導があります<br>□理学療法士より運動指導があります | □看護師より療養支援があります<br>□管理栄養士より栄養食事指導があります<br>＊家族と一緒に受けてください |
| 糖尿病<br>教室 | | □糖尿病教室 ------------------------ | ------------------------▶ |

### 1.3.4　チーム医療

#### (1)　チーム医療と管理栄養士の役割

従来の医療は医師が 1 人で判断し方針を決定するものであったが，現在では医師，看護師，管理栄養士，薬剤師，臨床検査技師，理学療法士など多職種で医療チームを編成し，専門職種の知識や技術を生かして介入し，大きな成果を挙げている。院内に設置されるチームには，栄養サポートチーム，褥瘡対策チーム，摂食嚥下チーム，緩和ケアチーム，医療安全管理チーム，感染制御チーム，呼吸ケアサポートチーム（RST），退院調整チームなどがある（**図 1.3**）。また，糖尿病チーム，腎臓病チームなどの診療科別チーム医療も行われている。さらに，患者の高齢化や生活習慣病の増加による疾病構造の変化により，医療機関から在宅への切れ目のない医療が求められており，地域連携や医療と介護の連続したチーム医療が必要とされている。近年，チーム医療の種類は多岐にわたるようになっている。

チーム医療における管理栄養士の役割は，明記（**表 1.10**）されている。積極的に医療に関わり，多職種と情報交換を行いながら，栄養，給食，衛生管理のプロとして必要な情報を発信していくことも重要である。

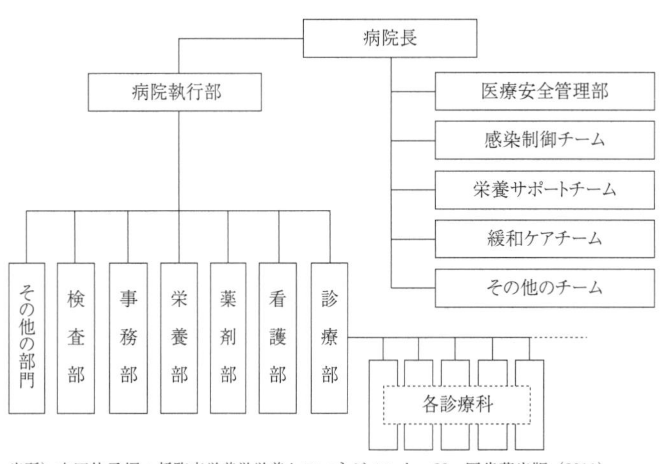


出所）本田佳子編：新臨床栄養学栄養ケアマネジメント，23，医歯薬出版（2011）

**図 1.3**　チーム医療の位置付け

#### (2)　栄養サポートチーム（NST：nutrition support team）

NST は中心静脈栄養療法（TPN：total parenteral nutrition）が開発され

**表 1.10**　医療スタッフの協働・連携によるチーム医療の推進について

| 管理栄養士 |
|---|
| 近年，患者の高齢化や生活習慣病の有病者の増加に伴い，患者の栄養状態を改善・維持し，免疫力低下の防止や治療効果及びQOLの向上等を推進する観点から，傷病者に対する栄養管理・栄養指導や栄養状態の評価・判定等の専門家として医療現場において果たし得る役割は大きなものとなっている。 |
| 以下に掲げる業務については，現行制度の下において管理栄養士が実施することができることから，管理栄養士を積極的に活用することが望まれる。 |
| ① 一般食（常食）について，医師の包括的な指導を受けて，その食事内容や形態を決定し，又は変更すること。 |
| ② 特別治療食について，医師に対し，その食事内容や形態を提案すること（食事内容等の変更を提案することを含む。）。 |
| ③ 患者に対する栄養指導について，医師の包括的な指導（クリティカルパスによる明示等）を受けて，適切な実施時期を判断し，実施すること。 |
| ④ 経腸栄養法を行う際に，医師に対し，使用する経腸栄養剤の種類の選択や変更等を提案すること。 |

出所）平成22年4月30日付厚生労働省医政局長通知

急速に普及し始めた1970年代に米国で始まった。その後，経腸栄養の有効性が注目されはじめると，NSTは輸液や経腸栄養など特殊な栄養療法を必要とする患者に適正な栄養療法を実施するチームとして認識され，全世界に普及し始めた。

わが国では，1980年代にNSTの活動が紹介されその重要性が提言されたが，普及し始めたのは1998年ごろからである。2010年に栄養サポートチーム加算（**表 1.11**）が診療報酬制度に新設され，これを機会に**専従**[*1]や**専任**[*2]者育成の研修制度が設けられ，NSTを必要とする多くの病院で稼働するようになった。NSTは，医師，看護師，管理栄養士，薬剤師，臨床検査技師，理学療法士，歯科衛生士などにより組織され，診療科や職種間を横断的に活動するチーム（**表 1.12**）で，栄養カンファレンスや回診など行なっている。

NSTの役割は，対象となる患者を抽出し，適切な栄養療法を実施することである。活動内容には次のようなものがあげられる。

① 栄養アセスメントの実施
② 栄養補給量，栄養補給法の決定や変更，提案
③ 栄養療法に伴う合併症の予防と治療
④ 栄養療法に必要な資材の選定や管理
⑤ 栄養療法の効果の検討

**＊1 専従**　当該する業務に専ら従事すること。ほかの業務との兼務が原則負荷である。栄養サポートチーム加算においては専任者のうち1名が専従者であることが算定要件となっている。ただし，患者数が1日15人以内である場合は，いずれも専任で差し支えない。

**＊2 専任**　当該する業務を専ら担当していること。他の業務との兼務が可能である。

**表 1.11**　NSTサポートチーム加算　200点

| | |
|---|---|
| 算定要件 | ①対象患者にたいする栄養カンファレンスと回診の開催（週1回程度）<br>②対象患者に関する栄養治療実施計画書の策定とそれに基づくチーム医療<br>③1日当たりの算定患者数は，1チームにつき概ね30人以内とすること |
| 施設基準 | ①当該保険医療機関内に，栄養管理に係る所定の研修を修了した専任の常勤医師・常勤看護師・常勤の薬剤師・常勤の管理栄養士から構成されるチームが設置されていること。いずれか1人は専従であること（ただし，患者数が1日15人以内である場合は，いずれも専任で差し支えない）<br>②当該保険医療機関において，栄養サポートチームが組織上明確に位置づけられていること<br>③算定対象となる病棟の見やすい場所に栄養サポートチームによる診療が行われている旨の掲示をするなど，患者に対して必要な情報提供がなされていること |

**表 1.12　NST における各職種の役割**

| 職種・役割 |
|---|
| **医師（チェアマン）** |
| ● NST チームの総括と方向性の指示 |
| ● NST スタッフの教育・指導 |
| ● 医師とコメディカルスタッフ仲介（NST 内外とも） |
| ● NST 活動の評価（治療効果，教育効果，経済効果） |
| **医師（NST ディレクター）** |
| ● 病状の把握，栄養障害の有無や合併症の判定，主治医の治療方針の確認 |
| ● 栄養食事療法の適応の決定および輸液・栄養剤のプランニング |
| ● 栄養補給法の手技の実際と指導 |
| ● 全般的なモニタリングの確認と問題発生時の解決 |
| ● NST メンバーの教育と他の医師への啓発 |
| ● 新しい知識・技術の習得と紹介 |
| **管理栄養士** |
| ● NST 依頼のコーディネート |
| ● 低栄養患者の抽出（入院時栄養スクリーニング時のハイリスク患者へのアプローチ） |
| ● 患者の食欲・嗜好・食習慣などの把握および栄養摂取能力の調査・観察 |
| ● 栄養供給量・摂取栄養量の算定および必要栄養量の算出 |
| ● 身体計測の実施および栄養評価パラメーターとなる検査データなどの収集・評価 |
| ● 食事内容や形態の選定および経腸栄養剤（食品）の選択 |
| ● 患者への栄養教育 |
| ● 新しい知識の習得と啓発 |
| **看護師** |
| ● 栄養スクリーニング |
| ● 病棟における栄養補給法の手技の是正・指導 |
| ● 病棟における中心静脈栄養，経腸栄養の管理 |
| ● 栄養補給法の助言・提言（NST 報告書の作成） |
| ● 新しい知識・技術の習得と啓発（他の看護師） |
| **薬剤師** |
| ● 経静脈栄養法の合併症の早期発見・予防 |
| ● 関連製剤の情報提供 |
| ● 輸液のコンサルテーション |
| ● 輸液類の無菌調整・誤投薬のチェック |
| ● 患者・家族への栄養薬剤の説明・服薬・投薬指導 |
| ● 栄養剤／食品と薬品の相互作用 |
| ● 栄養補給法の助言・提言（NST 報告書のプラン作成） |
| ● 新しい知識の習得と啓発 |

出所）日本栄養改善学会監修：臨床栄養学，医歯薬出版（2013）

管理栄養士はこれらに加え，**ミールラウンド***を行い栄養状態の把握，患者の食欲・嗜好・食習慣の把握，摂食・咀嚼・嚥下・消化吸収などの栄養摂取能力の把握をし，栄養必要量の算出，食事・経腸栄養・経静脈栄養からの摂取栄養量の算出，医師への栄養情報の報告，患者や家族への栄養教育，給食部門との連絡調整など多くの役割が期待されている。管理栄養士がNST の中心的役割を担うことが多く，チームのコーディネート役を担っている。

**(3)　褥瘡対策チーム**

褥瘡は，可動性の減少や活動性の低下などによる圧迫，湿潤や摩擦およびずれの増加といった外的因子と，栄養不良などによる内的因子が絡み合って起こり，高齢化に伴い褥瘡発生の危険因子を持つ患者は増加している。褥瘡対策チームは，医師，看護師，薬剤師，管理栄養士，理学療法士などで構成される。栄養状態は褥瘡の予防や創傷治癒に大きく関わるため栄養アセスメントを行い，栄養管理が必要か判定し，食事内容や食事形態の調整，栄養補助食品の提案を行い，褥瘡に関する診療計画書に記載する。褥瘡の治療のためには，ストレスを加味した栄養量の投与が必要であり，褥瘡の大きさや深達度，浸出液の量により調整を行う。褥瘡対策における栄養管理はNST と情報を共有し褥瘡の治癒促進，予防に努める。

**(4)　摂食嚥下チーム**

摂食嚥下障害は，食事摂取や嚥下の過程がスムーズに行えない場合をいう。嚥下機能の低下は脳血管障害や外傷，食道術後や老化を原因として起こる。摂食嚥下チームは，医師，歯科医師，看護師，管理栄養士，言語聴覚士，理

＊ **ミールラウンド**　対象者の食事場面を医師，歯科医師，歯科衛生士，管理栄養士，看護師，介護支援専門員等の多職種で観察し，実際の食事の摂取状況から咀嚼能力，口腔機能，嚥下機能，姿勢などに関して評価を実施する。課題が発見された場合は，必要な対策を多職種による専門的立場から意見交換を行い，問題点に対しての対応策を立案する。

学療法士，作業療法士，歯科衛生士などにより構成される。管理栄養士は，栄養アセスメントを行い，嚥下評価の結果に基づく食事内容や形態を提案する。患者に適した食事を提供し，不足分は経腸栄養剤を用いるなど栄養状態の改善を行う。また，嚥下食の作り方を含めた栄養教育を行い，継続して安全に栄養補給できるようにする。摂食嚥下機能の回復には時間を要するため，途中で転院や在宅へ移行することも多いが，「嚥下調整食分類 2021」を用いて栄養情報の提供を行うとスムーズである。

### (5)　緩和ケアチーム

がんに対する緩和ケアは，かつての終末期を中心としたケアを指すものから，がん治療の初期から提供されるべき全人的ケアという考えに変化している。患者とその家族が ① 身体的症状（痛み，吐き気・嘔吐，倦怠感，呼吸困難など），② 心理・社会的問題（病気による落ち込み・悲しみ，仕事や家族の悩みなど），③ スピリチュアルな症状（死や病気への恐怖，自己の存在意義や価値についての苦しみなど）の問題に直面しているとき，早期からチームで介入することで QOL（生活の質）を改善する。緩和ケアチームは，医師，看護師，薬剤師，管理栄養士，医療ソーシャルワーカー，作業療法士などで構成される。管理栄養士は，栄養アセスメントを行い，患者に適した食事や栄養補給法を提案して栄養状態の維持改善を行う。患者および家族が満足のいく，幸せな時間を過ごすことができるように**ナラティブ・ノート***を用いてサポートを行う。嗜好や希望に沿った満足できる食事やおやつを提供することで，QOL の維持と向上を図る。

**＊ナラティブ・ノート**　ナラティブ（narrative）とは「物語」という意味で，ナラティブ・ノート（叙述的経過記録）は患者，患者の家族，医療スタッフが，一冊のノートに連絡事項だけでなく，思い出，気持ちなどを自由に記載することを通じて「物語」を共有すること。

### (6)　医療安全管理チーム

医療安全に関する職員への教育・研修，情報の収集と分析，対策の立案，事故発生時の初動体制の確立，再発防止策立案，発生予防および発生した事故の影響拡大の防止，安全文化の醸成の促進などを行う。メンバーは，医師，看護師，薬剤師，臨床工学技士，管理栄養士，理学療法士，臨床検査技師など多職種で行う。医療安全は院内すべての人が関わるため，組織横断的に活動を行う。

### (7)　感染対策チーム

入院患者および職員などすべての人を対象として，施設建物内の感染症に関する予防，教育，医薬品などの管理を担当する専門チームである。メンバーは，医師，看護師，薬剤師，臨床検査技師，理学療法士，管理栄養士などである。

### (8)　呼吸ケアサポートチーム（RST：Respiratory support team）

呼吸器疾患により呼吸がうまくできない（COPD：慢性閉塞性肺疾患）患者や人工呼吸器を装着した患者が対象で，早期に呼吸状態の改善を図り，少しでも呼吸が楽になり，日常生活を過ごしやすくなるようにサポートを行う。メンバーは，医師，看護師，臨床工学技士，理学療法士，管理栄養士，薬剤師などである。呼吸状態が悪い時は食事摂取量も不足しやすい。栄養アセスメントを行い，必要栄養量を算出する。栄養量が不足しないように食べやすい食事形態や栄養補助食品の活用を提案し栄養状態の改善を行う。

**(9) 退院調整チーム**

退院調整が必要な患者・家族に対し，患者の状態や予後，家族状況，住居環境などのアセスメントを行い，必要な社会資源を調整し，退院後も療養が継続できるように支援を行う。メンバーは，医師，看護師，薬剤師，管理栄養士，理学療法士，医療ソーシャルワーカーなどである。

### 1.3.5 リスクマネジメント

**(1) 医療におけるリスクマネジメント**

医療現場におけるリスクには，**医療事故**[*1]や**医療過誤**[*2]，またはそれらの発生につながる恐れのある**ヒヤリ・ハット事例**[*3]などが挙げられる。リスクマネジメントとは，医療の質を保つ上でも非常に重要である。リスク発生に関わる主な要因には次のようなものが挙げられる。

① 医療従事者によるもの：確認ミス，伝達ミス，知識不足など
② 環境によるもの：設備・機器の設備不良，マニュアル不備など
③ 患者の満足度に関するもの：治療への不信感，接遇への不満など
④ 医療従事者が被害を受けるもの：注射針の誤刺，患者からの暴力など

医療施設では，リスクマネジメントマニュアルを作成し，医療事故防止委員会やリスクマネジメント部会の設置，リスクマネジャーの配置し，事故やヒヤリ・ハット事例の報告，発生要因の解明，再発防止策の検討などを行い，安全管理を実施する体制がとられている。2015（平成27）年10月には医療事故調査制度が施行され，再発予防につなげるための医療事故にかかる制度の仕組み等を医療法に位置づけ，医療の安全を確保している。

**(2) 栄養部門におけるリスクマネジメント**

栄養部門で発生しうるリスクの発生要因を次に挙げる。

① 給食管理，衛生管理に関わるもの：食中毒，アレルギー食品の提供，賞味期限切れ食品の提供，異物混入，誤配膳など
② 栄養管理に関わるもの：栄養食事指導や栄養管理計画の不適切な実施，摂食機能に合わない形態食の提供など

栄養部門で発生した軽微なリスクであっても患者満足度への影響は否めない。リスク発生を未然に防ぐことが重要で，そのためには，リスク発生要因について日常的に注意喚起を行い，リスク防止策を検討，実施し，リスク発生時には軽微な事例でも発生記録を作成し情報共有を行う体制が必要である。

*1 **医療事故**　医療に関わる場所で，医療の全過程において発生するすべての人身事故。

*2 **医療過誤**　医療事故のうち，事故の予測や結果回避の可能性があるにもかかわらず医療従事者が医療の準則に反して患者に被害を発生させた行為。

*3 **ヒヤリ・ハット事例**　医療の準則に反した行為が行われたが，結果として医療事故や医療過誤には至らなかった事例。

また，事故発生時には速やかに対応ができるようにマニュアルを整備し部門内で確認しておく必要がある。

栄養管理では，マニュアルを作成し作業の標準化を図るなど作業の品質管理として部門内で実施すべき対策を徹底する必要がある。

### 1.3.6　傷病者の権利

医療を受ける傷病者は，良質な医療を受け，診断や治療において自己決定する権利を有している。傷病者の権利は，「患者の権利章典に関する宣言」（1972（昭和 47）年：米国病院協会），「患者の権利に関するリスボン宣言」（1981（昭和 56）年：世界医師会）（**表 1.13**）において定義され，文章化している。

「患者の権利章典に関する宣言」では「患者は思いやりのある，丁寧なケアを受ける権利を有する」「患者は自分の診断，治療，予後について完全な新しい情報を自分に十分理解できる言葉で伝えられる権利がある」と宣言されている。

**表 1.13**　リスボン宣言に示された患者の権利

| リスボン宣言では，医師は常に自己の良心に従い，患者の最善の利益のために行動し，患者の自立と公正な処遇を保障するためにも努力すべきとした，医療従事者が是認し，推進すべき患者の主要な権利を列挙している。 | |
|---|---|
| 1．良質の医療を受ける権利 | ● すべての人は差別されることなく適切な医療を受ける権利を有する。患者の治療は常にその患者の最善の利益に照らしてなされなければならず，医師は，医療の質の擁護者としての責任を担うよう強く求められている。 |
| 2．選択の自由 | ● 患者は，医師や病院あるいは保険サービス施設を自由に選択し変更する権利を有する。そして，医療のどの段階においても他の医師の意見を求める権利を有する。 |
| 3．自己決定権 | ● 患者は，自分自身について自由に決定を下す権利を有する。したがって患者はいかなる診断手続きや治療であっても，それを受けることを承諾したり拒否したりする権利を有する。そのために医師は，患者が下そうとする決定から予測できる結果についての情報を患者に提供しなければならない。 |
| 4．意識喪失患者 | ● 意識のない患者あるいは自己の意思を表現できない患者では，患者の法的代理人にインフォームドコンセントを求める。ただし，法定代理人の不在時に医療処置が緊急に必要になった場合は，患者が医療処置を拒否する意思を明らかにしていない限り，患者の承諾があったものと判断することができる。 |
| 5．法的無能力者 | ● 患者が未成年者あるいは法的無能力者である場合は，法定代理人の同意を求める。しかし，可能な限り患者をその能力の範囲で意思決定に参画させるようにすること。 |
| 6．患者の意思に反する処置・治療 | ● 法がとくに許容し，かつ医の倫理の諸原則に合致する場合に限り，患者の意思に反する診断上の処置あるいは治療を例外的に行うことができる。 |
| 7．情報に関する権利 | ● 患者は自分の診療録に記載された自分自身の情報の開示を受け，自己の病状などに関する医学所見について十分な情報を得る権利を有する。また，患者は自分に代わって自己の情報の開示を受ける人物を選択する権利をも有する。 |
| 8．秘密保持に関する権利 | ● 患者の健康状態，症状，診断，予後および治療に関する本人を特定し得る情報，ならびにその他すべての個人的情報の秘密は，患者の死後も守られなければならない。この秘密情報の開示は患者本人が明確な承諾を与えるか，法律に明確に規定されている場合のみ許される。 |
| 9．健康教育を受ける権利 | ● すべての人が自己の健康や保健サービスに関する選択が行えるように，保健教育に関する情報や知識を受ける権利を有する。その教育には健康的ライフスタイルや疾患の予防・早期発見の方法に関する情報が含まれねばならない。 |
| 10．尊厳性への権利 | ● 患者の尊厳およびプライバシーは，常に尊重されねばならない。末期医療では，尊厳と安寧を保ちつつ死を迎えるために，あらゆる可能な支援を受ける権利を有する。 |
| 11．宗教的支援を受ける権利 | ● 患者は自らが選んだ聖職者によりスピリチュアルおよび倫理的な慰安の支援を受ける権利を有し，かつ拒否する権利を有する。 |

出所）本田佳子編：新臨床栄養学栄養ケアマネジメント（第 4 版），4，医歯薬出版（2020）

医療現場においては医療施設側と患者側のそれぞれに**コンプライアンス**[*1]がある。医療従事者は，治療に関する決定において，患者にとって最善の利益を考慮し，患者は治療のために医療施設側から言われたことを守ることである。**アドヒアランス**[*2]の正しい把握は円滑な治療を続けるために必要である。

*1 **コンプライアンス**　法令や規則を守ることをいい，医療現場においては医療行為や医学研究において守るべき行動の規範・基準のこと。

*2 **アドヒアランス**　患者さん自身が治療方法を理解・納得し，積極的に治療に参加すること。

### 1.3.7　インフォームドコンセント（IC：informed consent）

傷病者の権利は，インフォームドコンセント（説明と同意）によって具現化されている。インフォームドコンセントとは，医師が医師の義務として，患者に病状，治療法，治療効果，予後などについて十分に情報を提供し，そのうえで患者が治療に同意するか，自己決定する作業をいう。このような精神は以前から存在していたが，「ヘルシンキ宣言」（1964（昭和39）年：世界医師会）にて言葉として登場した。インフォームドコンセントと相反するものとして**パターナリズム**[*3]がある。

*3 **パターナリズム**　本人の意志を問わず介入・干渉・支援すること。医療においては，医師が患者に決定権を与えず治療を行うこと。

管理栄養士も栄養食事指導など患者の食生活に介入することから，インフォームドコンセントの考え方に沿ってわかりやすい言葉で正しく伝え，患者が十分な理解をしたうえで決定が下せるように配慮する。栄養管理では，栄養アセスメントの結果や栄養管理計画の内容を説明し同意を得る必要がある場面が増えている。

## 1.4 福祉・介護と臨床栄養

### 1.4.1 福祉・介護における栄養管理の意義

社会福祉制度とは，病気やけが，老齢や障害，失業などにより，自分の努力だけでは解決できず，自立した生活を維持できなくなった人々に対して，公的な支援を行う制度のことである。福祉・介護における栄養管理の目的は，支援を必要とする社会的弱者が心身ともに健やかで，能力に応じて自立した日常生活を営むために，食による栄養支援を行うことである。

### 1.4.2 福祉・介護における管理栄養士の役割

高齢者の栄養管理の目的は，介護予防と介護度進行予防の２つである。介護予防では低栄養状態の予防・改善のために，日常の食事について「食べる楽しみ」を重視して自立した生活の継続を支援する。すでに要介護状態にある高齢者の低栄養は，介護度進行につながり，著しくQOLを損なう場合も見られる。介護度進行予防のためには，管理栄養士による詳細なアセスメントに基づく的確な栄養管理が重要である。

### 1.4.3 チームケアと栄養ケア

要介護状態にある高齢者は食べることに対する障害をもつ場合が多く，栄養状態に加えて心身の状態も問題となることが多い。これらの問題の解決を多職種が専門性を発揮し，意見を出し合うカンファレンスを実施して栄養計画案を作成し，主治医とともにチームで治療に当たることが進められている。患者の栄養サポートをチームとして行うことで，最後まで口から食べることによるQOL向上や，栄養状態の改善も可能となる。また，退院後も継続的な栄養管理を必要とするケースも多くみられる。その対策として，栄養に関する情報を多職種で共有し，在宅へつなぐシームレスな栄養管理が求められている。

### 1.4.4 在宅ケアと施設連携

厚生労働省においては，2025年（令和7年）を目途に，高齢者の尊厳の保持と生活支援の目的のもとで，可能な限り住み慣れた地域で，自分らしい暮らしを人生の最期まで続けることができるよう，地域の包括的な支援・サービス提供体制（**地域包括ケアシステム***）の構築を目指している（**図1.4**参照）。誰もがより元気に活躍できる社会を実現するために健康寿命の延伸への施策として疾病予防，重症化予防，介護予防，フレイル対策，認知症対策，在宅医療・介護連携の推進といった取り組みが始まっている。

在宅療養者の栄養管理は，医療保険では「在宅訪問栄養食事指導」，要介護認定を受けていれば介護保険の対象となり，「居宅療養管理指導」としてかかりつけ医を中心に訪問栄養食事指導を行っている。

高齢者の介護予防および介護度進行予防のためには，適切な栄養管理，運

**＊ 地域包括ケアシステムの理念**
介護保険の被保険者が可能な限り住み慣れた地域でそれぞれの人の能力に応じて自立した日常生活を営むことができるように保健医療サービスや福祉サービスに関する施策などを，医療と居住に関する施策との有機的な連携を図りつつ包括的に推進するよう努めるべきであると規定（介護保険法第5条第3項）

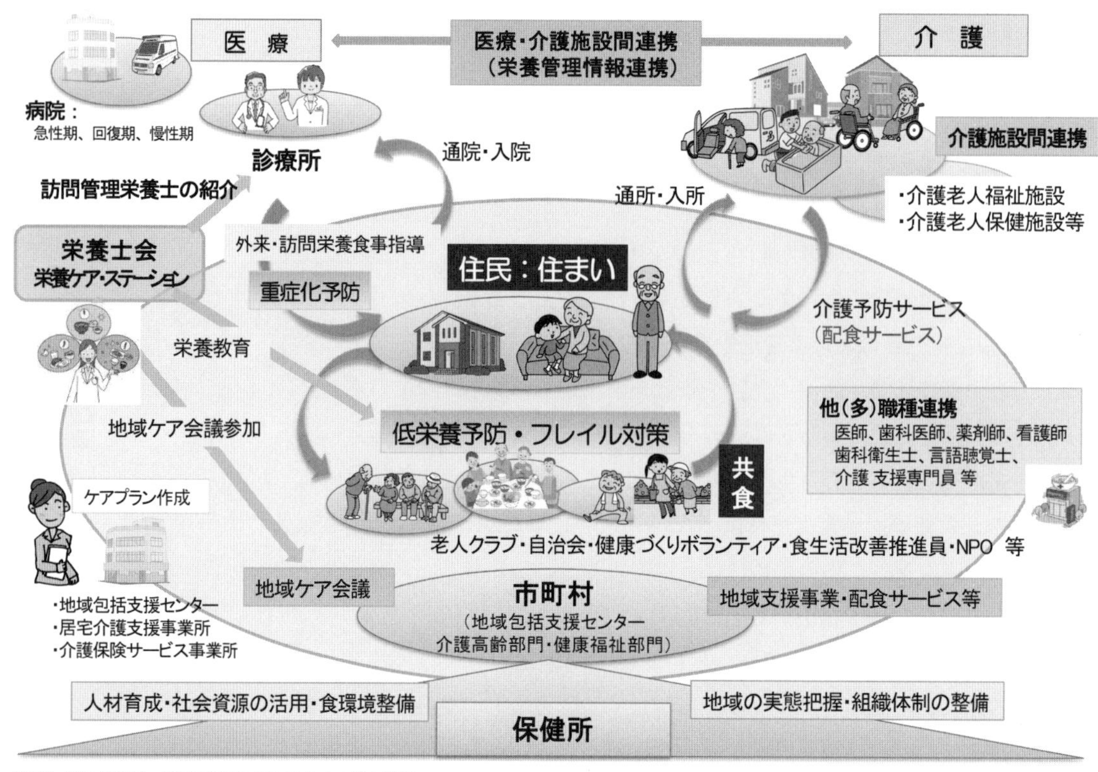


出所）厚生労働省：「地域包括ケアシステムの姿」改編

**図 1.4** 地域包括ケアシステムにおける栄養・食生活支援体制
—地域住民（高齢者）の自立した生活に向けた取り組み—

動機能の維持，口腔ケアが重要である。管理栄養士は通所介護（デイサービス），通所リハビリテーション（デイケアセンター）など在宅介護型施設において栄養改善プログラムを対象者に合わせて作成し，必要に応じて居宅訪問による栄養食事指導を行っている。また，自治体においても管理栄養士によるフレイルや骨粗鬆症の予防を目的とした教室や講座などが実施されている。

**【演習問題】**

**問 1**　臨床栄養に関する用語とその内容の組み合わせである。**最も適当**なのはどれか。1 つ選べ。　　　（2022 年国家試験）

(1) インフォームド・コンセント　　予想プロセスからの逸脱
(2) アドヒアランス　　患者が治療へ積極的に参加すること
(3) コンプライアンス　　障がい者と健常者との共生
(4) バリアンス　　内部環境の恒常性を維持すること
(5) ノーマライゼーション　　情報開示に対する患者の権利

**解答**　(2)

**問 2**　クリニカルパスに関する記述である。**最も適当**なのはどれか。1 つ選べ。
（2021 年国家試験）

(1) 入院患者は対象としない。
(2) 時間軸に従って作成される。
(3) バリアンスとは，標準的な治療の内容をいう。
(4) アウトカムとは，逸脱するケースをいう。
(5) 医療コストは増加する。

**解答**　(2)

**問 3**　K 病院に勤務する管理栄養士である。急性期病棟に入院している患者に対して，入院栄養食事指導料を算定し，退院後の栄養・食事管理について指導するとともに，入院中の栄養管理に関する情報を示す文書を用いて患者に説明し，これを転院先のリハビリテーション病院の管理栄養士と共有した。入院栄養食事指導料に加えて，診療報酬・介護報酬により算定できるものである。**最も適当**なのはどれか。1 つ選べ。　　　（2023 年度国家試験）

(1) 回復期リハビリテーション病棟入院料　1
(2) 栄養マネジメント強化加算
(3) 退院時共同指導料　1
(4) 退院時共同指導料　2
(5) 栄養情報提供加算

**解答**　(5)

**【参考文献】**


栄養ケアプロセス研究会監修，木戸康博，中村丁次，寺本房子編：改訂新版 栄養管理プロセス，第一出版（2022）

厚生労働省：国際生活機能分類―国際障害分類改訂版―（日本語版），(2002)

厚生労働省：H30 年度都道府県等栄養施策担当者会議資料「地域包括ケアシステム構築における行政管理栄養士等の役割に関する研究」(2018)

厚生労働省：令和 4 年度都道府県等栄養施策担当者会議資料「令和 4 年度診療報酬改定の概要（栄養関係）」(2022)
https://www.mhlw.go.jp/content/10900000/001003511.pdf（2023.10.10）

社会保険研究所：看護関連施設基準・食事療養費等の実際（令和 4 年 10 月版）(2022)

高橋修一，東口高志：NST 完全ガイド栄養療法の基礎と実践（第 1 版），照林社（2007）

日本栄養士会：実践情報「診療報酬　介護報酬」
https://www.dietitian.or.jp/data/medical-fee/（2023.7.25）

本田佳子編：新臨床栄養学栄養ケアマネジメント（第 4 版），4，医歯薬出版（2020）

# 2 傷病者・要支援者・要介護者の栄養管理

## 2.1 栄養アセスメントの意義と方法

個人や集団の栄養状態についてさまざまな栄養指標を用いて客観的に評価・判定することを栄養アセスメント（栄養評価）という。傷病者や要介護者の栄養状態を種々の栄養指標を用いて評価することは，個人および集団に合った栄養計画を立案，栄養介入を実施し，対象者の栄養状態の改善を行っていく上で不可欠であり，そこに栄養アセスメントの意義がある。

栄養アセスメントを行う上で，診療録（カルテなど）から個人の履歴（既往歴），臨床診査（臨床検査，生理・生化学検査）などの情報を収集し，食事調査や栄養摂取量の測定および身体計測を行うことは必要である。それらの情報をもとに栄養指標を用いて栄養状態を評価・判定し栄養診断を行う。

### 2.1.1 栄養スクリーニングの意義と方法

臨床栄養分野における栄養スクリーニングとは，栄養リスクの高い栄養不良状態の傷病者や要介護者を抽出して栄養介入を行うことである。栄養スクリーニングで用いられる栄養評価項目には，主観的項目と客観的項目があり，入院時ごとに患者の栄養状態を調査する方法として，簡単な問診票を用いて判定できる主観的包括的評価（SGA：Subjective Global Assessment）や簡易栄養状態評価（MNA®：Mini Nutritional Assessment）などがある。

（1） **SGA** は，検査値や特別な測定機器などを用いないことから，患者への侵襲もなく病歴や触診などの身体所見と問診で効率よく栄養状態を主観的に評価することができる（**図 2.1**）。**SGA** は入院時（48 時間以内）に患者本人，または家族から聞き取りを行う。具体的な内容は，現病歴，最近 2 週間あるいは過去 6 ヵ月間の体重の変化，食事摂取状況の変化，消化器症状，身体機能状態，疾患および栄養，身体症状などの項目である。これらのデータをもとに患者の栄養状態を「良好」「中等度栄養不良」「高度栄養不良」の 3 段階に評価し，栄養管理の必要度に応じて分類する。

（2） **MNA®** は，65 歳以上の高齢者の栄養スクリーニングとして用いられ，過去 3 ヵ月間の栄養状態の変化を基にして，早期発見のための栄養スクリーニングを行う簡易栄養状態評価法である。血液生化学検査を必要としないのが特徴で，問診項目は日常の摂取状況や生活パターンに関するものを主体とした簡便な内容で構成されており，身長，体重，上腕・下腿周囲長の測定項目と併せて評価する（p. 274 参照）。

### 2.1.2　傷病者への栄養アセスメント

病気には外的要因（外傷）と内的要因（疾病）が相互に影響するものが多く，これらを総称して傷病といい，これらによって身体機能が損なわれている者を傷病者という。傷病者は，疾患による味覚や食欲の変化，薬剤の作用，食事療法の影響により栄養状態は変化する。そのため，患者の病態に応じた栄養アセスメント項目を選択し，栄養状態の評価・判定を行い，患者に適した栄養ケアプランを作成し栄養補給法を実施することが重要となる。

A．病歴
1．体重の変化
過去6カ月間における体重喪失：＿＿＿kg（喪失率）＿＿＿％
過去2週間における変化：□増加　□無変化　□減少
2．食物摂取における変化（平常時との比較）
□変化なし　□変化あり
□変化：（期間）＿＿＿週＿＿＿カ月
食べられるもの：□固形食　□完全液体　□水分　□食べられない
3．消化器症状（2週間以上続いているもの）
□なし　□悪心　□嘔吐　□下痢　□食欲不振
4．身体機能（活動性）
機能不全（機能障害）：□なし　□あり
機能不全：（期間）＿＿＿週＿＿＿ヵ月
タイプ：□日常生活可能　□歩行可能　□寝たきり
5．疾患と栄養必要量との関係
初期診断：
代謝亢進に伴う必要量／ストレス：□なし　□軽度　□中等度　□高度

B．身体状況（スコアで表示：0＝正常，1＋＝軽度，2＋＝中等度，3＋＝高度）
皮下脂肪の喪失（三頭筋，胸部）＿＿＿筋肉喪失（四頭筋，三角筋）
くるぶし部浮腫＿＿＿仙骨部浮腫＿＿＿腹水

C．主観的包括的評価
□A：栄養状態良好　□B：中等度栄養不良　□C：高度栄養不良

出所）日本病態栄養学会編著：病態栄養専門管理栄養士のための病態栄養ガイドブック（改訂第7版），南江堂（2022）一部改変

**図 2.1**　主観的包括的評価（SGA）

### 2.1.3　要支援者・要介護者への栄養アセスメント

日常生活動作（ADL：Actibities of Daily Living）について何らかの介護（支援）を必要とする状態の人を**要介護者**[*1]（**要支援者**[*1]）という。主に加齢に伴う体力低下や疾患などによって一人で生活を送ることが困難な人や障がいのある人が対象である。栄養状態の低下は，対象者のADLや生活の質，人生の質（QOL：Ouality of Life）の低下にもつながる。近年，高齢者の低栄養（**PEM**[*2]）が問題となっており，栄養アセスメントでは食事摂取量だけでなく，身体や心理・精神状態，社会環境などの全体も把握し要支援・要介護の介護度区分を上げないように支援をしていく必要がある。

### 2.1.4　栄養アセスメントの具体的方法

患者や家族からさまざまな事柄を聞き出し，情報を収集することを問診という。問診は，検査だけでは診断しにくい疾患を見つけることもあるので，非常に重要な役割を果たしている。

#### (1)　問診（臨床診査）

貧血の有無，胸部，腹部の視診，触診，問診，聴診，神経学的所見が主なものとなる。

臨床診査は疾患と栄養状態に関連する**自他覚症状**[*3]の観察や，**現病歴**，**既**

*1 **要介護者・要支援者**　65歳以上で，身体・精神上の障害により日常生活の基本動作の全部または一部に支障があり，継続して常時介護を必要とする状態。**要介護者**は，要介護認定の要介護1～5のいずれかに該当する状態にある人。**要支援者**は，状態の軽減や悪化の防止が必要と見込まれる軽度な状態にある人で，要支援認定の1～2のどちらかに該当する人。

*2 **PEM**　（Protein Energy Malnutrition）たんぱく質・エネルギー欠乏症。健康的に生きるために必要な栄養素が摂れていない状態を指し，特に高齢者の寝たきりの人はPEMの割合が高くなっている。

*3 **自他覚症状**　患者本人が病院にかかるきっかけとなった症状（自覚症状），あるいは本人は気づかないが医師の診察や医療者によって見出される徴候（他覚症状）のこと。

**往歴**，**家族歴**等を指し，これらの基本情報は診療録・看護記録などから抜粋して整理することが多い。先天性の疾患，糖尿病・脂質異常症・高血圧症などの生活習慣病，感染症，アレルギーの有無，飲酒・喫煙・服薬中の薬剤などについても確認する。管理栄養士は独自の調査票や問診票を用いて，患者との面談において疾病の発症に食習慣がどのように関与していたか，また現病歴の中で食事療法はどのように実施されていたか，体重や症状はどのように変化したかなどを確認する。

その他，下痢や便秘，食欲不振・悪心・嘔吐，**摂食嚥下障害**[*1]，浮腫・脱水なども確認する。

*1 **摂食嚥下障害**　食べ物や飲み物を噛んだり飲み込んだりする機能が低下した状態のこと。原因は，器質的原因，機能的原因，心理的原因の３つに大別される。

1）**現病歴**とは，現在罹患し治療している疾患について症状の経過を過去から順に時系列で記載したものである。

2）**既往歴**とは，小児期から現在までに罹患した疾患，外傷，輸血，アレルギーの有無，ワクチン接種歴，アルコールや喫煙などの嗜好品，運動習慣，食事回数などについて時系列に記載したものである。

3）**家族歴**とは，患者の両親，兄弟，子どもなどの血縁者についての疾患歴，特に遺伝が関与する疾患について２親等までの親族を対象に記載する。

### (2)　身体所見（PD：Nutirition-Focused Physical Findings）

診察による身体所見を記載したものである。所見には**バイタルサイン**[*2]（**呼吸**[*3]，脈拍，血圧，体温，意識），体重の変化などがある。

*2 **バイタルサイン**　意識障害の状態や対光反射の有無（瞳孔拡大），体温や呼吸数，脈拍，血圧などを指し，身体診察の基本である。病態悪化時，手術直後などは頻回にバイタルサインが測定される。

*3 **呼吸**　呼吸数は，脈拍と同様に安静状態を評価指標となり，臨床的には50回/分以下になると問題となる。体内の酸素不足や炭酸ガスの増加，興奮や体温の上昇でも呼吸は速くなる。

### (3)　身体計測（AD：Anthropometric Measurements）

栄養アセスメントにおいて，身体計測は身体構成成分である筋肉量，脂肪量，水分量の評価を行うために測定するもので，適切な栄養管理のためには必要不可欠である。

1）**身長**（HT：height）は，体格を表す指標で，標準体重・BMI・エネルギー必要量の算出などに用いられる。起立可能な場合は，身長計を用いて立位にて測定する。寝たきりなどで立位が取れない場合は，踵・臀部・背部の３点を膝関節などを伸展させた状態で頭頂部から足底までの距離をメジャー

**コラム１　介護保険の申請から交付までの流れ**

介護サービスを利用するには要介護（要支援）認定を受けることが必要である。

まずは，本人または家族が市町村（保険者）の窓口で要介護（要支援認定）の申請を行い，そのあと，市町村の職員などの認定調査員が自宅を訪問し，本人や家族から聞き取りなどの調査が行われる。（市町村から，かかりつけ医に心身の状況について意見書が依頼される）。認定調査の結果と主治医の意見書をもとに審査が行われ，どのくらいの介護が必要か判定される。認定結果は，原則として申請から30日以内に市町村から認定結果が通知される。要介護（要支援）認定後に，介護保険内でいろいろなサービスを利用できるようになる。介護保険は，介護が必要になった高齢者を社会全体で支える制度である。

**表 2.1**　膝下高からの身長・体重の推定式

| | |
|---|---|
| 予測身長 | 男性：64.02＋(膝高×2.12)－(年齢×0.07) |
| | 女性：77.88＋(膝高×1.77)－(年齢×0.10) |
| 予測体重 | 男性：(10.1×膝高)＋(AC×2.03)＋(TSF×0.46)＋(年齢×0.01)－49.37 |
| | 女性：(1.24×膝高)＋(AC×1.21)＋(TSF×0.33)＋(年齢×0.07)－44.43 |

注）AC：上腕周囲長，TSF：上腕三頭筋部皮下脂肪厚

出所）宮澤靖：各種病態におけるエネルギー，基質代謝の特徴と至適エネルギー投与量（高齢者および長期臥床患者），静脈経腸栄養，24 (5)，1065-1070 (2009)

**図 2.2**　膝下高の測定

で計測する。また，起立不可能な場合，膝下高の計測を行うことで，計算式により推定値を算出することができる。膝下高は，仰臥位で測定する方の脚の膝と足首を直角に曲げ，膝上部分から足底までの長さをメジャーまたは専用のキャリパーで計測する（**図 2.2**）。

**2）体　　重**

体重は栄養状態の測定のために重要な指標である。体重測定は，空腹時，排尿後に行うことが望ましい。起立可能な患者では体重計にて測定を行うが，起立不可能な場合は，測定補助者が抱えて体重計に乗って測定した体重から測定補助者の体重を引いて求める方法や，車椅子用体重計，ハンモック型体重計，スケールベッドを用いることもある。また，身長同様に膝下高の測定をすることで体重を推測することが可能であるが，この場合は上腕周囲長や上腕三頭筋部皮下脂肪厚の測定値も必要である（**表 2.1**）。

測定した体重から理想体重（%理想体重：% IBW：ideal weight），通常体重（%通常体重：% UBW；% usual body weight），体重変化（%体重変化），BMI などを求め，栄養状態を評価する（**表 2.2**）。体重変化は栄養障害の予測をするためにも最も有用なデータである。

幼児期・成長期は成長曲線を利用した評価を行う。

**3）ウエスト周囲径（臍周囲径）**

メタボリックシンドロームの診断指標にウエスト周囲径があり，男性 85 cm 以上，女性 90cm 以上である。これは，CT スキャンで計測した臍レベルの内臓脂肪面積 100cm$^2$に相当する。

正しい測定方法は，なるべく空腹時に両足を肩幅に開き両腕を自然に垂らして軽く息を吐き出しリラックスした状態で，臍周りを水平に計る。

**① ウエスト/ヒップ比**

内臓脂肪量を推定する方法のひとつ

**表 2.2**　体重の評価

| | |
|---|---|
| ・% IBW＝測定体重（kg）/理想体重（kg）× 100 | |
| 80～90% | 軽度栄養障害 |
| 70～79% | 中等度栄養障害 |
| 69%以下 | 高度栄養障害 |
| ※理想体重（IBW：kg）＝身長（m）×身長（m）× 22 | |
| ・% UBW＝測定体重（kg）/通常体重（kg）× 100 | |
| 85～90% | 軽度栄養障害 |
| 75～84% | 中等度栄養障害 |
| 74%以下 | 高度栄養障害 |
| ・%体重変化＝(通常体重（kg）－測定体重（kg））/通常体重（kg）× 100 | |
| 1 週間で | 1～2％以上 |
| 1 カ月で | 5％以上 |
| 3 カ月で | 7.5%以上 |
| 6 カ月で | 10%以上 |
| 以上の体重減少があれば，有意な体重変化と判定する | |
| ・BMI＝体重（kg）/身長（m$^2$） | |
| 25 以上 | 肥満 |
| 18.5 以上 | 標準 |
| 18.5 未満 | やせ |

で，臍周囲径を臀部周囲径で割って算出する。男性で 0.9，女性で 0.8 以上であれば内臓脂肪型肥満の可能性がある。

#### 4） 皮下脂肪厚

脂肪は体内の最も豊富なエネルギー源であるため，皮下脂肪厚を測定することで体内に貯蔵している脂肪量やエネルギー貯蔵量の指標とする。

臨床的によく用いられるのは上腕三頭筋部皮下脂肪厚（TSF：triceps skinfold thickness），肩甲骨下部皮下脂肪厚（SSF：subscapular skinfold thickness）である。上腕測定は特に熟練した技術を要するため，同一測定者が行えるようにする必要がある。

##### ① 上腕三頭筋部皮下脂肪厚（TSF：triceps skinfold thickness）

3 回測定して平均値をとり，標準値（**表 2.3**）と比較した% TSF の値で栄養状態を評価する。

##### ② 背部肩甲骨下部皮下脂肪厚（SSF：subscapular skinfold thickness）

TSF 同様にキャリパーまたはアディポメーターの当て方や皮膚のつまみ方による計測者の誤差が生じやすいため，熟練した者が一人で測定することが望ましい。

#### 5） 上腕周囲長，上腕三頭筋囲および上腕筋面積

主に体内に貯蔵している体タンパク質（筋肉量）の指標となる。

##### ① 上腕周囲長（AC：arm circumference）

AC は TSF 測定部位をメジャーまたはインサーテープを用いて 3 回測定し，平均値をとる。AC の値により上腕三頭筋囲（AMC：midupper arm mus-

**表 2.3** 日本人の新身長測定基準

| | | WT/HT（%） | | | AC（cm） | | | TSF（mm） | | | AMC（cm） | | | BMI（$kg/m^2$） | | |
|---|---|---|---|---|---|---|---|---|---|---|---|---|---|---|---|---|
| | | 例数 | 平均 | 標準偏差 | 例数 | 平均 | 標準偏差 | 例数 | 平均 | 標準偏差 | 例数 | 平均 | 標準偏差 | 例数 | 平均 | 標準偏差 |
| 男性 | 30 歳以下 | 386 | 100.36 | 14.65 | 394 | 27.52 | 3.12 | 397 | 12.11 | 6.52 | 394 | 23.74 | 2.78 | 393 | 21.94 | 3.17 |
| | 31～40 | 421 | 107.93 | 14.43 | 425 | 28.42 | 2.85 | 425 | 13.03 | 5.94 | 425 | 24.33 | 2.73 | 424 | 23.52 | 3.15 |
| | 41～50 | 342 | 106.65 | 13.02 | 351 | 27.9 | 2.73 | 350 | 11.96 | 5.09 | 349 | 24.13 | 2.66 | 353 | 23.28 | 2.92 |
| | 51～60 | 338 | 105.19 | 13.56 | 360 | 27 | 2.7 | 360 | 10.69 | 5.41 | 360 | 23.65 | 2.55 | 353 | 23.01 | 29.7 |
| | 61 以上 | 324 | 100.05 | 14 | 1,167 | 26.56 | 2.96 | 1,170 | 10.52 | 4.66 | 1,161 | 23.27 | 2.78 | 398 | 21.82 | 3.1 |
| | 計 | 1,811 | 104.21 | 14.33 | 2,697 | 27.23 | 2.98 | 2,702 | 11.36 | 5.42 | 2,689 | 23.67 | 2.76 | 1,921 | 22.71 | 3.15 |
| 女性 | 30 歳以下 | 632 | 94.1 | 10.99 | 701 | 24.67 | 2.53 | 693 | 14.98 | 7 | 688 | 19.95 | 2.59 | 683 | 20.2 | 2.3 |
| | 31～40 | 281 | 97.64 | 13.94 | 305 | 25.19 | 2.73 | 306 | 15.79 | 7.06 | 304 | 20.27 | 2.4 | 295 | 20.99 | 2.96 |
| | 41～50 | 282 | 103.67 | 13.98 | 300 | 26.18 | 2.85 | 300 | 16.51 | 7.2 | 296 | 20.99 | 2.38 | 295 | 22.29 | 3 |
| | 51～60 | 254 | 102.31 | 15.23 | 267 | 25.76 | 3.29 | 260 | 15.88 | 7.41 | 260 | 20.84 | 2.57 | 266 | 22.11 | 3.33 |
| | 61 以上 | 360 | 100.21 | 17.35 | 1,138 | 25.33 | 3.33 | 1,104 | 16.76 | 7.21 | 1,099 | 20.09 | 2.56 | 461 | 21.78 | 3.7 |
| | 計 | 1,808 | 98.51 | 14.44 | 2,711 | 25.28 | 3.05 | 2,663 | 16.07 | 7.21 | 2,647 | 20.25 | 2.57 | 2,000 | 21.25 | 3.12 |

注）WT/HT：ウエストとヒップの比，AC：上腕周囲長，TSF：上腕三頭筋部皮下脂肪厚，AMC：上腕筋肉周囲
出所）日本栄養アセスメント研究会身体計測基準値検討委員会：日本人の新身体計測基準値 JARD2001，栄養評価と治療（2002）

cle circumference)，上腕筋面積（AMA：midupper arm muscle area）を算出することができる。ACは脂肪量と筋肉量の全体を見た指標であり，TSFとともにAMCやAMAといった筋肉量を表す指標の計算に用いられる。

**② 上腕三頭筋囲（AMC）**

AMC（cm）＝AC（cm）－0.314 × TSF（mm）

算出したAMCの値と標準値とを比較した%AMCの値で栄養状態の評価をする。

**③ 上腕筋面積（AMA）**

$$\text{AMA (cm}^2\text{)} = (\text{AC} - 0.314 \times \text{TSF})^2/4$$

AMAはAMCより正確に筋肉量を反映するとされている。

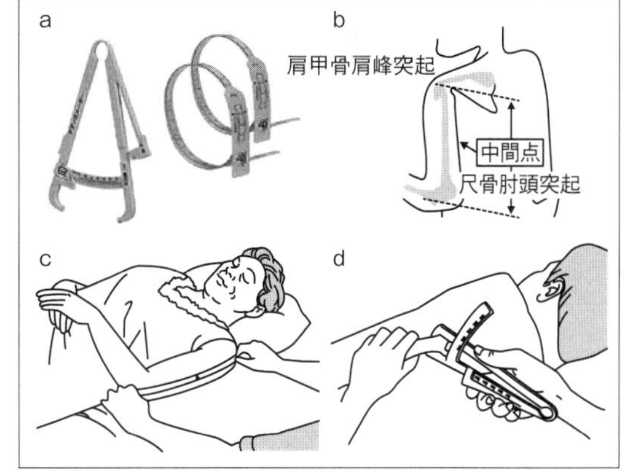


a：アディポメーターとインサーテープ
b c：利き腕と反対側の上腕肘関節で90° 屈曲させ，上腕背側の肩甲骨峰突起と尺骨肘頭突起の中間点に印をつける。
d：中間点の印から1cm離れた皮膚を脂肪層と筋肉部分を分離するように左手の親指と他の4本指でつまみ上げ，印をつけた部分をアディポメーターで挟んで測定する。
出所）表2.3と同じ，**19**（0），1-8

**図2.3**　上腕三頭筋部皮下脂肪厚（TSF）測定方法

### 6）下腿周囲長（CC：calf circumference）

CCは，インサーテープなどのメジャーを用いて下腿の最も太い部分で測定する。上腕周囲長より測定誤差が少なく，体重や日常生活との関連が高いとされており，体重測定が容易にできない場合にはCCの測定を行い栄養状態の評価をする場合もある。

### 7）生体電気インピーダンス法（BIA：bioelectrical impedance analysis）

**BIA法**[*1]は，生体に微弱な電流を流して電気伝導性（インピーダンス）を測定することで，非侵襲的かつ簡便に身体の構成成分（筋肉量，脂肪量，細胞内外の水分量など）を推定する方法である。

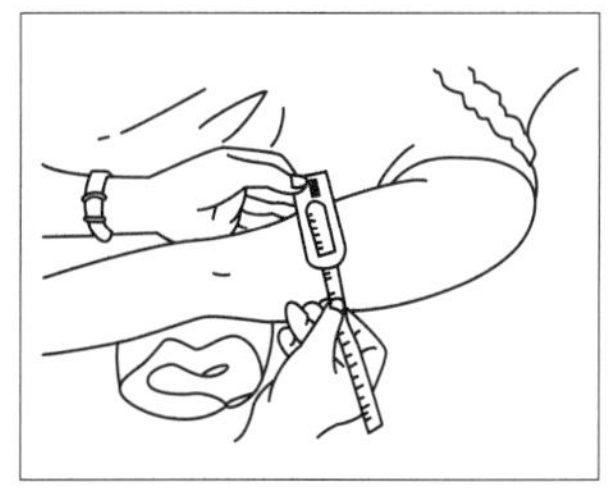

TSFの測定で印をつけた肩甲骨峰突起と尺骨肘頭突起の中間点の部分で，インサーテープを用いて円周の長さを測定する。
この時，強く締めすぎないように注意する。
出所）表2.3と同じ

**図2.4**　ACの測定方法

### 8）そ の 他

超音波，CTスキャン，二重エネルギーX線吸収測定法（DEXA：dual-energy X-ray absorptiometry）などを用いて身体構成成分を確認することも可能である。近年，**サルコペニア**[*2]の診断基準として筋組織を質的に評価する方法として握力が用いられる。

**＊1 生体電気インピーダンス法**　脂肪の電気抵抗は筋肉など他の組織より大きく，電気抵抗値を測定することで脂肪量を推測できる。

**＊2 サルコペニア**　「高齢期にみられる骨格筋量の減少と筋力もしくは身体機能（歩行速度など）の低下」と定義されており，QOLの低下に直結する。

## （4）臨床検査

臨床検査は，病気の診断や治療方針の決定，経過観察の目的で行われる医学的検査である。栄養状態や病態の把握をするためにも用いられ，栄養治療計画をたてる際や栄養判定を行う際に重要となる。病気の診断をするためには，検査値1項目で判断せずに複数の検査値を組み合わせて経時的な検査値の変動をみて栄養状態や病態の改善状態などを，総合的に判断することができる。

臨床検査には，人体から採取した血液，尿，喀痰，組織，細胞などの検体から用いて検査を行う「**検体検査**」と，心臓，腹部，肺，脳，神経などの生

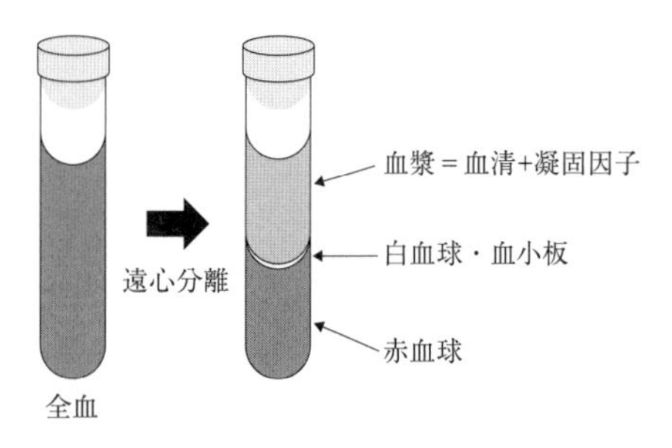


**図 2.5**　血液の成分

理的反応や機能など生体の電気的信号をグラフ化，画像化する「**生理検査**」がある。

#### 1)　血液生化学検査

血液（全血）は血球と血漿に分けられる。さらに血漿部分から凝固因子を取り除いたものが血清である（**図 2.5**）。

検査項目に応じて，全血，血漿，血清を使用する。検査値は 1 日の中でも時間帯によって変動するほか，食事，飲酒，体位などさまざまな要因で変動する。

##### ①　血清たんぱく質

血清中には 100 種類以上のたんぱくが存在し，浸透圧の維持，活性物質の運搬など多くの機能を有している。栄養状態を把握するために，これらのたんぱく質の使い分けを行う。ただし，栄養状態による変動以外にも肝臓でも合成不良や体内からの喪失などでも低下するため，常にその要因を確認することが重要である。

**・総たんぱく（TP：total protein）：**　血液中のたんぱく濃度で，血清中に存在するたんぱく質の総和である。

**・アルブミン（Alb：albumin）：**　**半減期**[*1]が約 3 週間と比較的長く血管外に存在する量が多いため，急性期や短期間の栄養状態を評価する指標としては適切ではない。血清たんぱくの中で 50～70%と最も多く含まれ，生体内のアミノ酸を材料に肝臓で合成されるため栄養状態や肝合成能を反映する。栄養スクリーニングにおいて 3.0g/dL が基準となる。アルブミンの役割は，生体内における栄養や代謝産物などの輸送，アミノ酸の供給源，**膠質浸透圧**[*2]の維持などがある。アルブミンは栄養の指標として重要であるものの，アルブミン値の高値や低値の原因は多岐にわたる。血清アルブミン値が変動する要因を**表 2.4** に示す。

**・RTP（rapid turnover protein）：**　アルブミンよりも半減期が短いたんぱく質の総称で，トランスフェリン（Tf：transferin），トランスサイレチン（TTR：transthyretin），レチノール結合たんぱく質（RBP：retinol binding protein）の 3 つがある。これら栄養指標は，短期間の栄養評価に有用であり**動**

*1 **半減期**　物質の半分の量が消失するのに要する時間。

*2 **膠質浸透圧**　浸透圧の一種で，アルブミンのような血漿たんぱく質で生じる浸透圧のこと。アルブミンは毛細血管の壁を通過できないので血管内の濃度勾配が高くなる。そのため水分を血管内にひっぱる力がある。

**表 2.4**　血清アルブミン値の変動要因

| | | |
|---|---|---|
| 低値 | たんぱく質摂取不足 | 食事が摂れない，消化吸収障害 |
| | たんぱく質合成障害 | 肝機能低下，肝硬変などの肝障害 |
| | たんぱくの異化亢進 | 悪性腫瘍，手術，外傷，熱傷<br>甲状腺機能亢進症，クッシング症候群 |
| | たんぱくの体外喪失 | 手術，外傷，熱傷，ネフローゼ症状群<br>たんぱく質漏出性胃腸症 |
| 高値 | 脱水，アルブミン製剤や新鮮凍結血漿の使用 | |

**表 2.5**　栄養の指標と半減期

| | 半減期 | 役割 | 参考基準値 |
|---|---|---|---|
| アルブミン<br>(Alb) | 21 日 | 浸透圧の維持<br>物質の運搬<br>酸化還元緩衝機能 | 3.9～4.9g/dL |
| トランスフェリン<br>(Tf) | 7～10 日 | 鉄の輸送 | 200～400μg/mL |
| トランスサイレチン<br>(TTR) | 2～4 日 | サイロキシンの輸送<br>RBP と結合し RBP の腎からの漏出を防ぐ | 男：23～42mg/dL<br>女：22～34mg/dL |
| レチノール結合蛋白<br>(RBP) | 0.5 日 | レチノール（ビタミン A）の輸送 | 40～50μg/mL |

**的栄養アセスメント**に用いられる（**表 2.5**）。

**・トランスフェリン（Tf：transferin）：**　半減期 7～10 日。鉄の運搬および過剰な鉄の中和を行う糖タンパクである。血清鉄の影響を受けるため，貧血等鉄欠乏性状態で高値を示す。

**・トランスサイレチン（TTR：transthyretin）：**　半減期 2～4 日。プレアルブミン（PA：prealbmin）とも呼ばれている。肝臓で合成される甲状腺ホルモンであるサイロキシン（T4）の運搬に関与するタンパクである。RTP の中で測定感度や半減期の点からも最も有用とされている。

肝機能障害で低値となるほか，低栄養，たんぱく漏出性胃腸炎，ネフローゼ症候群でも低値となる。

**・レチノール結合たんぱく（RBP：retinol binding protein）：**　半減期 0.5 日。RTP のなかではもっとも短いため，栄養状態の変化を鋭敏に評価することができる。レチノール（ビタミン A）の運搬を担っている。

低栄養，肝機能障害，たんぱく漏出性胃腸炎で低値を示す。過栄養性脂肪肝，腎不全，甲状腺機能低下症，妊娠後期で高値となる。

**②　血清酵素**

**・コリンエステラーゼ（ChE：cholinesterase）：**　半減期 1～2 週間。主に肝臓で産生され，コリンエステルを分解する酵素である。

低栄養や肝硬変，急性肝炎などの肝機能障害で低値を示し，ネフローゼ症候群，甲状腺機能亢進症，過栄養，脂肪肝，肥満で高値となる。

基準値：172～457 IU/L

**・AST（アスパラギン酸アミノトランスフェラーゼ）：**　肝炎などの肝細胞障害により血中に逸脱し上昇する。心臓，肝臓，骨格筋に多く存在し，心筋梗塞，肝疾患，閉塞性黄疸，甲状腺機能亢進症などで高値となる。基準値：13～35IU/L

**・ALT（アラニンアミノトランスフェラーゼ）：**　AST と同様に肝細胞障害で高値となる。ALT は肝臓特性が高いため，脂肪肝や慢性肝炎では

AST/ALT 比が低くなり，肝硬変では AST/ALT 比が高くなる。基準値：8 ～48IU/L

③ **窒素化合物**

・**血清クレアチニン（CRE：creatinine）：** クレアチニンは，クレアチンから産生され筋肉内で老廃物として血中に放出される。そののち腎糸球体で濾過され，尿細管で再吸収されないまま尿に排出されるので，糸球体濾過機能や腎血流の変化を示す。一方で，筋肉量に左右されるため筋肉質な若者と筋肉の少ない高齢者では，同じクレアチニン値でも腎機能は異なる。

長期臥床，筋ジストロフィー，甲状腺機能亢進症で低下し，腎炎，尿路閉塞，うっ血性心不全，脱水で高値となる。

基準値：男性 0.7～1.1mg/dL，女性 0.5～0.8mg/dL

・**血中尿素窒素（BUN：blood urea nitrogen）：** 摂取したたんぱく質の代謝過程でアンモニアが生じる。これを無毒化して排泄するため，肝臓で尿素に変換し最終的に腎臓で尿として排泄する。尿素窒素は尿素に含まれる窒素分をいい，窒素を測定して値を求めている。

たんぱく質摂取量の低下，肝不全で低値となり，腎障害，脱水，消化管出血，たんぱく質摂取過剰で高値となる。基準値：7 ～19mg/dL

・**尿酸（UA：uric acid）：** 尿酸はプリン体の最終代謝産物である。主に肝臓，骨髄，筋肉で生成され，主に腎臓から尿中に排泄される。

食事による摂取過多，アルコールの摂取，腎機能低下で高値となる。尿酸が血清中で飽和濃度 7.0mg/dL 以上になると結晶化して組織に沈着し痛風発作，尿路結石，痛風腎などを引き起こすきっかけとなる。

基準値：男性 4.0～7.0mg/dL，女性 2.5～5.6mg/dL

④ **糖 代 謝**

・**血糖値：** グルコースの血中濃度を血糖値という。消化管からの吸収，肝臓での糖新生で上昇する。食事，ストレス，運動の影響を受ける。

糖尿病，クッシング症候群，膵疾患で上昇し，インスリノーマ，副腎皮質機能低下症で低下する。

基準値：空腹時血漿グルコース（FPG）60～109mg/dL

・**グリコヘモグロビン（HbA1c）：** ヘモグロビンにグルコースが結合した糖化産物の総称。過去１～２ヵ月の血糖コントロール状態を反映する。食事内容や運動量，ストレスの影響を受けやすい血糖値や尿糖値と比較して，生理的因子による変動がない。しかし，貧血等でヘモグロビンが低値の場合，見かけ上 HbA1c が低値となるため，グリコアルブミンなど別の項目で血糖コントロールの評価を行う。基準値：4.6～6.2%

・**グリコアルブミン（GA：glycoalbumin）：** アルブミンとグルコースの結

合物で，過去2週間から1か月の血糖コントロール状況を反映する。血糖管理状態が急激に原価するような代謝状態や，貧血・異常ヘモグロビン症のようなHbA1cが正しく評価できないときに測定する。

アルブミンが低値となるネルフローゼや甲状腺機能亢進症などでは，GAは低値となるが，肝硬変，甲状腺機能低下症では高値となる。

基準値：11～16%

**⑤　脂質代謝**

**・総コレステロール（TC：total cholesterol）：**　コレステロールは胆汁酸やステロイドホルモンの原料となる。

肝硬変，甲状腺機能亢進症，栄養不良で低値となる。脂質異常症，ネフローゼ症候群，胆道閉塞，糖尿病などで高値となる。

基準値：142～248mg/dL

**・中性脂肪（TG：triglyceride）：**　食事の影響を受けやすく，食後2～6時間は高値となりアルコールと脂質を同時に摂取した場合，12時間以上経過してもTGは2倍以上の値を示すため，採血の際には空腹時が基本である。

基準値：26～149mg/dL

**・LDLコレステロール（Low density lipoprotein）：**　動脈硬化性疾患の評価指標として優れている。直接測定されていない場合は，トリグリセリド（TG）< 400mg/dLであれば，フリードワルド（Friedewald）の式，LDL-C＝TC－HDL-C－TG×0.2の式で計算できる。基準値：65～163mg/dL

**・HDLコレステロール（Hight density lipoprotein）：**　血管壁など組織に沈着した過剰なコレステロールを取り除く機能があり，高値になるほど動脈硬化などの障害が起こりにくい。

基準値：男性38～90mg/dL，女性48～103mg/dL

**・non-HDLコレステロール：**　総コレステロール値から善玉コレステロールすなわちHDL値を引いた値。食後採血でも値が左右されない。中性脂肪を含めた悪玉の総和の指標。

**2）　尿検査**

**①　尿糖**

血糖値が170～180mg/dLを超えると，正常な腎臓ではブドウ糖を再吸収できなくなり尿糖が出現する。基準値（**定性***）：陰性

**②　尿たんぱく**

腎炎やネフローゼ症候群で高値となる。糖尿病性腎症では，尿にたんぱくが出現する以前にアルブミンが出現する。そのため，尿アルブミンの測定で早期に発見することが重要である。基準値：定性陰性

**＊ 定性**　数値で表せない結果を主観的に表す状態のことで，試験紙法を用いて検査を行う場合は，「陰性」「陽性」で表す。

**③ 尿ケトン体**

アセトン・アセト酢酸・$\beta$-ヒドロキシ酪酸の総称である。糖質不足や糖質がうまく利用されないとき，エネルギー源として脂肪が利用され，その代謝産物としてケトン体が産生される。尿ケトン体は，尿試験紙法で検査できるため一般的に血液よりも尿で検査が行われる。糖尿病ケトアシドーシス，飢餓，絶食，嘔吐，下痢，外傷，発熱などで陽性を示す。

基準値（定性）：陰性

**④ 尿クレアチニン**

クレアチニンは，腎臓で再吸収を受けずにそのまま尿中に排出される。尿のクレアチニンは食事や尿量の影響を受けにくいので，腎機能の評価の際にも基準となる。24時間尿中のクレアチニン排泄量は筋肉量に比例する。基準値：男性0.7～2.2g/日，女性0.4～1.5g/日

**⑤ クレアチニン・身長係数（CHI：creatinin height index）**

骨格筋量は身長によって規定されることから，その人の24時間尿より測定されたクレアチニン排泄量と，標準体重当たりの平均的な24時間尿中クレアチニン排泄量（クレアチニン係数）の比率で筋たんぱく質量を推定する。

$$\text{CHI（\%）} = \frac{\text{24時間尿中クレアチニン排泄量（mg/日）}}{\text{標準クレアチニン排泄量（mg/日）}} \times 100$$

標準クレアチニン排泄量（mg/日）＝標準体重（kg）×**クレアチニン係数**[*1]で算出する。

CHI（%）＝60～80%を中等度栄養障害，CHI（%）＜60%を高度栄養障害と判断する。

**＊1 クレアチニン係数** 標準クレアチニン排泄量を算出するためのクレアチニン係数は，男性23mg/kg，女性18mg/kgとしている。

**⑥ 尿中3-メチルヒスチジン（3-methylhistidine：3-Mehis）**

筋原繊維タンパクのアクチンとミオシンの構成アミノ酸で筋たんぱく質の分解によって生じるため筋肉量を反映している。手術や外傷などの侵襲による異化亢進で尿中排泄は増加し，栄養不良時には低下する。日本人成人での標準排泄量（μmol/kg/日，平均±標準偏差）として，男性：5.2±1.2，女性：4.0±1.3，との報告がある。

**⑦ 窒素出納**[*2]

摂取したたんぱく質の窒素含有量と，体外に排出された窒素量の差をみることにより，体内のたんぱく質代謝が異化状態か同化状態か判定することができる。侵襲時やたんぱく質摂取量が少ないとき異化が起こり，窒素出納は負（マイナス）となる。

窒素出納は，栄養療法の指標のほかたんぱく質必要量を推定する場合に用いられる。

**＊2 窒素出納** 用いる係数について 6.25：窒素がアミノ酸質量の約16%を占めていることから，100÷16より算出。4：尿以外からの窒素排泄量を約4gとしている。

$$窒素出納（g）=\frac{たんぱく質摂取量（g/日）}{6.25}-（24時間尿中尿素窒素出納量（g）+4（g））$$

### 3)　免疫機能検査

低栄養状態や異化亢進状態では，消耗や各種栄養素不足による免疫細胞の合成低下により，免疫能が低下する。そのため免疫能も栄養状態を反映している。免疫能には，**細胞性免疫**と**液性免疫**がある。

#### ①　細胞性免疫

末梢血総リンパ球数（TLC：total lymphocyte count）や遅延型皮膚過敏反応などがある。リンパ球数は細胞性免疫に関与しており 2,000/μL 以上あるが，栄養状態が悪くなると低下する。総リンパ球数は以下の式で求められる。

$$\textbf{総リンパ球数（TLC）}=\frac{白血球数（/\mu L）\times リンパ球数分画（\%）}{100}$$

#### ②　液性免疫

液性免疫には免疫グロブリンや補体，サイトカインなどがある。

#### ③　C 反応性たんぱく（CRP：C-reactive protein）

急性炎症を示すあらゆる疾患で上昇し，炎症の重症度を鋭敏に反映する。

### 4)　静的栄養アセスメント指標

測定した時点での栄養状態を把握する評価として，身体計測指標（身長・体重，BMI，体脂肪率，皮下脂肪率，上腕筋周囲長など），血清指標（血清総たんぱく，血清アルブミン，総コレステロール，総リンパ球数など），1 日当たりの尿中クレアチニン排泄量など比較的半減期の長く，代謝回転の遅い指標を用いた静的栄養評価がある（**表 2.6**）。

### 5)　動的栄養アセスメント指標

経時的な変動を評価し，栄養状態の改善効果の評価・判定や治療効果の判定をするために，半減期が短くたんぱく代謝を鋭敏に反映するトランスサイレチンやレチノール結合たんぱく，トランスフェリンを用いた動的栄養評価などがある（**表 2.7**）。術後に行うことで**周術期***の栄養管理の評価ができる。

＊ **周術期**　術前，術中，術後を総称して周術期という。

### 6)　予後判定アセスメント

予後判定アセスメントは，複数の栄養指標を組み合わせて，栄養障害のリスクを判別し治療の効果や予後を判定できる。外科領域で術前の栄養状

**表 2.6**　栄養アセスメントに用いられる静的栄養指標

| | |
|---|---|
| 身体計測 | 体格：体重変化率，BMI，体脂肪率，体組成<br>周囲長：上腕周囲長（AC），下腿周囲長（CC）<br>皮下脂肪厚：上腕三頭筋皮下脂肪厚（TSF），肩甲骨下部皮下脂肪厚（SSF）<br>筋周囲長：上腕筋囲（AMC），上腕筋面積（AMA） |
| 尿検査 | クレアチニン：クレアチニン身長係数 |
| 血液・生化学検査 | 総タンパク質（TP），アルブミン（Alb），コリンエステラーゼ（ChE）<br>総コレステロール（TC），トリグリセリド（TG）<br>総リンパ球数（TLC）<br>C 反応性タンパク質（CRP） |

**表 2.7**　栄養アセスメントに用いられる動的栄養指標

| | |
|---|---|
| エネルギー代謝測定 | 基礎エネルギー消費量（BEE），安静時エネルギー消費量（REE）<br>**呼吸商（RQ）***2<br>エネルギー基質：糖利用率 |
| 尿検査 | 尿素窒素：窒素出納<br>尿中 3-メチルヒスチジン<br>尿ケトン体 |
| 血液・生化学検査 | 急性相たんぱく（RTP：rapid turnover protein）：トランスフェリン，トランスサイレチン<br>レチノール結合たんぱく<br>フィッシャー比（BCAA/AAA） |

態から術後合併症の発生率，術前の栄養状態から術後合併症の発生率，術後の回復過程の予後を推定するとき，小野寺らの**予後栄養指数：PNI**（prognostic nutritional index）が用いられている（**表 2.8**）。

**表 2.8**　予後判定指数

| 予後栄養指数 |
|---|
| PNI = (10 × Alb) + (0.005 × TLC)<br>判定　PNI ≦ 40：切除吻合禁忌，40 < PNI：切除吻合可能 |
| Alb：アルブミン（g/dL），TLC：総リンパ球数（$mm^3$） |

出所）小野寺時夫，五関謹秀，神前五郎：Stage Ⅳ，Ⅴ（Ⅴは大腸癌）消化器癌の非治癒切除・姑息手術に対する TPN の適応と限界，日本外科学会雑誌，84,1031（1983）

血清アルブミン値（g/dL），総リンパ球数（/μL）で術前の栄養状態を評価する。手術の危険度が高い場合には，可能な限り手術を延期する。術前の血清アルブミン値は，簡易的な術後の予後判定の目安として用いることができる。

＊ **呼吸商（RQ）**　間接カロリーメーターを用いることにより RQ を測定することができる。RQ は，$O_2$ 消費量と $CO_2$ 産生量の比（$CO_2/O_2$）であり，炭水化物の RQ は1.0，たんぱく質は0.8，脂質は0.7である。

### (5)　栄養・食事調査

栄養指導時に，これまでの食事摂取状況について聞き取りを行うことは，患者の栄養状態を評価するうえで最も重要であり必要不可欠である。栄養・

**表 2.9**　各種食事調査法の概要と注意点

| 調査方法 | 概要 | 注意点 |
|---|---|---|
| 秤　量　法 | 調理前に食品の重量を計量・記録して栄養価を算出する方法 | 煩雑なため調査日数は 3 日間程度となり，対象者の平均的な摂取栄養量を反映しない場合がある。特別な日を除いて実施することが望ましい |
| 陰　善　法 | 食事は 1 人分多く作り栄養価を算出する。調査員が計算する方法と栄養素を科学的に分析する方法がある | サンプル食の受け取りが煩雑。専門機関に成分分析を依頼する場合には費用が発生する |
| 残食調査法 | 提供前に食事量を計算し，食後に残食を計量する。その摂取割合から食事量および摂取栄養量を算出する | 病院などの集団給食では，他の喫食者の食事と混同しないようにトレーの色を変えるか別表示にするなど調査食を明示する |
| 食事記録法 | 一定期間に摂取した食品や料理名を記録して栄養価を算出する | 食事摂取するごとに記録し，記録漏れがないようにする。食品量は目安になることが多いのでフードモデルなどを用いて具体的に確認する。若年成人男女，中年女性，肥満傾向の中年男性で過小申告の傾向が認められているので，結果の解釈には注意が必要である |
| 24 時間思い出し法 | 調査前日の 1 日分（24 時間）の食事摂取量について調査する。自記式と調査者による面接式がある | 対象者の記憶を引き出し，記入漏れなく詳細に書き出せるように，調査用紙や聞き方を工夫する |
| 食事摂取頻度調査法 | 食品・料理のリストと摂取頻度を記入する調査票を用いて，習慣的な摂取量を把握する方法。自記式と調査者による面接式がある | 一定期間の平均的摂取量を尋ねる形式が多く，対象者が回答に迷うことがある。調査の種類には FFQg，BDHQ などがある。目的に応じた種類を選択する |
| 写真による食事記録法 | カメラやスマートフォンを利用して摂取前後の食事を撮影し，内容を評価・分析する方法 | 目安量がわかるように，名刺など大きさの規格が決まったものと食事を一緒に写すとよい。調味料や油脂の使用量など画像には現れない食品に注意する |

自記式の調査票を用いる場合は記入例を配布し，調査票回収時に面接にて記入ミスがないか確認することが望ましい。
出所）津田謹輔ほか監修：Visual 臨床栄養学 I 総論，38.テキスト，中山書店（2016）一部改変

食事調査の方法には，目的に応じてさまざまな種類がある。各調査法の特徴を確認し，対象者に合わせ適切な方法を選択して用いることが重要である（**表 2.9**）。

**1)　24 時間思い出し法**

外来栄養指導時に用いられることが多く，指導時に前日の食事，または調査時点から遡って 24 時間分の食物摂取内容をフードモデルや写真などを使いながら目安量を尋ね，食品成分表を用いて栄養素摂取量を算出する方法である。管理栄養士が問診をするため，患者の負担は少ない。しかし，この方法の短所としては 1 日前の食事内容しかわからないことや，管理栄養士の聞き方によって値が大きく変わってしまうことがあるので，患者の忘れていることもうまく聞き出すテクニックが必要である。

**2)　食物摂取頻度調査法**

一定の期間内に，その食品を摂取した頻度を聞き取る方法である。近年の食生活では，家庭での調理が減少し外食や加工食品，ファーストフード，菓子類の喫食が増え，食形態も多様化している。生活習慣病のように日常の食生活が影響する疾患の場合は，この方法が適する。

市販されている調査票に食物摂取頻度調査（FFQg：food frequency questionnaire based on food groups），簡易自記式食事歴質問票（BDHQ：brief-type self-administered diet history questionnaire）などがある。

**3)　食事記録法（秤量法）**

調理した食材の品名や重量を記録させる方法である。これは，対象者の負担が大きく 3 日間程度に留めざるを得ない。ただし特別な日や通常と異なる食生活の日は調査対象の日から除くこととする。

### (6)　栄養ケアプロセス

栄養ケアプロセス（NCP：Nutrition Care Process）は，栄養管理の方法を標準化することを目指し，米国栄養士会が中心となって提唱しているものである。栄養の分野における栄養診断の結果は，国際的に標準化された言語や概念・方法が用いられていなかった状況を踏まえ，2005 年に 7 ヵ国の栄養士会代表者が集まり，栄養ケアプロセスを普及させることに合意を受け，日本では 2012 年に翻訳本が紹介されて用いられるようになってきた。

NCP は，質の高い栄養ケアを提供するためのシステムで ① 栄養アセスメント，栄養領域に限定された ② 栄養診断（栄養状態の判定），③ 栄養介入，④ 栄養モニタリングと評価の 4 段階で構成されている。栄養アセスメントの結果に基づいて，栄養状態の問題が生じている原因を明らかにして具体的な目標を明示し，栄養介入を行うことで栄養状態を改善することを目的としている。

**A　栄養診断の用語**　栄養診断では，①摂取量（NI：Nutirition intake）②臨床栄養（NC：Nutrition clinical）③行動と生活環境（NB：Nutirition behavior）の3つの領域から構成されており計70種類の国際標準化された**栄養診断コード**の中から，対象者の栄養問題に該当する項目を選択し，栄養領域に限られた栄養診断コードを選出する（巻末参照）。栄養診断を行う際には，栄養改善の重要性を判断し，優先順位をつける栄養診断名はできるだけひとつに絞り込み，多くても3つ以内に整理する。

**B　栄養診断の記載方法（PES報告）**　栄養診断の結果は，PES（ペス）を用いて，問題点（Problem），原因や要因（Etiology），栄養診断名，判定した栄養問題の根拠となる栄養アセスメント上のデータや症状/徴候（Sign/Symptoms）に分けて，簡潔な短文で記載する（**図2.6**参照）。

例：**NI-2-1　経口摂取量不足**

どんな時にこの診断名を使うのか。

食事量が絶対的に不足しているが，エネルギー量や必要な栄養素量を○○kcal，○○gなど，細かく数値にする必要がないと判断した時に使用する。次回の栄養介入やアセスメントを行う時，これらの数値を1番の指標にしない場合。

S（徴候，症状/栄養診断の根拠となる事項）

・食事摂取量は平均4割で1週間続いた。
・食事は，宅配弁当が1日1食で，2週間程度続いている。
・体重が1カ月で5kg減った。

など数値化できるものを抽出する。栄養アセスメントとして栄養診断の根拠となった事項である。

E（要因・原因）

栄養問題が生じた原因である。すなわち要因・原因は，管理栄養士・栄養士が介入し解決するための対策を講じることができる内容となる。栄養指導や栄養補給（栄養管理の方法）により改善できる内容を明確に表現する。

〈経口摂取量不足の「要因・原因」と考えられる具体例，それぞれに対して具体策を考えてみよう〉

・好き嫌い，慣れない食事
・味覚低下，味覚異常
・入れ歯が合わない，入れ歯がない
・食べると口の中が痛い，喉が痛い
・吐き気，嘔吐
・認知症で十分に食べられない，誤嚥する

など，これらの原因に対する対策も同時に検討して整理しておくとよい。

出所）栄養ケアプロセス研究会監修：改訂新版　栄養管理プロセス，25，第一出版（2022）より一部改変

**図2.6**　栄養診断の根拠と要因（原因）の考え方（例）

## 2.2 栄養管理の目標設定と計画作成

栄養ケア計画とは，疾病またはその重症化の予防，傷病者の療養，高齢者・障害者等の介護または虚弱化・要介護化の予防のために，食事療法・栄養療法の技術と支援的な指導手法を用いて，栄養管理，食事管理などを実施するための計画を立案することである。

目標を達成するためには計画を実施し，**モニタリング**[*1]，評価を行う。栄養ケアプロセスは，このサイクルをいい，繰り返すことで目標達成を目指す。

*1 モニタリング　監視，観察，観測を意味し，患者の状態を継続または定期的に観察・記録することをさす。

### 2.2.1 目標の設定

傷病者・要支援者・要介護者への栄養管理では，対象者個々の栄養状態を評価（アセスメント）し，必要となる各種栄養素量を算出，必要十分量を補給することが最も重要となる。この章では，エネルギー・たんぱく質・脂質・炭水化物（糖質）などの投与量の決定方法を示すが，投与実施後も患者個々の身体状況，疾患治療状況，代謝状態，薬剤との相互作用などについての再評価を適時行い，刻々と変化する対象者個々に必要な栄養素の投与量を検討すべきである。

### 2.2.2 栄養投与量の算定

#### (1) エネルギー量の求め方

栄養管理の実践では，患者個々の年齢，性別など個体差に加え，代謝動態なども十分に考慮して，適切なエネルギー投与量を決定することが必要となる。特に傷病者では，手術など侵襲によりエネルギー代謝の亢進などが想定され，エネルギー需要に満たないエネルギー投与量となっている場合も多く，エネルギー投与量の不足はカタボリズムを招くことになるので注意が必要である。

**「日本人の食事摂取基準」**[*2]に示される数値はあくまでも健常人を対象としているため，疾患ごとに作成されている各種「診療ガイドライン」に準拠し，患者個別に作成される栄養管理計画を基に，経時的に変更（見直し）することが望ましい。

*2 日本人の食事摂取基準　（日本の厚生労働省が）健康な個人または集団を対象として，国民の健康の維持・増進，エネルギー・栄養素欠乏症の予防，生活習慣病の予防，過剰摂取による健康障害の予防を目的として制定したエネルギーおよび各栄養素の摂取量の基準である。

一方，過剰なエネルギー投与は，高血糖に伴う肥満・脂肪肝などの障害に加え，集中治療室（ICU）などの患者では，過剰な$CO_2$産生による呼吸不全と人工呼吸器管理期間の延長を招くことが危惧される。また，極度の栄養不良患者への過剰な栄養投与は，**リフィーディング症候群**[*3]（心不全，低リン血症，呼吸不全など）の原因となることから，絶食（飢餓）期間などを十分に考慮して必要エネルギー量の設定と投与タイミングが決定されるべきである。

*3 リフィーディング症候群　慢性的な低栄養状態に対して，急激な栄養補給を行った場合に生じる，水・電解質の分布異常により引き起こされる代謝性の合併症である。

必要エネルギー量が決定され投与を実施することになるが，患者の栄養摂取状態，身体変化（体重の推移），疾患からの回復状態などを継時的に臨床検査データなどで把握し，必要エネルギー量の調整を行うことが，最も重要な点である。

必要エネルギー量の最も単純な算出方法として汎用されているものは，糖尿病患者を中心とした慢性疾患患者の必要エネルギー量の設定に用いられている方法であり，「目標体重」に身体活動レベルによる「エネルギー係数(kcal/kg)」を掛けて求める方法が一般的である。

高齢者のフレイル予防では，身体活動レベルをより大きい係数を用いて設定することが推奨されている（p.95 **表 3.8**）。また，肥満者で減量を必要とする場合には，身体活動レベルをより小さい係数を用いて設定することが推奨されている。

総死亡率が最も低い BMI は年齢によって異なり，一定の幅があることを考慮し，「目標体重」は，p.95 **表 3.9** により算出することが推奨されている。特に，75 歳以上の後期高齢者は現体重に基づき，フレイル，（基本的）ADL 低下，併発症，体組成，身長の短縮，摂食状況や代謝状態の評価を踏まえ，適宜判断することが求められる。いずれにおいても目標体重と現体重の間に大きな乖離がある場合は，患者の実効性やアドヒアランスを考慮して，**表 3.8** を参考に柔軟に係数を設定する。

一方，エネルギー代謝に影響のない疾患であれば，以下のものがある。(2)が最も簡便であるが，エネルギー必要量は普遍ではないので定期的に見直す必要がある。

* BEE（basal energy expenditure） 基礎エネルギー代謝量（BEE）とは，早朝空腹時に快適な室内等においての安静時の代謝量で，呼吸，循環，体温維持・調節等に消費される。基礎代謝量は加齢に伴い低下する。

(1)**基礎エネルギー代謝量**（basal energy expenditure：BEE*）× 身体活動強度（身体活動による代謝の増加を考慮した活動代謝量）といった推定式で求める。Long の式から算出する方法が一般的である。

**表 2.11**　活動係数とストレス係数

| 活動係数 | | 寝たきり 1.0〜1.2　ベッド上安静 1.2　歩行 1.3　労働 1.4〜1.8 |
|---|---|---|
| ストレス係数 | ストレス別 | 0.6〜1.0　飢餓<br>1.0　侵襲なし<br>1.2　軽度ストレス（腹腔鏡下胆嚢摘出術，開腹胆嚢・総胆管手術，乳腺手術，肝移植）<br>1.4　中等度ストレス（胃手術，大腸手術）<br>1.6　高度ストレス（胃全摘，直腸手術）<br>1.8　超高度ストレス（食道がん・肝臓手術，膵頭十二指腸切除） |
| | 感染症 | 1.0　軽度　1.2　中等度　1.5　高度　敗血症 |
| | 発熱 | 1.2　37℃以上　1.4　38℃以上　1.6　39℃以上　1.8　40℃以上 |
| | 外傷 | 0.9　骨髄損傷　1.1　骨折　1.2　頭部損傷　1.5　多発外傷 |
| | 熱傷 | 1.0　体表面積 10%ごとに 0.2 ずつ増加（最大 2.0） |
| | 臓器不全 | 1.2　1 臓器ごとに 0.2 ずつ増加（4 臓器以上は 2.0） |
| | 担がん状態 | 1.2 |

**表 2.12**　必要エネルギー法の算出方法

| ハリス・ベネディクトの式 |
|---|
| 男性：BEE=66.47 + 13.75 × W + 5.00 × H − 6.76 × A<br>女性：BEE=665.14 + 9.56 × W + 1.85 × H − 4.68 × A<br>単位（kcal/日），W：体重（kg），H：身長（cm），A：年齢（歳） |
| ハリス・ベネディクト方程式（日本人版）　計算式<br>男性：BEE=66 + 13.7 ×体重 kg + 5.0 ×身長 cm − 6.8 ×年齢<br>女性：BEE=665.1 + 9.6 ×体重 kg + 1.7 ×身長 cm − 7.0 ×年齢 |
| 必要エネルギー量＝ BEE ×活動係数×ストレス係数 |
| 例：38℃（1＋0.1=1.1），ベッド上安静（1.2），BEE=1.000kcal<br>必要エネルギー量＝ 1,000 × 1.2 × 1.1 |
| 日本人のための簡易式 |
| 男性：BMR=14.1 ×体重（kg）+ 620<br>女性：BMR=10.8 ×体重（kg）+ 620 |
| 簡易式<br>必要エネルギー量＝体重（kg）× 25～30kcal*<br>*寝たきりの場合は 20kcal を，重労働の場合は 35kcal を用いる。 |

出所）井上修二ほか編：最新臨床栄養学，光生館（2018）を一部改変

〈Long の式〉

必要 1 日エネルギー量（kcal/日）= BEE × **AF**[*1]× **SF**[*2]

基礎エネルギー代謝量の測定は，推定式から算出する方法と間接熱量測定法を用いて直接測定する方法と 2 種類ある。

*1 AF（Active Factor）活動係数
*2 SF（Stress Factor）ストレス係数

①ハリス・ベネディクト（Haris-Benedict：H-B）の式による算出

基礎代謝量の推定のための式であり，男女，年齢，身長，体重により算出する。ハリス・ベネディクトの式は，欧米人のデータより算出しており，日本人版も考案されている（**表 2.12**）。

②間接熱量計による測定

呼気ガス中の酸素と二酸化炭素の量からエネルギー消費量を算出する方法である。エネルギー代謝を正確に評価することが出来るが測定器が必要である。

(2)簡便法

必要エネルギー量（kcal/日）＝体重（kg）× 25～30kcal/kg/日

平均的な必要エネルギー量は 30kcal/kg/日×体重（kg）といわれている。簡便で素早くエネルギー必要量を算出することができる。

各種推定式により算出されたエネルギー量は，現在の体重を維持するためにどの程度のエネルギー量が必要か否かを判断するものであり，体重の変化や目標体重の設定，血清検査データなどを用いて常に評価を行いながら，調整を繰り返すことが必要である。

特に，ICU 管理されている患者には，初期は少ないエネルギー量（9～18

kcal/kg/日）を投与し管理した方が，多量投与（18～28kcal/kg/日）していた患者よりも早く自発呼吸を回復させ，ICU を出てからもより長期間生存したとの報告があるので，投与エネルギー量の決定には十分な注意が必要である。

推定式以外の必要1日エネルギー量の決定方法は，二重標識水法など直接熱量測定法があるが，この方法は被験者を外界と隔離することが必要となり，大規模な実験室や装置が必要となるため，実用的とは言い難い。

### (2) たんぱく質量の求め方

たんぱく質は，骨格筋，内臓，血漿たんぱく質など組織構成たんぱく質，ホルモンや酵素など機能性たんぱく質として体内に存在し，生命活動維持に必須の栄養素である。

しかし，貯蔵形態をもたないため，摂取量が不足すると，主に筋たんぱく質を分解して生命維持に必要なアミノ酸を供給することになり，創傷治癒遅延，感染症のリスク増大につながる。そこで毎日，一定量のたんぱく質の補給が重要となる。

必要エネルギー量決定後，必要タンパク質量を，体重あたりの1日量で決定し，たんぱく質量×4でタンパク質エネルギー量を決定する。その後，総エネルギー量からたんぱく質エネルギー量を引いたエネルギー量を炭水化物と脂質で投与することになる。

健常人の場合は，0.8～1.0g/kg/日とするのが基本的な数値ではあるが，軽度の代謝亢進時には1.2～1.4g/kg/日，高度の代謝亢進時には1.5～2.0g/kg/日程度で初期投与量を算出する。

**必要たんぱく質量（g/日）＝（必要エネルギー量÷C/N *）× 6.25**

*カロリー（C）/窒素（N）比が一般的に150～200になるように調整

尿中尿素窒素から求める考え方もある。1日の尿中尿素窒素（UUN）× 6.25でたんぱく質の崩壊を算出し，それに非尿素窒素によるたんぱく質量4gをプラスすることで，定量的な求め方も可能となる。

栄養評価では，**Maroni の式**を活用し，患者個々のたんぱく質摂取量の把握を行う必要がある。

**Maroni の式**

たんぱく質摂取量(g/日)＝[UUN(g)＋0.031×その時点の体重(kg)]×6.25
＋尿たんぱく量(g/日)

臨床での必要たんぱく質量は，たんぱく異化作用の程度と栄養摂取の妥当性を評価するためにも**窒素出納**によるチェックが望ましい。

### 窒素出納

窒素出納(g)＝[たんぱく質摂取量(g/日)÷6.25]－[UUN(g/24時間)＋4(g)]

UUN＝尿中尿素窒素（urine urea nitrogen）は，生体内から排泄される窒素のうち約80％を占める。侵襲時にUUNを測定することはたんぱく質異化の程度を知るためにも重要である。

窒素出納の目標値は1～3gで，マイナスの場合は体たんぱく質の崩壊，プラスの場合は，筋肉形成での蓄積を意味する。

たんぱく質は過剰に投与してもエネルギーが適切でなければエネルギー源として利用され，体たんぱく合成は抑制される。必要エネルギーに対してどのくらいのたんぱく質（窒素）を投与しなければならないかを評価するためにNPC/N化を算出する。

$$\text{NPC/N 化}=\frac{\text{総エネルギー量(kcal)}-[\text{たんぱく質摂取量(g)}\times 4]}{\text{たんぱく質摂取量(g)}/6.25}$$

### (3) 脂質量の求め方

脂質は各種栄養素中最大のエネルギー源であり，コレステロールや細胞膜成分として重要な役割を果たすものであるが，代謝に伴う代謝合併症には，特に注意が必要である。脂質のエネルギー比率は，約20～40％で，疾患を考慮して量・種類の使い分けを行う（2.5g/kgまでに抑え，代謝における合併症の発生を予防する）。必須脂肪酸は，生体機能調節に欠かすことのできない栄養素であり，脂肪酸比率に注意する。例外として，慢性閉塞性肺疾患（chronic obstructive pulmonary disease：COPD）では，総エネルギー比率の約50％を脂質で供給することになり，逆に炭水化物は総エネルギー比率の約30％以下に管理するなど特殊な場合もある。膵臓疾患や黄疸など膵外分泌酵素の低下，胆汁酸分泌の低下例では，脂質摂取量を制限する。

### (4) 炭水化物量の求め方

炭水化物（糖質）は速やかに利用されるエネルギー源として最も重要とされる成分である。脳，神経，赤血球，腎尿細管，精巣などは，グルコースのみをエネルギー源としているという観点から，100g/day以上の炭水化物（糖質）の摂取量を確保することが望ましいとされている。炭水化物の1日の摂取量は，健常人においては「日本人の食事摂取基準」によると「総エネルギーの少なくとも50％以上が望ましい」とされている。必要以上に供給量が低下した場合，生命維持活動にも大きな影響を与えることになり，最も気になるのがケトアシドーシス（酸血症）や体たんぱく質の分解・合成障害の影響である。炭水化物摂取量の調整は，**Atwater係数***を用いて，以下の式で算出できる。

＊ **Atwater係数** 炭水化物（g）＝[必要エネルギー量（kcal）－必要たんぱく質量（g）×4（kcal）－必要脂質量（g）×9（kcal）]÷4（kcal）

### (5) 糖質投与時の注意点

糖質の過剰投与は，肥満や脂肪肝の原因となるため注意が必要である。

投与する糖質の種類は，消化吸収障害や，耐糖能の有無などを把握し，経静脈栄養法では，エネルギー源として速やかに利用されるグルコースが用いられる。経静脈栄養法では，高濃度のグルコースが補給されることになり，代謝過程でビタミン$B_1$が必須となる。ビタミン$B_1$の不足により，ピルビン酸の蓄積，乳酸の大量生成につながり，乳酸アシドーシスを引き起こすので，経静脈栄養補給を行っている場合，ビタミン$B_1$が投与されているかの確認が必要である。

### 2.2.3 栄養補給法の選択

栄養補給法の選択方法を**図 2.7** に示す。

栄養補給方法には，腸管の吸収を通じて栄養素を補給する消化管栄養補給と，静脈に直接栄養素を補給する静脈栄養補給がある。どちらを選択するかは，患者の消化管機能，病態等により決定される。

消化管栄養補給は，経口栄養補給（食事療法）・経腸栄養補給（enteral nutrition：EN，経鼻栄養補給・瘻管栄養補給）に，静脈栄養補給は中心静脈栄養（TPN）・末梢静脈栄養（PPN）に分類される。

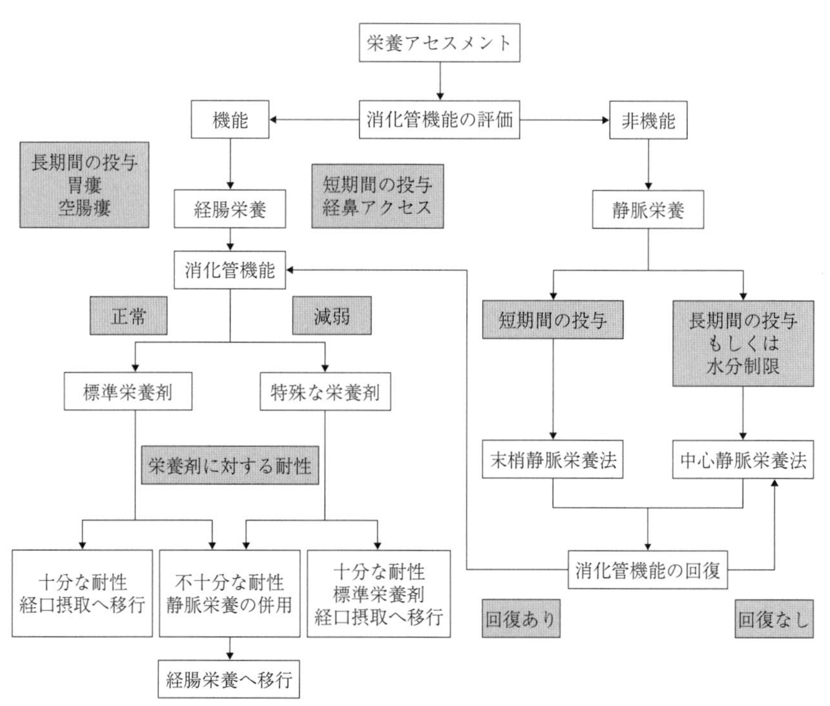


出所）ASPEN Board of Directors and the Clinical Guidelines Task Force : Guidelines for the use of parenteral and enteral nutrition in adult and pediatric patients. *JPEN J Parenter Enteral Nutr*, **26**（1 Suppl）: 1SA-138SA（2002）

**図 2.7** 栄養補給法の選択方法

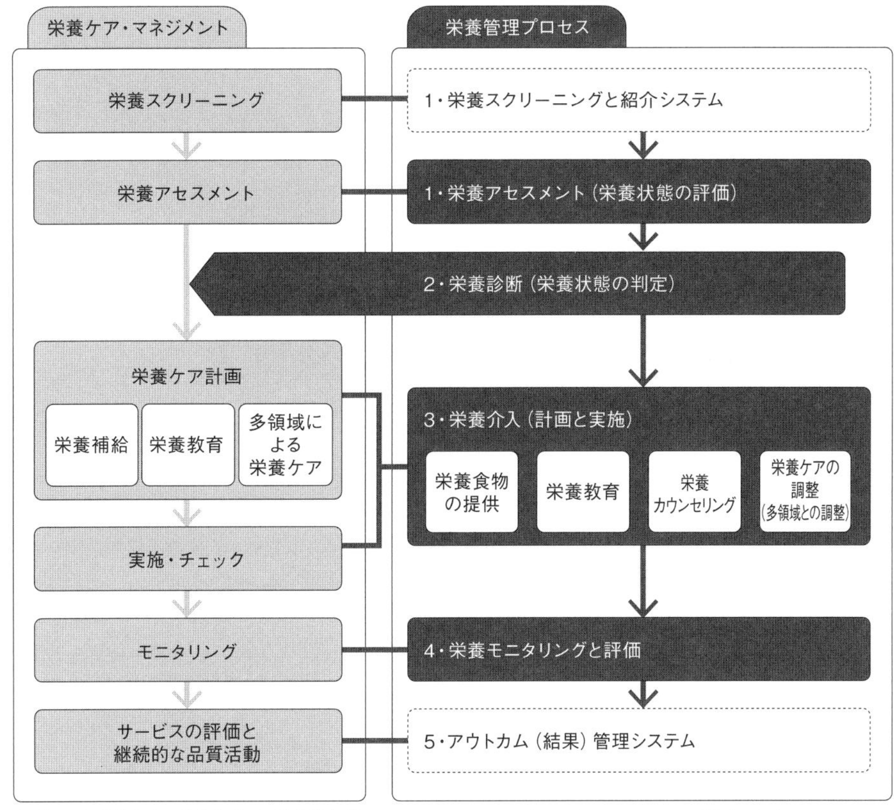


出所）日本栄養士会：栄養管理の国際基準を学ぶ，https://www.dietitian.or.jp/career/ncp/（2019.11.1）

**図 2.8**　栄養ケアプロセス

口からの食事摂取は栄養補給の基本であり，経口栄養補給法と言われる。生体の生理機能を維持する最も理想的な方法であるが，病状により経口摂取が困難なときは，経腸，経静脈から栄養を補給することになる。

**(1)　一般治療食患者の推定エネルギー必要量の算出**

推定エネルギー必要量は，原則として基礎代謝量に対象者の身体活動レベルを考慮して算出する。基礎代謝量は一般治療食患者の性，年齢区分の基礎代謝基準値（kcal/kg 体重/日）と参照身長から算出した参照体重（kg）を用いて算出する（**表 2.13**）。

小児（1～17 歳）では成長に伴う組織の増加を考慮した基礎代謝基準値を用いて算出する。

**(2)　食品構成の考え方**

① たんぱく質（P）：脂質（F）：糖質（C）＝ P：13～15%，F：20～25%，C：50～60%

② 適正な動物性たんぱく質比＝ 40～50%

③ 適正な脂肪酸比率＝飽和脂肪酸（S）：一価不飽和脂肪酸（M）：多価不飽和脂肪酸（P）＝ 3 ： 4 ： 3

多価不飽和脂肪酸については　n-6：n-3＝4：1

### 2.2.4　多職種との連携

患者の栄養管理を行う上で，モニタリングは必須である。各患者の病態に沿った効果的な栄養管理は，多職種と連携することにより，迅速に治療効果をもたらし患者の早期社会復帰が可能となる症例が増えている。近年は，**ERAS（イーラス）***を導入している。

＊ ERAS（イーラス）術後回復促進 Enhanced Recovery After Surgery の頭文字を取ったもので，多職種が連携するチーム医療を軸とした集学的な周術期管理プログラム術後早期回復プログラム（ERAS）のこと。

**表 2.13**　推定エネルギー必要量（kcal/日）

| 性別 | 男性 | | | 女性 | | |
|---|---|---|---|---|---|---|
| 身体活動レベル[1] | Ⅰ | Ⅱ | Ⅲ | Ⅰ | Ⅱ | Ⅲ |
| 0～5（月） | — | 550 | — | — | 500 | — |
| 6～8（月） | — | 650 | — | — | 600 | — |
| 9～11（月） | — | 700 | — | — | 650 | — |
| 1～2（歳） | — | 950 | — | — | 900 | — |
| 3～5（歳） | — | 1,300 | — | — | 1,250 | — |
| 6～7（歳） | 1,350 | 1,550 | 1,750 | 1,250 | 1,450 | 1,650 |
| 8～9（歳） | 1,600 | 1,850 | 2,100 | 1,500 | 1,700 | 1,900 |
| 10～11（歳） | 1,950 | 2,250 | 2,500 | 1,850 | 2,100 | 2,350 |
| 12～14（歳） | 2,300 | 2,600 | 2,900 | 2,150 | 2,400 | 2,700 |
| 15～17（歳） | 2,500 | 2,800 | 3,150 | 2,050 | 2,300 | 2,550 |
| 18～29（歳） | 2,300 | 2,650 | 3,050 | 1,700 | 2,000 | 2,300 |
| 30～49（歳） | 2,300 | 2,700 | 3,050 | 1,750 | 2,050 | 2,350 |
| 50～64（歳） | 2,200 | 2,600 | 2,950 | 1,650 | 1,950 | 2,250 |
| 65～74（歳） | 2,050 | 2,400 | 2,750 | 1,550 | 1,850 | 2,100 |
| 75以上（歳）[2] | 1,800 | 2,100 | — | 1,400 | 1,650 | — |
| 妊婦（付加量）[3] 初期 | | | | ＋50 | ＋50 | ＋50 |
| 中期 | | | | ＋250 | ＋250 | ＋250 |
| 後期 | | | | ＋450 | ＋450 | ＋450 |
| 授乳婦（付加量） | | | | ＋350 | ＋350 | ＋350 |

[1] 身体活動レベルは，低い，ふつう，高いの三つのレベルとして，それぞれⅠ，Ⅱ，Ⅲで示した。
[2] レベルⅡは自立している者，レベルⅠは自宅にいてほとんど外出しない者に相当する。レベルⅠは高齢者施設で自立に近い状態で過ごしている者にも適用できる値である。
[3] 妊婦個々の体格や妊娠中の体重増加量および胎児の発育状況の評価を行うことが必要である。
注1：活用に当たっては，食事摂取状況のアセスメント，体重およびBMIの把握を行い，エネルギーの過不足は，体重の変化またはBMIを用いて評価すること。
注2：身体活動レベルⅠの場合，少ないエネルギー消費量に見合った少ないエネルギー摂取量を維持することになるため，健康の保持・増進の観点からは，身体活動量を増加させる必要がある。
出所）日本人の食事摂取基準 2020年版より

## 2.3 栄養・食事療法と栄養補給法

### 2.3.1 栄養・食事療法と栄養補給法の歴史と特徴

食べることは，生きることである。食事は病気を予防し，治癒することに寄与しているが，日本における治療食研究のはじまりは慶應義塾大学医学部の食養研究所とされている。1933（昭和８）年には研究成果の実践の場として大学病院に食養部が設置され，病院給食が提供された。その後，1948（昭和23）年の医療法制定により病院給食が制度的に確立され，今では栄養を摂るためだけではなく，治療の一環として病院給食が位置付けられている。

一方，食事以外からの栄養摂取方法も次々に検討されている。1968（昭和43）年にダドリック（Dudrick, S.）が報告した中心静脈栄養法（長期間，消化管が使えない患者の栄養補給法）は，世界中の患者に多大な貢献をもたらし，急速に普及した。

栄養素を体内に取り入れる方法を栄養補給法といい，腸を経て栄養素が吸収される**経腸栄養法**（EN：enteral nutrition）と，経静脈的に栄養素を投与する**経静脈栄養法**（PN：parenteral nutrition）に大別される（**表 2.14**）。経腸栄養法は，さらに経口栄養法と経管栄養法に分けられる。

経口栄養法は，日常行われている食事の摂取方法で最も生理的である。しかし，口腔内や食道等の障害により食物を噛んだり飲み込むことが困難な摂食・嚥下障害がみられる場合には，胃や十二指腸まで管を通し，消化しやすい形にした食物を送り込む経管栄養法がある。摂食・嚥下障害がなくても消化管機能に障害がある場合には，消化管を経ず直接血液に栄養素を送り込む経静脈栄養法がある。経管栄養法と経静脈栄養法は，本人が望まなくても栄養補給が可能なため強制栄養ともいう。

### 2.3.2 経口栄養補給法

#### (1) 目　　的

経口栄養補給法は，食事を経口摂取し，咀嚼・嚥下後，消化・吸収し体内に栄養素を取り入れる生理的な方法である。

病院で患者に提供される食事は，栄養状態の維持・改善や疾病の改善・合併症予防，患者のQOLを高めることを目的とする。一方，介護保険施設において入所者に提供される食事は，低栄養を予防し，要介護状態の軽減・悪化を防止し，生活機能の維持・改善を図ることを目的とする。どちらの食事も対象者個々に合わせた栄養量を提供し，エネルギー量 1,200kcal～2,200kcal まで

**表 2.14**　栄養補給法の特徴

| 栄養補給法 | 経腸栄養 | | 経静脈栄養 |
|---|---|---|---|
| | 経口栄養 | 経管栄養 | |
| 種類 | 一般治療食<br>特別治療食 | 経鼻経管<br>瘻管 | 末梢静脈栄養<br>中心静脈栄養 |
| 部位 | 口 | 胃・十二指腸 | 血液 |
| 咀嚼・嚥下 | 必要 | 不要 | 不要 |
| 消化 | 必要 | 一部必要 | 不要 |
| 吸収 | 必要 | 必要 | 不要 |
| 消化管萎縮 | ない | ない | ある |
| 腸内細菌叢 | 不変 | やや減少 | 減少 |
| 感染症 | ない | まれに起こる | ある |
| コスト | 安価 | やや高価 | 高価 |

は200kcalごとに設定することで，個々の対象者に対して± 100kcal以内でエネルギー補給が可能となる。さらに，栄養状態や身体状況，病態，嗜好に配慮し，対象者の特性に合わせた食事計画により，食欲を増進させる工夫が必要である。患者を対象にした治療のための食事は，性，年齢，体位，身体活動レベル，病態に応じて個々に調整される。その特徴により，**一般治療食**と**特別治療食**の２つに分類される。

### (2) 一般治療食

一般治療食は，特別な食事療法を必要としない患者に提供される食事をいい，年齢等に合わせ成人・妊産婦・小児向け等に食事計画を立てる。

一般治療食は，体内の自然治癒力を向上させることを目的として提供されるため，栄養バランスのとれたものであることが必要とされる。栄養補給量は日本人の食事摂取基準を参考とする。食事のかたさや形態により食形態を分類し，常食・軟食・非固形食がある。

#### 1) 常　食

常食はエネルギー量や栄養素について特別な制限を必要とせず，摂食・嚥下や消化機能に障害のない患者を対象とする。主食は米飯で，副食は日常摂取している食品や調理方法が利用できる。

#### 2) 軟　食

軟食は常食よりも軟らかい食事で，手術後や食欲不振時，口腔内の障害，消化・吸収機能の低下，下痢・発熱時等に用いられる。軟食は主食の粥の濃度により三分粥（全粥３：**重湯**[*1]７），五分粥（全粥５：重湯５），七分粥（全粥７：重湯３），全粥に分けられる。

*1 重　湯　粥の上澄み。

主食に合わせ，副食の量や調理方法を検討し，消化のよい食品を用いる。食物繊維の多い野菜や香辛料等刺激の強い食品は避け，胃内滞留時間が長い脂肪の多い食品も控える。調理方法としては揚げ物よりも蒸す，煮る，焼く等の油を多く使わない加熱調理が適している。したがって，全粥食より三分粥食の方が栄養補給量は少ない。栄養量が不足する場合は，間食でプリンやヨーグルト等を提供する。場合によっては，経腸栄養剤を経口補給させる。病態が回復次第，全粥食あるいは常食へ移行することが望ましい。

#### 3) 非固形食

非固形食は固形物を含まない食品を組み合わせた食事である。非固形食には流動食，ミキサー食（ブレンダー食），嚥下食が該当する。

流動食は消化がよく残渣や刺激が少ない流動状の食事で，主食は重湯，副食は実なしみそ汁や**くず湯**[*2]，ジュース，牛乳等である。また，ヨーグルトやアイスクリームのように固まっていても口腔内で速やかに溶け，ゼラチンゼリーのように簡単につぶれる状態のものも流動食に含まれる。

*2 くず湯　葛粉や片栗粉を水で溶き，砂糖やジュースなどで甘味をつけて加熱したとろみのある飲み物。

流動食は手術後や食欲不振時，口腔内の障害，消化・吸収機能の低下，下痢・発熱時等に用いられる。流動食は主に水分と糖質でできているため，水分補給が目的となる。したがって，必要栄養量は期待できないため，病態が回復次第，軟食へ移行することが望ましい。

ミキサー（ブレンダー）食は軟食の主食や副食をミキサーやブレンダーにかけ流動状にしたもので，栄養補給量は軟食と同量含まれている。そのため，消化・吸収機能の低下はないが，口腔内に障害があり，咀嚼・嚥下機能が低下している場合に用いられる。しかし，軟食にだし汁やスープを入れミキサーやブレンダーにかけた食事は見た目のおいしさに欠けるため，盛りつけ等に配慮が必要である。

嚥下食は咀嚼・嚥下障害がある場合や嚥下訓練用に用いられる食事で，対象者の障害部位や程度，運動機能に合わせて，**食品の密度**[*1]や粘度，**凝集性**[*2]，**付着性**[*3]，温度等に配慮する必要がある。食形態を分類したものとして成人を対象に，嚥下レベルにより食事を５段階，とろみを３段階に分類し，他の分類との整合性をとっている「**日本摂食・嚥下リハビリテーション学会嚥下調整食分類 2021**」がある。また，成人の中途障害者と異なり，思春期までに十分な摂食・嚥下機能を獲得していない児（者）のために，「発達期摂食嚥下障害児（者）のための嚥下調整食分類 2018」がある。これは，主食と副食をそれぞれ４分類，液状食品（飲料・ミルク）を５分類に設定している。

**＊1 食品の密度**　食品の大きさやかたさを示す。

**＊2 凝集性**　口のなかでのまとまりやすさを示す。

**＊3 付着性**　口のなかに貼り付きやすいかを示す。

#### 4）その他

義歯が合わず，噛む機能が低下した場合や開口障害がある場合は，食べ物を小さく刻んで食べやすくした**きざみ食**[*4]が提供される。しかし，唾液が少ない場合は，きざみ食を飲み込むときにまとめられず，むせやすくなる。そこで，見た目は常食と同じで形があるが，噛み切りやすく飲み込みやすいように油やゼラチンなどのつなぎを使い，調理法を工夫した**ソフト食**[*5]がある。

**＊4 きざみ食**　噛まなくて済むように0.5～１cm 位に細かく包丁で刻んだ食事で，大きさを変えたきざみ食を２～３種類提供する施設がある。調理済み食品を包丁で刻む場合は，食中毒菌が付着する可能性が高くなる。

**＊5 ソフト食**　舌で押しつぶせる硬さで，すでに食塊となっており，すべりが良く移送しやすいので，咀嚼機能や食塊形成が低下した場合でも食べやすい。

### （3）特別治療食

特別治療食は，特定の疾患の治療に食事がかかわるため医師が発行する食事せんに基づき，栄養補給量を調整した食事をいう。特別治療食は各疾患のガイドラインや指針に沿った栄養補給量を設定し，設定のない栄養素については食事摂取基準を参考とする。

特別治療食には，疾患ごとに治療食名を管理する疾患別分類と，栄養成分の特徴を治療食名とした主成分別分類がある。病院や介護保険施設によりどちらか一方の分類を用いているが，最近は主成分別分類が増加している。主成分別分類の利点としては，複雑な病態に対してどのような栄養成分を調整すればよいか選択しやすく，病名が異なる場合でも同じような栄養成分であ

表 2.15　主成分別分類の種類と特別治療食の適応疾患

| 治療食名 | 適応疾患 |
|---|---|
| エネルギーコントロール食 | 肥満，糖尿病，妊娠高血圧症候群，高血圧症，脂質異常症，痛風（高尿酸血症），甲状腺機能障害，脂肪肝，慢性肝炎，肝硬変代償期，心疾患，授乳食　など |
| たんぱく質コントロール食 | 肝硬変非代償期，肝不全，腎疾患，ネフローゼ症候群，妊娠高血圧症候群　など |
| 脂質コントロール食 | 脂質異常症，急性肝炎，胆石症，胆嚢炎，急性・慢性膵炎　など |
| ミネラルコントロール食 | 貧血，骨粗鬆症，熱性疾患，下痢，副甲状腺機能低下症　など |
| 易消化食 | 胃・十二指腸潰瘍，急性・慢性胃炎，クローン病，潰瘍性大腸炎，下痢，嚥下障害，術前・術後食，食道静脈瘤，急性腸炎，がん　など |
| たんぱく質・エネルギーコントロール食 | 糖尿病性腎症，慢性腎不全　など |
| ナトリウムコントロール食 | 心不全，高血圧症，アルドステロン症　など |
| 食物繊維コントロール食 | 過敏性腸症候群，クローン病　など |
| アミノ酸コントロール食 | フェニルケトン尿症，ホモシスチン尿症，高アンモニア血症　など |
| 濃厚流動食 | 意識障害，嚥下障害，術前・術後食の栄養管理，消化管通過障害，口腔・食道障害，摂食障害，熱傷，クローン病，潰瘍性大腸炎，がんなど |

出所）福井富穂ほか：イラスト症例からみた臨床栄養学（第3版），東京教学社（2022）一部改変

れば食種を統一できるので，食種の数が整理できることが挙げられる。したがって，主成分別分類の食事にはさまざまな適応疾患が想定されている（**表 2.15**）。

しかし，入院時食事療養制度における特別食は，治療食名と病名の記載がないと**特別食加算**[*1]の対象とならない。したがって，主成分別分類では食事せんに特別食加算対象疾患の記載が必要となる。

**＊1 特別食加算**　入院時食事療養にかかわる費用で，1日3食を限度として76円/食加算される。加算には，特別食の献立表が作成されている必要がある。

### (4)　食品選択と献立作成

献立とは，給与栄養目標量に基づき食品の配分等食事の目的に従って作成される食事計画で，調理を行うための指示書となる。献立には朝・昼・夕・間食等の食事区分と料理名，使用食品とその分量（可食量）を記載している。対象者に合った献立作成が必要であるが，提供される食事は栄養教育媒体ともなり，家庭における栄養・食事療法の目安になることを心得ておく必要がある。

食品は，新鮮な旬の食材を多種類，多品目使用することが望ましい。調理済み食品は，栄養組成が不明な場合もあるので，注意して使用する。必要に応じて**特別用途食品**[*2]も使用する。

**＊2 特別用途食品**　乳児，幼児，妊産婦，病者等の発育または健康の保持・回復に適当な旨を医学的，栄養学的表現で記載し，かつ用途を限定した食品をいう。国の許可がされたものには許可証票がつけられている。

食種や形態による組み合わせがあるさまざまな病院や介護保険施設の献立を立てる場合，食種別に料理を組み合わせた献立を作成することは手間がかかり，経済効率も低下する。そこで，基本献立（常食等の一般治療食）を作成し，それを各食種に合ったように変形して用い，これを**展開食**による献立作成という。各食種の献立は，できるだけ基本献立と同じ食品を使い，調理方法を変化させるか，調理方法は統一し，食種に合った食品を用いるように

する。基本献立は，食品成分表や食品構成表を用いて作成する。食品構成表による献立作成は，**食品群別荷重平均栄養成分値**[*1]から食品群別にエネルギー・栄養素量を振り分けて，各食品の使用量を決め，その目安量にしたがって立てる。

また，糖尿病，腎臓病，糖尿病腎症の栄養教育媒体のひとつに食品交換表がある。これは，患者自身が毎日の献立作成の目安として使う教材である。

*1 **食品群別荷重平均栄養成分値**　施設によって使用する食品の種類や量，頻度が異なるため，各食品群の使用合計量に対して，各食品が占める使用割合を百分率で求める。それぞれの食品重量の栄養価を計算し，合計したものである。

### 2.3.3　経腸栄養補給法

#### (1)　目　的

経腸栄養補給法には，経腸栄養剤を経口から飲む経口栄養法とチューブを使った経管栄養法がある。ここでいう経腸栄養補給法は，後者の経管栄養法をいい，何らかの理由で経口摂取は不可能であるが，消化管機能が維持されている場合，消化・吸収能力の程度に応じた経腸栄養剤を選択し，投与する方法をいう。腸管を使うため，消化管運動や消化液の分泌等消化管の生理機能を維持し，腸粘膜の萎縮を防ぎ，**バクテリアルトランスロケーション**[*2]を避けることができる。

*2 **バクテリアルトランスロケーション**　腸管の上皮粘膜が萎縮し，細菌や毒素などが体内に侵入したような生体反応を示すことをいう。腸管を使用しない経静脈栄養法で，腸粘膜の萎縮がみられる。

#### (2)　適応疾患

摂食・嚥下障害や意識障害，食欲低下により経口摂取のみでは十分な栄養補給が確保できない場合にも適応となるが，患者のQOLを考慮して選択する。

#### (3)　投与方法［経鼻経管法，瘻管（胃瘻，空腸瘻）］

投与方法を決定するためには，患者の状態から投与部位・経路を決定し，経腸栄養剤を選択する。そして，栄養チューブの種類と投与速度・量を決定する。一般的には，経腸栄養補給の投与期間が4週間未満と予測される場合は経鼻経管法（経鼻胃管法，経鼻十二指腸・空腸法）を，それ以上にわたって投与を行うと予測される場合は瘻管法（胃瘻，空腸瘻）を選択する（**図2.9**）。

経鼻経管法とは，鼻腔または咽頭から胃・十二指腸等の消化管に栄養チューブを挿入・留置して経腸栄養剤を投与する方法をいう。誤嚥の危険性のない場合は栄養チューブの先端を胃内に留置する経鼻胃管法を，誤嚥の危険性がある場合は幽門部か十二指腸，または空腸上部に留置する経鼻十二指腸・空腸法を選択する。

経鼻経管法は，栄養チューブを簡単に留置することが可能で経費も安価である。しかし，留置された栄養チューブによる鼻や咽頭部の不快感を生じやすく，自己抜去する患者もみられる。

胃瘻や空腸瘻とは，胃や空腸に瘻孔を造設し，そこから挿入した栄養チューブを留置する方法である。消化管機能が維持されている

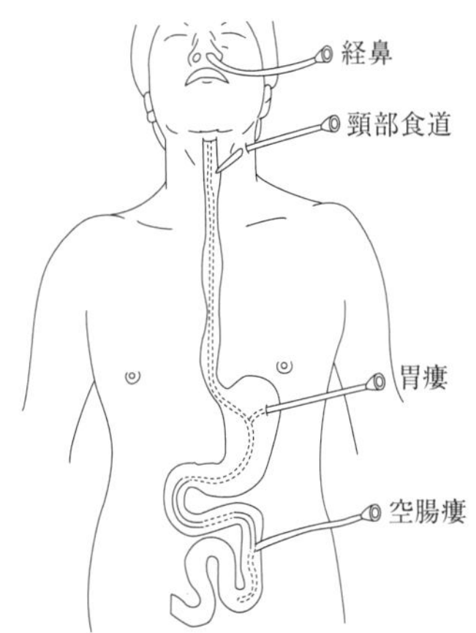


出所）渡邊早苗ほか編：新しい臨床栄養管理（第3版），33，医歯薬出版（2010）一部改変

**図2.9**　経管・経腸栄養法の投与ルート

が，摂食・嚥下障害がある場合に適応され，誤嚥の危険性のない場合は胃瘻を，誤嚥の危険性のある場合は空腸瘻を選択する。特に内視鏡を用いて胃瘻造設を行う場合を**経皮内視鏡胃瘻造設術**（**PEG**：percutaneous endoscopic gastrostomy），同様に腸瘻造設を行う場合を経皮内視鏡空腸瘻造設術（PEJ: percutaneous endoscopic jejunostomy）という。胃瘻部からチューブを挿入し先端を十二指腸・空腸に留置する方法を経胃瘻的小腸瘻造設術（PEG-J: PEG-jejunostomy），頸部食道を穿刺し頸部食道瘻を造設し，留置チューブを食道内へ挿入し，チューブ先端を胃や十二指腸，小腸まで留置する方法を経皮経食道胃管挿入術（PTEG: percutaneous transesophageal gastrotubing）という。

### (4) 栄養補給に必要な用具・機械

経腸栄養を実施するためには，胃および腸管内へ留置する栄養チューブや経腸栄養剤を収容する容器，それらを接続するライン等がある。

経鼻チューブは，5～12Fr のものを用いる。成分栄養剤は 5 Fr でよいが，半消化態栄養剤や食物繊維含有製品は 8 Fr 以上がよい。また，素材もシリコーン製やポリウレタン製があり，硬さが異なるので対象者に合わせて選択する。経鼻チューブ挿入の確認方法には，聴診だけでなく腹部 X 線撮影が推奨されている。

投与方法は持続投与，周期的投与，間欠投与，ボーラス投与があり（**表 2.16**），患者の病態や経腸栄養剤の受け入れ状況等により決定する。空腸経由による投与では，一定の速度で投与する必要があるため，経腸栄養用ポンプが用いられる。いずれの投与方法でも開始速度は 25～50mL/時とし，腹痛や下痢等の消化器症状のないことを確認しながら段階的に投与速度を 150～200mL/時までに増やしていく。下痢を起こした場合も液状の経腸栄養剤は薄めず，投与速度をゆっくりと設定する。

### (5) 経腸栄養剤の種類と成分

経腸栄養剤は原料の食品を加工せず使用した天然濃厚流動食と，加工した食品素材を原料にした人工濃厚流動食に分けられる。さらに人工濃厚流動食は窒素源の違いにより，半消化態栄養剤，消化態栄養剤，成分栄養剤に分類される（**表 2.17**）。

経腸栄養剤は対象者の病態に合わせて選択する。消化態栄養剤は消化・吸収能の低下した手術後や**短腸症候群***，炎症性腸疾患等に適応している。一方，成分栄養剤は脂肪が全エネルギーの 1～2％しか含まれていないため，脂肪吸収能の低下した胆・膵疾患や短腸症

* **短腸症候群**　小腸広範切除に起因する栄養吸収障害がみられ，残存小腸の長さや機能により症状は異なる。低栄養になりやすい。

**表 2.16**　投与方法

| 方　法 | 実　施 |
|---|---|
| 持続投与 | 24 時間かけて持続的に投与する |
| 周期的投与 | 16～20 時間かけて持続的に投与する |
| 間欠投与 | 1 日数回（3～4 時間ごと），30～60 分かけて投与する<br>消化管を休ませる時間がとれる |
| ボーラス投与 | 1 日 3～4 回，注射器を用いて 1 回 10～15 分かけて注入する |

候群，炎症性腸疾患（とくにクローン病）等に適応しているが，長期投与では必須脂肪酸欠乏に注意する。

経腸栄養剤に使用される脂肪は，n-6系多価不飽和脂肪酸を多く含む大豆油やコーン油であるが，炎症等に対して有効な**n-3系多価不飽和脂肪酸**や迅速なエネルギー源となる**中鎖脂肪酸**を含む製剤もあり，脂肪の質にも配慮されている。また，食物繊維を含まない経腸栄養剤は腸管に対して低栄養で，手術等の侵襲が加わると腸粘膜の萎縮，免疫能の低下による酸化ストレスの増大で炎症が強くなる。

**表 2.17**　経腸栄養剤の分類

| 種　類 | | 天然濃厚流動食 | 人工濃厚流動食 | | |
|---|---|---|---|---|---|
| | | | 半消化態栄養剤 | 消化態栄養剤 | 成分栄養剤 |
| 栄養成分 | 窒素源 | たんぱく質 | たんぱく質 | アミノ酸 ペプチド | L型－結晶アミノ酸 |
| | 糖質 | でんぷん | デキストリン | デキストリン | デキストリン |
| | 脂肪含量 | 多い | 多い | 少ない | 微量 |
| | 食物繊維含量 | あり | 一部あり | なし | なし |
| 性状 | 消化 | 必要 | 多少必要 | ほとんど不要 | 不要 |
| | 浸透圧 | 低い | 低い | 高い | 高い |
| | 粘稠性 | 高い | やや高い | やや高い | 低い |
| | 味・香り | 良好 | 比較的良好 | 不良 | 不良 |
| | 剤形 | 液状 | 液状・粉末状 | 液状・粉末状 | 粉末状 |
| 栄養チューブ | | 10～12Fr | 8 Fr | 8 Fr | 5 Fr |
| 取り扱い区分 | | 食品 | 食品・医薬品 | 食品・医薬品 | 医薬品 |

1 Fr（フレンチ：外径）＝0.33mm

経腸栄養剤は栄養成分の違いにより味や香りも異なるが，毎日経口摂取してもあきないようにフレーバーで変化をもたせている。液状の経腸栄養剤はそのまま使用できるが，粉末状は溶解，調製してから使用する。

経腸栄養剤は食品と医薬品の扱いに分けられ，医薬品は医師の処方が必要で，保険適応となる。しかし，食品扱いの経腸栄養剤は入院中においては食事として提供されるが，在宅では医師の処方の必要はなく自己負担となる。

このような経腸栄養剤の特徴から対象者にあったものを選択する。標準的な経腸栄養剤は栄養成分をバランスよく配合し，長期投与が可能で栄養状態を維持することができる（1 kcal/mL）。しかし，心・腎疾患により水分制限を必要とする場合，少量で高エネルギーの高濃度経腸栄養剤を選択する（1.5～2.5kcal/mL）。また，手術等の侵襲を受ける前後には，創傷治癒の促進や感染症発症予防のために免疫力増強を目的とした栄養法（immunonutrition）がとられる。そのときに用いられる栄養剤には，免疫力増強効果のある**アルギニン**[*1]，**グルタミン**[*2]，n-3系多価不飽和脂肪酸，**核酸**[*3]が配合されている。その他にも糖尿病や呼吸器疾患（慢性閉塞性肺疾患や呼吸不全），肝不全，腎不全，がん等の病態に合わせた栄養成分を配合している病態別経腸栄養剤がある（**表 2.18**）。

経腸栄養剤はそのまま経口摂取できるように缶やストロー付きの紙パックに包装されている。しかし，経腸栄養剤を**コンテナ**[*4]に移して持続経管投与する場合には，細菌汚染による下痢に注意する必要がある。その対策として，清潔に投与できる**RTH 製剤**[*5]（RTH：ready to hang）が普及している。

***1 アルギニン**　免疫細胞の賦活，感染性合併症の発症予防に優れているとの報告がある。

***2 グルタミン**　アミノ酸のなかで最も血中濃度が高く，侵襲下では腸細胞や免疫細胞の機能に必要なエネルギー源や窒素源として作用する。

***3 核　酸**　細胞に必須の物質であり，免疫能の正常化に有効である。副作用としては，尿酸値の上昇が報告されている。

***4 コンテナ**　ボトルやイルリガートルなどの硬質コンテナと，バッグなどの柔軟性コンテナ性のコンテナがあり，栄養剤を入れる容器である。

***5 RTH 製剤**　滅菌済みの経腸栄養剤が入ったソフトタイプバッグで，栄養管セットが直接接続可能なクローズドタイプの製品をいう。

表 2.18　病態別経腸栄養剤の種類と特徴

| 病　態 | 経腸栄養剤の特徴 |
|---|---|
| 糖尿病 | 糖質を減らし，一価不飽和脂肪酸を増やし，糖質の一部を難消化性糖質や血糖上昇に関与しない糖質に置き換えている。食物繊維を配合している。 |
| 呼吸器疾患 | 過剰な炭水化物は二酸化炭素を産生させるので，脂肪割合を増やしている。脂質の利用促進のためにカルニチンを配合している。 |
| 肝不全 | 分岐鎖アミノ酸を増加し，フィッシャー比を高くしている |
| 腎不全 | 水分量を控え，低たんぱく質，低リン，低カリウム，低ナトリウムである |
| がん | EPA やたんぱく質を増やしている |

### (6)　経腸栄養の合併症と対応

経腸栄養は静脈栄養に比べ，生理的で合併症も少なく，経費も安価であるため，適応例も多い。しかし，適切な管理を怠れば，栄養チューブ挿入・留置に関連した合併症や胃瘻・空腸瘻に関連した合併症，消化器症状・代謝に関連した合併症が発生する（**表 2.19**）。

成分栄養剤や消化態栄養剤は投与量と同量の水分を含んでいるが，半消化態栄養剤の水分量は投与量の 80～85％である。よって，半消化態栄養剤の場合，脱水症にならないよう水分補給に注意する。また，胃食道逆流や下痢等の予防目的に，半固形化および固形化した経腸栄養剤を使用し，投与時間を短縮すると，これによって便性状の改善や褥瘡発生を予防することができる。

市販の半固形化栄養剤を使用するか，経腸栄養剤に**半固形化剤**[*1]を混ぜ，注射器で注入する方法がある。

浸透圧の高い経腸栄養剤は，腸粘膜での水分再吸収のアンバランスが起こり，**高浸透圧性下痢**[*2]を生じる。半消化態栄養剤は血管内浸透圧（約 290 mOsm/L）に近い浸透圧であるが，成分栄養剤や消化態栄養剤は 550～900 mOsm/L と高浸透圧のため，投与開始時は濃度を薄くするか，低速とする。

また，経腸栄養剤と医薬品の相互作用については，機序の不明なものも多く，報告も少ない。たとえば，経腸栄養剤に含まれるビタミン K とワルファリンカリウムの抗凝固作用などがみられるため，薬剤の特性を確認して

＊1 **半固形化剤**　ペクチン等を含む粉末・液状の半固形化剤は，経腸栄養剤に含まれるカルシウムにより凝固する。粉末寒天でも同様に半固形化できる。

＊2 **高浸透圧性下痢**　吸収されにくい高浸透圧性の溶質が腸管内に多量に存在するため，水分が腸管内腔に移動して起こる下痢である。

＊3 **GFO 製剤**　G：グルタミン，F：食物繊維，O：オリゴ糖を含む製剤のことをいう。

表 2.19　経腸栄養の合併症

| | 合 併 症 | 対　応 |
|---|---|---|
| 栄養チューブ挿入・留置 | 気道へのチューブ誤挿入 | チューブ留置後，送気音を聴診確認。体外へ出ているチューブの長さの確認。腹部 X 線撮影による確認。 |
| | チューブの閉塞 | 注入後は微温湯や酢水でチューブ内腔をフラッシュする。新しいチューブに交換する。 |
| | 誤嚥性肺炎 | 適切な注入速度を守り，胃瘻では注入後挙上させる。空腸瘻にする。半固形化栄養剤を使う。 |
| 消化器症状 | 下痢 | 注入速度を遅くする。経腸栄養ポンプを使用する。経腸栄養剤の種類の検討（変更）。経腸栄養剤の適正温度，食物繊維の添加，**GFO 製剤**[*3]や半固形化栄養剤の使用。経腸栄養補給法の中止。 |
| | 腹痛・腹部膨満 | 胃瘻では注入前に減圧，注入速度を遅くする。半固形化栄養剤の使用。空腸瘻への変更。食物繊維の添加。便秘の解消。 |
| 代謝 | 脱水 | 水分量の再検討。チューブのフラッシュ用水分を増加。 |
| | 必須脂肪酸欠乏 | 脂肪含有経腸栄養剤の使用。脂肪乳剤の定期的な静脈投与。 |

投与することが大切である。

### (7)　在宅経腸栄養管理

病態が安定し，経腸栄養管理が栄養状態の維持・改善に必要と医師が認めた患者が在宅にて行うのが在宅経腸栄養管理である。成分栄養剤や消化態栄養剤を経鼻や胃瘻，空腸瘻等で投与した場合，保険適用となる（**表 2.20**）。半消化態栄養剤は経口摂取しやすいが，クローン病や短腸症候群のような病態では消化態栄養剤が適するので，夜間経鼻的に投与する。

**表 2.20**　在宅経腸栄養管理に関する保険適用

| 項目 | 点数 |
|---|---|
| 在宅成分栄養経管栄養法指導管理料<br>在宅半固形栄養経管栄養法指導管理料 | 2,500 点/月 |
| 在宅小児経管栄養法指導管理料 | 1,050 点/月 |
| 在宅経管栄養法用栄養管セット加算* | 2,000 点/月 |
| 注入ポンプ加算（2 月に 2 回）* | 1,250 点/月 |

*同時算定可，月 1 回算定（2022 年 4 月現在）

## 2.3.4　静脈栄養補給法

### (1)　目　　的

消化管機能が低下し栄養素の吸収ができず，腸管を安静にする必要がある場合，血液に直接栄養素を含む輸液を送り込み，栄養状態の維持・改善を図ることを目的とする。

### (2)　適応疾患

経口および経腸栄養補給ができず，消化管の使用ができないイレウスや急性膵炎，短腸症候群，炎症性腸疾患等の急性期に適応される。また，消化管の手術後や出血がみられるとき，がん治療による副作用で経口摂取が困難であるとき等も適応となる。

### (3)　中心静脈栄養と末梢静脈栄養

静脈栄養補給は，中心静脈栄養（TPN：total parenteral nutrition）と末梢静脈栄養（PPN：peripheral parenteral nutrition）の 2 つの投与経路に分けられる（**図 2.10**）。

#### 1)　中心静脈栄養

中心静脈栄養は，鎖骨下静脈や内頸静脈等から心臓に近い中心静脈までカテーテルを挿入し，1 日に必要とする栄養量を含む輸液を補給することができる。一般的に 2 週間以上の静脈栄養補給が必要な場合に適している。

中心静脈カテーテルと比較して挿入時の合併症やカテーテル感染のリスクが低減でき，末梢静脈留置針と比較して静脈炎や血管外漏出のリスクを低減できるとされる末梢挿入型中心静脈カテーテル（PICC：peripherally inserted central venous cutheter）の普及に伴い，中心静脈栄養法の導入が容易となっている。

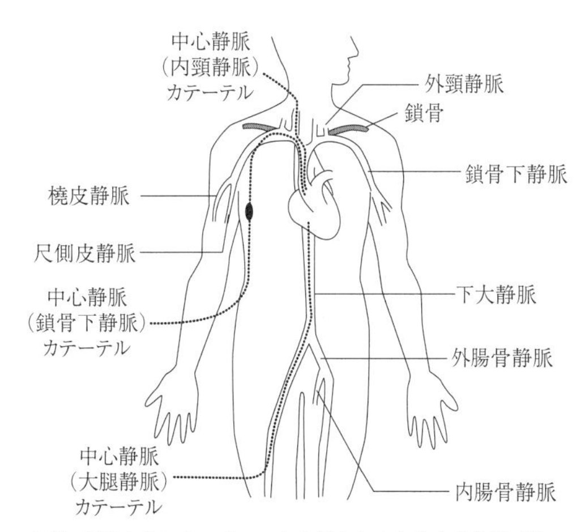


出所）福井富穂ほか：イラスト症例からみた臨床栄養学（第 3 版），東京教学社（2022）を一部改変

**図 2.10**　中心静脈栄養法の投与経路

#### 2)　末梢静脈栄養

末梢静脈栄養は四肢の静脈（橈皮静脈，尺側皮静脈）

等から栄養を補給する方法で，２週間未満の短期間の静脈栄養補給の場合に適している。中心静脈栄養に比べ，末梢静脈栄養は簡単に投与経路を確保でき，カテーテル感染症のような合併症が起こる危険性も少ない。しかし，投与できる栄養量が限られているため，短期間の栄養補給方法となる。

### (4) 輸液の種類と成分（高カロリー輸液，維持液，糖，アミノ酸，脂質，ビタミン，ミネラル）

輸液は，栄養輸液と電解質輸液に分けることができる。栄養輸液には高カロリー輸液基本液やそのキット製剤，糖質輸液，アミノ酸製剤，脂肪乳剤，総合ビタミン製剤，微量元素製剤がある。一方，電解質輸液は細胞外液補充液，開始液（１号液），脱水補給液（２号液），維持液（３号液），術後回復液（４号液）がある。

#### 1) 高カロリー輸液

高カロリー輸液に用いる基本液は糖質に電解質（Na，K，Ca，Cl，Mg，P，製剤によりNa，Cl含まないものもある），亜鉛を添加している。キット製剤は基本液とアミノ酸，脂肪，ビタミンの配合組成や濃度が異なる。糖とアミノ酸が分離したソフトバッグに入っており，**メイラード反応***を防ぐため静脈栄養投与開始時に混合する。

＊ **メイラード反応（アミノ－カルボニル反応）** アミノ酸とグルコースの混合によりみられる褐色の変化で，着色はアミノ酸含量が多く，温度が高いほど早く出現する。

#### 2) 細胞外液補充液と維持液

細胞外液補充液は細胞外液欠乏時に投与し，生理食塩水，リンゲル液等がある。静脈栄養導入時に使用する開始液は，カリウムを含まず，生理食塩水の半分の食塩量を含み，ブドウ糖濃度も2.5％である。その後に使用する維持液は水・電解質を補給するため，下痢や嘔吐等による脱水の危険性がある場合に用いる。食塩濃度は生理食塩水の４分の１で，ブドウ糖濃度はほぼ５％に調整されている。

#### 3) 糖質輸液

糖質輸液はブドウ糖を主体とし，フルクトースやキシリトール，ソルビトールを含み，エネルギーと水分補給に用いられる。濃度は５～70％で，末梢静脈栄養では５～12％，中心静脈栄養では20～70％を用いる。５％濃度は体液と浸透圧が同じため，水分補給用として用いる。ブドウ糖の投与速度は，侵襲のないときは5 mg/kg体重/分を上限とし，侵襲時は4 mg/kg体重/分の速度を超えないようにする。

#### 4) アミノ酸製剤

アミノ酸製剤は糖や電解質製剤とともに使用される。濃度は３～12％で，末梢静脈栄養では３％，中心静脈栄養では10～12％を用いる。

#### 5) 脂肪乳剤

脂肪乳剤はエネルギー補給と必須脂肪酸補給に用いられる。脂肪乳剤の濃度は10%と20%があり，浸透圧比は約1と等張なため，末梢静脈からの投与も可能である。投与速度は血管内皮細胞上のリポたんぱく質リパーゼの加水分解速度より，0.1g/kg体重/時以下とゆっくり投与する。

#### 6)　総合ビタミン製剤

総合ビタミン製剤には，ビタミン必要量が満たされるよう脂溶性ビタミンA，D，E，K，水溶性ビタミン$B_1$，$B_2$，$B_6$，$B_{12}$，C，ニコチン酸アミド，パントテン酸，葉酸，ビオチンが含まれている。中心静脈栄養補給では必ず投与する。特に**ビタミン$B_1$欠乏症**[*1]では，乳酸アシドーシスを出現するため注意が必要である。

*1 **ビタミン$B_1$欠乏症**　ビタミン$B_1$は解糖系からTCA回路へ入るときにピルビン酸脱水素酵素の補酵素となるが，$B_1$欠乏によりTCA回路へ進めず乳酸が産生蓄積され，乳酸アシドーシスをきたす。

#### 7)　微量元素製剤

微量元素製剤には鉄，亜鉛，銅，マンガン，ヨウ素が含まれる。特に中心静脈栄養補給の長期投与では必ず投与する。

#### 8)　病態別輸液栄養剤

病態に適した栄養成分に配合した輸液である。肝不全用アミノ酸製剤は，分岐鎖アミノ酸を30～40%と高濃度に含むことで肝性脳症に有効である。また，腎不全用アミノ酸製剤は必須アミノ酸を多く含み，たんぱく異化亢進を抑制する効果がある。

### (5)　栄養補給量の算定（輸液の調整）

輸液剤を決定するためには，エネルギー量，水分量（体重当たり30～40ml/日），アミノ酸量，脂肪量，糖質量，ビタミン・微量元素量の順に算出する。

投与するアミノ酸を効率よく利用するための指標として，**非たんぱくカロリー/窒素比**（**NPC/N比**；non-protein calorie to nitrogen ratio）がある。必要エネルギーに対してどれくらいの窒素（アミノ酸）を投与すればよいかを表す。健常状態のNPC/N比は150前後，手術後等の侵襲がある場合は100前後，腎障害でBUN（尿素窒素）が高値の場合は300～500を目安にする。

脂肪投与量はエネルギーの10～20%とされ，糖質量はエネルギー量からアミノ酸と脂肪によるエネルギー量を差し引いて算出する。その他は，必要量を充足するよう投与する。最も適した輸液剤を選択するか，基本液に調剤する。

### (6)　栄養補給に必要な用具・機械

静脈栄養を実施するためには末梢静脈用と中心静脈用のカテーテルがあり，これと輸液バッグをつなぐ輸液ラインが必要である。精密に投与を行うためには輸液ポンプが用いられ，20～60滴/mLに調整できる。

### (7)　静脈栄養の合併症と対応（リフィーディングシンドローム，感染など）

長期間にわたる静脈栄養補給では，腸管の萎縮によるバクテリアルトランスロケーションや，末梢静脈栄養補給による**静脈炎**[*2]，中心静脈栄養補給に

*2 **静脈炎**　静脈壁に炎症が起こり，血液凝固因子の異常やうっ血で血栓をつくりやすくなる。

**表 2.21**　在宅静脈栄養管理に関する保険適用

| 項目 | 点数 |
|---|---|
| 在宅中心静脈栄養法指導管理料 | 3,000 点/月 |
| 在宅中心静脈栄養法用輸液セット加算（輸液用器具（輸液バッグ），注射器及び採血用輸血用器具（輸液ライン）） | 2,000 点/月 |
| 注入ポンプ加算 | 1,250 点/月 |

月 1 回算定（2022 年 4 月現在）

よるカテーテル感染症等がみられる。

代謝合併症としては高血糖や電解質異常，微量元素欠乏等があり，過剰投与による脂肪肝もみられる。しかし，長期間絶食や低栄養状態の患者は糖新生やたんぱく異化が起こり，急に大量の糖質や水分等のエネルギー補給を行うと，低リン・低マグネシウム・低カリウム血症等が引き起こされ，これを**リフィーディングシンドローム**という。発症を予防するためには，少なめの栄養量から栄養補給を開始し，ゆっくり段階的に増量していくこと，血清リン・マグネシウム，カリウムをモニタリングしていくことが大切である。

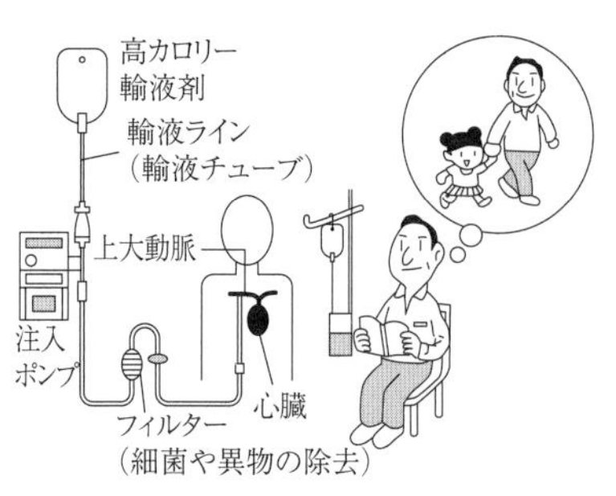


出所）福井富穂ほか：イラスト症例からみた臨床栄養学（第 3 版），東京教学社（2022）一部改変

**図 2.11**　在宅中心静脈栄養法の投与経路

### (8)　在宅静脈栄養管理

病態が安定し，中心静脈栄養補給以外に栄養補給法がない患者に対して行うことを在宅静脈栄養管理（HPN: home parenteral nutrition）といい，保険適応である（**表 2.21**，**図 2.11**）。患者の長期 QOL と安全性から長期留置用の中心静脈カテーテルがある。輸液はキット製品を利用して無菌的に調整を行う。

**コラム 2　3 号液で維持できるの？**

維持液（3 号液）は，尿や不感蒸泄で体から毎日失われる水分と電解質を補給する輸液である。水分や電解質は，余分な量を体に蓄えることができないため，毎日補給する必要がある。1 日に必要な水分量である約 2000mL を 3 号液で投与すると，水分は約 2,000mL，$Na^+$ と $Cl^-$ は 60〜100mEq，$K^+$ は 40〜60mEq 補給でき，必要量は満たされる。

## 2.4 傷病者，要支援者・要介護者への栄養教育

### 2.4.1 傷病者への栄養教育：外来，入院，退院，在宅ケア

#### (1) 意義と目的

傷病者における栄養教育（指導）とは，疾病の治癒，再発および増悪防止を目指し，個別の特徴に応じた適切な栄養・食事支援を行うことである。患者自身はもちろん家族も含めて栄養や食に関する正しい「知識」と「技術」の修得を自発的に育もうとする力を引き出し，自己管理能力を高めることが最終目的となる。特に臨床においては，栄養教育や食事療法による自己管理が疾病の進展予防・回復などの基礎的な役割を担っている部分も多く，疾病や栄養状態の管理において重要である。その人にとって望ましい栄養療法の継続した実践は，生涯を通して患者の QOL 向上に貢献する治療の一環として広く認識されており，臨床現場での管理栄養士の役割は非常に大きい。

#### (2) 必要な技術

管理栄養士は，患者から得られた情報をもとに，その患者にとって最善かつ効果的な栄養教育を展開しなければならない。限られた資源のもと個々の患者が求める価値観に即した教育計画を作成するだけでなく，ほかの専門職と上手く連携することで根拠に基づいた医療（EBM：evidence-based medicine）の提供を実現させる（**図 2.12**）。患者の積極的な治療参加を促すためにまず必要なことは，互いに信頼できる人間関係を構築することである。また，なぜリスクと分かっていながら健康問題を引き起こす行動をとってしまうのかといった，疾患の背後にある潜在化している問題への対応も求められる。その際，臨床データや薬剤といった疾患の特徴や治療の知識更新だけでは効果的な援助にはつながらない。医療者として患者を支援するためには，食行動変容に関わる栄養**カウンセリング***1，**コーチング***2といった援助技法も身につける必要がある。栄養教育の内容は日々進歩し変化しているため，時代と目の前の患者に適した多様な教育支援を行っていけるよう，随時能力を高める必要がある。決して管理栄養士のひとりよがりな栄養教育が，患者の自己決定の妨げとなってはならない。

***1 カウンセリング**　専門の知識や技術を持つ専門職としての視点から，相談者（クライエント）と対話を通して指導や援助を行う。「相談」，「助言」ともいう。

***2 コーチング**　本人の感情や思考の働きを自発的行動につなげることで，目標達成や自己実現を促すコミュニケーション技術。

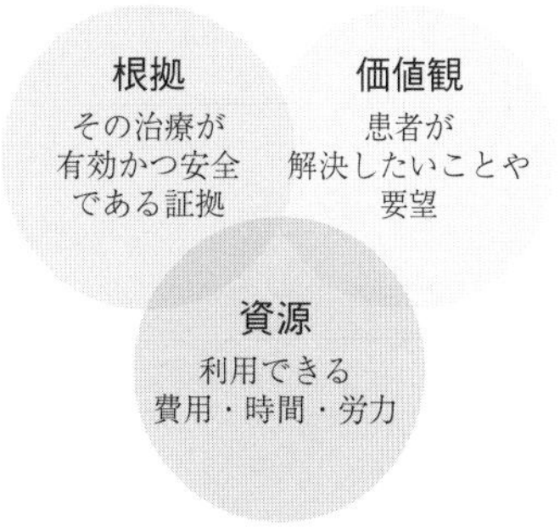

出所）厚生労働省：「総合医療」に係る情報発信等推進事業（eJIM），https://www.ejim.ncgg.go.jp/public/hint2/c03.html（2023.9.25）一部改変

**図 2.12**　より良い医療に影響する因子

#### (3) 時期と特徴

患者が，栄養教育を受ける気持ちの準備が整っている状態のとき，消化器疾患術後の食事に不安を抱いているとき，各疾患に特化した経腸栄養剤（クローン病，腎不全，肝不全等）の治療を始めるとき，食事の影響によって疾患コントロールや栄養状態維持が困難となったときなど，適切な介入時期に行うことが重要である。さらに，行動変容の段階が異なれば，支援の内容も異なるため，いかに段階を上げていくかがポイントとなる。つまり，同じ疾患を持つ患者であっても，「問

題を自覚している人／いない人」，「栄養指導を受けて良い行動に変える意思がある人／ない人」「良い行動を継続できる人／できない人」と多岐におよぶ対象者の意思を**トランスセオレティカルモデル**[*1]で評価し，教育に生かすことで標準化された指導になると考えられる。しかし実際の栄養教育の場面は，外来，入院，退院，在宅など多岐におよぶため，継続的かつ効果的に実施されなければその成果は得られにくい。

**＊1 トランスセオレティカルモデル**　禁煙指導のために開発された行動変容段階モデルであり，その後，さまざまな場面で活用されている。何かしらの習慣を改善しようとする意図と行動の状況により，5つのステージに分けて評価される。大きく「考え方への働きかけ」と「行動への働きかけ」に分けることができる。

**1)　集団指導[*2]と個人指導**

栄養教育は一般に，複数人を対象とした集団指導と個人を対象とした個人指導の２つの方法がとられている。効果を高めるために，いくつかの方法を組み合わせることもある。講義終了後に個別指導や座談会，体験学習を計画することで参加者同士の交流が生まれ，患者の自己効力感を高める効果が期待できる。加えて，「糖尿病教室」や「腎臓病教室」など，管理栄養士だけでなく，他職種と連携して療養生活全般を教育し，家庭での実践につなげることを目指す。一方，在宅ケアが必要な患者の場合は，自宅を訪問することで，実際の生活に即したより具体的な教育展開が可能となる。それに伴い，患者の治療や看護，支援に携わるスタッフ間の情報共有が鍵となる。

**＊2 集団指導**　医師の指示に基づき管理栄養士が，複数の患者を対象に指導を行った場合に患者１名につき月１回に限り集団栄養食事指導80点を算定できる（１回15人以下，40分）。それぞれの算定要件を満たしていれば，外来栄養食事指導料または入院栄養食事指導料を同日に合わせて算定することができる。

**2)　外来栄養食事指導[*3]**

外来患者は，初めて受診をした方，通院のみで継続して栄養教育を受けている方，退院後の通院の方などさまざまである。外来通院時は，食事を制御することへのストレスにさらされやすく，入院患者ほど重症ではないことから，栄養療法の効果に時間を要する。問題リストの優先順位の高いものから立案し，短期および長期目標を整理して行動変容に向けた教育を実施する。外来という限られた時間の中で患者の治療中断を防ぐためには，患者の生活環境に適合できるように段階的に指導を行う必要がある。

**＊3 外来栄養食事指導**　医師の指示に基づき管理栄養士が患者の生活条件，し好を勘案した具体的な指導を行った場合に算定できる。初回30分以上（260点/対面，235点/情報通信機器等），２回目以降にあっては概ね20分以上（200点/対面，180点/情報通信機器等）行った場合に算定する。

**3)　入院栄養食事指導[*4]**

治療や身体状況，検査データなどの情報を含めて総合的に判断する。入院時は，社会および家庭環境の影響を受けにくいことから，１日に必要な栄養素量や改善目標を正確に設定できるため，栄養療法の効果を把握しやすい特徴がある。さらに，治療食を用いたベッドサイドでの教育は，量や味付けの過不足，調理法についてより具体的な提案ができ，退院後の実践に向けてきわめて有効である。

**＊4 入院栄養食事指導**　入院中の患者であって，医師の指示に基づき管理栄養士が具体的な献立等によって指導を行った場合に，入院中２回，１週間に１回限り算定（入院栄養食事指導料１：260点/初回，200点/２回目）する。

**4)　訪問栄養食事指導[*5]**

通院による療養が困難で，疾患によって在宅での食事療法が必要な患者の自宅で実際の生活に即した調理指導や栄養療法に関する教育を行う。同時に患者や家族，治療に携わる医療専門職との連携と信頼関係を得るためのスキルが求められる。しかし，多くは高齢者であり，口腔ケアを含む食品選択・

**＊5 訪問栄養食事指導**　医療保険による「在宅患者訪問栄養食事指導」と介護保険による「居宅療養管理指導（要介護者対象）」，「介護予防居宅療養管理指導（要支援者対象）」がある。医師の指示に基づき，栄養管理に係る情報提供，具体的な指導または助言を30分以上行うことで算定できる（月２回まで）。要介護認定を受けている患者の場合は介護保険による指導が優先される。

調理法の修得，吸引，胃瘻などの病態ケアの複雑さに，介護者の負担が心身ともに大きくなることで協力が得られない場合もある。管理栄養士は，患者だけでなく家族の立場にも立ち，居宅での生活環境を十分に観察・配慮した支援を行う必要がある。

### 2.4.2　要支援者，要介護者への栄養教育：施設，居宅

#### (1)　意義と目的

加齢に伴い，身体的能力，環境適応能力の低下などさまざまな変化がみられる。加えて高齢者は，味覚変化，咀嚼力，嚥下力，唾液分泌量の低下などの生理的変化により摂食量の減少が起こりやすく，低栄養の要因となり得る。低栄養状態の高齢者は，要介護の増大やQOL低下などの問題が起きやすいものの，適切な栄養改善サービスを行うことで，身体機能の改善，QOLの向上が可能であることが示されている。2022年4月に厚生労働省より公表された，介護予防マニュアル（第4版）では「全高齢者を対象とする場合は，“食べること”を大切に考え，支援を行う地域活動を育成し，健康・栄養教育や地域のネットワークづくりを行う」と示されている。すなわち，管理栄養士には複数のサービス事業者や対象者の身近な地域資源と連携し，栄養ケア・マネジメントを行う能力が求められている。

#### (2)　対象者とサービス体系

要支援の認定を受けた人が利用できる介護サービスは主に2種類あり，**「予防給付」**[*1]サービスが受けられる。2015（平成27）年の介護保険制度の改正から，**「日常生活支援総合事業」**[*2]が各市町村の判断で段階的に開始され，現在に至っている。65歳以上のすべての人において一般介護予防事業が利用できる。

要介護の認定を受けた人が利用できる介護サービスは3種類に分けられ，**「介護給付」**[*3]サービスが受けられる（**図2.13**）。

#### (3)　特徴と必要な技術

特に高齢者は慢性疾患を抱えるリスクが高く，摂食・嚥下・消化管機能などの身体状況とともに認知機能，精神・心理状態までさまざまな関連因子が存在する。栄養状態だけでなく，個々の状況をその都度アセスメントして適切な栄養教育を施すことが，高齢者の栄養状態改善への近道となる。最も望まれるのは，要介護状態への予防を目指し，個人が有する能力に応じて自立した日常生活を営むことができるように，他の医療専門職と連携して包括的な支援を早期に実施することである。

2021（令和3）年の介護報酬改定では，介護保険施設における栄養ケア・マネジメントの取り組みを一層強化する観点から，**栄養マネジメント強化加算**[*4]が新設された。様々なサービス，施設において栄養改善の取り組みが充

**＊1 予防給付**　要支援者（1・2）が日常生活をできるだけ自力で行うようにし，心身機能の改善や維持を図る。「介護予防サービス」と「地域密着型介護予防サービス」の2種類があり，施設サービス，地域密着型サービスの一部が利用できない。

**＊2 日常生活支援総合事業**　これまで，介護認定の申請を行い「非該当（自立）」となった高齢者を介護予防事業につないでいたサービスから，必ずしも認定を受けなくても，必要なサービス事業を利用できる市町村ごとの独自サービスとなった。

**＊3 介護給付**　要介護者（1～5）が日常生活に必要なサポートを行う。①自宅で暮らしながら利用できる「居宅サービス」，②施設に入居して利用する「施設サービス」，③住み慣れた地域で暮らし続けるための「地域密着型サービス」の3種類がある。

**＊4 栄養マネジメント強化加算**　医師，管理栄養士，看護師等が共同して作成した栄養ケア計画に従い，食事観察（ミールラウンド）を週3回以上行い，入所者ごとの栄養状態，し好等を踏まえた食事の調整を行う（11単位/日）。

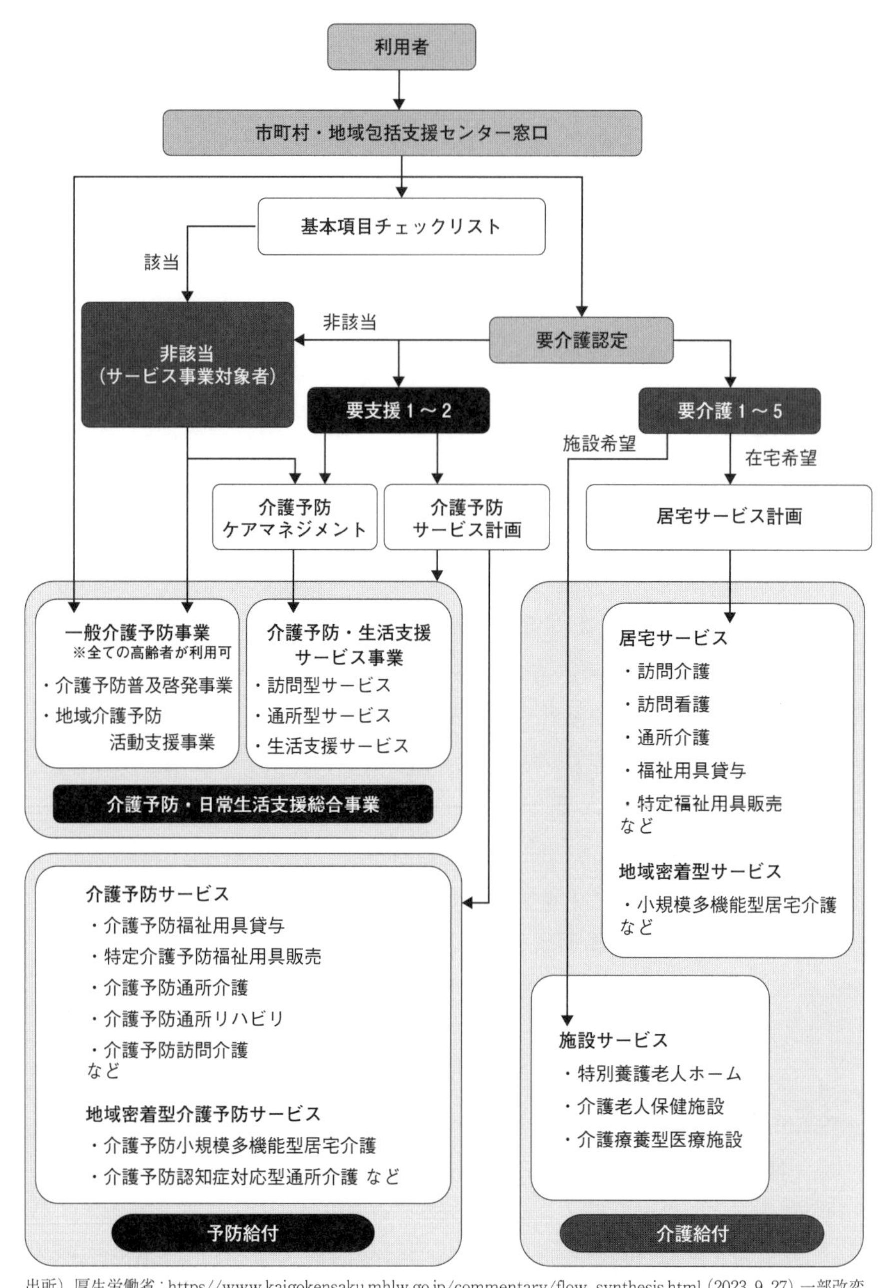


出所）厚生労働省：https//www.kaigokensaku.mhlw.go.jp/commentary/flow_synthesis.html（2023.9.27）一部改変

**図 2.13** 介護予防・日常生活支援総合事業のサービス利用の流れ

実することになり，栄養改善サービスの提供に当たって，必要に応じ居宅（在宅）を訪問する取り組みが求められている。したがって，管理栄養士は他の専門職と協力し，テイラーメイド栄養の実践，すなわち，個々人の身体機能，栄養状態，嗜好等を踏まえた栄養管理能力がこれまで以上に求められる。特に在宅医療などはより高度な栄養教育のスキルが必要となる。医療と介護の両方を要する方に対しては，厳密な栄養管理を行うことは難しく，対象者（生活者）の視点を持った支援を心掛ける。対象者や家族，地域の人々との関わり，地域の特徴や交通手段，コンビニ，レストラン，スーパーマーケットなど在宅栄養管理の支えとなる環境状況の把握が必須となる。さらに，周囲の知識や技術といった支援体制を知ったうえで，栄養教育に組み込むことが重要である。しかし，これらを網羅できていたとしても，画一化された栄養教育は存在しないと考えるべきである。つまり，疾病の状態，服薬，身体機能，障害のリスク，生活習慣などを考慮し，**他領域の専門職***と連携して実施しなければならない。この場合，各専門職の専門性を尊重しながら対象者と何度も議論を重ね，その都度，最も必要な支援をしていくことで，最終的には家族援助にもなり得る。

**＊ 他領域の専門職**　医師，看護師，薬剤師，理学療法士，作業療法士，言語聴覚士，臨床心理士，社会福祉士など

**コラム3　科学的裏付けに基づく介護とは？**

医療の場合，治療に複数の医療機関が関わるケースは少ないが，介護では一人の対象者に対し，複数のサービス事業所が関わることも多い。そのため，科学的介護情報システム（LIFE:long-term care information system for evidence）の活用が一層促進されると予想される。LIFEとは，介護サービス利用者の状態や，介護施設・事業所で行っているケアの計画・内容などを一定の様式で入力すると，インターネットを通じて厚生労働省へ送信され，入力内容が分析されて，当該施設等にフィードバックされる情報システムのことである。団塊世代がすべて75歳以上となり，医療・介護需要の大幅な増加が見込まれる2025年に向けて，LIFEと医療データベースとの連動が予定されている。

「科学的裏付けに基づく介護」の普及・実践に向けて，管理栄養士も率先してICT（情報通信技術）を活用できる環境を自ら整えていく積極性が求められる。しかし，ICTを活用することが目的ではなく，科学的根拠に基づく質の高い栄養教育が実施されて初めて成果に現れるということを念頭に置いておかなければならない。

## 2.5 モニタリング，再評価

### 2.5.1 臨床症状や栄養状態のモニタリング

栄養ケアプランのモニタリングの時期や指標は，入院・入所時の栄養状態，重症度，栄養ケア方法などにより異なる。主な疾患別栄養状態評価およびモニタリングのポイントを**表 2.22** に示す。急性期やチューブ栄養等を施行した初期の段階であれば，栄養状態が安定するまで毎日モニタリングを行い，その後は１週間に１回程度継続的に行う。療養期では，１週間～１ヵ月に１回程度行う。介護施設では栄養障害のリスクに応じてモニタリングの時期が異なる。栄養状態が良くても，栄養リスクのある者については，現在の栄養補給法で継続を行う場合もモニタリングを行い経過観察が必要である。

モニタリングは，バイタルサインと比較的長期間安定した指標として静的栄養評価と短期間における栄養状態の変化をとらえる動的栄養評価を用いて行う。バイタルサインには生命徴候である脈拍，血圧，呼吸などがある。静的栄養評価には，血清たんぱく，アルブミン，コレステロール，末梢血リンパ球数などの血液指標や１日当たりの尿中クレアチニン排泄量，BMI（body mass index），体脂肪率，皮下脂肪厚，上腕・下肢周囲長などの身体指標などがある。動的栄養評価には，半減期の短い**短半減期たんぱく（RTP：rapid turnover protein）**＊1，たんぱく質代謝動態を反映する窒素出納値，血清アミノ酸パターン，炎症マーカーである **C 反応性たんぱく質（CRP：C-reactive protein）**＊2などがある。

栄養状態の変化をモニタリングすることにより，栄養投与量や栄養補給法の再評価を行いながら，栄養ケアプランの修正を行い，よりよい栄養管理・栄養ケアを実施することが望ましい。

＊1 **短半減期たんぱく（RTP：rapid turnover protein）** 半減期の短い血清たんぱく質として，栄養指標とされる。プレアルブミン（トランスサイレチン），トランスフェリン，レチノール結合たんぱく質などがある。肝機能低下時には RTP が低下し，鉄欠乏時にはトランスフェリンが上昇し，腎不全時ではレチノール（結合）たんぱく質が低下するなど疾患による影響を受ける。

＊2 **C 反応性たんぱく質** 肺炎球菌の細胞壁にある C 多糖体と反応するたんぱく質のこと。生体に炎症が起こると肝臓での合成が高まり血中の濃度が増加し，炎症が治まると減少する。生体内の炎症の存在や程度を判断するために用いられる。

### 2.5.2 栄養投与量の再評価

栄養投与量は，栄養ケアプランの実施後に動的栄養指標と静的栄養指標をモニタリングし，栄養投与量の再評価を行う。栄養投与量は，経口摂取による食事，輸液，栄養剤等に含まれるエネルギーと栄養素量を評価する。熱傷や褥瘡による滲出液が排出されている場合は，滲出液より喪失される栄養素や電解質を再評価し喪失分を付加する必要がある。

体重と摂取量の変化をモニタリングし，その変化が何からきているものなのかを評価することが重要である。基礎代謝量や身体活動量によるエネルギー消費量の変化，代謝を亢進させるような病態下では，炎症マーカーと合わせた総合評価が必要である。

#### (1) 投与エネルギー量の再評価

エネルギー量の評価は，体重をモニタリングして変化を確認する。ただし，浮腫や腹水，脱水があるときは体内の水分量が増減するため，体重の変化の

**表 2.22**　疾患別栄養評価モニタリングのポイント

| 疾患名 | 主な栄養評価項目 | | モニタリングの間隔 | | 意義 |
|---|---|---|---|---|---|
| | | | 2週間以内 | 1〜2ヵ月 | |
| 糖尿病 | 身体計測 | 体重・体組成 | 体重 | 体組成 | 血糖コントロールにのみ気をとられるのではなく，必要以上に食事量が減っていないことをモニターする。同時に尿たんぱくなどで，腎症への注意を払う。 |
| | 血液検査 | 空腹時血糖 | | | |
| | | HbA1c | | ○ | |
| | | アルブミン | | ○ | |
| | 栄養調査 | 食習慣・摂取栄養量 | | ○ | |
| | 尿定性検査 | 尿たんぱく | | ○ | |
| 腎疾患 | 身体計測 | 体重・体組成 | 体重 | 体組成 | たんぱく質制限時にはエネルギー摂取量が少ないとPEMの危険性がある。こまめに栄養調査をおこなうとともにBUN/Cr比や尿中尿素窒素排泄量からたんぱく質摂取状況をモニターする。24時間蓄尿から得られる情報は有用。 |
| | 血液検査 | BUN/Cr比 | ○ | | |
| | | アルブミン | | ○ | |
| | | カリウム・リン | ○ | ○ | |
| | 24時間蓄尿 | 尿素窒素 | ○ | | |
| | | クレアチニン | | ○ | |
| | | ナトリウム | | ○ | |
| | 栄養調査 | 摂取栄養量 | ○ | ○ | |
| | | その他 | | | |
| 肥満 | 身体計測 | 体重・体組成 | 体重 | 体組成 | 減量の過程で除脂肪組織をできるだけ維持しながら体脂肪の減少ができているかをモニターする。また食習慣の変容ができているかも確認する。 |
| | | 安静時代謝 | | ○ | |
| | 栄養調査 | 食習慣・摂取栄養量 | | ○ | |
| 脂質異常症 | 身体計測 | 体重・体組成 | | ○ | 食習慣の是正を中心にモニタリング |
| | 栄養調査 | 食習慣・摂取栄養量 | | ○ | |
| 貧血 | 身体計測 | 体重・体組成 | 体重 | 体組成 | 食習慣の是正，貧血状態というよりは鉄の栄養状態をモニターする。 |
| | 血液検査 | ヘモグロビン | | ○ | |
| | | ヘマトクリット | | ○ | |
| | | フェリチン | ○ | | |
| | | 総鉄結合能 | | ○ | |
| | 栄養調査 | 食習慣・摂取栄養量 | | ○ | |
| 慢性呼吸不全（COPD） | 身体計測 | 体重・体組成 | 体重 | 体組成 | エネルギー代謝亢進による栄養状態の低下がある。たんぱく栄養状態の変動も早いのでエネルギー出納とたんぱく代謝の変化をモニターする。さらに握力や呼吸筋力などの測定を加えて骨格筋の状態を推定する。 |
| | | %標準体重 | | ○ | |
| | | 安静時代謝 | | ○ | |
| | 血液検査 | アルブミン | | ○ | |
| | | ラピッドターンオーバープロテイン | ○ | | |
| | | CRP | ○ | | |
| | | 分岐鎖アミノ酸/芳香族アミノ酸化 | | ○ | |
| 慢性心不全 | 身体計測 | 体重・体組成 | 体重 | 体組成 | エネルギー代謝亢進による栄養状態の低下がある。エネルギー出納と食塩摂取や水の摂取など食生活面にも注意をはらう。 |
| | 血液検査 | アルブミン | | ○ | |
| | | コレステロール | | ○ | |
| | 栄養調査 | 食習慣・摂取栄養量 | | ○ | |
| 肝硬変 | 身体計測 | 体重・体組成 | 体重 | 体組成 | 肝機能低下にともなうたんぱく代謝異常に注意する。腹水など浮腫がある場合もあり，体重の変動にも注意する。 |
| | | 皮下脂肪厚 | | ○ | |
| | | 安静時代謝 | | ○ | |
| | 血液検査 | アルブミン | | ○ | |
| | | 分岐鎖アミノ酸/芳香族アミノ酸比 | ○ | | |
| | 24時間蓄尿 | クレアチニン・身長係数 | | ○ | |
| 炎症性腸疾患 | 身体計測 | 体重・体組成 | 体重 | 体組成 | 吸収障害による栄養状態の低下がみられるので，たんぱく栄養状態を中心に評価し，低下傾向がある場合は栄養法も含めて検討する。 |
| | | %標準体重 | | ○ | |
| | | 安静時代謝 | | ○ | |
| | 血液検査 | アルブミン | | ○ | |
| | | ヘモグロビン・ヘマトクリット | | ○ | |
| | | CRP | ○ | | |
| | 栄養調査 | 食習慣・摂取栄養量 | | ○ | |
| | 24時間蓄尿 | クレアチニン・身長係数 | | ○ | |

身体計測には上腕筋周囲長の測定を含む。
出所）佐藤和人，本間健，小松龍史編：エッセンシャル臨床栄養学（第7版），391，医歯薬出版（2013）

みで評価しない。筋肉量や体脂肪量の体組成変化，基礎代謝量や身体活動量を合わせて評価する。意図しない体重減少がある場合は，摂取量や病態の変化と合わせて評価する。著しい体重増加がみられた場合は，心不全や肝硬変などによる浮腫や腹水の確認が必要である。体組成の測定には，**生体電気インピーダンス法**＊1（BIA：Bioelectrical Impedance Analysis）が主に使用される。

#### (2) 投与たんぱく質量の再評価

たんぱく質投与量の過不足は，血清アルブミンやRTP，**窒素出納**＊2，**クレアチニン身長係数**＊3，尿素窒素などにより評価する。大きな侵襲後の回復期の場合，たんぱく質量が適切であれば窒素出納は正（+）となり，負（−）の時はたんぱく質の投与不足と評価される。アルブミン値は，栄養状態の指標に用いられるが，浮腫や脱水など体水分量，感染や侵襲に影響される。

血中尿素窒素や血清クレアチニン値が上昇した場合，腎機能を確認したんぱく質摂取量が過剰かどうか評価する。

投与した栄養量から非たんぱく質カロリー（NPC/N比：non-protein calories/nitrogen）＊4を計算し，必要エネルギーに対するたんぱく質の投与量を再評価する。

#### (3) 投与脂質量の再評価

脂質異常症では，摂取量とともに血清LDL-コレステロールやトリグリセリド値をモニタリングし，投与量が適切か再評価する。膵疾患では，血清アミラーゼやリパーゼ値，腹痛・下痢・脂肪便などの状態から脂質の投与量を評価する。

#### (4) 投与糖質量の再評価

体重，血清トリグリセリド，血糖値をモニタリングし，摂取量と疾患を合わせて糖質の投与量を再評価する。

#### (5) 投与水分量の再評価

水分量は，水分出納，身体所見（浮腫・口腔内乾燥など），尿量，体重の変化などから再評価する。

水分出納は，体内に入る食物や飲料水，代謝水，静脈栄養などの投与製剤中の水分，経腸栄養時のフラッシングに使用される水分量などと排泄される尿や便の水分，不感蒸泄などによる水分量のバランスを評価する。水分出納は通常，排泄量と摂取量が±300mL/日以内となるように管理する。

透析療法下の患者では，透析間の体重増加量をモニタリングし水分摂取量を再評価する必要がある。

### 2.5.3 栄養補給法の再評価

食事からの栄養摂取方法が最良の栄養管理である。しかし，経口摂取のみで栄養素等量が摂取できない場合には，口腔内の状況や咀嚼・嚥下機能の確

＊1 **生体電気インピーダンス法** 身体に微弱な電気を流して体内の電気抵抗を測定することで，体内の水分量や脂肪量などを測定できる。水分をほとんど含まない脂肪組織は電気抵抗が大きい。

＊2 **窒素出納** →p. 34参照。

＊3 **クレアチニン身長係数** 標準体重当たりの24時間尿中クレアチニン排泄量の基準値を求め，それに対する比率を％で示したもの。［24時間尿中クレアチニン排泄量(mg/日)÷{標準体重(kg)×クレアチニン係数(mg/kg)}］×100 筋たんぱく質の消耗から栄養状態を評価するための指標として用いられる。60〜80％を中等度，60％未満を高度の低栄養と評価する。

＊4 **NPC/N比** p. 43参照。

認や薬剤の副作用による食欲不振，嗜好の有無などの確認を行い，原因を明らかにする。栄養素等の摂取量が少ない場合は，経腸栄養や静脈栄養による栄養補給方法が必要となる。通常，エネルギー必要量の60％以下の摂取量が10日間以上続く場合は，経腸栄養や静脈栄養への栄養補給方法を検討すべきである。経腸栄養は経口摂取と経管栄養法に分けられる。経管栄養法には，経鼻経管栄養法と胃瘻・空腸瘻による栄養法がある。経腸栄養法では，下痢や腹痛などの消化器症状，合併症の有無を評価する。静脈栄養法では，代謝異常や経管栄養への移行の可能性を検討し栄養補給法を再評価する。

腸管を長期間使用しないことで，腸粘膜の萎縮が起こり**バクテリアルトランスロケーション**[*1]を起こす可能性があるため，消化管の使用が可能となった場合は，なるべく早期に静脈栄養から，経腸栄養，経口栄養に移行する。経腸栄養から経口栄養へは，反復唾液嚥下テスト・水飲みテスト等咀嚼・嚥下状態を確認し，少しずつ移行する。嚥下訓練の実施と評価を行い，誤嚥を起こさないか確認し，嚥下食への移行となる。絶食から経口栄養への移行の場合は，腸運動，排便の評価も行う。

*1 バクテリアルトランスロケーション　→p. 51参照。

### 2.5.4　栄養ケアの修正

再評価では，モニタリングで得られた結果をもとに，栄養ケアプランを見直し，改善点を修正する。栄養ケアプランの実施中と実施後に定期的にモニタリングを行い，その結果を評価し，必要に応じて栄養ケアプランの内容を修正・変更する。このモニタリングと再評価の手順と繰り返しを通じて栄養ケアプランはより適切なものとなり，栄養治療効果を得ることができる。

栄養ケアプランに問題があった場合は，多職種で構成される医療チーム内のカンファレンス等を通じて原因を明らかにし，目標設定や栄養ケアプランを見直す。栄養ケアプランの修正は，予測される臨床症状や栄養状態の変化を明らかにし，問題が生じないことを確認して導入する。

栄養ケア・マネジメントの評価は継続的に実施し，QOLの向上を図ることが重要である。栄養ケア・マネジメントでは，栄養スクリーニング，栄養アセスメント，栄養ケアプランの作成までの「企画評価」，栄養ケア実施中に行うモニタリングや栄養ケアによる効果や成果等の「過程（経過）評価」がある。中期目標・長期目標に対する「影響評価」「結果評価」，その他に「**経済評価**[*2]」がある。

栄養管理におけるアウトカム評価では，栄養ケアによる臨床症状や栄養状態の改善，ADLやQOLの変化だけでなく，合併症の軽減，在院日数の短縮，医療費の軽減についても評価する必要がある。

**＊2 経済評価**　経済評価には，「費用効果分析」,「費用効用分析」,「費用便益分析」などがある。費用効果分析と費用効用分析は，かかった全費用に対する効果および効用を得るための必要な経費を示している。費用便益分析は，かかった全費用とその結果をもとに金額で評価する。生存年数とQOLを考慮した質調整生存率Quality adjusted life years（QALY）は，質を考慮した生存年数を示しており，単に延命だけでなく，その間のQOLが重要であり治療の成果を表す指標として用いられている。
前大道教子，森脇弘子，加島浩子編著：ウエルネス　公衆栄養学（2019年版），158-160，医歯薬出版（2019）

## 2.6 栄養管理の記録

### 2.6.1 栄養管理記録の意義

近年，医療や福祉の臨床現場では，治療やケアの質，安全性の向上のため専門職の活用が不可欠であり，治療の目的と情報を共有しながら業務を分担し，互いに連携するチーム医療が実践されている。多職種が協働するチームによる治療の内容は，すべて診療録に記載される。管理栄養士も栄養管理の過程や栄養食事指導の内容を診療録に記載する。治療の目的を明確にし，円滑に治療を進めていくためには，スタッフが共通の標準化された記載方式に則って診療録に記載する必要がある。これはチーム内のコミュニケーションツールとなり情報の共有がスムーズになる。また，患者や家族，他施設への情報提供も容易になることから，地域連携の推進にも役立つ。

### 2.6.2 問題志向型システム（POS：problem oriented system）の活用

#### (1) POSの概要と仕組み

医療スタッフの共通の診療記録記載方式としてPOSがある。POSは1969年にL.L.Weedが提唱し，わが国へは1970年ごろ紹介された。問題を解決するためのプロセスを標準化したもので，「問題志向型システム」と訳される。問題点と解決方法を明確にし，問題とした根拠，患者背景などを踏まえつつ解決方法を決めていく思考過程を記録していくことができる。

POSには3つの段階がある（**表2.23**）。第1段階は問題志向型診療録（problem oriented medical record）の作成である。患者の問題に焦点を合わせ，問題解決のために医療スタッフが協働し，その過程を論理的で一貫性のある診療録に表す。第2段階の監査では，記録内容をもとにチームや上級指導者と協議し，患者のケアが適切に行われているかを評価する。さらに第3段階では，監査で明らかになった問題点を修正し，よりよい計画につなげる。

#### (2) 問題志向型診療記録（POMR）

POMRの構造を示す（**図2.14**）。

##### 1) 基礎データ（data base）

治療やケアを行うために必要な情報のことで，その収集には多くの医療スタッフがかかわる。病歴（主訴，**現病歴**[*1]，**既往歴**[*2]），臨床検査データ，患者プロフィールのほか，管理栄養士による栄養・食事摂取量調査，食生活状況などの情報も含まれる。

*1 **現病歴**　現在の症状（主訴）が，いつから，どのように始まり，どのような経過をとってきたのか，過去から現在までを時系列で記載する。

*2 **既往歴**　過去に罹患した疾患や手術歴，健康状態，現在治療中でない疾患について記載する。薬の副作用やアレルギー，交通事故や外傷，妊娠・出産経験なども含む。

**表2.23**　POSの概要

| |
|---|
| 第1段階：POMRの作成 |
| 1）基礎データ |
| 2）問題リスト |
| 3）初期計画 |
| 4）経過記録（叙述的記録，経過一覧表） |
| 5）退院時要約 |
| 第2段階：POMRの監査 |
| 第3段階：POMRの修正 |

（著者作成）

##### 2) 問題リスト（problem list）

データベースの中から問題点を抽出し，整理したもの。判定した結果を重要なものから順に番号をつけて列挙する。

##### 3) 初期計画（initial plan）

問題リストに従い問題ごとに「診断計画（diagnostic plan：

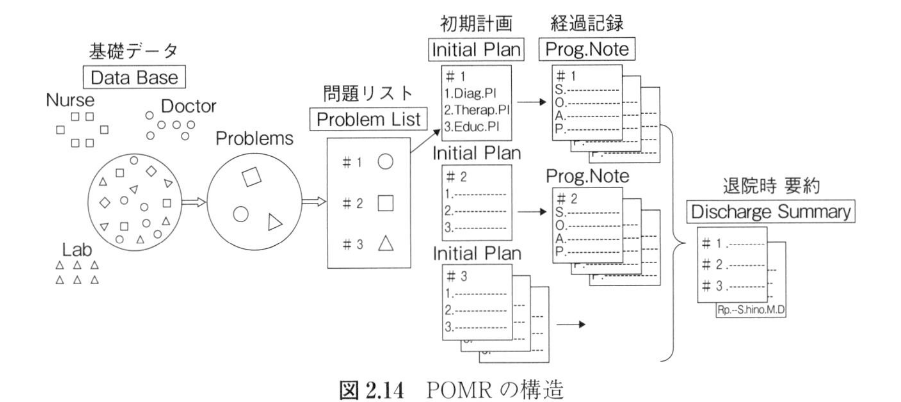


**図 2.14**　POMR の構造

Dx)」,「治療計画（therapeutic plan：Tx)」,「教育計画（educational plan：Ex)」などに分けて記載する。診断計画は，診断や治療，患者の病態把握のために必要な身体計測値，血液検査データ等の情報を収集して立てる。栄養診断計画では食事摂取量や食生活の問題などの情報を収集して計画を立てる。治療計画は治療の目的と内容を具体的に立てたもので，栄養必要量や食品構成，投与方法などもこれにあたる。教育計画では，患者や家族への問題解決のための教育計画を記載する。

#### 4)　経過記録（progress note）

治療の経過を記録する。叙述的記録（narrative note）と経過一覧表（floe sheet）に分けられる。

・叙述的記録：**SOAP 形式**を用いて記録する。始めに症例に該当する「栄養診断コード」（付表）を選んでコードと診断名を記載し，それぞれについて SOAP*に分けて記載する。

・経過一覧表（フローシート）：患者の治療（ケア）経過が一目で分かるように，手術や処置，臨床検査の結果，体重や体脂肪量の変化，服薬状況，栄養補給量など治療（ケア），教育の経過を経時的に一覧表にしたもの。疾病の管理目標に合わせて項目は随時設定可能であり，予め疾患ごとにフォーマットを作成しておくと効率がよい。治療の内容と各項目の変化やかかわりを見ることができ，患者への説明にも有用である。

#### 5)　退院時要約

退院後も一貫した治療が継続できるように，入院時の治療経過の要点を記載する。入院中に十分に解決できなかった問題や今後も継続が必要な内容も記載する。外来での継続治療に有用であるとともに，他施設，在宅への情報提供書としての役割も果たす。

＊ SOAP　S：subjective data（主観的情報）…患者から得た主観的情報，患者が訴えた内容で，直接インタビューで得る。自覚症状や患者の疾病に対する思い，家族関係，食事への意識，社会的観念，人生観や宗教的思想など患者が話した内容。
O：objective data（客観的情報）…観察した内容，患者の理解度や実践状況，他の医療スタッフからの情報，身体計測値，臨床検査データ，栄養摂取量，消費エネルギー量など客観的に数値化できる内容。
A：assessment（アセスメント）…S と O の内容を解釈，分析し患者の治療経過の診断，評価を行う。
P：plan（計画）…A での評価・考察を踏まえて行う治療や教育の計画。モニタリング計画（monitoring plan：Mx），治療計画（Rx），教育計画（Ex）に分けて記載する。

## 2.7 医薬品と栄養・食事の相互作用

服用した薬は，消化管内で崩壊・分散・溶解され，主に小腸や胃で吸収される。吸収された薬は門脈を通って肝臓に入り，血液やリンパ液により各組織に分布される。このとき，肝臓と消化管上皮に存在する薬物代謝酵素**シトクロム P450（CYP）**[*1]で一部代謝されてから（初回通過効果），全身の血流循環へ移行する（**図 2.15** 参照）。直接血管へ投与される注射薬や直腸，舌下，経鼻などから投与された薬は消化管や肝臓を通過せずに全身循環へ移行するので初回通過効果を受けない。その後，肝臓の薬物代謝酵素により分解され，抱合などの代謝を受け糞中へ，腎臓から尿中へと徐々に排泄される。医薬品の効果・副作用と食事摂取には密接な関係があり，吸収・代謝・排泄のどの過程で，どの程度の時間影響するかで相互作用も変化する。例えば，カルシウムと骨粗鬆症治療薬のように，時間をずらして摂取すれば問題ない一過的な相互作用もあれば，ワルファリン服用中はビタミン K の摂取を控えなければならないなどの長期的な相互作用もある。

最近では，高齢者などでの多剤投与（**ポリファーマシー**[*2]）が社会課題となっている。医薬品同士の相互作用による効きすぎや副作用などのリスクが相加・相乗的に上昇する。ビタミン類や微量元素，カフェインなど，食物と

**＊1 シトクロム P450（CYP）** ほぼすべての生物に存在する酸化酵素の総称。主に肝臓にあるが，腎臓・肺・消化管にも分布する。脂溶性の薬を水溶性に変えて排泄しやすくする解毒を行うほか，ステロイドホルモンの生合成，脂肪酸の代謝などに関わる。薬物代謝の46％にはCYP3A が関わっており，CYP3A の中でも CYP3A4が活性の主体である。

**＊2 ポリファーマシー** 「poly（複数）」+「pharmacy（調剤）」からなる言葉で，多剤服用を意味する。単に複数の薬を服用していることではなく，不必要な薬が処方されている状態が問題となる。医療費の増大，死亡率の上昇，服薬アドヒアランス低下による治療の支障に繋がり，高齢者における薬物有害事象増加の要因ともなりうることから，大きな社会問題となっている。

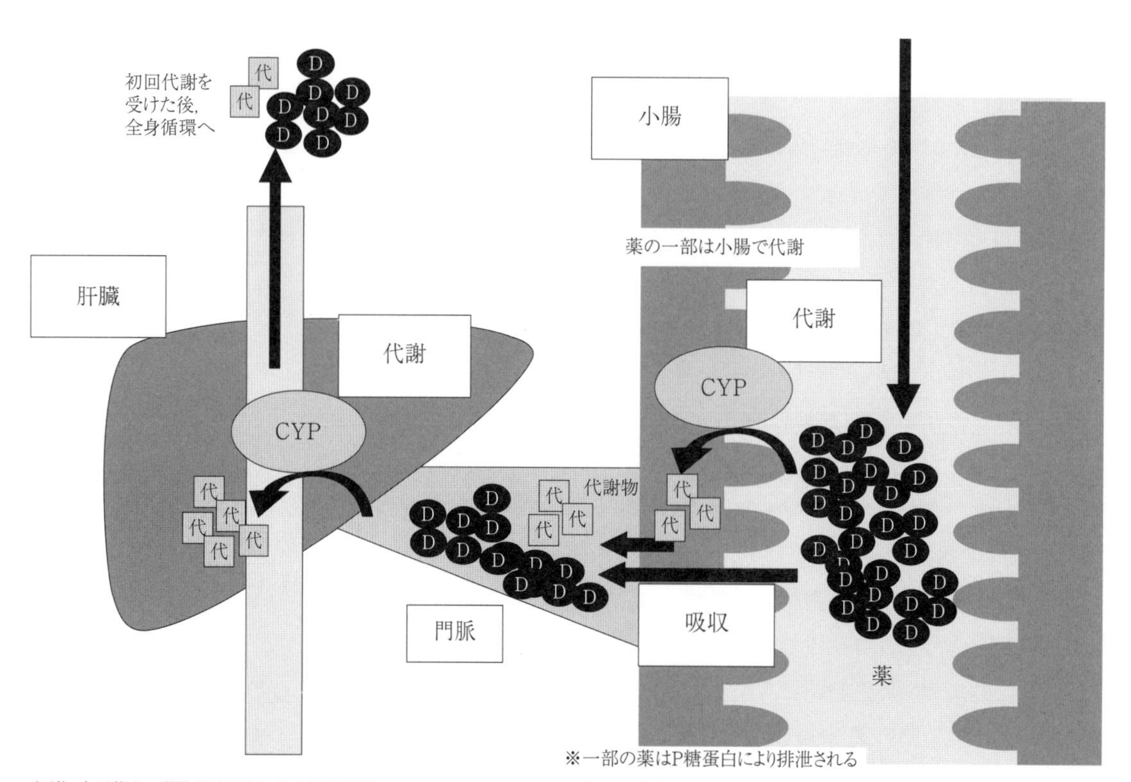


出所）大野能之：薬物代謝酵素による相互作用，Pharma Tribune, **86**（2016）一部改変

**図 2.15**　小腸と肝臓での，シトクロム P450（CYP）による薬物代謝

重複して過剰摂取になる可能性もある。食物と医薬品の相互作用を考えることは，栄養学的にも大変重要といえる。

### 2.7.1　栄養・食事が医薬品に及ぼす影響

#### (1)　医薬品の吸収に及ぼす影響

医薬品を食後に服用したとき，胃内で食物や胃液と混合・希釈されて薬の濃度が低下し，胃から小腸へ到達する時間が遅くなるため，空腹時に比べると吸収速度が低下して効果発現時間が遅れるものがある。食物中の陽イオンとのキレート形成，胃内pHの上昇，食物繊維への吸着などでは，腸管から吸収される薬の量が減少する。緑茶に含まれるタンニンは鉄剤を吸着して吸収が悪くなると考えられていたが，臨床上問題ないとされている。牛乳や乳製品中のCa，Mgは，骨粗鬆症治療薬のビスホスホネート系薬，ミノサイクリンなどのテトラサイクリン系抗菌薬，レボフロキサシンなどのキノロン系抗菌薬と難溶性のキレートを形成して腸管からの吸収を阻害する。抗菌薬のセフジニルは，鉄とキレートを形成して吸収が阻害される。

この他にも，高たんぱく食がレボドパ（L-ドーパ）の吸収量を低下させてパーキンソン症状を悪化させることがある。また，脂溶性が高いイコサペント酸エチルなどのEPA製剤は，食事で胆汁分泌量が増加すると溶解性が高まって吸収が増加する。

#### (2)　医薬品の代謝に及ぼす影響

**グレープフルーツ**に含まれるフラノクマリン誘導体は，小腸や肝臓のCYP3A4を阻害して薬の代謝を阻害する（**図2.20**参照）。小腸での代謝が抑制されて薬の吸収量が増え，肝臓での代謝が抑制されて血中濃度が上昇するため，医薬品の作用が強く表れる。**カルシウム拮抗薬**では，血圧が下がりすぎたり，頭痛，ふらつき，動悸などが現れたりする。グレープフルーツによるCYP阻害作用は不可逆的で数日間継続するが個人差もある。

また，サプリメントの**セント・ジョーンズ・ワート**は，CYP3A4やCYP1A2を誘導することにより，$\beta$刺激作用のある気管支拡張薬の**テオフィリン**，抗凝固薬の**ワルファリン**，免疫抑制剤のシクロスポリン，HIV治療薬（サキナビル，リトナビル）などの代謝を促進して，医薬品の血中濃度を低下させて効果を減弱させる。

#### (3)　医薬品の排泄に及ぼす影響

医薬品が血液中に移行すると，医薬品によって割合は異なるが血液中のアルブミンと結合する。薬理作用を示すのはアルブミンと結合していない遊離型で，アルブミンと結合した医薬品は代謝を受けない。栄養状態悪化や肝機能障害により血中アルブミン濃度が低下すると，医薬品の作用が強まり，副作用が出やすくなる可能性がある。また，排泄が早まって持続時間が減少する可能性もある。

#### (4) 医薬品の生物学的有効性に及ぼす影響

抗凝固薬の**ワルファリン**は，**ビタミンK**依存性血液凝固因子の働きを間接的に抑えて血液を固まりにくくするが，ビタミンKの摂取量が多くなるとワルファリンの有効性が弱まってしまう。ワルファリン服用中は，納豆，クロレラ，青汁の摂取は控え，ビタミンKを多く含む食品の摂取量にも注意する。

アルコールは，睡眠薬や抗ヒスタミン薬などの中枢神経系に作用する医薬品の効果を増強する。抗菌薬のセフメタゾールは，アルコール代謝を遅らせてアセトアルデヒドを蓄積し，頭痛，嘔吐など，悪酔いのような不快感（ジスルフィラム様作用）を引き起こす。また，肝薬物代謝酵素が誘導されて，抗凝固薬のワルファリンなどの作用が減弱することもある。一方，糖尿病患者では，アルコール過剰摂取により，インスリン分泌抑制による血糖コントロール悪化，アルコール性低血糖なども引き起こす。アルコール依存性肝障害を合併すると，薬の代謝・排泄に大きな影響を及ぼす。

緑茶・コーヒー・紅茶に含まれるカフェインは市販の風邪薬などにも配合されており，摂取量が増えると中枢神経が興奮して，イライラ感が生じる。

### 2.7.2 医薬品が栄養・食事に及ぼす影響

#### (1) 栄養・食事の摂取量に及ぼす影響

##### 1) 味覚に及ぼす影響

「甘い」「塩からい」「酸っぱい」「苦い」などの味がわからない味覚障害は，神経の障害，亜鉛不足，うつ病などの心因的要因，口腔乾燥症など，様々な要因で引き起こされるが，降圧薬，消化性潰瘍治療薬，抗うつ薬，睡眠薬，抗菌薬，抗がん薬でも引き起こされる。亜鉛キレート作用のある医薬品や，唾液分泌を抑える医薬品は味覚障害が起こりやすい。

##### 2) 食欲に及ぼす影響

食欲が正常に制御できなくなると，栄養失調や肥満の原因となる。ときに，解熱消炎鎮痛薬，強心薬，抗がん薬，向精神薬，抗菌薬などでも食欲不振が引き起こされる。抗コリン作用のある薬は，口渇や消化管運動抑制により食欲を低下させる。抗がん薬や麻薬性鎮痛薬は，悪心・嘔吐により食欲を低下させる。マジンドールは，神経への直接作用による食欲抑制作用があるので高度肥満症に適用があるが，依存性に留意すべきである。また，糖尿病治療で使用される「**GLP-1***受容体作動薬」は，胃の運動を抑えて食欲を抑制する。

一方，抗ドパミン作用によって消化管運動を促進させるメトクロプラミドなどの制吐剤には食欲亢進作用がある。また，抗アレルギー薬や抗精神病薬

＊ **GLP-1**　グルカゴン様ペプチド-1（glucagon-like peptide-1）の略称。食事摂取により小腸のL細胞から分泌されるインクレチンというホルモンの1つ。すい臓β細胞表面にあるGLP-1受容体に結合し，インスリン分泌を促進する働きがある。

は，抗ヒスタミン作用により食欲を亢進する。六君子湯や認知症治療薬のリバスチグミンは，摂食促進ペプチドである**グレリン**[*1]の分泌を増やすとの報告がある。副腎ステロイド薬にも食欲亢進作用がある。

### (2)　栄養・食事の吸収に及ぼす影響

一部の抗てんかん薬や，潰瘍性大腸炎治療薬のサラゾスルファピリジンは，**葉酸**[*2]の吸収を阻害する。アルコール多量摂取でもチアミンと葉酸の吸収が障害される。抗結核薬リファンピシンなどは，活性型ビタミンDの吸収を低下させる。糖尿病治療薬の$\alpha$－グルコシダーゼ阻害薬は，炭水化物の分解を阻害して食後のグルコース吸収を遅らせる。

アルファカルシドールは，ビタミンDの働きによって，カルシウム（Ca）を小腸の細胞膜に取り込みやすくして吸収を増加させる。消化酵素製剤は，食物の消化を促進して栄養素を吸収しやすくする。膵消化酵素製剤パンクレリパーゼは，膵外分泌機能不全における脂肪吸収を増加させる。

### (3)　栄養・食事の排泄に及ぼす影響

がんや関節リウマチの治療薬であるメトトレキサートは，葉酸の代謝を妨げる。サイアザイド系利尿薬やループ利尿薬は，葉酸の排泄を促進する。また，金属解毒剤のペニシラミンは，体内の重金属（水銀，銅，亜鉛など）と結合して尿中へ排泄させる。

### (4)　電解質に及ぼす影響

医薬品には，栄養素だけでなく，電解質に影響を及ぼすものも多い。電解質異常により，意識障害，食欲低下，倦怠感，血圧変動，体液貯留，口渇など，さまざまな精神的・身体的症状が現れるので注意が必要である。

#### 1)　ナトリウム（Na）に及ぼす影響

ナトリウム（Na）は，細胞外液の浸透圧保持に重要で，血圧や神経の伝導速度にも関係している。輸液やホルモンの影響，嘔吐・下痢，腎機能低下などで血清Na値は変動するが，医薬品が影響することも多い。低Na血症

**表2.24**　電解質に影響を与える主な医薬品

| 電解質 | 上昇させる薬 | 低下させる薬 |
|---|---|---|
| ナトリウム（Na） | フルドロコルチゾン，トルバプタン，炭酸リチウム，アムホテリシンB（抗真菌薬），アミノグリコシド系抗菌薬 | ループ利尿薬，サイアザイド系利尿薬，シスプラチン（抗がん薬） |
| カリウム（K） | レニン－アンジオテンシン系阻害薬，ミネラルコルチコイド受容体拮抗薬，スピロノラクトン | インスリン，テオフィリン，ループ利尿薬，サイアザイド系利尿薬，副腎ステロイド，グリチルリチン，芍薬甘草湯，カテコラミン |
| カルシウム（Ca） | ビタミンD製剤，テリパラチド（副甲状腺ホルモン製剤） | ビスホスホネート系製剤，デノスマブ（抗RANKL抗体製剤），ロモソズマブ（抗スクレロスチン抗体製剤） |
| マグネシウム（Mg） | 酸化マグネシウム | |
| リン（P） | ビタミンD製剤，ビスホスホネート系製剤 | |

**＊1 グレリン**　成長ホルモン分泌促進物質として発見された，胃から産生されるペプチドホルモン。下垂体に働いて成長ホルモンの分泌を促進し，視床下部に働いて食欲を増進させる働きがある。

**＊2 葉酸**　葉酸は水溶性のビタミンB群の一つで，生体内では赤血球の形成過程に大きく関わっている。また，細胞分裂時のDNA合成にも重要な働きをする。葉酸の吸収と代謝には，亜鉛，ビタミンC・$B_6$・$B_2$・$B_{12}$が関わっており，バランスの良い摂取が重要である。
　また，食品中の葉酸の大半はポリグルタミン酸型として存在し，サプリメントとして使用されているプテロイルモノグルタミン酸に比べ，生体利用率は50%と報告している。1日0.4mgはプテロイルモノグルタミン酸の補充が勧められている。

では，頭痛，悪心，脱力，傾眠，痙攣等の中枢神経症状が現れる。選択的セロトニン再取り込み阻害薬の服用で，抗利尿ホルモン（ADH：antidiuretic hormone）不適切分泌症候群（SIADH：syndrome of inappropriate secretion of ADH）の報告がある。**ループ利尿薬**，**サイアザイド系利尿薬**や，抗がん薬のシスプラチンは尿細管でのNa再吸収を抑制して低Na血症を生じる。経腸栄養剤のNa含有量は所要量に比べ低いため，経腸栄養を行っている患者では低Na血症に注意する。一方，ADHを減弱・拮抗する医薬品は，水再吸収を阻害して高Na血症を起こす。トルバプタンは，腎集合管でのバソプレシンによる水再吸収を阻害して水利尿作用を示すため高Na血症を起こしやすい。鉱質コルチコイドであるフルドロコルチゾンは，腎尿細管でのNaの再吸収を促してNaを上昇させる。

### 2）カリウム（K）に及ぼす影響

カリウム（K）の多くは細胞内に存在し，2％程度が細胞外（血清）に存在する。Kは，細胞内外での濃度勾配を形成し，筋肉や神経機能の調節，細胞の浸透圧調節，心機能の調節を行っており，生命活動の維持に欠かせない電解質である。重度の高K血症では心停止につながる心室細動や，高度な徐脈を引き起こす危険性がある。**レニン－アンジオテンシン系阻害薬**[*1]や，ミネラルコルチコイド受容体拮抗薬，アルドステロン拮抗薬のスピロノラクトンは，腎臓からのK排泄を低下させて高K血症を引き起こす。一方，インスリン，カテコラミン，テオフィリン，甲状腺ホルモン製剤などは，Kの細胞内取り込みを促進するため，過量投与などでは低K血症を引き起こす。また，ループ利尿薬，サイアザイド系利尿薬，副腎ステロイド製剤は，尿中へのK排泄を促進して低K血症を引き起こす。抗アレルギー薬のグリチルリチンは，漢方薬に含まれる甘草の成分で，偽アルドステロン症による低K血症を起こす。

### 3）カルシウム（Ca）に及ぼす影響

カルシウム（Ca）は，生体内の99％が骨に存在する。血液中では約50％が遊離イオンとして存在し，約40％はアルブミンと結合している。低アルブミン血症では血清Ca値が低値を示すため補正式を用いる。高Ca血症では，倦怠感や意識障害，食欲不振，尿路結石などを生じる恐れがある。骨粗鬆症治療薬であるアルファカルシドールなどのビタミンD製剤やテリパラチドなどの副甲状腺ホルモン（PTH）製剤は，高Ca血症を起こすリスクがあり，特に高齢者や腎機能低下患者では定期的にCa値をモニタリングする。一方，低Ca血症では，意識障害やけいれんなどの中枢神経障害，筋力低下，不整脈などを引き起こす。骨粗鬆症治療薬のビスホスホネート系製剤，抗**RANKL**[*2]抗体製剤のデスノマブ，抗スクレロスチン抗体製剤のロモソズマ

＊1 **レニン－アンジオテンシン系阻害薬**　アンジオテンシンⅡ受容体拮抗薬（ARB：angiotensin receptor blocker），アンジオテンシン変換酵素（ACE：angiotensin converting enzyme）阻害薬の2種類がある。

＊2 **RANKL**　receptor activator of NF-$\kappa$B ligandの略称。骨芽細胞から産生される膜結合型分子で，破骨細胞の前駆細胞に発現するRANKに結合して破骨細胞の分化を促進し，骨吸収を亢進する。

ブは，骨吸収抑制作用により低Ca血症を生じる。

#### 4）マグネシウム（Mg）に及ぼす影響

体内のマグネシウム（Mg）の65%は骨に蓄えられ，27%が筋肉などの軟部組織に分布する。腎不全などで排泄低下があると高Mg血症をきたし，傾眠傾向や意識障害，徐脈や血圧低下を起こし，重症例では心停止を起こす。酸化マグネシウムなどのMg含有制酸緩下剤の過量投与などで認められる。

#### 5）リン（P）に及ぼす影響

リン（P）は，骨や軟部組織の形成，細胞膜の構成，アデノシン三リン酸（ATP: adenosine triphosphate）を構成し，多くは骨に蓄えられている。腎不全ではリンを排泄できず，透析患者の多くにリン吸着薬が処方される。高リン血症は，ビタミンDの過剰摂取による吸収増加，ビスホスホネート系製剤による腎排泄低下，横紋筋融解症，ケトアシドーシス，高血糖などでも引き起こされる。一方，低リン血症は食事や栄養からの摂取不足が原因となる。

#### コラム4　高血圧治療薬の種類と作用について

高血圧が長く続くと，脳，心臓，腎臓等の合併症が起こりやすくなる。高血圧により血管壁に高い圧力がかかると細動脈壁が厚くなり「動脈硬化」が進行する。硬くなって弾力性を失った血管に血液を送ることは心臓に負担をかけるため，心臓の筋肉が肥大して収縮力が弱くなり「心不全」が起こる。また，脳では脳出血や脳梗塞が発生しやすくなる。疫学的データから，食塩の摂り過ぎが高血圧の原因とされ，予防や治療には食塩制限が重要とされる。以下に，「高血圧治療薬の分類」と「作用機序と特徴」をまとめる。

| 高血圧治療薬の主な分類 | 作用機序と特徴 |
|---|---|
| ループ利尿薬，サイアザイド系利尿薬 | Naの尿中排泄を促進する |
| Ca拮抗薬 | 血管平滑筋細胞へのCa流入を阻害して血管を拡張する |
| レニン－アンジオテンシン系阻害薬<br>アンジオテンシンII受容体拮抗薬<br>アンジオテンシン変換酵素阻害薬 | 血管収縮作用がある「アンジオテンシン」の働きを抑えることで，血管を拡張する |
| ミネラルコルチコイド受容体拮抗薬 | 尿細管などでの「アルドステロン」の働きを阻害する。K排泄が抑制される。心保護・腎保護の作用も期待される。 |
| $\alpha$遮断薬 | アドレナリンによる血管収縮作用を阻害して，血管を拡張する |
| $\beta$遮断薬 | アドレナリンが心臓の収縮力を強めるのを阻害して，血圧を下げる |

**【演習問題】**

**問 1**　栄養アセスメントに関する記述である。**正しい**のはどれか。１つ選べ。

(2021 年国家試験)

(1) 食事記録法による食事調査では，肥満度が高い者ほど過大申告しやすい。
(2) 内臓脂肪面積は，肩甲骨下部皮下脂肪厚で評価する。
(3) 上腕筋面積は，体重と上腕三頭筋皮下脂肪厚で算出する。
(4) 尿中クレアチニン排泄量は，筋肉量を反映する。
(5) 窒素出納が負の時は，体たんぱく質量が増加している。

**解答**　(4)

**問 2**　経腸栄養剤の種類とその特徴に関する記述である。**最も適当**なのはどれか。１つ選べ。　(2022 年国家試験)

(1) 半固形栄養剤は，胃瘻に使用できない。
(2) 消化態栄養剤の糖質は，でんぷんである。
(3) 成分栄養剤の窒素源は，アミノ酸である。
(4) 成分栄養剤の脂肪エネルギー比率は，20% E である。
(5) 成分栄養剤は，半消化態栄養剤より浸透圧が低い。

**解答**　(3)

**問 3**　静脈栄養法による栄養管理に関する記述である。**正しい**のはどれか。

(2022 年国家試験)

(1) 末梢静脈栄養では，2,000kcal/日投与することができる。
(2) 末梢静脈栄養では，浸透圧比（血漿浸透圧との比）を 3 以下とする。
(3) 中心静脈栄養の基本輸液剤には，セレンが含まれている。
(4) 腎不全患者には，NPC/N 比を 100 以下にして投与する。
(5) 脂肪は，1 g/kg/時以下の速度で投与する。

**解答**　(2)

**問 4**　診療報酬における在宅患者訪問栄養食事指導料の算定要件に関する記述である。**正しい**のはどれか。１つ選べ。　(2020 年国家試験)

(1) 指導に従事する管理栄養士は，常勤に限る。
(2) 算定回数は，１か月に１回に限る。
(3) 指導時間は，１回 20 分以上とする。
(4) 指導内容には，食事の用意や摂取等に関する具体的な指導が含まれる。
(5) 訪問に要した交通費は，指導料に含まれる。

**解答**　(4)

**問 5**　外来栄養食事指導料の算定に関する記述である。**最も適当**なのはどれか。１つ選べ。　(2022 年国家試験)

(1) 初回の指導時間は，概ね 20 分以上で算定できる。
(2) 集団栄養食事指導料を，同一日に併せて算定できる。
(3) BMI 27.0kg/$m^2$ の肥満者は，算定対象となる。
(4) がん患者は，算定対象とならない。

(5)　7歳の小児食物アレルギー患者は，算定対象とならない。

**解答**　(2)

**問6**　水分出納において，体内に入る水分量として計算する項目である。**最も適当**なのはどれか。1つ選べ。　(2021年国家試験)

(1)　滲出液量
(2)　代謝水量
(3)　不感蒸泄量
(4)　発汗量
(5)　便に含まれる量

**解答**　(2)

**問7**　身長150cm，体重40kg，標準体重50kgの女性患者。1日尿中クレアチニン排泄量が750mgのときのクレアチニン身長係数（%）である。ただし，クレアチニン係数は，18mg/kg標準体重とする。**最も適当**なのはどれか。1つ選べ。　(2023年国家試験)

(1)　120
(2)　104
(3)　96
(4)　83
(5)　42

**解答**　(4)

**問8**　食品が医薬品に及ぼす影響に関する記述である。**最も適当**なのはどれか。1つ選べ。　(2022年国家試験)

(1)　高たんぱく質食は，レボドパ（L-ドーパ）の吸収を促進する。
(2)　高脂肪食は，EPA製剤の吸収を抑制する。
(3)　ヨーグルトは，ビスホスホネート薬の吸収を促進する。
(4)　グレープフルーツジュースは，カルシウム拮抗薬の代謝を抑制する。
(5)　セント・ジョーンズ・ワートは，シクロスポリンの代謝を抑制する。

**解答**　(4)

**問9**　医薬品が電解質に及ぼす影響の組合せである。**最も適当**なのはどれか。1つ選べ。　(2023年国家試験)

(1)　サイアザイド系利尿薬 ―――――――― 尿中ナトリウム排泄抑制
(2)　ループ利尿薬 ―――――――――――― 尿中カリウム排泄抑制
(3)　アンジオテンシン変換酵素阻害薬 ――――― 血清カリウム値低下
(4)　甘草湯 ――――――――――――――― 血清カリウム値上昇
(5)　ステロイド内服薬（コルチゾール）――――― 血清カリウム値低下

**解答**　(5)

**【参考文献】**

伊藤貞嘉，佐々木敏監修：日本人の食事摂取基準2020年版，第一出版（2020）

井上善文：静脈経腸栄養ナビゲータ　エビデンスに基づいた栄養管理，照林社（2021）
医療情報科学研究所編：クエスチョン・バンク 管理栄養士国家試験問題解説 2019，医療情報科学研究所（2018）
栄養管理プロセス研究会監修：改訂新版　栄養管理プロセス．25，第一出版（2023）
大野能之：薬物代謝酵素による相互作用，Pharma Tribune, **86**（2016）
小野寺時夫, 五関謹秀, 神前五郎：Stage IV, V（V は大腸癌）消化器癌の非治癒切除・姑息手術に対する TPN の適応と限界，日本外科学会雑誌，**84**，1031（1983）
厚生労働省：科学的介護情報システム（LIFE）について https://www.mhlw.go.jp/stf/shingi2/0000198094_00037.html（2023.9.10）
厚生労働省：「総合医療」に係る情報発信等推進事業（eJIM）https://www.ejim.ncgg.go.jp/public/hint2/c03.html（2023.9.25）
厚生労働省：令和 3 年度介護報酬改定について https://www.mhlw.go.jp/stf/seisakunitsuite/bunya/0000188411_00034.html（2023.9.10）
厚生労働省老健局：介護保険制度の概要（2021），https://www.mhlw.go.jp/content/000801559.pdf（2024.1.28）
佐々木雅也監修：エキスパートが教える輸液・栄養剤選択の考え方，羊土社（2020）
菅野義彦編：キホンを知る　症例に学ぶ　水・電解質・酸塩基平衡　イラスト解説 BOOK ニュートリションケア 2019 年秋季増刊，メディカ出版（2019）
竹谷豊，塚岡丘美，桑波田雅士，阪上博編：栄養科学シリーズ 新・臨床栄養学（第 2 版），講談社（2023）
東京都病院薬剤師会編：輸液栄養時におけるフィジカルアセスメント・配合変化・輸液に用いる器具，薬事日報社（2014）
中村丁次，川島由紀子，外山健二編：臨床栄養学（改定第 3 版），南江堂（2019）
日本栄養アセスメント研究会身体計測基準値検討委員会：日本人の新身体計測基準値 JARD2001：栄養評価と治療，**19**（0），1-8（2002）
日本病態栄養学会編：病態栄養専門医テキスト—認定専門医をめざすために（改訂第 2 版），33-40，281-290，南江堂（2015）
日本病態栄養学会編著：病態栄養専門管理栄養士のための病態栄養ガイドブック（改訂第 7 版），南江堂（2022）
日本病態栄養学会編：認定 NST ガイドブック 2023（改定第 6 版），南江堂（2023）
日野原重明監修，渡辺直著：電子化カルテ時代の POS—患者指向の連携医療を推進するために—，医学書院（2012）
福井富穂，加藤昌彦，田村明，田中文彦，中村保幸，岩川裕美編：イラスト症例からみた臨床栄養学（第 3 版），東京教学社（2022）
本田佳子編：新臨床栄養学　栄養ケアマネジメント（第 4 版），医歯薬出版（2020）
矢冨裕，山田俊幸監修：今日の臨床検査 2023—2024，南江堂（2023）

# 3 疾病・病態別栄養管理

## 3.1 栄養障害における栄養ケア・マネジメント

### 3.1.1 たんぱく質・エネルギー栄養失調症（PEM），栄養障害

#### (1) 疾患の定義

栄養障害は，人体に必要な栄養素の補給が不適切な状態をいう。ヒトは，過栄養においても低栄養においても栄養障害を起こす。

エネルギーや栄養素が量的ないし質的に不足し，病的症状がみられる栄養不良は，低栄養や栄養失調と同義語であり，栄養不良のなかでも特にたんぱく質・エネルギー低栄養状態を**たんぱく質・エネルギー栄養失調症**（PEM：protein energy malnutrition）という。

**＊ マラスムス**（marasmus），**クワシオルコル**（kwashiorkor）　マラスムスは，エネルギーおよびたんぱく質が長期に欠乏した状態で起こり，クワシオルコルは，エネルギーは足りているが，たんぱく質の摂取不足により原料不足のためにたんぱく質合成ができず起こる。

#### (2) 病因・病態

食事の不足や偏りなどにより，栄養素が必要量に応じた適正な摂取ができていなかったり，栄養素の吸収障害や利用障害などの体内の異常があったりすることにより，栄養障害を招く。栄養障害は，特定栄養素の欠乏，複数の栄養素の欠乏，特定栄養素の過剰，複数の栄養素の過剰，個々の栄養素間のバランスの崩れにより起こる。また，栄養素摂取における欠乏または過剰が起こると，体内でのそれぞれ特有の生化学変化が起こり，潜在性の欠乏状態または過剰状態が起こるが，さらに欠乏または過剰が続くと機能的変化，形態的変化が生じ，顕在性欠乏状態または顕在性過剰状態となる。これよりさらに欠乏または過剰が続くと死への危険も生じる（**図3.1**）。

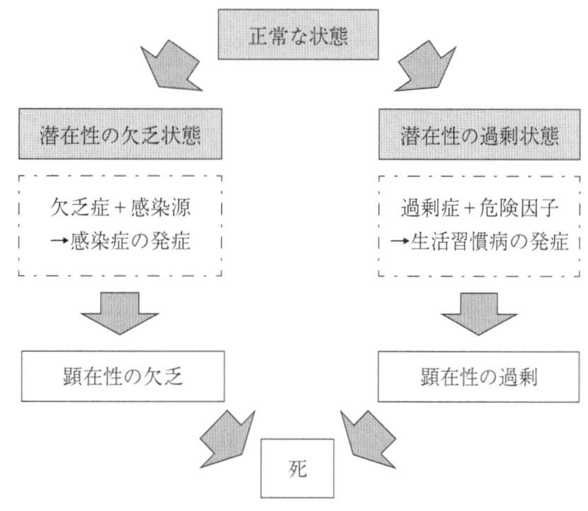


**図3.1**　栄養素の欠乏状態または過剰状態の経過（著者作成）

特に，除脂肪体重（lean body mass：LBM）の低下がみられる低栄養状態が続くと身体への影響がみられるようになる。除脂肪体重の低下で免疫力が低下する。さらに減少すると，創傷治癒遅延，臓器障害が起こり，生体の適応が障害され，生命を維持することが難しくなる（**図3.2**）。このような状態はPEMにより起こり，PEMは，**マラスムス**＊，

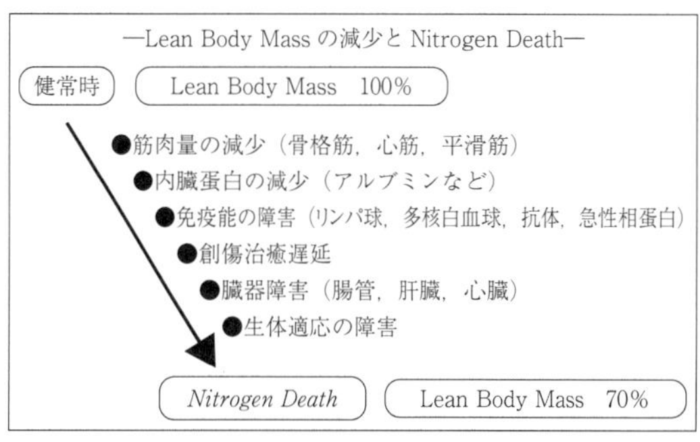


出所）日本静脈経腸栄養学会編：コメディカルのための静脈・経腸栄養ガイドライン，南江堂（2000）

**図3.2**　除脂肪体重の減少と窒素死

**クワシオルコル**に分けられる。両者の混合型は，低アルブミン血症に体重減少が同時に起こっている状態で，高齢者をはじめ臨床の現場に混合型が多くみられる。

### (3)　症　　状

栄養素の顕在性欠乏による身体症状を**表 3.1** に示した。

マラスムスにみられる臨床的症状は，成長障害，筋肉容積の著しい減少および筋萎縮，感染症の発症，栄養素の欠乏徴候などがあげられる。クワシオルコルの三大徴候は，浮腫，低アルブミン血症，脂肪肝とされ，臨床的症状は，成長遅延，筋肉消耗があげられる。マラスムスとクワシオルコルの特徴を**表 3.2** に示した。

**表 3.1**　栄養素の顕在性欠乏による身体症状

| 部分 | 症状 | 欠乏と考えられる栄養素 |
|---|---|---|
| 毛髪 | 脱毛症 | 亜鉛，必須脂肪酸 |
| | 抜けやすい | たんぱく質，必須脂肪酸 |
| | 光沢がない | たんぱく質，亜鉛 |
| | 脱　色 | たんぱく質，銅 |
| | らせん状になる | ビタミンA，ビタミンC |
| 目 | 結膜乾燥症 | ビタミンA |
| | 角膜内血管新生 | ビタミン$B_2$ |
| | 角膜軟化症 | ビタミンA |
| | ビドー斑点 | ビタミンA |
| | 夜盲症 | ビタミンA |
| 皮膚 | うろこ状乾燥 | ビタミンA，必須脂肪酸，亜鉛 |
| | 点状出血 | ビタミンC |
| | 斑状出血 | ビタミンK |
| | 小胞を伴う角質化異常 | ビタミンA，必須脂肪酸 |
| | 鼻唇脂漏症 | ナイアシン，ビタミン$B_6$，ビタミン$B_2$ |
| | 蝶状斑 | ナイアシン，亜鉛 |
| 消化器系 | 嘔吐，吐気 | ビタミン$B_6$ |
| | 下　痢 | 亜鉛，ナイアシン |
| | 胃　炎 | ビタミン$B_6$，ビタミン$B_2$，鉄 |
| | 口角炎 | ビタミン$B_6$，鉄 |
| | 舌　炎 | ビタミン$B_6$，亜鉛，ナイアシン，葉酸 |
| | 赤みを伴う軽い舌炎 | ビタミン$B_2$ |
| | 歯肉の腫れ・出血 | ビタミンC |
| | 舌の亀裂 | ナイアシン |
| | 肝臓肥大 | たんぱく質 |
| 四肢 | 皮下脂肪減少 | カロリー |
| | 筋たんぱく消耗 | カロリー，たんぱく質 |
| | 浮　腫 | たんぱく質 |
| | 骨軟化症，骨痛，くる病 | ビタミンD |
| | 関節痛 | ビタミンC |
| 血液 | 貧　血 | ビタミン$B_{12}$，鉄，葉酸，銅，ビタミンE |
| | 白血球減少 | 銅 |
| | 好中球減少 | 銅 |
| | プロトロンビン減少 | ビタミンK |
| | 血液凝固遅延 | マンガン |
| | 血糖上昇 | 亜鉛，マンガン |
| 神経系 | 意識障害 | ナイアシン，ビタミン$B_1$ |
| | 健忘症，若年性痴呆症 | ビタミン$B_1$ |
| | 神経障害 | ビタミン$B_1$，ビタミン$B_6$，クロム |
| | 知覚異常 | ビタミン$B_1$，ビタミン$B_6$，ビタミン$B_{12}$ |
| | 痙　攣 | ナトリウム |
| | 味覚喪失 | 亜　鉛 |
| | 拒食症 | ナトリウム |
| 心疾患 | 虚血性心疾患，心臓肥大，頻脈 | ビタミン$B_1$ |
| | 心筋症 | セレン |

出所）中村丁次監修：栄養アセスメントの意義-栄養状態を見極めるために-，医科学出版社（2013）

### (4)　検査・診断

身長，体重，上腕周囲長や皮下脂肪厚などの身体測定，血清アルブミン値などの血液・生化学検査，身体徴候の把握，食事摂取調査，生活環境や心理状態の把握などを実施する。

栄養障害の程度は，現在の体重と理想体重（標準体重，IBW）または通常体重（UBW）の比（% IBW*1または% UBW*2）を求めて判定する（**表 3.3**）。

### (5)　医学的アプローチ

問診，視診，触診などによる病的徴候の有無を把握する。

### (6)　栄養学的アプローチ

#### 1)　栄養評価

エネルギー摂取における過不足の評価は，成人ではBMI と体重減少率により行い，成長期の小児においては，成長曲線を用いて行う。たんぱく質栄養状態の評価は，骨格筋を反映する上腕筋囲や上腕筋面積，クレアチニン身長比（標準体重係数），尿中 3-メチルヒスチジン，内臓たんぱく質を反映する血清アルブミンなどにより評価を行う。血液・生化学検査のうち，ヘモグロビン，コレステロール，コリンエステラーゼも低栄養状態の把握に用いられる指標となる。

**表 3.2**　マラスムスとクワシオルコルの特徴

|  | マラスムス | クワシオルコル |
|---|---|---|
| 摂取エネルギー | 不足 | 変化なし |
| 摂取たんぱく質 | 不足 | 不足 |
| 体重減少 | 著明 | マラスムスより軽度 |
| 体脂肪・筋肉量 | 消耗 | 正常 |
| 浮腫 | なし | あり |
| 皮膚病変 | ほとんどなし | 色素沈着異常など |
| 毛髪の変化 | 軽度 | 色素脱出など |
| 下痢 | 多い | 多い |
| 精神障害 | あり | あり |
| 肝腫大 | なし | 多い |
| 血清アルブミン | ほぼ正常 | 低下 |
| インスリン濃度 | 低下 | 正常 |
| アドレナリン濃度 | 上昇 | 低下 |
| コルチゾール濃度 | 上昇 | 低下 |
| 貧血 | まれ | 多い |

出所）武田英二編：臨床病態栄養学（第 3 版），文光堂（2013）を一部改変

**表 3.3**　栄養障害の程度

|  | % IBW | % UBW |
|---|---|---|
| 軽度栄養障害 | 80～90% | 85～95% |
| 中等度栄養障害 | 70～79% | 75～84% |
| 高度栄養障害 | 0～69% | 0～74% |

出所）日本静脈経腸栄養学会編：コメディカルのための静脈・経腸栄養ガイドライン，南江堂（2003）

#### 2)　栄養食事療法

PEM では，栄養アセスメントを行った後，体重減少率とストレスレベルにより必要量を算定する。重度のマラスムス，クワシオルコルでは，小児および成人は，個人の摂取エネルギー必要量やたんぱく質必要量を確実に摂取し，徐々に増やして 7 日目にはエネルギーは 1.5 倍，たんぱく質を 3 ～ 4 倍にする。軽度の場合でも，エネルギーは標準の 1.5 倍，たんぱく質は 2 倍にすることが少なくとも必要とされる。

経口摂取を基本とするが，経口摂取量が増加しないときや生命の危険性があるときは，高カロリー輸液の適応になる。しかし，長期間低栄養状態であった患者に対して急激な栄養投与を行った場合，**リフィーディング症候群**[*3]をきたす恐れがあるため，少量より開始して徐々に増加させるなどの注意が必要である。

#### 3)　栄養食事指導・生活指導

食事は本人の嗜好を取り入れ，食べやすいもの，消化に良いものにする。食欲がない場合は，食べられるものを食べられるときに自由に摂取するよう

**＊1 % IBW**　% IBW＝実測体重(kg)/IBW×100

**＊2 % UBW**　% UBW＝実測体重(kg)/UBW×100

**＊3 リフィーディング症候群**
→2.2.2（p.39）参照

にする。必要量が摂取できないときは，高エネルギー食品や高たんぱく質食品などの栄養補助食品を利用する。

PEMでは，筋肉減少により日常生活動作が低下し，消費エネルギー量が低いため食欲が低下し，食事摂取量の低下が進み，さらに低栄養状態になるという負のスパイラルに陥りやすい。そこで，日常生活の中で無理のない範囲で身体活動を取り入れていくよう指導が必要となる。

### 3.1.2 ビタミン欠乏症・過剰症

#### (1) 疾患の定義

ビタミンは，**水溶性ビタミン**[*1]と**脂溶性ビタミン**[*2]がある。水溶性ビタミンの多くは，生体内の代謝に関与する酵素の活性を発揮するための補酵素として働き，脂溶性ビタミンは，それぞれ独自の生理作用をもつ。

**＊1 水溶性ビタミン** ビタミン $B_1$, $B_2$, $B_6$, $B_{12}$, C, ナイアシン, パントテン酸，ビオチン，葉酸

**＊2 脂溶性ビタミン** ビタミンA，D，E，K

これらのビタミンは，体内で合成されないか，合成されても十分でないため食物から摂取しなければならず，健康を保つために不可欠な微量の有機化合物である。そのため，ビタミン類が長期に不足すると，微量栄養素栄養失調となる。これが，ビタミン欠乏症である。

一方，摂取する量が増えすぎると，体内での蓄積が過剰となり，健康障害を引き起こすビタミン過剰症がみられる。水溶性ビタミンは，過剰に摂取しても大部分尿中に排泄されるため，過剰症になることが少ないが，脂溶性ビタミンは，体内脂肪組織や肝臓への沈着性が高く，過剰症が出現しやすい。

#### (2) 病因・病態

ビタミン欠乏症の原因は，① 長期の食品選択の偏りや経口摂取量の低下による摂取不足，② 消化吸収能力の低下による摂取不足，③ 成長期や妊娠期，身体活動量やストレスの増大，疾病などによって必要量が増加したことによる摂取不足，が挙げられる。

ビタミン過剰症の原因は，ビタミン剤の大量摂取により起こるが，近年，健康食品やサプリメントなどの栄養機能食品による過剰摂取が問題となっている。

#### (3) 症　状

ビタミンの欠乏症と過剰症の症状を**表 3.4** に示した。

#### (4) 検査・診断

臨床症状，血中および尿中ビタミン濃度測定結果，薬剤服薬状況，食生活および食事摂取調査から判断される。特に，**表 3.1** にある身体症状の確認は，大きな手掛かりとなる。

#### (5) 医学的アプローチ

ビタミン欠乏症では，不足しているビタミンが投与されるが，脂溶性ビタミンでは過剰投与に注意が必要となる。ビタミン過剰症では，原因となって

いる食品やビタミン剤，栄養剤の摂取を中止する。

#### (6)　栄養学的アプローチ

##### 1)　栄養評価

食事やサプリメントの摂取状況，生活環境および労働環境，ライフステージによる需要の増大，原疾患の治療状況などを確認し，ビタミンの不足または過剰のリスクを評価する。

食事摂取調査から個人の各ビタミン摂取量と「日本人の食事摂取基準」に示される推定平均必要量並びに推奨量から不足の可能性とその確率の推定を行い，または目安量が示されている場合は，摂取量と目安量を比較し，不足していないことを確認する。また，同様に耐容上限量から過剰摂取の可能性の有無を推定し，ビタミン摂取状況のアセスメントを行う。

##### 2)　栄養食事療法

ビタミン欠乏症では，各ビタミンの含有量が多い食品の摂取量を増やし，欠乏症状が著しい場合は，ビタミン剤の補給やサプリメントの利用を行う。「日本人の食事摂取基準」の推奨量あるいは目安量付近となるように該当するビタミンを摂取する。

ビタミン過剰症では，過剰摂取の原因となっているビタミン剤，食品やサプリメントなどの摂取を中止し，摂取量が耐容上限量未満となるようにする。

##### 3)　栄養食事指導・生活指導

食事内容に偏りがある場合は，まずは食事の見直しを行う。欠乏症，過剰症いずれの場合においても，食品中のビタミン含有量の多い食品に関する知識や適切な摂取についての指導が必要である。食欲低下あるいはビタミンの需要増大による摂取量不足の場合は，栄養機能食品の利用などの提案を行う。

### 3.1.3　ミネラル欠乏症・過剰症

#### (1)　疾患の定義

ミネラル（無機質）とは，生体内での様々な生理作用に関与する元素の総称で，体内に３～５％存在する。多量の必須元素にナトリウム，クロール，カリウム，カルシウム，マグネシウム，リン，イオウの７元素があり，微量の必須元素に鉄，亜鉛，銅，マンガン，ヨウ素，セレン，モリブデン，コバルトがある。これらは体内で合成されないために外部から摂取する必要があり，ミネラルの不足が長期におよぶと臨床症状が出現し，ミネラル欠乏症を発症する。また，長期にわたる過剰摂取の場合には，ミネラル過剰症を発症する。

#### (2)　病因・病態

ミネラル欠乏症の原因は，① 長期の食品選択の偏りや経口摂取量の低下による摂取不足，② ミネラルの吸収不良（吸収障害）による摂取不足，③

**表3.4　ビタミン，ミネラルの欠乏症状と過剰症状**

| 種類 | 名称 | 欠乏症状 | 過剰症状 |
|---|---|---|---|
| 脂溶性ビタミン | ビタミンA（レチノール） | 胎児異常，免疫力低下，暗順応の低下（夜盲症），角膜乾燥症 | 急性中毒（脳脊髄液圧上昇），慢性中毒症（頭痛，吐き気，皮膚の落屑，脱毛，筋肉痛），奇形児出産のリスク |
| | ビタミンD | くる病（乳幼児，小児），骨軟化症（成人），骨粗鬆症 | 高カルシウム血症（食欲不振），腎障害，異所性石灰化 |
| | ビタミンE（トコフェロール） | 溶血性貧血（未熟児），脂質過酸化，神経・筋肉症状 | 過剰症は認められていない |
| | ビタミンK | 新生児メレナ（消化管出血），特発性乳児ビタミンK欠乏症（頭蓋内出血），出血傾向 | 抗凝固薬（ワルファリン）の薬効阻害，肝機能障害 |
| 水溶性ビタミン | ビタミン$B_1$（チアミン） | 脚気（全身倦怠感，下肢しびれ感，腱反射消失，浮腫，動悸，息切れ），ウェルニッケ脳症（眼球運動麻痺，歩行運動失調） | 過剰症は認められていない |
| | ビタミン$B_2$（リボフラビン） | 口角炎，口唇の発赤，眼膜炎，脂漏性皮膚炎 | 過剰症は認められていない |
| | ナイアシン（ニコチン酸，ニコチンアミド） | ペラグラ（皮膚炎，下痢，精神神経障害） | 皮膚発赤，消化管・肝臓障害 |
| | ビタミン$B_6$ | 脂漏性皮膚炎，湿疹，舌炎 | 末梢感覚神経障害，日光浴で皮膚紅潮 |
| | ビタミン$B_{12}$ | 細胞分化障害（巨赤芽球性貧血—悪性貧血），全身倦怠感 | 過剰症は認められていない |
| | 葉酸 | 巨赤芽球性貧血，胎児の神経管発育不全，ホモシステイン尿症（血症） | 過剰症は認められていない |
| | パントテン酸 | 体重減少，皮膚炎，脱毛，血圧低下 | 過剰症は認められていない |
| | ビオチン | 皮膚炎，脱毛，神経障害 | 過剰症は認められていない |
| | ビタミンC（アスコルビン酸） | 壊血病，皮下出血 | 過剰症は認められていない |
| 多量ミネラル | ナトリウム（Na） | 血圧低下，循環血液量の低下，意欲減退，骨吸収 | 口渇，浮腫，血圧上昇，腎障害 |
| | クロール（Cl） | 消化不良，胃酸分泌低下 | 過剰症は認められていない |
| | カリウム（K） | 疲労の持続，低カリウム血症，心停止，筋力低下 | 腎機能低下時の高カリウム血症 |
| | カルシウム（Ca） | 骨塩低下，発育不全，テタニー（筋肉の硬直やけいれん） | 異所性沈着（軟組織沈着，結石），ミルク・アルカリ症候群 |
| | マグネシウム（Mg） | 高血圧，末梢血管充血，循環不全，代謝不全，骨呼吸，発育不全，脂肪便，便秘 | 下痢，腎機能低下時の高マグネシウム血症 |
| | リン（P） | 発育不全，骨塩低下 | 腎機能低下時の高リン血症 |
| | 硫黄（S） | 発育不全 | 過剰症は認められていない |
| 微量ミネラル | 鉄（Fe） | 鉄欠乏性貧血，発育不全，筋力低下 | 鉄沈着症（鉄剤常用，大量輸血による） |
| | 亜鉛（Zn） | 皮膚炎，味覚障害，貧血，免疫能低下，成長障害，精神障害，生殖異常，創傷治癒遅延 | 過剰症は認められていない |
| | 銅（Cu） | メンケス症候群，貧血 | ウイルソン病，肝硬変，脳障害 |
| | マンガン（Mn） | 軟骨形成不全 | 脳障害 |
| | ヨウ素（I） | 発育障害，地方病性甲状腺腫，クレチン病，甲状腺機能低下症 | 甲状腺腫 |
| | セレン（Se） | ヨウ素欠乏を重篤化する，心機能不全（克山病），過酸化障害，骨関節症（カシンベック症） | 疲労感，焦燥感，脱毛，爪の変形，消化器・神経症状 |
| | クロム（Cr） | 糖質代謝異常 | 過剰症は認められていない |
| | モリブデン（Mo） | 成長障害，プリン代謝障害 | 過剰症は認められていない |
| | コバルト（Co） | 悪性貧血 | 過剰症は認められていない |

出所）川島由起子監修：カラー図解　栄養学の基本がわかる事典，西東社（2013）

成長，排泄増加，疾病などによる必要量の増大，が挙げられる。

ミネラル過剰症は，食塩によるナトリウム過剰以外，通常の食事ではほとんど起こらない。しかし，特定の地域において，特定の食品やミネラルを大量に摂取するような食習慣がある場合に発症する場合がある。特定の元素を取り扱う職業において中毒症が起こる場合もある。環境汚染，食品添加物などによっても起こるが，近年，ミネラルサプリメントの多用などによる過剰症もみられる。腎機能低下により，高カリウム血症，高リン血症がみられる。

### (3)　症　状

ミネラルの欠乏症と過剰症の症状を**表 3.4** に示した。

### (4)　検査・診断

臨床症状，血中ミネラル濃度測定結果，薬剤服薬状況，食生活および食事摂取調査から判断される。特に，**表 3.1** にある身体症状の確認は，大きな手掛かりとなる。

### (5)　医学的アプローチ

欠乏症ではミネラル製剤が投与され，過剰症では原因となっている食品やサプリメント，栄養剤の摂取禁止やキレート剤を用いて排泄を促進する。欠乏症状または過剰症状の消失に対応する薬剤が用いられる。

### (6)　栄養学的アプローチ

#### 1)　栄養評価

食事やサプリメントの摂取状況，生活環境および労働環境，ライフステージによる需要の増大，原疾患の治療状況などを確認し，ミネラルの不足または過剰のリスクを評価する。

食事摂取調査から個人の各ミネラル摂取量と「日本人の食事摂取基準」に示される推定平均必要量並びに推奨量から不足の可能性とその確率の推定を行い，または目安量が示されている場合は，摂取量と目安量を比較し，不足していないことを確認する。また，同様に耐容上限量から過剰摂取の可能性の有無を推定し，ミネラル摂取状況のアセスメントを行う。

#### 2)　栄養食事療法

ミネラル欠乏症では，ミネラルの含有量が多い食品の摂取量を増やし，欠乏症状が著しい場合は，サプリメントの利用を行う。「日本人の食事摂取基準」の推奨量あるいは目安量付近となるように該当するミネラルを摂取する。

ミネラル過剰症では，過剰摂取の原因となっている食品やサプリメント，栄養剤などの摂取を中止し，摂取量が耐容上限量未満となるようにする。ナトリウムについては，目標量の範囲内に入るように摂取する。

#### 3)　栄養食事指導・生活指導

食事内容に偏りがある場合は，まずは食事の見直しを行う。欠乏症，過剰症いずれの場合においても，食品中のミネラル含有量の多い食品に関する知識や適切な摂取についての指導が必要である。食欲低下あるいはビタミンの需要増大による摂取量不足の場合は，栄養機能食品の利用などの提案を行う。

**【演習問題】**

**問 1** ビタミン，ミネラルとその欠乏により生じる疾患の組合せである。**最も適当**なのはどれか。1 つ選べ。（2022 年国家試験）

(1) ビタミン E —— 壊血病
(2) ビタミン $B_2$ —— ウェルニッケ脳症
(3) 鉄 —— ヘモクロマトーシス
(4) 亜鉛 —— 皮膚炎
(5) 銅 —— ウィルソン病

**解答** (4)

**問 2** たんぱく質・エネルギー栄養障害患者に対し，栄養療法を開始したところ，リフィーディング症候群を呈した。その際の病態に関する記述である。**最も適当**なのはどれか。1 つ選べ。（2023 年国家試験）

(1) 血清カリウム値は，上昇している。
(2) 血清リン値は，低下している。
(3) 血清マグネシウム値は，上昇している。
(4) 血清ビタミン $B_1$値は，上昇している。
(5) 血清インスリン値は，低下している。

**解答** (2)

**【参考文献】**

伊藤貞嘉，佐々木敏監修：日本人の食事摂取基準（2020 年版），第一出版（2020）
香川明夫監修：七訂食品成分表 2019，女子栄養大学出版部（2019）
川島由起子監修：カラー図解　栄養学の基本がわかる事典，西東社（2013）
武田英二編：臨床病態栄養学（第 3 版），文光堂（2013）
中村丁次編著：栄養食事療法必携（第 3 版），医歯薬出版（2005）
中村丁次監修：栄養アセスメントの意義—栄養状態を見極めるために，医科学出版社（2013）
日本栄養改善学会監修：管理栄養士養成課程におけるモデルコアカリキュラム準拠　第 1 巻栄養ケア・マネジメント　基礎と概念，医歯薬出版（2015）
日本静脈経腸栄養学会編：コメディカルのための静脈・経腸栄養ガイドライン，南江堂（2000）
橋詰直孝編著：エキスパートのためのビタミン・サプリメント，医歯薬出版（2003）

## 3.2 肥満と代謝疾患における栄養ケア・マネジメント

### 3.2.1 肥　満

#### (1) 疾患の定義

「肥満（Overweight, Pre-obese）」とは，脂肪組織にトリグリセリドが過剰に蓄積した状態で，日本肥満学会では，BMI ≧ 25kg/m$^2$を「肥満」とし，BMI ≧ 35kg/m$^2$を「高度肥満」とする。（**図 3.3**）

過栄養と運動不足を原因とする単純性（原発性）肥満と基礎疾患が原因で肥満を生じる二次性（症候性）肥満があり，多くは前者である。

#### (2) 病因・病態

「肥満症（Obesity）」の定義は，肥満に起因ないし関連する健康障害を合併するか，その合併が予測される場合で，医学的に減量を必要とする病態をいう。

**＊1 変形性膝関節症**　発症には，加齢，性別，遺伝的要因もあるが肥満等の要因も多い。膝の関節の軟骨の質が低下し，少しずつすり減り，歩行時に膝の痛みが出現する。脚が O 脚や X 脚に変形する場合がある。

**＊2 インスリン抵抗性**　→ p. 264 参照。

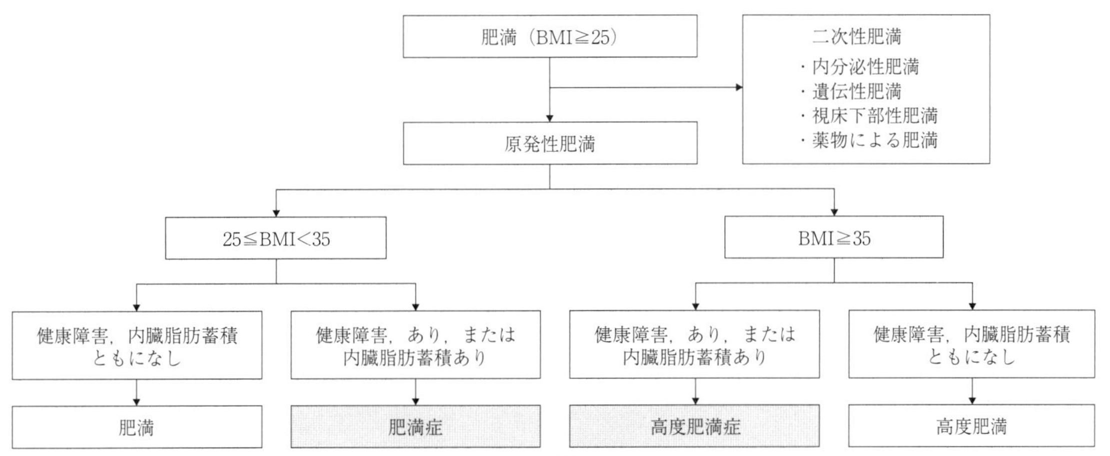

出所）日本肥満学会：肥満症診療ガイドライン 2022，ライフサイエンス出版（2022）

**図 3.3**　肥満症診断のフローチャート

肥満には，過剰な栄養や運動不足からくる単純肥満（原発性）と二次性（症候性）肥満として内分泌性，遺伝性，視床下部性，薬物性肥満などがある。

#### (3) 症　状

肥満自体による症状はないが，**表 3.1** に示す健康障害を伴う場合，それぞれに特有の症状が発現する。その中でも膝の軟骨の摩耗より炎症が起こる**変形性膝関節症**＊1がある。膝に痛みが生じる。また**インスリン抵抗性**＊2が生じ血糖上昇をきたす場合がある。

**表 3.5**　肥満に起因ないし関連し，減量を要する健康障害

| |
|---|
| 1．耐糖能障害（2 型糖尿病・耐糖能異常など） |
| 2．脂質異常症 |
| 3．高血圧 |
| 4．高尿酸血症・痛風 |
| 5．冠動脈疾患：心筋梗塞・狭心症 |
| 6．脳梗塞：脳血栓症・一過性脳虚血発作（TIA） |
| 7．脂肪肝（非アルコール性脂肪性肝疾患/NAFLD） |
| 8．月経異常，不妊 |
| 9．睡眠時無呼吸症候群（SAS）・肥満低換気症候群 |
| 10．運動器疾患：変形性関節症（膝，股関節）・変形性脊椎症，手指の変形性関節症 |
| 11．肥満関連腎臓病 |

出所）日本肥満学会：肥満症診療ガイドライン 2016，ライフサイエンス出版（2016）

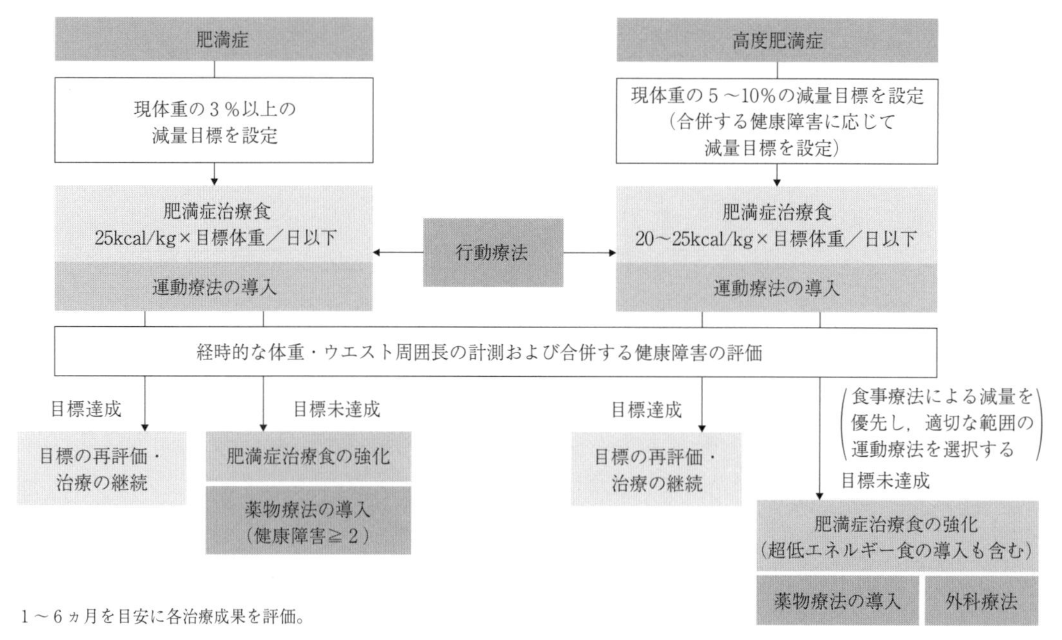


**図 3.4**　肥満症治療指針

**表 3.6**　肥満度分類

| BMI（kg/m$^2$） | 判定 | | WHO 基準 |
|---|---|---|---|
| BMI＜18.5 | 低体重 | | Underweight |
| 18.5≦BMI＜25 | 普通体重 | | Normal range |
| 25≦BMI＜30 | 肥満（１度） | | Pre-obese |
| 30≦BMI＜35 | 肥満（２度） | | Obese class I |
| 35≦BMI＜40 | 高度肥満 | 肥満（３度） | Obese class II |
| 40≦BMI | | 肥満（４度） | Obese class III |

出所）日本肥満学会編：肥満症診療ガイドライン 2022，ライフサイエンス社（2022）

### (4)　診　　断

肥満症診断のフローチャート**図 3.3** に示す。また，内臓脂肪蓄積を推定するウエスト周囲長は，内臓脂肪面積 100cm$^2$に相当するのは男性 85cm，女性 90cm である。

### (5)　治療目標

**図 3.4** に治療指針を，**表 3.6** に肥満度分類を示す。「高齢者の肥満」では，日本老年医学会のガイドラインの内容と統一性を考慮して改訂され，高齢者肥満症の減量目標をフレイル予防と健康障害発症予防の両者も考慮し「BMI 22～25」の範囲とすることが記載され，過剰な減量には留意が必要であるとされている。

「小児の肥満」では，将来の成長を考慮し BMI ではなく，肥満度で判定し，身体面だけでなく，肥満に伴う「いじめ」など生活面への配慮も記載されている。

その他，今回のガイドライン（肥満症診療ガイドライン 2022）には「肥満へのスティグマ」についても触れられており，肥満の原因が個人への帰責事由という偏見からくる社会的スティグマと肥満を自分自身の責任とする個人的スティグマへの配慮が述べられている。

### (6)　医学的アプローチ

摂取エネルギー過多，代謝エネルギー不足から肥満が発生する。この不均衡を是正するため食事や運動療法を行う。肥満に伴い，インスリン抵抗性およびそれに伴うインスリン過剰分泌である。これらは，肥満細胞の増殖，脂肪細胞の肥大・増殖を誘導し，肥大化した脂肪細胞から分泌されるアディポサイトカインの分泌障害によりさまざまな合併症を発症する。

**レプチン**[*1]が十分に作用しないレプチン抵抗性を有し，食欲抑制が制御できず，過食になると考える。食欲を抑制や高度肥満症など生活改善が難しい場合，BMI35 以上の高度肥満を対象に，食欲抑制薬（マジンドール）を使用することがある。胃の一部を切除するなどの外科的な治療法もある。

**＊1 レプチン**　脂肪細胞から分泌されるホルモンとして同定される。多くの肥満者では，肥満度に比例して血中レプチン濃度が高値となる。

### (7)　栄養学的アプローチ

#### 1)　栄養評価

BMI，体重変化やリバウンドを経時的に評価する。**インピーダンス法**[*2]で体脂肪量や体脂肪率，骨格筋量をモニタリングする。臨床検査値や内臓脂肪面積の測定，ウエスト周囲長や高血圧や脂質異常症など合併症も評価する。食事習慣や食事内容も間食も含め把握する。

**＊2 生体電気インピーダンス法（BIA）**　Bioelectrical Impedance Analysis の略。人体に電流を流した際の電気抵抗から体脂肪率を推定する方法。

#### 2)　栄養食事療法

減量目標として，肥満症の場合は，現体重の 3 ％体重減少を目標とする。BMI 35 以上の高度肥満症の場合，現体重の 5 ～10％の減量を目指す。エネルギー制限をするとたんぱく質が不足する傾向となる。減量する場合，骨格筋量を減らさないように，特にたんぱく質の必要栄養量は充足させる。BMI 35 以上の場合，超低エネルギー食（VLCD：very low calorie diet）とし，**フォーミュラー食**[*3]：600kcal/日以下とする。アルコールは，20g/日以下とする。

**＊3 フォーミュラー食**　減量する上でアミノ酸とともにビタミン，ミネラルも 1 日分充足が可能であり有用とされる。VLCD（Very Low Calorie Diet）理論に基づき開発された超低エネルギー下では，入院環境下で心身状態を観察しながら行われる。

#### 3)　栄養食事指導・生活指導

食事と運動療法を併せて行うことが有効である。極端なエネルギー制限をすると除脂肪組織の減少を伴う場合がある。運動療法は，骨格筋量を減らすことなく，減量も可能である。また，筋肉量を増やすことで代謝亢進しインスリン抵抗性の改善が期待できる。1 日 30 分ほどの有酸素運動やレジスタンス運動を組み合わせる。肥満症の治療には，行動療法が有用であるとされる。食行動問診票等により問題点の抽出と分析を行い，体重，体脂肪率等をグラフ化することにより食行動や生活リズムの改善への動機付けが可能となる。

〈肥満症の栄養摂取量の目安〉

| | |
|---|---|
| エネルギー | $25kg/m^2 \leqq$ BMI $\leqq 35kg/m^2$<br>：25kcal ×標準体重以下<br>$35kg/m^2 \leqq$ BMI<br>：20～25kcal 標準体重以下（LCD）<br>超低エネルギー食（VLCD）600kcal/日以下 |
| 糖質エネルギー比（％） | 50～60％ |
| たんぱく質エネルギー比（％） | 15～20％ |
| 脂質エネルギー比（％） | 20～25％ |
| ビタミン・ミネラル | 日本人の食事摂取基準による |
| その他 | 食物繊維：20～25g/日以上 |

### 3.2.2　メタボリックシンドローム

### (1)　疾患の定義

メタボリックシンドローム（Metabolic syndrome）とは，内臓脂肪の蓄積（内臓脂肪面積 $100cm^2$以上）に，インスリン抵抗性を基盤とした高血糖，脂質異常，高血圧など動脈硬化疾患の危険因子が増大した状態をいう。

#### (2) 病因・病態

過食や運動不足により生体内のエネルギー出納バランスが崩れたことにより，内臓脂肪の蓄積やそれに伴う食後高血糖が生じインスリン分泌過剰が相まってインスリン抵抗性を生じる。これらにより高血糖，脂質代謝異常，血圧高値等のリスクが惹起され心血管疾患の発症につながる。

#### (3) 症　状

内臓脂肪型肥満の他糖尿病，高血圧，高尿酸血症，脂質代謝異常，冠動脈疾患，脳梗塞，脂肪肝等を発症すればそれに伴う症状が生じる。

#### (4) 診　断

ウエスト周囲径（おへその高さの腹囲）が男性85cm・女性90cm以上で，かつ血圧・血糖・脂質の３つのうち２つ以上が基準値を満たす場合に，「メタボリックシンドローム」**表3.7**と診断される。

#### (5) 治療目標

メタボリックシンドロームは，食事，運動療法など生活を見直し適正体重，内臓脂肪量の適正化をめざす。このため減量の目標は，現体重から３～６カ月で３％以上減少，高度肥満では，同様に５～10％減量とする。

#### (6) 医学的アプローチ

それぞれの病態の治療を行うとともに生活習慣改善し，体重，内臓脂肪量の改善を目指す。

#### (7) 栄養学的アプローチ

**表3.7**　メタボリックシンドローム診断基準

| 必須項目 | （内臓脂肪蓄積）<br>ウエスト周囲径 | | 男性 ≥ 85cm<br>女性 ≥ 90cm |
|---|---|---|---|
| | 内臓脂肪面積 男女ともに≥ 100cm$^2$に相当 | | |
| 選択項目<br>３項目のうち<br>２項目以上 | 1． | 高トリグリセライド血症<br>かつ／または<br>低HDLコレステロール血症 | ≥ 150mg/dL<br><br>＜ 40mg/dL |
| | 2． | 収縮期（最大）血圧<br>かつ／または<br>拡張期（最小）血圧 | ≥ 130mmHg<br><br>≥ 85mmHg |
| | 3． | 空腹時高血糖 | ≥ 110mg/dL |

＊CTスキャンなどで内臓脂肪量測定を行うことが望ましい。
＊ウエスト径は立位・軽呼気時・臍レベルで測定する。脂肪蓄積が著明で臍が下方に偏位している場合は肋骨下縁と前上腸骨棘の中点の高さで測定する。
＊メタボリックシンドロームと診断された場合，糖負荷試験がすすめられるが診断には必須ではない。
＊高トリグリセライド血症・低HDLコレステロール血症・高血圧・糖尿病に対する薬剤治療を受けている場合は，それぞれの項目に含める。
＊糖尿病，高コレステロール血症の存在はメタボリックシンドロームの診断から除外されない。
出所）メタボリックシンドローム診断基準検討委員会：日本内科学会雑誌，94（4），794-809（2005）

##### 1) 栄養評価

腹囲測定やinbody測定，肥満，高血糖，高血圧，脂質代謝異常の状況をメタボリックシンドローム診断基準に基づき評価し，食生活内容として，食事量，飲酒，生活リズム，運動状態，喫煙等を評価する。

##### 2) 栄養食事療法

それぞれの病態にあった栄養基準を優先するが，基本は肥満症の栄養摂取量の目安（p. 89参照）とする。摂取エネルギー量は，運動を含む消費エネルギー量以下にすることを目標とする。

**3) 栄養食事指導，生活指導**

メタボリックシンドロームは特定保健指導の対象である。適正体重を目指すため，減量の目標は，現体重から3～6カ月で3％以上減少，高度肥満では，同様に5～10％減量とされメタボリックシンドロームの場合は，腹囲が一定以上の内臓脂肪型肥満者とされているので3～6カ月で腹囲5％程度の減少とするが実現可能な目標とする。

減量によって，骨格筋量を減らさないことも重要である。そのためには，バランスの良い食事と早食い，間食，夜食などの内臓脂肪をためる食習慣を改める工夫が必要となる。また，ストレスは過食を招き肥満を助長させるためストレス原因の解決を試みる。

### 3.2.3 糖 尿 病

**(1) 疾患の定義**

糖尿病ならびに糖代謝異常は，インスリン作用不足に基づく慢性の高血糖状態を主徴とする代謝疾患群である。インスリンの作用不足により，主として糖質代謝異常が生じ，同時に脂質やたんぱく質代謝が障害される。

**(2) 病因・病態**

病態には，インスリン分泌不全とインスリン作用の障害（インスリン抵抗性）がある。1型糖尿病では，インスリンを合成・分泌する膵ランゲルハンス島$\beta$細胞の破壊・消失がインスリン分泌不全の主な成因である。2型糖尿病は，インスリン分泌低下やインスリン抵抗性をきたす成因を含む複数の遺伝因子に過食，運動不足，肥満，ストレスなど環境因子および加齢が加わり発症する。

**(3) 症　状**

代謝異常が軽度であれば，症状に乏しく糖尿病の存在を自覚せず，長期間放置されることがある。一方，著しく血糖値が高くなるような代謝状態では，口喝，多飲，多尿，体重減少，易疲労感がみられる。さらに極端な場合は，ケトアシドーシスや高浸透圧高血糖状態をきたし，昏睡に陥ることもある。

近年，糖尿病は早期から血管の動脈硬化を促進し，心筋梗塞，脳梗塞，末梢動脈疾患（PAD）などの大血管症の原因となるとされている。さらに，高血糖が長く続けば糖尿病特有の細小血管合併症が出現し，神経障害，網膜症，腎症（三大合併症）を代表に，多くの臓器に機能・形態の異常をきたす。

**(4) 診　断**

糖尿病の診断は，血液検査で血糖値やHbA1cにより慢性高血糖の存在を確認する。

初回検査で①～④のいずれかを認めた場合は「糖尿病型」と判定する（**図3.5**）。

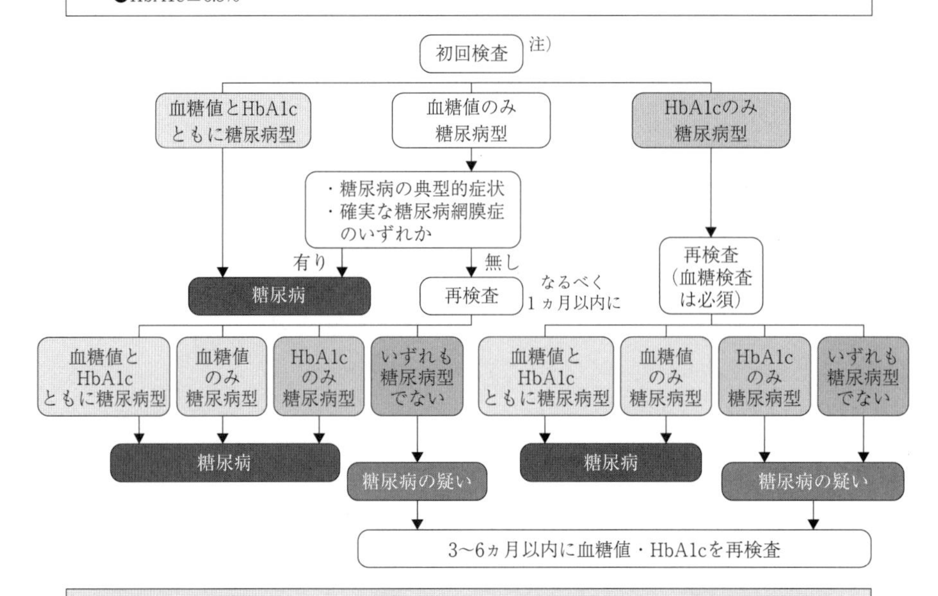


出所）日本糖尿病学会：糖尿病の分類と診断基準に関する委員会報告（国際標準化対応版），糖尿病 55（7），494（2012）より一部改変

**図 3.5** 糖尿病の臨床診断のフローチャート

① 早朝空腹時血糖値 126mg/dL 以上

② 75g 経口ブドウ糖負荷試験（75gOGTT）2 時間値 200mg/dL 以上

③ 随時血糖値 200mg/dL 以上

④ HbA1c6.5%以上

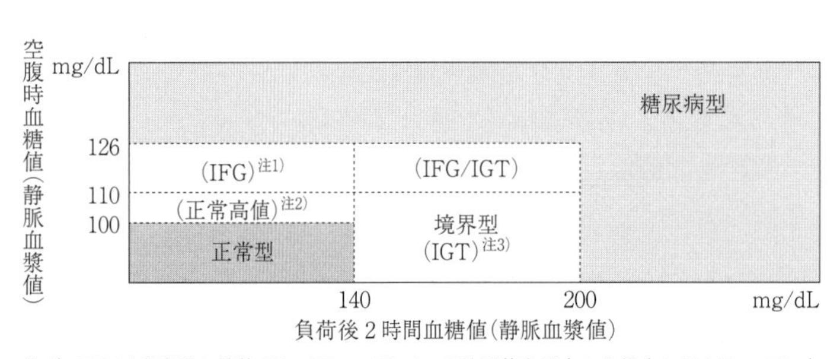


注 1）IFG は空腹時血糖値 110～125mg/dL で，2 時間値を測定した場合には 140mg/dL 未満の群を示す（WHO）。ただし ADA では空腹時血糖値 100～125mg/dL として，空腹時血糖値のみで判定している。

注 2）空腹時血糖値が 100～109mg/dL は正常域ではあるが，「正常高値」とする。この集団は糖尿病への移行や OGTT 時の耐糖能障害の程度からみて多様な集団であるため，OGTT を行うことが勧められる。

注 3）IGT は WHO の糖尿病診断基準に取り入れられた分類で，空腹時血糖値 126mg/dL 未満，75g OGTIT 2 時間値 140～199mg/dL の群を示す。

出所）日本糖尿病学会編著：糖尿病治療ガイド 2022-2023，文光堂，28（2022）

**図 3.6** 空腹時血糖値および 75g 経口ブドウ糖負荷試験による判定区分と判定基準

1 回の採血で血糖値と HbA1c 値がともに糖尿病型の場合，糖尿病と診断できる。また，別な日に行った検査で，糖尿病型が再確認できれば糖尿病と診断できる。糖尿病型の判定項目の①～③のいずれかと④が確認されれば，初回検査だけでも糖尿病と診断してよい。さらに，血糖値が糖尿病型を示し，かつ次のいずれかが認められる場合は，初回検査だけでも糖尿病と診断できる。①口渇，多飲，多尿，体重減少などの糖尿病の典型的な症状。②確実な糖尿病網膜症。

### (5)　治療目標

糖尿病の治療の目的は，糖尿病に伴う合併症の発症と進展を阻止し，糖尿病ではない人と変わらないQOL を維持するとともに寿命を確保することにある。そのためには，代謝管理を十分に行い，体重，血糖，血圧，血清脂質などの代謝プロフィールを良好な状態に保つことが重要である。また，細小血管症の発症・進展を予防する観点からは，HbA1c は7.0％未満を目指し，対応する血糖値としては，空腹時血糖値130mg/dL 未満，食後2時間血糖値 180mg/dL 未満をおおよその目安とする（**図 3.7**）。

血糖コントロール目標値[4)]

| 血糖正常化を目指す際の目標[1)] | 合併症予防のための目標[2)] | 治療強化が困難な際の目標[3)] |
|---|---|---|
| HbA1c 6.0％ 未満 | HbA1c 7.0％ 未満 | HbA1c 8.0％ 未満 |

注 1）適切な食事療法や運動療法だけでは達成可能な場合，または薬物療法中でも低血糖などの副作用なく達成可能な場合の目標とする。
注 2）合併症の予防の観点から HbA1c の目標値を 7％未満とする。対応する血糖値としては，空腹時血糖値 130mg/dL 未満，食後 2 時間血糖値 180mg/dL 未満をおおよその目安とする。
注 3）低血糖などの副作用，その他の理由で治療の強化が難しい場合の目標とする。
注 4）いずれも成人に対しての目標値であり，また妊娠例は除くものとする。
出所）日本糖尿病学会編著：糖尿病ガイド 2016-2017，文光堂，27（2016）より一部改変

**図 3.7**　血糖コントロール目標値

・体重は，BMI：22～25 を目標とし個々に目標体重を設定する。BMI が 25 以上の肥満がある場合は，現体重の 3％減を目指す。
・血圧は，収縮期血圧 130mmHg 未満，拡張期血圧 80mmHg 未満を目標にする。
・血清脂質は，LDL コレステロール 120mg/dL 未満，トリグリセリド 150mg/dL 未満（早朝空腹時），HDL コレステロール 40mg/dL 以上を目標にする。

### (6)　医学的アプローチ

2 型糖尿病（インスリン非依存状態）には，患者自身に糖尿病の病態を十分に理解してもらい，適切な食事療法と運動療法を指導する。ただし，生活習慣の改善を 2 ～ 3 ヵ月程度試みても目標の血糖値を達成できない場合には，経口血糖降下薬またはインスリン製剤を少量から開始して徐々に増量する。

一方，1 型糖尿病（インスリン依存状態）が疑われる場合には，ただちにインスリン療法を開始する。長期間にわたって良好な血糖コントロールを維持するためには，発症早期からの強化インスリン療法が必要であり，特に小児の場合は，成長に合わせた生活指導が必要となる。

### (7)　栄養学的アプローチ

食事療法は，インスリン依存状態，インスリン非依存状態に関わらず糖尿病治療の基本であり，健康な人と同様な日常生活を営むのに必要な栄養素を摂取し，代謝異常を是正し，合併症の発症と進展を抑制することを目標とする。また，患者の高齢化により，過栄養（肥満）対策とは相反する病態「**サルコペニア***」を呈する患者も増え，栄養食事指導では個別に対応することが求められている。

**＊ サルコペニア**　加齢や疾患により，筋肉量が減少し，身体的フレイルの一要因といわれ，歩行スピードが落ちる，握力が弱くなるなどの状態をいう。

#### 1) 栄養評価

食事療法を適切に実践するためには，患者個々の栄養評価・アセスメントが重要となる。

1．家族歴，食生活状況（食事回数，栄養素比率，食物繊維，食塩，嗜好品など），糖尿病に特有な自覚症状（口渇，多飲，多尿，易疲労感など）の確認も合わせて行う。

2．身長，体重，BMI，腹囲測定などの経時的評価を行い，可能であればインピーダンス法などを用いて体脂肪量，骨格筋量，SMI（骨格筋指数）を把握する。加えて，握力や歩行速度など高齢糖尿病患者に危惧されるサルコペニア等の経時的変化の確認を行う。

3．臨床検査項目のチェックとしては，血糖値やHbA1cにより血糖コントロール状態の把握を行い，その他，合併症を踏まえた血清脂質など関連指標の確認，尿検査では，微量アルブミン尿や持続的たんぱく尿の有無を確認。高血圧（血圧測定），神経症状（アキレス腱反射，振動覚など），日常生活活動量（運動量）なども評価し，生活習慣見直しのポイントを把握する。

#### 2) 栄養食事療法

「糖尿病診療ガイドライン2019」で示されたように，糖尿病患者へのエネルギー量の設定時の指標となるものに目標体重があり，身体活動レベルによるエネルギー係数（kcal/kg）（**表3.8**）を掛けて求める方法が最も一般的である。年齢による目標体重の目安（**表3.9**）を利用し，柔軟に対応することが求められる。

糖尿病の予防，管理のための望ましいエネルギー産生栄養素比率については，「日本人の食事摂取基準（2020版）」に準拠し，炭水化物をエネルギーの50～60%，たんぱく質をエネルギーの20%以下を目安とし，残りを脂質とするが，脂質が25%を超える場合は，多価不飽和脂肪酸を増やすなど，脂肪酸の構成にも配慮するとしており，それぞれ一定の目安として活用し，患

**コラム5　糖尿病とサルコペニア**

骨格筋量低下のサルコペニア状態では，たんぱく質摂取量とともにエネルギー摂取量が低下しているという報告があり，わが国の「国民健康・栄養調査」に基づいた報告でも，75歳以上の日本人ではエネルギー摂取量とたんぱく質摂取量が低下しているとされている。十分な量のエネルギー摂取は，たんぱく質の節約効果となることから，サルコペニアを合併した高齢糖尿病患者は，十分なエネルギー摂取量の確保が重要であり，筋たんぱく質合成には各食事のたんぱく質摂取量が関与するため，1日のたんぱく質の総量だけでなく，3回に分けて摂取することや各食事のたんぱく質摂取量が不均等にならないような指導が重要である。

者の身体活動量，併発症の状態，年齢，患者のこれまでの食習慣，嗜好性などを考慮して対応する。

**3)　栄養食事指導，生活指導**

糖尿病患者への栄養指導・患者教育は，患者自らの意思で食生活習慣を修正・変容することにより，良好な血糖コントロールを維持し，糖尿病のない人と同様な生活を送ることやQOLを保持することを目的とする。

以下に糖尿病患者への栄養食事指導，生活指導のポイントを示す。

**表 3.8**　身体活動レベルと病態によるエネルギー係数（kcal/kg）

| | |
|---|---|
| ①　軽い労作（大部分が座位の静的活動） | ：25～30 |
| ②　普通の労作（座位中心だが通勤・家事，軽い運動を含む） | ：30～35 |
| ③　重い労作（力仕事，活発な運動習慣がある） | ：35～ |

**表 3.9**　年齢による目標体重の目安

| | |
|---|---|
| 65歳未満 | ：[身長（m）]$^2$× 22 |
| 前期高齢者（65歳から74歳） | ：[身長（m）]$^2$× 22～25 |
| 後期高齢者（75歳以上） | ：[身長（m）]$^2$× 22～25 |

〈糖尿病の栄養摂取量の目安〉

| | |
|---|---|
| 炭水化物エネルギー比 | 50～60% |
| たんぱく質エネルギー比 | 20%以下 |
| 脂質エネルギー比 | 20～25% |
| ビタミン・ミネラル | 日本人の食事摂取基準による |
| その他 | 食物繊維：20g/日以上 |

1．糖尿病治療における食事療法の重要性を明示するとともに，糖尿病という疾患をどれほど受け入れられているかを把握することは栄養食事指導を開始するにあたって非常に重要なポイントとなるので，初回の面談時に十分な時間をかけることが必要となる。

2．患者本人（調理担当者を含む）との面談では，これまでの食習慣や生活習慣を十分に聞き取り（初回から問題点の指摘を行うことは避ける），主治医からの栄養管理面での指示内容を共有し，患者属性や血液生化学検査データ，食事内容などを確認することで，患者自らの気づきを得られるように指導を進める。

3．ときには，エネルギー摂取量の適正化や栄養素バランスの偏りについて自己評価できるように，糖尿病食事療法のための食品交換表（日本糖尿病学会編）の活用方法を教育することも有用である。

4．糖尿病治療において，血糖コントロールだけが強調されることのないように，肥満，脂質異常症，高血圧など将来起こりうる合併症に関連する諸因子の改善を視野に入れた栄養食事指導を行うことが重要である。

5．併せてインスリン療法や経口血糖降下薬などが使用されている場合には，**低血糖に対する対策法**[*1]や **sick day rule**[*2]などを食事療法の面からも教育しておくことは，とても重要である。

6．栄養食事指導では，自己管理（行動変容）を実現するための行動修正療法の導入や自己決定を重視する手法（エンパワーメント法）など心理学的なアプローチ，指導技術が導入されることが多い。

7．栄養指導効果は，身体計測，血液生化学検査データ，食事記録など

**＊1 低血糖に対する対策法**　低血糖症状と思われた場合は，グルコース（5～10g）やグルコースを含む清涼飲料水をためらわず摂取することを指導する。

**＊2 sick day rule**　発熱や嘔吐，下痢など体調不良（食欲低下）となった場合をsick dayと呼ぶが，インスリン治療を中断しないことに加えて，脱水にも注意を払う。

に基づき常に評価し，栄養指導記録は他職種とのチーム内での情報共有の視点から「SOAP 形式」で記録することが望ましい。

### 3.2.4 脂質異常症

#### (1) 定　義

脂質異常症とは，LDL コレステロール（LDL-C）や中性脂肪（TG）などの高値，HDL コレステロール（HDL-C）の低値など脂質代謝に異常をきたし，血液中の値が正常域をはずれた状態をいう。

#### (2) 病因・病態

血液中で脂質を運ぶためには，水に溶けないのでアポたんぱくと結合したリポたんぱく形で運ばれる。脂質は，血液中ではアポたんぱく質と複合体を形成しアポリポたんぱく質として存在する。リポたんぱく質は，その種類により異なる大きさの球状構造をしており，親水部分をもつリン脂質と遊離コレステロールが球状の表面を覆い，中心部に疎水性の高い TG とエステル型コレステロール（CH に脂肪酸が結合したもの）が包み込まれた構造になっている。アポたんぱく質（A-I，A-Ⅱ，B，C-Ⅱ，C-Ⅲ，E）は表面に結合している。（**表 3.10**）

リポたんぱく質は比重の大きさにより大きく分類される。（**表 3.11**）血清中のリポたんぱく質代謝異常により，脂質異常症を生じるが，どのリポたんぱくが増えるかにより 6 つに分類される。（**表 3.11**）原発性高脂血症は，リポたんぱく質代謝のどの過程に異常があるかによって増加するリポたんぱく質の種類が異なり測定することで病型を分類できる。（**表 3.12**）

**表 3.10**　リポたんぱく質の内容

| |
|---|
| アポたんぱく質（A-I，A-Ⅱ，B，C-Ⅱ，C-Ⅲ，E）+脂質（TG，EC，FC，PL，FFA）＝リポたんぱく質<br>TG：トリグリセライド，FC：遊離型コレステロール，EC：エステル型コレステロール，PL：リン脂質，FFA：遊離脂肪酸 |

**表 3.11**　リポたんぱく質の働き

| | |
|---|---|
| CM（カイロミクロン） | 食事由来の主に TG を血中で運ぶリポたんぱく質で，小腸粘膜上皮細胞で作られリンパ管を経由して血中に分泌される。 |
| VLDL（超低比重リポたんぱく質） | 肝臓で合成された TG やコレステロールを血中で運ぶリポたんぱく質で TG を主に筋肉や脂肪に運ぶ。 |
| IDL（中間密度リポたんぱく） | 肝臓で産生された脂質の輸送（中間体）。 |
| LDL（低比重リポたんぱく質） | VLDL 中の TG が減少してできた VLDL の TG が減少してできた VLDL の最終代謝産物で末梢組織にコレステロールを供給する。 |
| HDL（高比重リポたんぱく質） | 肝臓や小腸粘膜上皮細胞でつくられ，末梢組織で余剰となったコレステロールを回収して肝臓へ運ぶ役割をする。 |
| リポたんぱく質はその生成ならびに機能からみて，小腸由来のリポたんぱく質（VLDL，LDL）とコレステロール逆転送系を担う高比重系リポたんぱく質（HDL）に分類される。 | |

#### (3) 症　状

脂質異常症は通常，無症状であるが動脈硬化の主要な危険因子であり，放置すれば脳梗塞や心筋梗塞などの動脈硬化性疾患をまねく原因となる。重度の場合，血清 TG が高値の場合，血清白濁や肝脾腫，また TG が 1,000～2,000mg/dL を超えると膵炎や脾梗塞を引き起こす。また，高コレステロール血症では，皮膚や腱の黄色腫，角膜周辺の脂質の沈着や角膜混濁が認められることがある。

**表 3.12**　脂質異常症の表現型分類

| 表現型 | Ⅰ | Ⅱa | Ⅱb | Ⅲ | Ⅳ | Ⅴ |
|---|---|---|---|---|---|---|
| 増加する<br>リポたんぱく分画 | カイロミクロン | LDL | LDL<br>VLDL | レムナント | VLDL | カイロミクロン<br>VLDL |
| コレステロール | → | ↑～↑↑↑ | ↑～↑↑ | ↑↑ | →または↑ | ↑ |
| トリグリセライド | ↑↑↑ | → | ↑↑ | ↑↑ | ↑↑ | ↑↑↑ |
| 合併症 | 膵炎 | 動脈硬化<br>腱黄色腫 | 動脈硬化 | 動脈硬化 | 動脈硬化 | 膵炎 |

出所）日本動脈硬化学会：脂質異常症ガイド 2018 年版改変

### (4)　診　　断

脂質異常症の診断基準を**表 3.12** に示す。この診断基準は動脈硬化性疾患の発症リスクを判断するためのスクリーニング値であり，治療開始のための基準値ではない。

LDL-C は，空腹時採血にて測定した TC，TG，HDL-C より求める。

TG 値が 400mg/dL 以上や食後採血しか行えないときは，non-HDL-C で行う。冠動脈疾患の発症・死亡を予測しうる有用な指標である。トリグリセライドは，空腹時と食後では異なるので，2023 年度改変から随時採血値の基準値を設定した。**表 3.13** に脂質異常症診断基準を示す。

**表 3.13**　脂質異常症診断基準

| | | |
|---|---|---|
| LDL コレステロール | 140mg/dL 以上 | 高 LDL コレステロール血症 |
| | 120～139mg/dL | 境界域高 LDL コレステロール血症** |
| HDL コレステロール | 40mg/dL 未満 | 低 HDL コレステロール血症 |
| トリグリセライド | 150mg/dL 以上（空腹時採血*） | 高トリグリセライド血症 |
| | 175mg/dL 以上（随時採血*） | |
| non-HDL コレステロール | 170mg/dL 以上 | 高 non-HDL コレステロール血症 |
| | 150～169mg/dL | 境界域高 non-HDL コレステロール血症** |

*　基本的に 10 時間以上の絶食を「空腹時」とする。ただし水やお茶などカロリーのない水分の摂取は可とする。空腹時であることが確認できない場合を「随時」とする。
**　スクリーニングで境界域高 LDL-C 血症，境界域高 non-HDL-C 血症を示した場合は，高リスク病態がないか検討し，治療の必要性を考慮する。
・LDL-C は Friedewald 式（TC-HDL-C-TG/5）で計算する（ただし空腹時採血の場合のみ）。または直接法で求める。
・TG が 400mg/dL 以上や随時採血の場合は non-HDL-C（＝TC-HDL-C）か LDL-C 直接法を使用する。ただしスクリーニングで non-HDL-C を用いる時は，高 TG 血症を伴わない場合は LDL-C との差が＋30mg/dL より小さくなる可能性を念頭においてリスクを評価する。
・TG の基準値は空腹時採血と随時採血により異なる。
・HDL-C は単独では薬物介入の対象とはならない。
出所）日本動脈硬化学会：動脈硬化性疾患予防ガイドライン 2022 年度版

### (5)　治療目標

動脈硬化疾患から見た脂質管理目標設定のためのフローチャート（**図 3.8**）と脂質管理目標値設定のための動脈硬化性疾患の絶対リスク評価手法として，冠動脈疾患とアテローム血栓性脳梗塞を合わせた動脈硬化性疾患をエンドポイントとした**久山町研究のスコア**（**図 3.9**）を採用している。

### (6)　医学的アプローチ

最初に食生活改善をはじめ運動療法を同時に行い薬物療法へとすすんでいく。

一次予防は，非薬物療法が基本であり，冠動脈疾患またはアテローム血栓性脳梗塞の既往がある場合，家族性コレステロール血症がある場合は，生活習慣の改善とともに早期からの薬物療法を考慮し，後者の場合，厳格な脂質

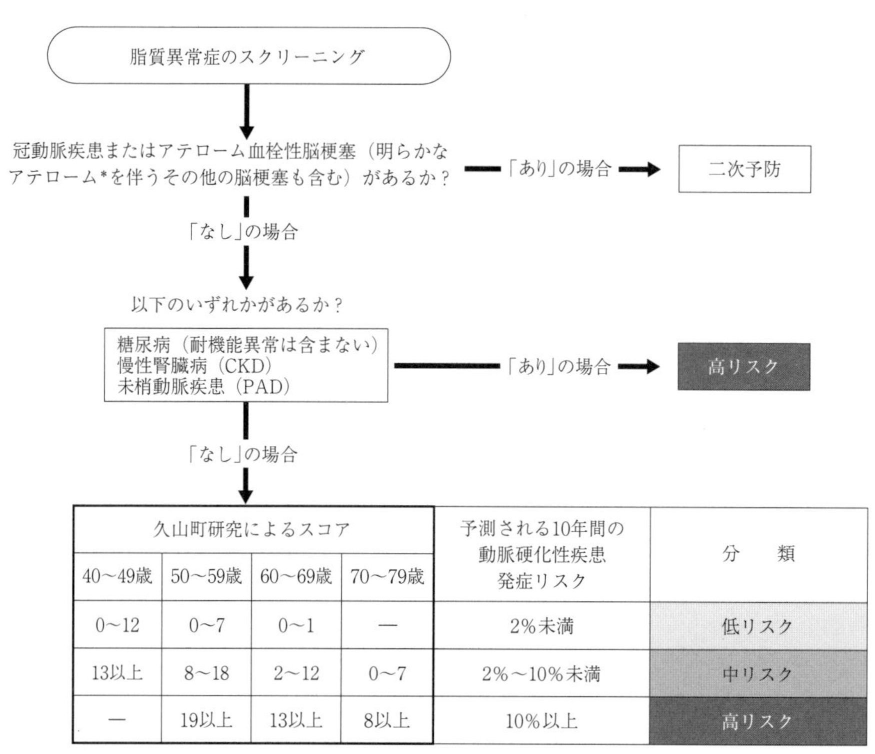


| 久山町研究によるスコア | | | | 予測される10年間の動脈硬化性疾患発症リスク | 分　類 |
|---|---|---|---|---|---|
| 40～49歳 | 50～59歳 | 60～69歳 | 70～79歳 | | |
| 0～12 | 0～7 | 0～1 | — | 2%未満 | 低リスク |
| 13以上 | 8～18 | 2～12 | 0～7 | 2%～10%未満 | 中リスク |
| — | 19以上 | 13以上 | 8以上 | 10%以上 | 高リスク |

久山町研究によるスコア（図3.9）に基づいて計算する。

*頭蓋内外動脈に50%以上の狭窄，または弓部大動脈粥腫（最大肥厚4mm以上）

注：家族性高コレステロール血症および家族性Ⅲ型高脂血症と診断された場合はこのチャートを用いずに『動脈硬化性疾患予防ガイドライン2022年版』の第４章「家族性高コレステロール血症」，第５章「原発性脂質異常症」の章をそれぞれ参照すること。

出所）表 3.13 と同じ

**図 3.8　動脈硬化疾患から見た脂質管理目標設定のためのフローチャート**

| ①性別 | ポイント |
|---|---|
| 女性 | 0 |
| 男性 | 7 |

| ②収縮期血圧 | ポイント |
|---|---|
| ＜120mmHg | 0 |
| 120～129mmHg | 1 |
| 130～139mmHg | 2 |
| 140～159mmHg | 3 |
| 160mmHg～ | 4 |

| ③糖代謝異常(糖尿病は含まない) | ポイント |
|---|---|
| なし | 0 |
| あり | 1 |

| ④血清LDL-C | ポイント |
|---|---|
| ＜120mg/dL | 0 |
| 120～139mg/dL | 1 |
| 140～159mg/dL | 2 |
| 160mg/dL～ | 3 |

| ⑤血清HDL-C | ポイント |
|---|---|
| 60mg/dL | 0 |
| 40～50mg/dL | 1 |
| ＜40mg/dL | 2 |

| ⑥喫煙 | ポイント |
|---|---|
| なし | 0 |
| あり | 2 |

注１：過去喫煙者は⑥喫煙はなしとする。

| ①～⑥のポイント合計 | 点 |
|---|---|

右表のポイント合計より年齢階級別の絶対リスクを推計する。

| ポイント合計 | 40～49歳 | 50～59歳 | 60～69歳 | 70～79歳 |
|---|---|---|---|---|
| 0 | ＜1.0% | ＜1.0% | 1.7% | 3.4% |
| 1 | ＜1.0% | ＜1.0% | 1.9% | 3.9% |
| 2 | ＜1.0% | ＜1.0% | 2.2% | 4.5% |
| 3 | ＜1.0% | 1.1% | 2.6% | 5.2% |
| 4 | ＜1.0% | 1.3% | 3.0% | 6.0% |
| 5 | ＜1.0% | 1.4% | 3.4% | 6.9% |
| 6 | ＜1.0% | 1.7% | 3.9% | 7.9% |
| 7 | ＜1.0% | 1.9% | 4.5% | 9.1% |
| 8 | 1.1% | 2.2% | 5.2% | 10.4% |
| 9 | 1.3% | 2.6% | 6.0% | 11.9% |
| 10 | 1.4% | 3.0% | 6.9% | 13.6% |
| 11 | 1.7% | 3.4% | 7.9% | 15.5% |
| 12 | 1.9% | 3.9% | 9.1% | 17.7% |
| 13 | 2.2% | 4.5% | 10.4% | 20.2% |
| 14 | 2.6% | 5.2% | 11.9% | 22.9% |
| 15 | 3.0% | 6.0% | 13.6% | 25.9% |
| 16 | 3.4% | 6.9% | 15.5% | 29.3% |
| 17 | 3.9% | 7.9% | 17.7% | 33.0% |
| 18 | 4.5% | 9.1% | 20.2% | 37.0% |
| 19 | 5.2% | 10.4% | 22.9% | 41.1% |

出所）表 3.13 と同じ

**図 3.9　久山町研究のスコア**

管理を実施する。まずLDL-Cの管理目標値達成を目指した第一選択治療薬としてHMG-CoA 還元酵素阻害薬（スタチン）が推奨される。次にnon-HDL-Cの達成を目指す。低HDL-C血症単独に対する薬物療法の有用性は確認できていない。TGがmg/dL以上の場合には，急性膵炎発症リスクが高いため，食事療法とともに薬物療法を考慮する。

### (7)　栄養学的アプローチ

#### 1)　栄養評価

動脈硬化性疾患予防のための脂質異常症診療ガイド2023年版の脂質異常症治療のための管理チャートを参照する。（**図3.10**）

### (8)　栄養食事療法

動脈硬化性疾患予防のための食事療法については，**表3.14**に示す。

基本となる食事療法のポイント

・過食を抑え，適正体重を維持する。
・肉の脂身，動物脂（牛脂，ラード，バター），乳製品の摂取を抑え，魚，大豆の摂取を増やす。
・野菜，海藻，きのこの摂取を増やす。果物やナッツ類を適度に摂取する。
・精白された穀類を減らし，未精製穀類や麦などを増やす。
・食塩を多く含む食品の摂取を減らす。

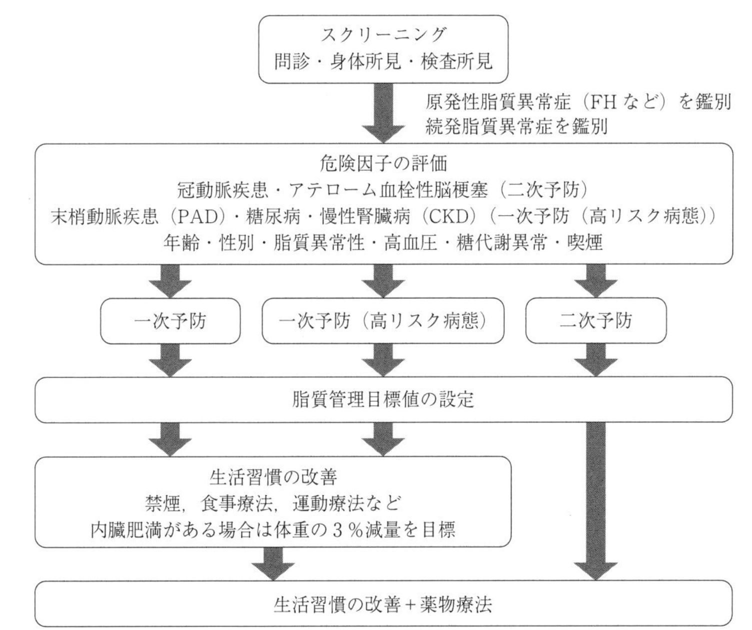


危険因子の評価，脂質管理目標の設定，生活習慣の改善と薬物療法の管理チャートに準じて行う。また食生活面では，食事内容，食事時間，間食やアルコールや活動量の把握する。また血液検査や身体徴候特に眼瞼（アキレス腱）黄色腫もあるか確認する。

出所）日本動脈硬化学会：動脈硬化性疾患予防のための脂質異常症診療ガイド2023年版，49

**図3.10**　脂質異常症治療のための管理チャート

**表 3.14　動脈硬化性疾患予防のための食事療法**

| 適正体重の維持 |
| --- |
| 飽和脂肪酸エネルギー比率は７％未満とし，飽和脂肪酸はできる限り不飽和脂肪酸に置き換える。 |
| n-３系多価不飽和脂肪酸，特に魚由来（エイコサペンタ塩酸やドコサヘキサエン酸）の摂取を増やす。n-６系多価不飽和脂肪酸，特にリノール酸の摂取を増やすことが奨められ，一価不飽和脂肪酸，いずれにおいても植物性食品からの摂取が望められる。 |
| コレステロールの摂取を減らす（200mg/日未満）。 |
| 食塩の摂取を減らす（６ g/日未満）。 |
| アルコール摂取を 25g/日以下に抑える，あるいはできるだけ減らす。 |

出所）図 3.10 と同じ

・食習慣・食行動を修正する。

・食品と薬物の相互作用（グレープフルーツや納豆など）に注意する。

| | |
| --- | --- |
| 高 LDL-C 血症 | 総エネルギー適正化と脂肪エネルギー比率を下げる。動物性の脂を減らす。<br>食品のコレステロール 200mg/日未満，飽和脂肪酸７％未満。<br>食物繊維，食物ステロールを含む未精製穀類，海藻，きのこ，緑黄色野菜を含めた野菜や大豆・大豆製品の摂取を増やす。 |
| 高 TG 血症 | 適正体重を維持する。<br>炭水化物の比率を低めにし，菓子，糖含有飲料，穀類，糖質含有量の多い果物を減らす。アルコールの摂取をできるだけ減らす。<br>n-３系多価不飽和脂肪酸を含む魚油の摂取を増やす。 |
| 高カイロミクロン血症 | 脂肪の摂取を総エネルギー摂取の 15％以下に制限する。アルコールの摂取をできるだけ減らす。<br>調理に中鎖脂肪酸トリグリセライド（MCT）オイルを使用することも検討する。 |
| 低 HDL-C 血症 | 適正体重を維持する。<br>炭水化物エネルギー比率を低くする。トランス脂肪酸の摂取を控える。 |
| メタボリックシンドローム | 炭水化物エネルギー比率を低くする。<br>GI が低い食材を選び，GL を上げない工夫をする。 |
| 高 血 圧 | 食塩の摂取を控える。<br>カリウムを多く含む野菜の摂取を増やす。果物を適度に摂取する。<br>アルコールの過剰摂取を控える。 |
| 糖 尿 病 | 糖質の多い菓子類，甘味料，糖含有飲料の摂取を控え，未精製穀類，大豆製品，海藻，野菜類を摂取する。<br>飽和脂肪酸を多く含む肉の脂身，内臓，皮，乳製品の摂取を減らす。 |

出所）図 3.10 と同じ

〈脂質異常症の栄養摂取量の目安〉

| | |
| --- | --- |
| エネルギー（kcal） | p.89〈肥満症の栄養摂取量の目安〉に準じる |
| 炭水化物エネルギー比（％） | 50～60％ |
| たんぱく質（g） | 1.0～1.2g/標準体重 kg |
| 脂質エネルギー比（％） | 20～25％ |
| その他 | 食物繊維：20～25g/日以上<br>食塩 6 g/日未満<br>抗酸化食品の利用 |

### 3.2.5 高尿酸血症・痛風

#### (1) 定 義

性・年齢を問わず，血漿中の尿酸溶解濃度である，**7.0mg/dL を正常上限**とし，これを超えるものを高尿酸血症と定義する。

#### (2) 病因・病態

高尿酸血症は，プリン体の代謝産物である尿酸が体内に過剰になった状態をいう。痛風とは，尿酸が関節中で結晶化し，関節炎発作を起こした状態をいう。重症では，痛風腎といって，腎障害の原因にもなる。また，尿路中に尿酸結石が析出する場合もある。高尿酸血症は，遺伝因子に加えて食事や飲酒等の環境因子による生活習慣病である。肥満，高血圧や糖質や脂質の代謝異常症などを合併することが多い。食生活の欧米化に伴って患者数も増加しており，男性の罹患者が多い。女性ホルモン（エストロゲン）は，尿酸排泄を促進する作用がある。したがって閉経後は高尿酸血症や痛風が増加する。

#### (3) 症 状

高尿酸血症が持続すると，痛風発作を引き起こす。発作部位は，第1中足趾節関節（足の親指の付け根）が最も多く，激痛を伴う腫脹・発赤・熱感が生じ歩行困難となる。

#### (4) 診 断

高尿酸血症は，尿酸産生過剰型，尿酸排泄低下型とその両者の混在した混合型に大別される。診断基準として，尿酸塩血漿の関節中での有無や痛風結節が証明されていること，関節炎の証明があること等で判断する。

#### (5) 治療目標

血清尿酸値を7 mg/dL 以下にコントロールする。高脂血症，高血圧，耐糖能異常，肥満などの生活習慣病が高率に合併することが知られており，虚血性心疾患，脳血管疾患など発症率を高くしており，合併症に注意する。

#### (6) 医学的アプローチ

治療では，生活習慣の見直しを行うことが最も重要である。薬物導入は，血清尿酸値8 mg/dL 以上が目安となる。痛風発作前兆期はコルヒチンを投与，極期は非ステロイド性抗炎症薬（NSAIDs）を短期間だけ比較的大量に投与して炎症を鎮静化する方法が一般的。ステロイド薬も十分に有効である。治療薬として，尿酸産生抑制薬（アロプリノール），尿酸排泄促進薬（ベンズブロマリン，プロベネシド）が使用される。

#### (7) 栄養学的アプローチ

##### 1) 栄養評価

高尿酸血症は，肥満やメタボリックシンドロームであることが多く，体重と血中尿酸値や腹囲，体脂肪率，血圧，血中脂質や血糖，食生活状況を評価する。

〈高尿酸血症・痛風の栄養摂取量の目安〉

| | |
|---|---|
| エネルギー（kcal） | 25〜30kcal/kg 標準体重/日 |
| たんぱく質（g） | 1.0〜1.2g/kg 標準体重/日 |
| 脂質エネルギー比（%） | 20〜25% |
| 炭水化物エネルギー比（%） | 50〜60% |
| ビタミン・ミネラル | 日本人の食事摂取基準による |
| その他 | 食物繊維：20g/日以上<br>水分　尿量 2 L/日以上<br>プリン体　400mg/日以下 |

#### 2） 食生活指導

**表 3.15** に高尿酸血症の生活指導を示す。食事療法は，糖尿病の食事療法に準じる。肥満の解消は，内臓脂肪蓄積やインスリン抵抗性の改善につながり患者の長期予後の改善につながる。食品100g あたりプリン体 200mg 以上のものを高プリン体食品といい，動物の内臓，魚の干物，乾物等**表 3.16** に示す。**1 日の摂取量がプリン体 400mg/日**を超えないようにする。プリン体の多い食品と少ない食品を**表 3.17** に示す。果糖の摂取は，尿酸産生を促進する。肥満例では，運動療法を行う前に，心機能検査を実施する。有酸素運動で，血清尿酸値は下がらないが，体脂肪の減少，軽度血圧，HDL-C，耐糖能の改善など高尿酸血症の合併しやすい病態を改善する。また，腎障害尿路結石が高頻度に合併する。尿路管理として尿中尿酸排泄量の減少には，低プリン体食による食事療法を行う。尿中尿酸

**表 3.15**　高尿酸血症の生活指導

| |
|---|
| ・肥満の解消<br>・食事療法<br>　摂取エネルギーの適正化，<br>　プリン体の摂取制限，<br>　尿をアルカリ化する食品の摂取，<br>　十分な水分摂取（尿量 2000mL/日以上）<br>・アルコールの摂取制限<br>　日本酒 1 合，ビール 500mL，ウイスキー<br>　ダブル 1 杯，禁酒日 2 日/週以上<br>・適度な運動<br>　有酸素運動<br>・ストレスの解消 |

出所）日本痛風・核酸代謝学会ガイドライン改訂委員会編：高尿酸血症・痛風の治療ガイドライン（第 3 版）ダイジェスト版（2018）

**表 3.16**　食品中のプリン体の多い食品と少ない食品

（100g あたり）

| | |
|---|---|
| 極めて多い<br>（300mg〜） | 鶏レバー，干物（マイワシ），白子（イサキ，ふぐ，たら），あんこう肝酒蒸し，健康食品（DNA/RNA，ビール酵母，クロレラ，スピルリナ，ローヤルゼリー）など |
| 多い<br>（200mg〜300mg） | 豚レバー，牛レバー，カツオ，マイワシ，大正エビ，オキアミ，干物（マアジ，サンマ）など |
| 中程度<br>（100mg〜200mg） | 肉（豚・牛・鶏）類の多くの部位や魚類など<br>ほうれんそう（芽），ブロッコリースプラウト |
| 少ない<br>（50mg〜100mg） | 肉類の一部（豚・牛・羊），魚類，加工肉類など<br>ほうれんそう（葉），カリフラワー，ピーマン，なす |
| 極めて少ない<br>（〜50mg） | 野菜類全般，米などの穀類，卵（鶏・うずら），乳製品，豆類，きのこ類，豆腐，加工食品など |

（総プリン体表示）

出所）表 3.15 と同じ

**表 3.17**　尿をアルカリ化する食品と酸性化する食品

| 尿をアルカリ化する食品 | アルカリ度・酸度 | 尿を酸性化する食品 |
|---|---|---|
| ひじき，わかめ | 高い | 卵，豚肉，サバ |
| 昆布，干し椎茸，大豆 | ↑ | 牛肉，アオヤギ |
| ほうれん草 | | カツオ，ホタテ |
| ごぼう，さつま芋 | | 精白米，ブリ |
| にんじん | | マグロ，サンマ |
| バナナ，里芋 | | アジ，カマス |
| キャベツ，メロン | | イワシ，カレイ |
| 大根，かぶ，なす | ↓ | アナゴ，芝エビ |
| じゃが芋，グレープフルーツ | 低い | 大正エビ |

出所）表 3.15 と同じ

の溶解度は，尿量が多いほど良いとされ，尿が酸性に傾くと低下する。尿を酸性に傾けないためにも薬剤は，重曹やクエン酸製剤を用い，食品では**表3.17**の食品を参照する。水分は，就寝前や夜間の飲水は重要である。水分は，糖質やアルコールを含まない飲料を用いる。

**【演習問題】**

**問 1**　わが国の成人の肥満とメタボリックシンドロームに関する記述である。**最も適当**なのはどれか。1つ選べ。（2023 年国家試験）

（1）平成 22 年以降の国民健康・栄養調査結果では，肥満者の割合は，男女とも30 歳台にピークがある。

（2）BMI35kg/$m^2$以上を，高度肥満と定義する。

（3）メタボリックシンドロームの診断基準では，空腹時血糖値は 100mg/dL 以上である。

（4）メタボリックシンドロームの診断基準には，LDL コレステロールが含まれる。

（5）特定健康診査・特定保健指導の対象者は，30〜74 歳である。

**解答**　（2）

**問 2**　糖尿病治療に関する記述である。**最も適当**なのはどれか。1つ選べ。（2022 年国家試験）

（1）糖尿病食事療法のための食品交換表は，1型糖尿病患者には使用しない。

（2）シックデイでは，水分の摂取量を制限する。

（3）$\alpha$-グルコシダーゼ阻害薬は，食後に服用する。

（4）SGLT 2 阻害薬服用により，尿糖陽性となる。

（5）有酸素運動は，インスリン感受性を低下させる。

**解答**　（4）

**問 3**　50 歳，男性。事務職。標準体重 60kg の高 LDL コレステロール血症の患者である。初回の外来栄養食事指導の翌月，2回目の指導の前に1日当たりの摂取量の評価を行った。改善が必要な項目として，**最も適当**なのはどれか。1つ選べ。（2023 年国家試験）

（1）エネルギー 1,600kcal

（2）たんぱく質 80g

（3）飽和脂肪酸 8 g

（4）コレステロール 150mg

（5）食物繊維 10g

**解答**　（5）

**問 4**　高尿酸血症患者に対して，アルコールの摂取制限が指示される。これは，アルコールが代謝される際に，（a）の分解が進み尿酸の産生が増えることと，（b）が産生されることで尿酸の排泄が低下するためである。a と b に入る物質名の組合せとして，**最も適当**なのはどれか。1つ選べ。（2023 年国家試験）

| | a | | b |
|---|---|---|---|
| (1) | 乳酸 | ―――― | アセチル CoA |
| (2) | 脂肪酸 | ―――― | ATP |
| (3) | アンモニア | ―――― | NADH |
| (4) | NADH | ―――― | 脂肪酸 |
| (5) | ATP | ―――― | 乳酸 |

**解答** (5)

**【参考文献】**


竹谷豊他：新・臨床栄養学，講談社（2021）

日本糖尿病学会編著：糖尿病診療ガイドライン，34-40（2019）

日本動脈硬化学会：動脈硬化疾患予防のための脂質異常症診療ガイド 2023 年度版（ダイジェスト版）（2023）

メタボリックシンドローム診断基準検討委員会：メタボリックシンドロームの定義と診断基準，日本内科学会雑誌，94，188-203（2005）

Imai S, Matsuda M, Hasegawa G et al.: A simple meal plan of eating vegetables before carbohydrate was more effective for achieving glycemic control than an exchange-based meal plan in Japanese patients with type 2 diabetes, *Asia pac.J.Clin. Nutr*, 20, 161-168 (2011)

Shukla AP, Andono J, Touhamy SH, et al.: Cabohydrate-last meal pattern lowers postprandial glucose and insulin excursions in type 2 diabetes. *BMJ Open Diabetes Res Care*,5, e00040 (2017)

Tanaka S, Tanaka S, Sone H. et al. : Body mass index and mortality among Japanese patients with type 2 diabetes : pooled analysis of the Japan Diabetes complications study and the Japanes elderly diabetes intervention trial. *J Clin Endocrinol Metab*, **99**, E2692-E2696 (2014)

## 3.3　消化器疾患における栄養ケア・マネジメント

### 3.3.1　口内炎，舌炎

#### (1)　疾病の定義

口内炎（stomatitis）は口腔粘膜（舌，歯ぐき，唇や頬の内側など）の炎症疾患の総称であり，舌炎（glossitis）は舌の炎症性病変の総称である。

#### (2)　病因・病態

局所的，全身性原因による口内炎があり，前者は，むし歯や歯石，義歯の機械的刺激，ウイルスや真菌・細菌感染があり，後者は，ビタミンや亜鉛不足，貧血などの栄養性の原因，ステロイド薬やがんの化学療法など薬剤の副作用や放射線照射などの原因がある。感染症，糖尿病，ベーチェット病，クローン病，手足口病，ハンター舌炎，プラマービンソン症候群など全身症状のひとつとして発症することがある。

#### (3)　症　　状

通常は痛み，出血，食事がしみる，口腔内の乾燥，口腔の違和感，食べ物が飲み込みにくい，味覚が変わる，会話しにくいなどさまざまなはたらきが障害される。**アフタ***では口腔粘膜の発赤，びらん，腫脹，疼痛などがある。

* **アフタ**　皮膚粘膜表面が灰色から黄白色に変色した膜に覆われた5～6 mm以下の大きさの潰瘍。

#### (4)　検査・診断

口腔内の観察により口内炎の形態や分布を調べ，歯などでの機械的刺激によるものか，ウイルスや細菌・真菌など感染によるものかは，水泡やびらんの発生部位や発症年齢に特徴がある。全身疾患の一病変と考えられるときは血液検査や消化管の精査が必要である。

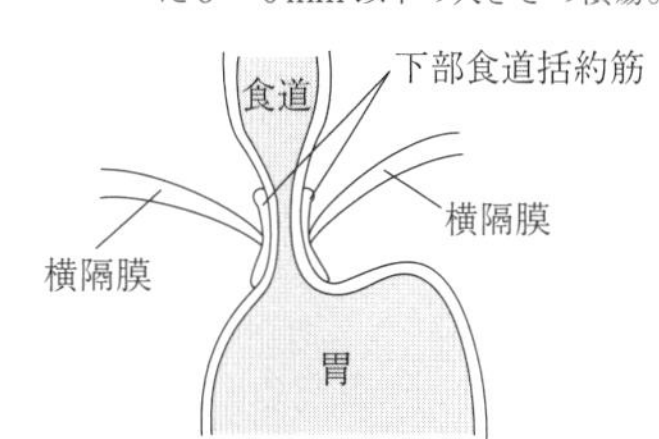


出所）本田佳子編，イラストレイテッド臨床栄養学，57，羊土社（2019）

**図3.11**　下部食道括約筋(LES)

#### (5)　医学的アプローチ

血液検査では，血清総タンパク（TP），血清アルブミン（Alb），コリンエステラーゼ（ChE），総コレステロール（T-chol），鉄，ビタミン$B_{12}$，葉酸，亜鉛，ヘモグロビン（Hb），ヘマトクリット（Ht），平均赤血球容積（MCV），平均赤血球濃度（MCHC）などを参考にする。

#### (6)　栄養学的アプローチ

##### 1)　栄養評価

食事の摂取状況から各栄養素の偏りがないかを確認し，何が染みたり，疼痛となるのか，摂取しにくい食品や調理方法は何かを聞き取りする。ビタミン類の不足・欠乏は口内炎・舌炎の発症との関連が深い。

##### 2)　栄養食事療法

経口栄養法が基本であるが，日常食のみで栄養が確保できない場合には，少量頻回食とし，濃厚流動食の併用，鼻腔栄養，静脈栄養法を選択する。化学療法，放射線治療に伴う口内炎については，「ASPEN栄養ガイドライン」によると，発症予防のために治療開始前から0.5g/kg/日を上限としてグルタミン投与が推奨されている。また，ビタミンB群（$B_2$，$B_6$ナイアシン）や細菌に対する抵抗力をつけるためビタミンA，ビタミンCが不足しないように注意する。

**3）栄養食事指導・生活指導**

病態に応じて刺激の少ない食品の選択や調理法として軟菜食，きざみ食，とろみ食，塩味や酸味を減らすなどの工夫する。具体的には，乳製品や水分の多い果物などさっぱりした食品，冷たいものやのどごしのよいもの，やわらかく煮た野菜などが適している。トマトやオレンジなど酸味の強い食品，醤油などの調味料は避ける。香辛料や辛味，固いものや水分が少なく，ぱさつくもの，熱いものは避ける。

### 3.3.2　胃食道逆流症

**(1)　疾患の定義**

**胃食道逆流症**（GERD：gastroesophageal reflux disease）は，胃食道逆流により引き起こされる食道粘膜障害と煩わしい症状のいずれか，または両者を引き起こす疾患であり，食道粘膜障害を有する「びらん性GERD」と症状のみを認める「非びらん性GERD」に分類される。

**(2)　病因・病態**

**下部食道括約筋**（LES：lower esophageal sphincter）の弛緩により胃液や十二指腸液の逆流が原因で発生し，発赤，びらんを認める。高齢者の円滑や亀背，胃酸分泌過剰，肥満や妊娠などの腹圧上昇による胃の圧迫，食道裂孔ヘルニアの形成などにより下部食道括約筋（LES）圧の低下が生じる。食道内にたまった食物や唾液が口腔内に逆流する。

**(3)　症　　状**

食後や夜間の胸やけ，酸っぱいまたは，苦い胃内容が咽頭まで上がってくる**呑酸**，咽頭炎，嚥下痛，嘔気，膨満感などである。高度な場合，嚥下困難や出血，誤嚥性肺炎を生じる場合がある。

**(4)　検査・診断**

食道造影検査は，狭窄，食道裂孔ヘルニア，臥位での胃から食道への逆流所見が有効である。内視鏡検査では，色調の変化，びらん，潰瘍，隆起肥圧などを認め，食道内圧測定，食道内pH低下をみる食道内24時間pHモニターがある。鑑別診断が重要である。

**(5)　医学的アプローチ**

食事療法や運動などと薬物療法が中心である。生活指導では，LESを低下させるため禁煙とする。前かがみの姿勢を避ける。食後1時間は横にならない，就寝前2時間は飲食しない。就寝時は上体を高くする，ベルトや下着で腹部を強く締め付けないなど，胃からの逆流を防ぐ体位や過ごし方を指導する。薬物療法では，胃酸分泌抑制薬としてプロトンポンプ阻害薬（PPI：proton pump inhibitor），ヒスタミン$H_2$受容体阻害薬（$H_2$-blocker）や粘膜保護薬が処方される。これら内科的治療が奏功しない場合，外科的治療が選択され，噴門形成術や食道切除術が施行される。

#### (6)　栄養学的アプローチ

##### 1)　栄養評価

身体計測は，身長，体重，骨格筋量，体脂肪量などをみる。血液検査として血清アルブミン（ALB），総コレステロール（TC）や肥満の場合もあるので中性脂肪（TG），血清血糖なども測定する。食生活状況として，食事内容，摂食量，食事時間，アルコールなどを聞き取りする。

##### 2)　栄養食事療法

基本は胃酸を過剰に分泌させないこと，胃内停滞時間を長くさせないこと，食道粘膜を保護することが目的である。

〈胃食道逆流症の栄養基準の目安〉

| | |
|---|---|
| エネルギー | 30～35kcal/kg　標準体重/日 |
| ＊肥満者の場合 | 25～30kcal/標準体重/日 |
| たんぱく質 | 1.2～1.5g/kg 標準体重/日 |
| 脂肪エネルギー比 | 20～25% |
| ビタミン・ミネラル | 日本人の食事摂取基準に準じる |

##### 3)　栄養食事指導・生活指導

胃内停滞時間が長くならないように，少量頻回食とする。糖質に比べたんぱく質が胃内滞留時間が長く，脂質は胃の運動を抑制するために胃からの排出に時間がかかる。肉は脂質の少ない肉を選ぶ。高浸透圧胃液は，塩辛い食品，熱すぎたり冷たすぎる食品，酸味の強い食品（柑橘類含），香辛料などは，食道粘膜を刺激するため避ける。また，嗜好品であるアルコールやカフェインは胃酸分泌亢進，チョコレートなどの甘い菓子類はLES圧低下させる。炭酸飲料は腹圧を上げるために控える。暴飲暴食や早食いは避け，食事はゆっくりよくかんで食べる。

### 3.3.3　胃・十二指腸潰瘍

#### (1)　疾病の定義

胃・十二指腸潰瘍（GU and DU：gastriric and duodenal ulcer）は，粘膜を傷害する攻撃因子と，粘膜を保護する防御因子のバランスが崩れ，胃・十二指腸壁が自家消化して潰瘍を形成するとされている。

#### (2)　病因・病態

近年では，非ステロイド性抗炎症薬（**NSAIDs**＊1：non-steroidal anti-inflammatory drugs）の副作用，**ヘリコバクターピロリ菌**＊2（H. pylori）の感染，が考

＊1 **NSAIDs**　この薬剤によりプロスタグランジン合成が低下し，粘液産生や血流を抑制することで粘膜が傷害される。

＊2 **ヘリコバクター菌ピロリ菌**　胃潰瘍の60～80%，十二指腸の90～95%がピロリ菌陽性である。

えられており，胃・十二指腸粘膜の攻撃因子と防御因子のバランスが攻撃因子に傾くことで発症する。その他の攻撃因子としてストレスやアルコール，喫煙などが挙げられる。

#### (3) 症　状

胃潰瘍では食後に，十二指腸潰瘍では空腹時（特に夜間，早朝）に上腹部心窩部痛が最も多くみられる。そのほか悪心，腹部膨満感を訴える。吐血，タール便，小球性低色素性貧血を認める。無症状の患者もみられる。

#### (4) 検査・診断

胃 X 線検査，内視鏡検査，胃内 pH24 時間モニタリングや胃液ペプシンの測定などを行う。消化性潰瘍の既往歴や非ステロイド系抗炎症薬（NSAIDs）の使用状況などをよく問診する。

#### (5) 医学的アプローチ

治療の目標は，症状の緩和，合併症の予防や治療，潰瘍の治癒と再発防止である。胃酸分泌の抑制薬（H2-blocker，プロトンポンプ阻害薬等）の投与を行う。潰瘍からの出血（吐血，下血）を認める場合は，内視鏡的止血術が行われ，それらの合併症のコントロールが優先される。再発を抑えるためにはヘリコバクターピロリ菌の除菌療法が有用である。

#### (6) 栄養学的アプローチ

##### 1) 栄養評価

身体計測は，身長，体重，骨格筋量，体脂肪量の測定を行う。病状が長期にわたる場合は，食事摂取の不良，まれにたんぱく質漏出などから低たんぱく質状態になる。血液生化学検査は，血清総たんぱく（TP），血清アルブミン（Alb），コリンエステラーゼ（ChE），総コレステロール（TC）などの栄養状態の評価を行う。出血を伴う場合は赤血球，ヘモグロビン値，血清鉄，フェリチン値などを観察する。

##### 2) 栄養食事療法

潰瘍部位庇護のため，胃酸分泌の抑制，胃液酸度の中和があり，胃内停滞時間が長い食品や物理的・化学的・温熱的な刺激は避け，消化のよい良質たんぱく質や，ビタミン，ミネラル類など十分な栄養素を補給する。適切な生活指導をし，とくに過度のストレスや暴飲暴食を避けるようにさせる。潰瘍食の基本は，また少量頻回食（5回食など）とする。

出血，悪心，嘔吐がある急性期は，絶食とし静脈栄養とする。止血を確認後食事は流動食から始めて，徐々に普通食に近づける。少量で栄養価の高い食品を選択する。電解質異常が認められる場合は，末梢静脈栄養法で補正する。

〈胃・十二指腸潰瘍の栄養基準の目安〉

| | |
|---|---|
| エネルギー | 30～35kcal/kg/標準体重/日 |
| たんぱく質 | 1.2～1.5g/kg 標準体重/日 |
| 脂肪エネルギー比 | 20～25% |
| ビタミン・ミネラル | 日本人の食事摂取基準に準じる |

**3) 栄養食事指導・生活指導**

食物繊維の少ない消化の良いものとし，十分に加熱して用いる。甘みの強いものは，胃内停滞時間が長くなり，胃液分泌が更新するため控える。たんぱく質は，胃酸の中和・緩衝作用を有し，粘膜の修復を促進するため牛乳，乳製品，卵，白身魚，豆腐など消化しやすい食品を選ぶ。煮る，蒸す，ゆでるなど消化を助ける調理法を選択する。脂肪は乳化されたものを少量用いる。味付けは薄味とし，塩辛い食品，香辛料を多量に用いた料理，酸味の強い柑橘類の使用は避ける。またアルコール飲料やカフェイン，炭酸飲料のような刺激物も避ける。欠食や過食をしない，1日3食規則正しい時間にとる，食後30分位の休息をとる，ゆっくりよくかんで食べるなど適切な食習慣を確立する。生活指導では，精神的ストレスの解消に心がけ，過労，睡眠不足を避け，禁煙をすすめる。飲酒は禁止する。

### 3.3.4 たんぱく漏出性胃腸症

**(1) 疾病の定義**

たんぱく漏出性胃腸症（protein-losing gastroenteropathy）は，血漿中のたんぱく質，特にアルブミンが消化管内腔に高度に漏出することによる低たんぱく質血症を伴う疾患である。

**(2) 病因・病態**

毛細血管の透過性亢進としては，膠原病に続発した例が多く，粘膜上皮の異常によるものが，たんぱく漏出性胃腸症の6割を占める。**胃ポリポーシス**[*1]，胃がん，胃切除症候群，クローン病や潰瘍性大腸炎，腸リンパ拡張症，リンパ系の異常として心不全，悪性リンパ腫，肝硬変などがある。

**(3) 症　状**

低たんぱく質血症による全身の浮腫である。悪化すると胸水，腹水を認める。

**(4) 検査・診断**

**α1アンチトリプシンクリアランス法**[*2]によりたんぱく漏出を定量的に検出する。血漿たんぱくのクリアランスを算出することができる。

**(5) 医学的アプローチ**

原疾患の治療が前提である。浮腫が合併している場合は，利尿薬，低たんぱく血漿の場合は，アルブミン製剤の投与を行う。

*1 **胃ポリポーシス**　ポリポーシスとは，ポリープが多数みられる場合をいい，胃十二指腸，小腸，大腸の広範囲に及ぶことが多い。広義では消化管ポリポーシスという。ポリープの数は100個以上有することが多い。

*2 **α1アンチトリプシンクリアランス法**　α1アンチトリプシンは，腸管に漏出するとほとんど，消化，再吸収されない。この性質を利用した検査法。

### (6) 栄養学的アプローチ

#### 1) 栄養評価

たんぱく質の漏出だけではなく，身体計測や体重減少率，血清アルブミン（Alb），トランスサイレチン（プレアルブミン：TTR），トランスフェリン（TF），レチノール結合たんぱく（RBP）等を測定する。

#### 2) 栄養食事療法

消化管の利用が可能であれば，経口栄養補給が第一次選択である。

**〈たんぱく漏出性胃腸症の栄養基準の目安〉**

| | |
|---|---|
| エネルギー | 35～40kcal/kg/標準体重/日 |
| たんぱく質 | 1.2～1.5g/kg 標準体重/日 |
| ビタミン・ミネラル | 十分補給する |

乳糖分解酵素欠如している場合は，乳糖を除去
セリアック病の場合は，グルテン除去

#### 3) 栄養食事指導・生活指導（経口栄養法）

高エネルギー，高たんぱく質とする。脂質に関しては，リンパ管の減圧を目的として長鎖脂肪酸量を減らし中鎖脂肪酸も考慮する。成分栄養を用いることもある。乳糖分解酵素が欠乏している場合には，乳糖を制限する。腸管粘膜上皮保護作用や絨毛のエネルギー源になるグルタミンの補給も良いとされる。食事摂取量が少ない場合は，頻回食とする。浮腫がある場合は，食塩制限し，消化の良い食事とする。

## 3.3.5 炎症性腸疾患（クローン病，潰瘍性大腸炎）

**〈クローン病〉**

### (1) 疾病の定義

クローン病（CD：Crohn's disease）は，消化管の慢性の肉芽腫性炎症性病変を主体とする原因不明の疾患である。

### (2) 病因・病態

非連続性に分布する全層性肉芽腫炎症や瘻孔を伴う消化管の慢性炎症性疾患である。口腔から肛門まで消化管のどの部位にも病変は生じる。**主病変***としては，縦走潰瘍，敷石像，アフタ，不整形潰瘍が現れるなど敷石状外観，縦走潰瘍，アフタ症所見がみられる。小腸・大腸（特に回盲部）と肛門周囲に好発する。10代後半から30代前半に多く発症し，男性に多い。

**＊ クローン病主病変**
縦走潰瘍：縦方向に走る長い潰瘍
敷石像：潰瘍によって囲まれた粘膜が盛り上がり，丸い石を敷いたようにみえる状態
アフタ：腸の粘膜に，口内炎のような浅い潰瘍
不整形潰瘍：形が整っていない潰瘍

### (3) 症　状

腹痛，下痢，血便，発熱，肛門周囲症状，体重減少，再燃，寛解を繰り返し，慢性的に持続する。腸管狭窄もみられる。日常のQOLは低下することが多い。関節，皮膚，目など腸管外合併用をきたすこともある。

### (4)　検査・診断

白血球数の上昇，CRP 陽性，赤沈の亢進など血液生化学検査，内視鏡検査，注腸検査，クローン病の活動評価は，**IOIBD スコア**[*1]**や CDAI**[*2]が用いられる。

### (5)　医学的アプローチ

栄養療法，薬物療法がある。病態に応じて外科療法を用いる。薬物療法では，5-アミノサリチル酸（5-ASA 製剤），抗生物質，副腎皮質ステロイド剤，**生物学的製剤**（**抗 TNF-α 抗体**）[*3]，免疫調整剤が用いられる。

### (6)　栄養学的アプローチ

#### 1)　栄養評価

クローン病は，栄養素の消化吸収を担っている腸管に病変があるために，容易に低栄養に陥りやすいことも特徴である。下痢や粘血便，消化管の狭窄などの消化器症状や発熱などの臨床症状の評価も必要である。体重，BMI，% IBW（%標準体重），% UBW（%通常時体重）などにより体重の経過を評価する。成長期発症の場合は，成長曲線による身長，体重の評価を行う。血液性状からは血清総たんぱく（TP），血清アルブミン（Alb），コリンエステラーゼ（ChE），総コレステロール（TC），鉄，亜鉛，Na，CI，K など栄養状態や電解質を確認する。

**＊1 IOIBD スコア**

| | |
|---|---|
| 1 | 腹痛 |
| 2 | 1日6回以上の下痢または粘血便 |
| 3 | 肛門部病変 |
| 4 | 瘻孔（炎症で腸管に穴が空き，近くの臓器とつながってしまった状態） |
| 5 | その他の合併症 |
| 6 | 腹部腫瘤（腹部を触ったとき，こぶのようなものがある） |
| 7 | 体重減少 |
| 8 | 38℃以上の発熱 |
| 9 | 腹部圧痛（腹部を押したときに痛みがでる） |
| 10 | 10g/dL 以下のヘモグロビン（貧血） |

1項目1点とし，2点以上で医療助成の対象となる。
IOIBD：The International Organisation for the study of Inflammatory Bowel Disease
出所）https://www.ibdstation.jp/aboutcd/type.html（2024.2.7）

**＊2 CDAI**

クローン病活動性分類（Crohns disease activity index: CDAI）

| | 活動内容 | 計算 |
|---|---|---|
| 1 | 過去1週間　水様便または泥状便の回数 | （　）× 2 |
| 2 | 過去1週間の腹痛（毎日評価して7日間の合計）<br>0=なし，1=軽度，2=中等度，3=高度 | （　）× 5 |
| 3 | 過去1週間の主観的な一般状態（毎日評価して7日間の合計）<br>0=なし，1=軽度，2=中等度，3=高度 | （　）× 7 |
| 4 | 患者が現在持っている下記項目の数<br>1）関節炎/関節痛<br>2）虹彩炎/ブドウ膜炎<br>3）結節性紅斑/壊疽性膿皮症/アフタ性口内炎<br>4）裂肛，痔瘻または肛門周囲膿瘍<br>5）その他の瘻孔<br>6）過去1週間の 37.8℃以上の発熱 | （　）×20 |
| 5 | 下痢に対して投薬（ロペミン，オピアト）服用<br>0=なし，1=あり | （　）×30 |
| 6 | 腹部腫瘤　0 = なし，2=疑い，5=確実にあり | （　）×10 |
| 7 | ヘメトクリット（Ht）男性：47，女性：42 | （　）× 6 |
| 8 | 体重（標準体重）100 ×（1 − 体重／標準体重） | （　）× 1 |
| | 合計（1～8までの合計）<br>150 以下：非活動期，150 以上：活動期とする | |

出所）飯島英樹著，日比紀文，久松理一編：血液検査所見の見かた「IBD を日常診療で診る」，52，羊土社（2019）https://eichie.jp/note/study/study18（2024.2.7）

#### 2)　栄養食事療法

活動期：入院後数週間は絶食とし，中心静脈栄養（TPN: total prarenteral nutrition）管理による腸管安静を図る。炎症改善後，**成分栄養剤（エレンタール）**[*4]や脂質の少ない栄養剤，または食事を開始する。クローン病の食事療法については，食物が腸管を通過することがクローン病を悪化させることになるため活動期における絶食は，腸管安静の観点より悪化因子を避け腸管を保つのに有効である。炎症が高度な場合や通過障害がある場合は，絶食療法となる。成分栄養剤は，腸管に負担がない完全消化態であるので経腸，経口

**＊3 生物学的製剤（抗 TNF-α抗体）**　炎症に関与するサイトカンに作用する。

**＊4 成分栄養剤（エレンタール）**　完全消化態栄養剤でたんぱく源はアミノ酸である。浸透圧が高い。脂質が少なくセレンの含有はない。

摂取の第一選択となる。しかし成分栄養剤のみの長期使用は，必須脂肪酸欠乏やセレンなどの微量栄養素不足になるため微量栄養素剤の投与も配慮する必要がある。

**〈クローン病の栄養基準の目安〉**

| | |
|---|---|
| エネルギー | 35～40kcal/kg /標準体重/日（成分栄養剤含む） |
| たんぱく質 | 1.5～1.8g/kg 標準体重/日 |
| ＊うち食事は0.6～0.8g/kg 標準体重/日 | |
| 脂質 | 20～30g/日 |
| ビタミン・ミネラル | 日本人の食事摂取基準以上 |

**3） 栄養食事指導・生活指導**

食事療法の基本は，腸管の安静を図るため，高エネルギー，高ビタミン・ミネラル，低脂質・低刺激食が原則となる。重症時からの寛解への栄養療法を**図 3.12** で示す。炭水化物は，消化管への負担が少なく効率の良いエネルギー源である。クローン病では，粘膜透過性の亢進，たんぱく質に対して抗原反応を示すので，食事中のたんぱく質は0.8～1.0g/kg/日程度が望ましいとされる。魚にはn-3系多価不飽和脂肪酸が肉より多く含まれているので，肉よりも魚摂取のほうが望ましい。脂質は，腸管に負担をかけるため30g/日以内にするのが望ましい。また腸管に負担をかけにくい中鎖脂肪酸を使用するのもよいとされている。ビタミン・微量元素については，特に亜鉛が重要とされており，栄養補助食品で補給するのもよいとされる。亜鉛はたんぱく質の吸収と相関し，低栄養状態では低下する。たんぱく質合成に関与し不足状態では創傷治癒が遅延する。食物繊維は，近年では，腸内細菌叢の安定化が期待されるとし，水溶性食物繊維の摂取が注目されている。ただし，狭窄や痙攣による一時的な通過障害がある時は，非水溶性食物繊維は避ける方がよいとされる。乳酸菌やビフィズス菌などのプロバイオティクスも，腸内細菌叢の改善が期待されている。また，一度に摂取せずに頻回食が腸に負担をかけないとされている（**図 3.12**）。

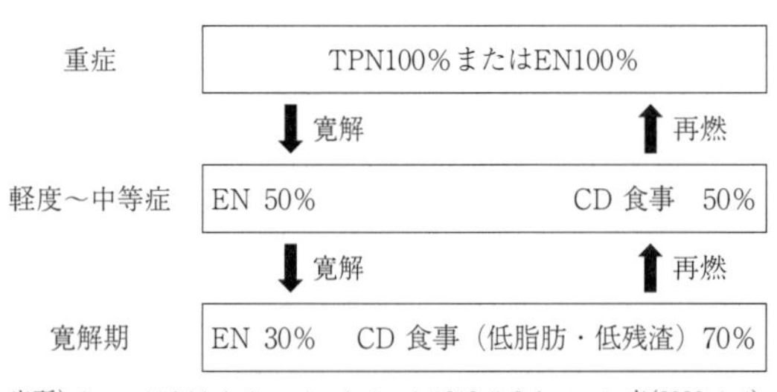


出所）https://eichie.jp/note/study/study1812.5.2クローン病(2023.1.4)

**図 3.12**　クローン病のスライド方式経腸栄養療法

**〈潰瘍性大腸炎〉**

**（1） 疾病の定義**

潰瘍性大腸炎（UC: ulcerative colitis）は，主として，粘膜を侵し，しばしばびらんや潰瘍を形成する大腸の原因不明のびまん性非特異性炎症である。

**（2） 病因・病態**

30歳以下の成人に多いが，小児や50歳以上の成人にもみられる。基本的には直腸から始まり，連続的に上（口側）へと広がっていく，その広がりは個人差がある。10年以上経過した大腸全体を侵す場合には，悪性化の傾向がある。多くの患者は**再燃**[*1]と**寛解**[*2]を繰り返すことから長期間の医学管理が必要となる。男女差はない。

**(3)　症　　状**

血便，粘血便，下痢あるいは血性下痢を呈する。軽症例では血便を伴わないが，重症化すれば，水様性下痢と出血が混じり，滲出液と粘液に血液が混じった状態となる。**ハウストラ**[*3]**の消失**[*4]や**偽ポリポーシス**[*5]も見られる場合もある。再燃と寛解を繰り返しながら慢性に経過する。

**(4)　検査・診断**

臨床症状としての，持続性または反復性の粘血・血便あるいはその既往がある。内視鏡検査，注腸検査や潰瘍性大腸炎の臨床的重症度分類（排便回数，顕血便，発熱，頻脈，赤沈）がある。

**(5)　医学的アプローチ**

治療の基本は，薬物療法である。病態に応じて外科療法を用いる。薬物療法では，クローン病と同じものが多い。血球成分除去療法も行う場合がある。生活面としてストレス，過労，睡眠不足にも影響があるとされる。

**(6)　栄養学的アプローチ**

**1)　栄養評価**

中等症から重症になると，体重減少，低たんぱく血症，貧血などの栄養障害が起こり，たんぱく質，鉄，ビタミン$B_{12}$，亜鉛，葉酸の欠乏がみられる。体重，BMIなどの身体計測や血液生化学検査により評価を行う。

**2)　栄養食事療法**

活動期：入院後数週間は絶食とし，中心静脈栄養（TPN：total prarenteral nutrition）管理による腸管安静を図る。寛解期への移行時には，経腸栄養と状況をみながら経口摂取の経過をみながら併用する。頻回の下痢などで電解質，ミネラルが不足するため十分に補給する。完全寛解期では，特に食事制限はなく規則正しくバランスの取れた食生活を目指す。

**〈潰瘍性大腸炎の栄養基準の目安〉**

| | |
|---|---|
| エネルギー | 30～35kcal/kg/標準体重/日 |
| たんぱく質 | 1.2～1.5g/kg 標準体重/日 |
| 脂質 | 50g/日 |
| ビタミン・ミネラル | 日本人の食事摂取基準以上 |
| 食物繊維 | 15～25g/日 |

**3)　栄養食事指導・生活指導**

寛解期では，腸に負担にならない程度に食物繊維を摂取し，ヨーグルト，発酵食品などプロバイオティクスの摂取にも心がける。

*1 **再　燃**　残存している病変が憎悪し，進展すること。

*2 **寛　解**　症状がなく良い状態。

*3 **ハウストラ**　大腸のヒダのこと。便が逆流しないようにする働きや水分を吸収する働きがある。

*4 **ハウストラの消失**　炎症が繰り返し起こった潰瘍性大腸炎の患者さんの大腸はヒダが消失し，ズドーンとしたまるで鉛管の様になる鉛管像ともいう。

*5 **偽ポリポーシス**　多発したポリープのことを表わす。放置してしまうとほとんどの場合で大腸がんの発生に至る。

表 3.18　IBS の Rome Ⅳ診断基準

| 最近3ヵ月間，月に4日以上腹痛が繰り返し起こり，次の項目の2つ以上があること。<br>1．排便と症状が関連する<br>2．排便頻度の変化を伴う<br>3．便性状の変化を伴う<br>期間としては6ヵ月以上前から症状があり，最近3ヵ月間は上記基準をみたすこと |
|---|

### 3.3.6　過敏性腸症候群

#### (1)　疾病の定義

過敏性腸症候群（IBS：Irritable bowel syndrome）は，代表的な機能性腸疾患であり，器質的異常はないが腹痛あるいは腹部不快感とそれに関連する便通異常が慢性もしくは再発性に持続する状態と定義される。

#### (2)　病因・病態

有病率は，女性が男性の 1.6 倍である。加齢とともに低下する。病態は，ストレスが関与する。IBS になる原因不明である。細菌やウイルスによる感染性腸炎にかかった場合，回復後に IBS になりやすいことが知られている。便の形状とその頻度から便秘型，下痢型，混合型，分類不能型に分類される。

#### (3)　症　　状

腹痛，便秘・下痢，不安などの症状のために日常生活に支障をきたすことが少ない。

#### (4)　検査・診断

大腸内視鏡検査や大腸造影検査，診断には国際的に用いられているローマⅣ基準を用いる。

#### (5)　医学的アプローチ

生活習慣を改善しても症状が改善しない場合は，薬物療法となる。

#### (6)　栄養学的アプローチ

##### 1)　栄養評価

栄養障害になることはほとんどない。炎症反応の亢進や体重減少，低たんぱく血症，貧血などはみられない。

##### 2)　栄養食事療法

食事指導として，食物繊維は積極的に摂る。「規則的な食事」と「十分な水分摂取」，脂質やカフェイン，香辛料，乳製品の一部などは避ける。

##### 3)　栄養食事指導・生活指導

3食を規則的にとり，暴飲暴食，夜間の大食を避け，食事バランスに注意する。

刺激物，高脂肪食，アルコールは控える。ストレスを溜めず，睡眠，休養を十分にとるように心がける。

### 3.3.7　便秘と下痢

#### (1)　疾病の定義

便秘（constipation）は，本来体外に排出すべき糞便を十分量かつ快適に排出できない状態である。

**表 3.19　便秘（症）の分類**

| 原因分類 | | 症状分類 | 分類・診断のための検査方法 | 専門的検査による病態分類 | 原因となる病態・疾患 |
|---|---|---|---|---|---|
| 器質性 | 狭窄性 | | 大腸内視鏡検査，注腸X線検査など | | 大腸癌，クローン病，虚血性大腸炎など |
| | 非狭窄性 | 排便回数減少型 | 腹部X線検査，注腸X線検査など | | 巨大結腸など |
| | | 排便困難型 | 排便造影検査など | 器質性便排出障害 | 直腸瘤，直腸重積，巨大直腸，小腸瘤，S状結腸瘤など |
| 機能性 | | 排便回数減少型 | 大腸通過時間検査など | 大腸通過遅延型 | 特発性<br>症候性：代謝・内分泌疾患，神経・筋疾患，膠原病，便秘型過敏性腸症候群など<br>薬剤性：向精神薬，抗コリン薬，オピオイド系薬など |
| | | | | 大腸通過正常型 | 経口摂取不足（食物繊維摂取不足を含む）<br>大腸通過時間検査での偽陰性　など |
| | | 排便困難型 | 排便造影検査など | 硬便による排便困難 | 硬便による排便困難・残便感<br>（便秘型過敏性腸症候群など） |
| | | | | 機能性便排出障害 | 骨盤底筋協調運動障害<br>腹圧（怒責力）低下<br>直腸感覚低下<br>直腸収縮力低下<br>など |

味村俊樹：定義・分類・診断基準　特集　慢性便秘─新たな分類と病態・診断・治療　臨床消化器内科　33（4）：367-375，2018
出所）https://medicalnote.jp/contents/230426-001-AY（2023.1.4）

下痢（diarrhea）とは，水分を多く含む液状またはそれに近い糞便を排泄する状態である。

### (2)　病因・病態・症状

便秘・下痢は，状態名であると規定されている。

【便秘】「排便回数や排便量が少ないために糞便が大腸内に滞った状態」あるいは「直腸内の糞便を快適に排出できない状態」である。便秘病の分類を**表 3.19** に示す。

原因から器質性の便秘は，がんや炎症をともなう狭窄性と直腸留機能性，排便困難型とされる巨大直腸などは非狭窄性に大別される。症状から排便回数減少型は，大腸通過遅延型，大腸通過正常型に，排便困難型は硬便による排便困難と便排出障害に分類され，便排出障害は，器質性と機能性に分類される。

【下痢】便の水分量は通常 70～80％を有しており，80％以上の便を排泄している状態をいう。経過により急性下痢（acute diarrhea）と慢性下痢（chronic diarrhea），原因により，感染性下痢，非感染性下痢に分けられる。

### (3)　検査・診断

**ブリストルスケール***便の性状分類として数値化し評価する方法もある。

【便秘】排便造影検査，大腸通過時間検査，大腸内視鏡検査，腹部X線検査，注腸X線検査などがある。

【下痢】問診にて最近の飲食内容，渡航歴や下剤の服用歴，ダイエット甘

＊ **ブリストルスケール**　人間の糞便の形態を色や形に基づいて，7つのカテゴリーに分類するために設計された診断医療ツールである。

非常に遅い（約100時間）

消化管の通過時間

非常に早い（約10時間）

| | | | |
|---|---|---|---|
| 1 | コロコロ便 | 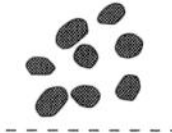 | 硬くてコロコロの兎糞状の便 |
| 2 | 硬い便 | | ソーセージ状であるが硬い便 |
| 3 | やや硬い便 |  | 表面にひび割れのあるソーセージ状の便 |
| 4 | 普通便 | 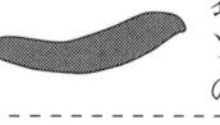 | 表面がなめらかで柔らかいソーセージ状，あるいは蛇のようなとぐろを巻く便 |
| 5 | やや軟らかい便 |  | はっきりとしたしわのある柔らかい半分固形の便 |
| 6 | 泥状便 | 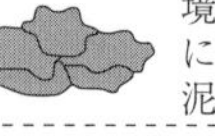 | 境界がほぐれて，ふにゃふにゃの不定形の小片便泥状の便 |
| 7 | 水様便 |  | 水様で，固形物を含まない液体状の便 |

1～2：腸内の停滞時間が長く，便秘と判断されます。
3～5：正常便，特に「4」が理想便です。
6～7：柔らかすぎて，下痢と判断されます。
便の硬さだけでなく，便の量や色，においの観察も大切です。
出所）慢性便秘症診療ガイドライン（2017）

**図 3.13**　ブリストルスケール

味料の使用など確認する。

### (4)　医学的アプローチ

【便秘】場合によって原因薬剤の中止や浸透圧性下剤の試験的な短期間投与や食物繊維の増量を行う。

【下痢】脱水，電解質異常に対して水分や電解質を補給する。薬物療法としては，腸管運動抑制薬，整腸薬投与。止痢剤は必要により投与する。

### (5)　栄養学的アプローチ

#### 1)　栄養評価

【便秘】食事摂取量や食事内容，水分摂取量と食生活，排便習慣，運動習慣など生活状況また，ストレスも含め評価する。

【下痢】体重減少もみられる事から，身体計測，血液生化学検査に加え，水・電解質の損失があり，特に低カリウム血症が生じることがあるので血清カリウム値も確認する。

#### 2)　栄養食事療法

【便秘】女性は男性の 3.5 倍である。慢性便秘では，食生活が基本であり，十分な食事摂取と水分補給が重要となる。

【下痢】原疾患の病態に応じた治療が原則である。重篤な場合は，腸管安静のため絶食とし静脈栄養を行う。経口摂取の場合，脱水に注意しながら脂質の過剰，食物繊維は水溶性食物繊維を中心とし，温野菜とし生野菜を避ける。

**〈下痢の栄養基準の目安〉**

| | |
|---|---|
| エネルギー | 日本人の食事摂取基準に準ずる |
| たんぱく質 | 日本人の食事摂取基準に準ずる |
| 脂肪エネルギー比 | 15～20% |
| ビタミン・ミネラル | 日本人の食事摂取基準に準ずる |

**〈大腸通過正常型便秘の栄養基準の目安〉**

| | |
|---|---|
| エネルギー | 日本人の食事摂取基準に準ずる |
| たんぱく質 | 日本人の食事摂取基準に準ずる |
| 脂肪エネルギー比 | 20～25% |
| ビタミン・ミネラル | 食物繊維 25g/日以上 |
| 水分 | 2～2.5L/日 |

#### 3）栄養食事指導・生活指導

【便秘】便秘の種類により食事療法が異なる。大腸通過正常型便秘と機能性便排出障害は水分と食物繊維を十分に補強し便量を増やすことが重要である。規則正しい食生活を基本とし便意がなくても朝食後に排便する習慣をづける。低脂肪，低残渣とし水溶性食物繊維を不足しないようにし，刺激物などは避ける。またプロバイオティクス摂取も腹部症状を悪化させることはなく，排便回数が有意に増加させることが示されている。

【下痢】下痢の症状が激しいときは，絶食にして腸を安静にさせ，静脈より水分，電解質を補給する。症状の回復をみながら経口摂取へと移行していく。経口摂取では，流動食や3分粥食などの消化の良いものから徐々に進めていくが，特に脂質や不溶性食物繊維を控えながら食事アップしていく。食事療法として脂質の多い食品，冷たすぎる飲料や食べ物，刺激の強い食品（唐辛子，炭酸飲料），食物繊維や残渣の多い食品（こんにゃく，たけのこ，ごぼう，海藻）は控える。

### 3.3.8 肝　炎

#### (1) 疾患の定義

肝炎とは，種々の原因で肝臓の細胞に炎症が起きる疾患の総称であり，急性肝炎と慢性肝炎に分類される。

#### (2) 病因・病態

急性肝炎とは，急性の肝機能障害を呈する疾患で，原因としてはウイルス性（A～E型），薬物性，アルコール性，自己免疫性，その他（代謝性，循環障害など）があるが，わが国では肝炎ウイルスによる頻度が最も高くその中でもA～C型がほとんどを占める。**表3.20**に主な肝炎ウイルスの特徴を示す。急性肝炎の多くは一過性であり，2～3か月以内に治癒するが，一部は重症化し**劇症肝炎***に移行する。

＊ **劇症肝炎**　広範囲にわたる急激な肝細胞の壊死がみられ，肝臓の機能不全を起こし，肝不全の状態となる。

**表3.20**　肝炎ウイルスの種類と特徴

| | A型肝炎 | B型肝炎 | C型肝炎 | D型肝炎 | E型肝炎 |
|---|---|---|---|---|---|
| 原因ウイルス | HAV | HBV | HCV | HDV(HBV存在下) | HEV |
| 主な感染経路 | 経口 | 経皮 | 経皮 | 経皮 | 経口 |
| | 食事，生水 | 血液，体液 | 血液 | 血液，体液 | 食事，生水 |
| 母子感染 | なし | あり | あり（まれ） | あり | なし |
| 好発年齢 | 全年齢層 | 青年 | 青，壮年 | 青年（キャリア） | 全年齢層 |
| 劇症化 | あり（まれ） | あり | あり（まれ） | あり | あり（まれ） |
| キャリア化 | なし | あり | あり | あり | なし |
| 慢性化 | なし | あり | あり | あり | なし |
| 肝がん | なし | あり | あり | あり | なし |

出所）日本病態栄養学会編：病態栄養ガイドブック改訂第7版，南江堂（2022）

慢性肝炎は，6ヵ月以上の肝機能検査値の異常と肝炎ウイルスの感染が持続している状態をいう。

#### (3) 症　状

急性肝炎の症状は全身倦怠感，食欲不振，悪心，嘔吐，発熱，黄疸などで，慢性肝炎では自覚症状は比較的少ないが，活動期には急性肝炎にみられるような症状をきたす。

#### (4) 検査・診断

急性肝炎の診断は，血液生化学検査，画像診断により行う。AST，ALT，LDH，T-BiL 値などの著しい上昇を認める。ウイルス性肝炎の診断は肝炎ウイルスマーカーの測定により行う。

慢性肝炎では AST，ALT が持続高値を示すが，T-BiL 値は基準値範囲のことも多い。アルコール性の場合は，$\gamma$-GTP が著明に上昇，劇症肝炎ではコリンエステラーゼ値が低値になる。

#### (5) 医学的アプローチ

急性肝炎の治療の基本は安静と栄養療法（保存的治療）が中心であり，慢性化，劇症化の予防を目的とする。

慢性肝炎は薬物療法と栄養療法を基本とし，肝硬変，肝細胞がんへの進展を予防することを目的とする。原因療法である抗ウイルス療法（インターフェロンなどの使用）と対象療法である。C 型慢性肝炎では，肝細胞に鉄の過剰蓄積がみられ，過剰になると細胞障害をきたすため，鉄制限食や瀉血療法が有効な場合がある。

#### (6) 栄養学的アプローチ

##### 1) 栄養評価

身体計測（身長，体重，上腕筋囲など）や血液生化学検査（血清アルブミン，T-Chol，ChE など）を行い，栄養状態を把握する。浮腫，腹水，黄疸の有無を確認する。また生活状況調査や食事摂取量の把握も重要である。C 型肝炎では，血清鉄やフェリチンの測定，鉄の摂取量調査も必要である。アルコール性慢性肝炎の場合は，アルコール摂取の習慣などを詳細に把握する。

##### 2) 栄養食事療法

肝炎では，急性肝炎の急性期，回復期，慢性肝炎の安定期，急性増悪期に分けて考える。急性肝炎の急性期では代謝亢進状態ではあるが，食欲不振や嘔吐，発熱などにより摂取量の低下がみられる。消化の良い炭水化物を中心に，たんぱく質は肝臓への負担を考慮して過剰にならないようにする。食事摂取の低下を防ぐためデザート類を豊富に取り入れるなどの工夫も効果的である。高度の黄疸を伴う場合は脂肪制限を行い，経口摂取で必要栄養量が不十分な場合は経腸栄養や静脈栄養を併用する。回復期では肝機能が改善するのに伴って食欲も徐々に回復し普通食へ移行する。脂質の消化機能が十分に回復していない場合，食後に下痢や腹痛を訴える場合がある。この場合は脂質を制限し，バターやマヨネーズなどの乳化脂肪から使用する。

慢性肝炎の安定期では普通食が可能となる。良好な栄養状態を保つためにエネルギーやたんぱく質を十分に摂取することが重要であるが，適正体重を保つ。また，慢性肝炎では耐糖能異常を合併しやすいため，血糖なども評価する。急性増悪期では急性期に準じた栄養治療を行う。

**〈肝炎急性期・慢性肝炎急性増悪期　栄養基準の目安〉**

| | |
|---|---|
| エネルギー | 25～30kcal/kgIBW/日 |
| たんぱく質 | 1.2g/kgIBW/日 |
| 脂質エネルギー比率 | 15% |

**〈急性肝炎回復期・慢性肝炎安定期　栄養基準の目安〉**

| | |
|---|---|
| エネルギー | 30～35kcal/kgIBW/日<br>※肥満患者 25～30kcal/kgIBW/ |
| たんぱく質 | 1.2～1.5g/kg（標準体重）/日 |
| 脂質エネルギー比率 | 20～25%　※肥満患者 15% |

※血清フェリチン値基準以上の場合　鉄 6 ～ 7 mg/日以下

#### 3)　栄養食事指導・生活指導

病期に応じた栄養食療法とし，一律に高たんぱく質・高エネルギー食を指導するのではなく，標準体重に見合った食事量とする。基本的には「日本人の食事摂取基準」に準じる。アルコール性の場合は，断酒が最も重要である。血清フェリチン値が基準値以上の場合は，鉄は 7 mg/日以下とする。

### 3.3.9　肝 硬 変

#### (1)　疾患の定義

肝硬変とは，肝臓全体に線維化と線維化に伴う結節形成が解剖学的に認められる状態をいい，肝疾患の終末像である。肝硬変では肝細胞がん発生の危険性が高く，最も大きな死亡原因となっている。

#### (2)　病因・病態

病因は，わが国ではC型肝炎が最多であるが近年減少傾向にあり，**アルコール性肝硬変**[*1]とNASHによる肝硬変が増加傾向にある[*2]。

肝硬変は，肝機能がよく保たれ臨床症状がほとんどない代償性肝硬変と肝臓の障害が高度で様々な症状が出現する非代償性肝硬変に分類される。重症度の判定には，Child-Pugh 分類（**表 3.21** 参照）が用いられている。

#### (3)　症　　状

肝硬変は，糖代謝，たんぱく質代謝，脂質代謝，胆汁生成，解毒機能の低

**＊1 アルコール性肝硬変**　脂肪肝からアルコール性肝炎を経て，さらに飲酒を続けて発症した肝硬変。まれに重症化し死亡する。アルコール依存症の可能性も高く，断酒を含めた治療が必要となる。

**＊2 肝硬変成因別調査**　わが国の2018年肝硬変成因別調査では，B型肝炎11.5%，C型肝炎48.2%，B型＋C型0.7%，アルコール性19.9%，NASH6.3%，胆汁うっ滞型3.4%，自己免疫性2.7%，その他原因不明を併せ7.27%である。

**表 3.21** Child-Pugh 分類

| 評　　点 | 1点 | 2点 | 3点 |
| --- | --- | --- | --- |
| 肝性脳症 | なし | 軽度（Ⅰ・Ⅱ） | 昏睡（Ⅲ以上） |
| 腹水 | なし | 軽度 | 中度量以上 |
| 血清ビリルビン値（mg/dL）* | 2.0未満 | 2.0〜3.0 | 3.0超 |
| 血清アルブミン値（g/dL） | 3.5超 | 2.8〜3.5 | 2.8未満 |
| プロトロンビン時間活性値（%） | 70超 | 40〜70 | 40未満 |
| 国際標準比（INR）** | 1.7未満 | 1.7〜2.3 | 2.3超 |

* 血清ビリルビン値（mg/dL）は，胆汁うっ滞（PBC）の場合は，4.0mg/dL 未満を1点とし，10.0mg/dL 以上を3点とする。
** INR：international normalized ratio

☆各項目のポイントを加算し，その合計点で分類する。

| class | 点 |
| --- | --- |
| class A | 5〜6点 |
| class B | 7〜9点 |
| class C | 10〜15点 |

出所）日本消化器学会・日本肝臓学会編：肝硬変診療ガイドライン2020改訂第3版，南江堂（2020）

下により，さまざまな症状が出現する。

代償期では全身倦怠感や食欲不振を訴えることもあるが，肝機能は比較的よく保たれており多くは無症状である。

非代償期では，全身倦怠感，易疲労性，食欲不振や腹水，浮腫，黄疸が出現する。また，**門脈圧亢進**[*1]，**食道・胃静脈瘤**[*2]による消化管出血，高アンモニア血症に伴う**肝性脳症**[*3]，**羽ばたき振戦**[*4]をきたす。腹水が増加すると腹部膨満感，胸水が増加すると呼吸困難となる。

### (4)　検査・診断

肝硬変の確定診断は肝生検によりなされるが，侵襲的な診断であるため，問診や身体診察，画像検査や血液生化学検査を用いて総合的に診断される。血液生化学検査では，**汎血球減少**[*5]（特に血小板の減少），AST・ALT（AST > ALT）・LD の上昇，T-bil 値上昇，**プロトロンビン時間（PT）**[*6]延長，アルブミン低下，ChE 低下などを認める。

腹部画像検査では，肝臓の委縮，肝表面の結節影，辺縁の鈍化，腹水，脾腫などを認める。また，肝硬変が進行した場合は上部消化管内視鏡検査を行い，食道や胃の静脈瘤の破裂の危険性を判断する。

### (5)　医学的アプローチ

肝予備能の温存，腹水，門脈圧亢進症，食道・胃静脈瘤，肝性脳症などの合併症の早期発見・治療，発がんの予防を目的とする。

代償期は，適量でバランスの良い食事と歩行など適度な運動が勧められる。

非代償期では栄養療法と薬物療法が重要となる。腹水・浮腫には，穏やかな食塩摂取制限（5〜7g/日）を行い，場合によっては利尿薬治療を行う。低アルブミン血症の症例では，分岐鎖アミノ酸（BCAA）製剤の投与を行う。食道・胃静脈瘤では，内視鏡を用いて内視鏡的硬化療法，静脈瘤結紮術を行う。肝性脳症は，腸内細菌が悪化の原因となるため，大腸内の pH を下げ，アンモニアの腸内産生・吸収を抑制し排便を促進させる**ラクツロース**[*7]が用いられる。

**＊1 門脈圧亢進**　肝臓が萎縮・硬化して肝臓の血流が減少すると，肝臓に栄養物を運ぶ門脈の圧が上昇すること。

**＊2 食道・胃静脈瘤**　門脈と上大静脈系の間に形成された側副血行路が食道粘膜下層から盛り上がった瘤のこと。静脈瘤が大きくなり破裂すると，突然大量の吐血や下血がおこり出血多量で死亡する場合もある。

**＊3 肝性脳症**　肝臓の機能低下により，腸管内に発生するアンモニアなどの中毒性物質が体内に蓄積し，それらが脳に影響を与え意識障害などの症状を起こす。

**＊4 羽ばたき振戦**　四肢を一定の位置に保つために収縮している筋肉が間欠的に緊張を失うために生じる不随運動。手関節や手指が速くゆれ，羽ばたいているようにみえるので，このように呼ばれる。

**＊5 汎血球減少**　血液細胞は大きく3種類（赤血球，白血球，血小板）に分けられ，これらのすべてが減少する病的状態。赤血球が減少すると貧血が起き，白血球が減少すると感染症にかかりやすくなり，血小板が減少すると血が止まりにくくなる。これらの症状が同時に生じる。

**＊6 プロトロンビン時間**　プロトロンビンは血液凝固因子の1つ。肝機能が低下すると，血液凝固因子の産生が低下するため，血液凝固の時間が延長する。プロトロンビン時間は，血液が固まるまでの時間を測定したもの。

### (6)　栄養学的アプローチ

#### 1)　栄養評価

慢性肝疾患の終末期である肝硬変は，たんぱく・エネルギー低栄養（PEM）に陥っている割合がきわめて高い。肝硬変にともなうPEMは，サルコペニア発生リスクが高くなる。また肝硬変では，三大栄養素のみならず，ビタミン，微量元素，ミネラルなどのすべての栄養素の代謝異常を認めることが多く，病態の進行ととも顕著となる。

栄養評価は主観的包括的栄養評価(SGA)，身体計測，血液生化学検査で行う。重症度，浮腫・腹水，肝性脳症や耐糖能異常の有無，食事摂取調査などを併せて評価する。特にサルコペニアは病態・予後に影響するので，筋力・骨格筋量の評価も行う。

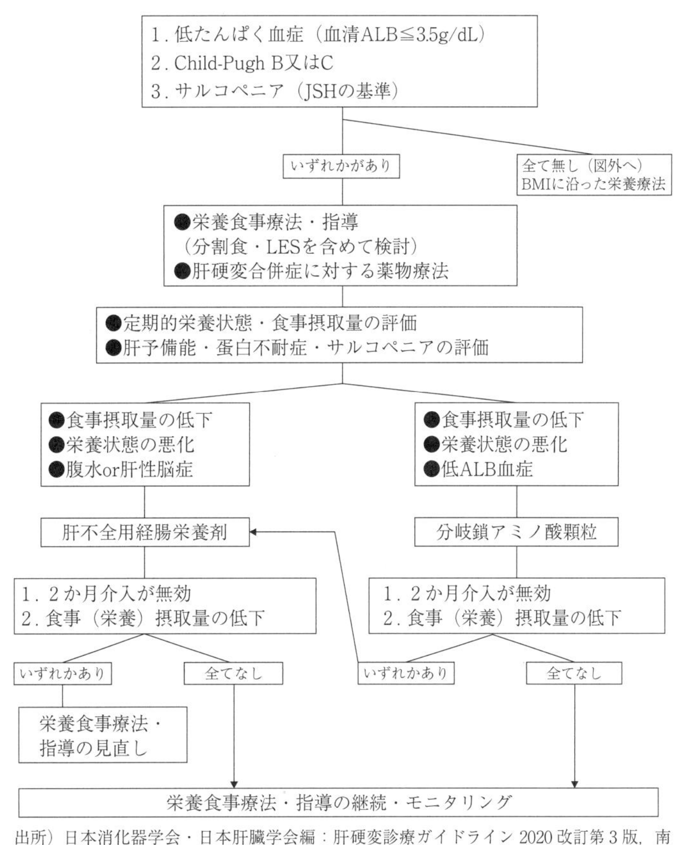


出所）日本消化器学会・日本肝臓学会編：肝硬変診療ガイドライン 2020 改訂第3版，南江堂（2020）

**図 3.14**　栄養療法フローチャート

#### 2)　栄養食事療法

肝硬変の多くは低栄養状態を合併している。低栄養状態は，腹水，肝性脳症，などの合併症やサルコペニアの誘因であり，肝硬変患者の予後を悪化させる原因となる。一方近年肥満を合併した肝硬変患者も増加し，予後やQOLを悪化させる。早期より積極的に栄養食事療法を行う必要がある。

**表 3.22**　BCAA 製剤：肝不全用経腸栄養剤と顆粒製剤の比較

| | 肝不全用経腸栄養剤 | | 顆粒製剤 |
|---|---|---|---|
| 製剤名 | アミノレバン®配合酸 | ヘパン ED®配合内用剤 | リーバクト®配合顆粒 |
| 用法及び用量 | 1包（50g），3包/日 | 1包（80g），2包/日 | 1包（4.15g），3包/日 |
| 糖質 g/日 | 94.5 | 123.4 | — |
| 脂質 g/日 | 11.1 | 5.6 | — |
| 総エネルギー kcal/日 | 639.0 | 620.0 | 48.0 |
| 総アミノ酸 g/日 | 40.5 | 22.4 | 12.0 |
| BCAAg/日 | 18.3 | 10.9 | 12.0 |

出所）岩佐元雄企画：「臨床栄養」臨時増刊，139（4），441，医歯薬出版（2021）より改変

代償期では慢性肝炎に準じ，バランスの良い栄養摂取が基本である。

非代償期では，病態に応じ栄養食事療法とする。経口栄養法を中心とし必要に応じて経腸・経静脈栄養が行われる。飢餓状態を短くするために，分割食（1日4回）として，就寝前軽食（late evening snack：**LES***）が推奨される。この場合，1日に必要なエネルギーやたんぱく質量が過剰にならないように注意する。

***7 ラクツロース**　腸管内で発生するアンモニアなどの中毒性物質の産生吸収を抑制するため，合成二糖類（ラクツロース，ラクチトール）の投与を行う。

＊ LES　早朝空腹時においては，一般健常人が2～3日間絶食した場合と同程度の飢餓状態に陥っている。1日のエネルギーの内約200kcal程度を分割食・就寝前軽食（late evening snack：LES）とするように指導する。LESの内容は，おにぎりなどの軽食やBCAA高含有肝不全用経腸栄養剤が推奨される。

＊1 フィッシャー比　BCAA（分岐鎖アミノ酸：イソロイシン，ロイシン，バリン）とAAA（芳香族アミノ酸：チロシン，フェニルアラニン）のモル比。肝障害の重症度に応じて低下するため，肝障害の重症度の評価とその指針（BCAA補充療法）に用いられる。健常人は3～4で，肝性脳症患者では低下する。

(1)　腹水・浮腫：食欲を損なわない程度（5～7g/日）の緩やかな食塩摂取制限を行い，場合によっては利尿薬治療を行う。低アルブミン血症の症例ではアルブミン投与と利尿薬を併用する。
(2)　食道静脈瘤：静脈瘤の破裂による出血を予防するために食事は軟食や流動食とする。出血時は経静脈栄養が適応される。
(3)　肝性脳症：高アンモニア血症等たんぱく不耐症では，たんぱく質の摂取を制限し，BCAA製剤を投与し，**フィッシャー比**[＊1]を上げてアミノ酸インバランスを改善する。1日に必要なエネルギー・たんぱく質量が過剰にならないように注意する。
(4)　耐糖能異常：インスリン抵抗性を背景とする耐糖能異常が生じやすい。また，低血糖も肝性脳症やQOLの低下の原因となる。
(5)　血清フェリチン値高値：血清フェリチン値が基準以上の場合は鉄分6～7mg/日以下とする。

栄養食事療法は肝硬変の治療目標である肝関連死（肝不全死・肝がん死）を予防するための基本的治療である。定期的な栄養評価，肥満や糖尿病対策のサポート，合併症の予防のための栄養管理・指導を行う。

**〈肝硬変代償期　栄養基準の目安〉**

| | |
|---|---|
| エネルギー | 25～30kcal/kgIBW/日 |
| たんぱく質 | 1.2g/kgIBW/日 |
| 脂質エネルギー比率 | 15% |

**〈肝硬変非代償期　栄養基準の目安〉**

エネルギー　25～30kcal/kgIBW/日
※耐糖能異常の場合　30kcal/kgIBW/日
たんぱく質　1.2g/kgIBW/日
※たんぱく不耐症の場合　0.5～0.7g/kgIBW/日+肝不全用経
脂質エネルギー比率　15%
※血清フェリチン値が基準以上の場合　7mg/日以下
※腹水・浮腫がある場合　食塩5～7g/日

＊2 経口BCAA製剤　経口BCAA製剤には，肝不全用経腸栄養剤とBCAA顆粒製剤の2剤あり，肝硬変の病態に応じて使い分ける。腹水または肝性脳症を認める場合は，肝不全用経腸栄養剤を用いる。顆粒製剤は，食事摂取量が十分にもかかわらず，血清アルブミン値が3.5g/dL以下の非代償性肝硬変患者が適応となる。BCAAの補充を含めた栄養療法は，サルコペニア対策としても重要である。

### 3)　栄養食事指導・生活指導

肝硬変患者のエネルギー代謝は異化亢進状態であり，LESが推奨される。

栄養状態の改善を認めない場合や，低アルブミン血症や腹水を認める場合は，速やかに**経口BCAA製剤**[＊2]の投与を開始する。脂肪吸収不良には中鎖脂肪酸は有用である。便通に注意し，食物繊維が多い食事を心がけるよう指導する。運動療法については，Child-Pugh Cの患者に対しては勧められないとされている。

### 3.3.10　脂肪肝，NAFLD・NASH

#### (1)　疾患の定義

脂肪肝（fatty liver）は，肝細胞の5％以上に脂肪沈着を認めた場合とされる。肝臓に脂肪蓄積を認める主な病態として，過剰なアルコール摂取によるアルコール性脂肪性肝疾患と，アルコール摂取がないあるいは少ないアルコール摂取の非アルコール性脂肪性肝疾患（nonalcoholic fatty liver disease：NAFLD）がある。非アルコール性脂肪性肝疾患の飲酒量の基準は，エタノール換算で男性30g/日，女性20g/日未満と定義されている。NAFLDは，非アルコール性脂肪肝（nonalcoholic fatty liver：NAFL）と非アルコール性脂肪肝炎（nonalcoholic steatohepatitis：NASH）に分類される。NAFLは肝細胞に脂肪沈着を認め，肝細胞障害（肝細胞の風船様変性：ballooning）のないもの，NASHは肝細胞障害（肝細胞の風船用変化）のあるものと定義される。（図3.15参照）

#### (2)　病因・病態

脂肪肝の原因は過栄養による肥満，アルコール，薬剤，糖尿病などのインスリン抵抗性と多岐にわたる。多くは食事療法や運動療法により治療できる。

アルコール性脂肪性肝疾患は，大量かつ常習的なアルコール摂取により発症する。非アルコール性脂肪性肝疾患（NAFLD）は，遺伝的素因に加えて生活習慣などの環境因子組み合わさって発症すると考えられている。

#### (3)　症　　状

自覚症状はほとんどないことが多いが，全身倦怠や疲労感が現れることがある。

#### (4)　検査・診断

脂肪肝は画像検査（腹部超音波検査，腹部CT検査など）で肝臓の脂肪沈着を確認し，

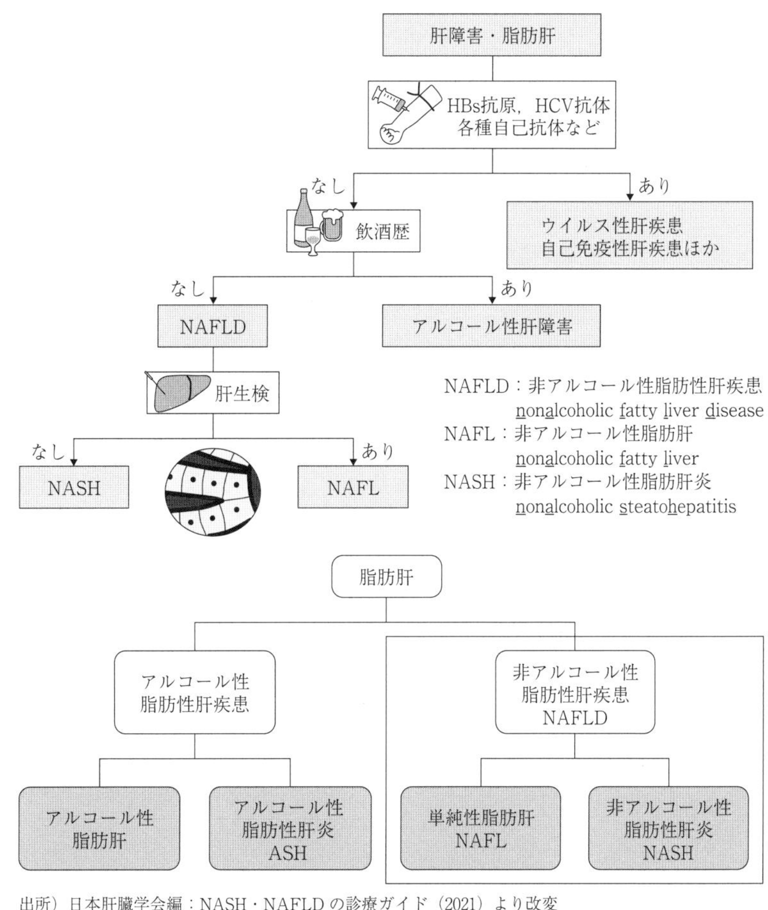

出所）日本肝臓学会編：NASH・NAFLDの診療ガイド（2021）より改変

**図3.15**　脂肪肝の分類

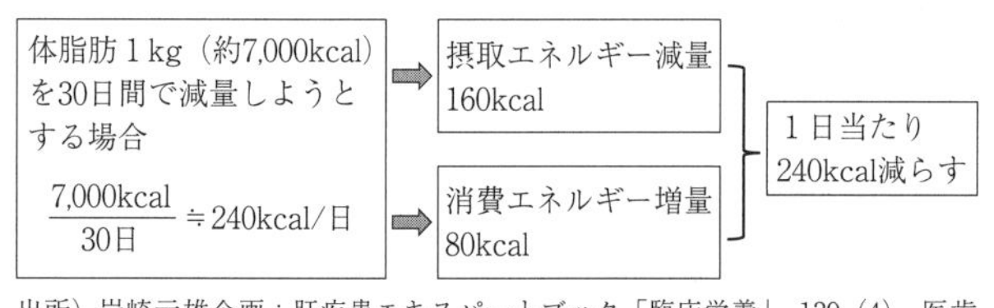


出所）岩崎元雄企画：肝疾患エキスパートブック「臨床栄養」，139（4），医歯薬出版（2021）より改変

**図 3.16** NAFLD/NASH 患者に対する減量指導

他の肝疾患を除外する。NAFLD/NASH 由来の肝硬変，肝細胞がんの割合が増加してゆくため肝臓の線維化進行度を評価することが重要である。NASH の診断は肝生検の肝組織診断によるが，侵襲的な検査であり，多くの症例に対応することは困難であるため，画像検査が有効とされる。

### (5) 医学的アプローチ

NAFLD の治療は，メタボリックシンドロームの制御と肝線維化の進展予防が中心となる。治療の原則は，食事療法，運動療法などの生活習慣の改善と，合併している肥満，糖尿病，脂質異常症，高血圧などの是正を行うことである。種々の検査で線維化が疑われたときは NASH として治療を進める。NASH の治療は，食事療法・運動療法により減量を図り，効果が不十分な場合は，薬物療法を並行して行い，高度肥満症例では外科療法も考慮する。

アルコール性脂肪性肝疾患では原則として断酒を指導する。

### (6) 栄養学的アプローチ

#### 1) 栄養評価

身体計測で BMI，体脂肪率などを測定し，血液生化学検査では，AST，ALT，γ-GPT に加え，血清脂質（T-Chol，TG，HDL および LDL-Chol），血糖値，HbA1c，インスリン抵抗性などを評価する。

#### 2) 栄養食事療法

BMI が 28kg/m$^2$ を超えると過半数が NAFLD となり，30kg/m$^2$ を超えると 80％以上が NAFLD になると報告されている。また 5 ％の体重減少により QOL の改善が得られ，7 ％以上の体重減少により NASH の肝脂肪化や炎症脂肪浸潤，風船用腫大が軽減し，10％以上の体重減少では肝線維化も改善すると言われている。しかし患者の体重減少達成率は低い。そのため，体重減少による効果を患者が実感できるように数値変化（血液検査値，体重減少量，筋肉量，体脂肪量）を共有し，アドヒアランスを維持することも重要である。体重減少を目的として低エネルギー食を進めるが，超低エネルギー食，極端な炭水化物制限食を行うのではなく，継続することが重要である。（図 3.16）

**〈脂肪肝　栄養基準の目安〉**

| | |
|---|---|
| エネルギー | 20～30kcal/kg（標準体重）/日 |
| 炭水化物エネルギー比率 | 50～60% |
| 脂質エネルギー比率 | 20～25% |

#### 3)　栄養食事指導・生活指導

脂質は飽和脂肪酸の摂取を控える。また，フルクトースは，果糖ぶどう糖液糖などとして清涼飲料水や甘味の強い菓子類などの甘味料に使用されており，インスリン感受性の低下を招きNASHの発症に関与すると言われている。過剰なフルクトース摂取を減らすことがNAFLDの治療には重要である。さらには，軟らかい物を好む人は，咀嚼回数が減少し早食いとなり，食事誘発性熱産生（diet induced thermogenesis）が低下し，消費エネルギー減少につながるので注意が必要ある。

NAFLD/NASHは，痛みなどの症状がないため，治療を中断しがちである。肝硬変，肝細胞がんへ移行しないよう治療が必要であるという認識を患者がしっかりと持ち，食事・運動の生活改善や体重減少などの治療効果を実感してアドヒアランスを高め，治療が維持できるような工夫が必要である。肥満を合併したNAFLDを対象に，30～60分，週3～4回の有酸素運動を4～12週間継続することを指導する。

### 3.3.11　胆石症，胆嚢炎

#### (1)　疾患の定義

胆石症とは，胆嚢あるいは胆管の中に発生する胆石が原因となって生じる炎症である。胆石は発生する部位により胆嚢結石，総胆管結石，肝内結石に分類される。結石の種類は，コレステロール結石と色素石（ビリルビンカルシウム結石，黒色石）に大別される。最も多いのはコレステロール結石である。

胆嚢に細菌感染を生じると，胆嚢炎となる。

#### (2)　病因・病態

結石が胆管を閉鎖したり，胆汁の流れが悪くなり細菌感染すると胆嚢炎や胆管炎を起こす。

胆嚢炎は胆嚢の炎症性疾患で胆汁の濃縮による化学的刺激や細菌感染などによる。胆嚢炎は急性胆嚢炎と慢性胆嚢炎に分かれ，多くの場合は，腸内細菌が腸管から胆管内を通り，胆嚢まで上行し炎症を起こす。胆石が胆嚢頸部や胆嚢管に嵌頓し，胆嚢管が閉塞することで上行性に胆嚢感染が生じる。

#### (3)　症　　状

胆石には全く症状を認めない無症状胆石も多くみられ，健康診断（腹部超音波検査）で偶然発見されることがある。また食後（特に高脂肪食・過食など）や夜間に，右季肋部痛を生じ，右肩へ放散する胆石発作を起こす。胆嚢炎になると右季肋部痛は必発で，発熱，悪心，嘔吐がみられる。

#### (4)　検査・診断

診断は血液生化学検査と画像検査にて行われる。血液生化学検査では，AST，ALT，胆道系酵素（ALP，γ-GTP，T-Bil，LDH）の上昇を認める。また，胆囊炎になると血沈亢進，白血球増加，CRP上昇などを認める。確定診断は腹部エコー検査，直接的な胆管造影法，腹部CT検査などの画像検査にて行う。

### (5) 医学的アプローチ

無症状の場合は，経過観察のみとすることがある。有症状の場合は，胆汁うっ滞の除去，胆囊のけいれん発作予防のため抗菌薬，鎮痛薬，利胆薬などの投与を行い，効果の得られない場合は腹腔鏡下胆囊摘出術を行う。総胆管結石では症状の有無にかかわらず内視鏡的治療後に腹腔鏡下胆囊摘出術を行う。

### (6) 栄養学的アプローチ

#### 1) 栄養評価

脂質代謝異常や糖尿病を合併していることが多いので，これらに関する検査項目について評価する。身体計測でBMI，体脂肪率などを測定し，肥満の有無を確認する。

食事調査で，疾患の原因となった食生活行動について評価することも重要である。特に脂質の摂取に注意し，食物繊維の摂取量についても確認する。

#### 2) 栄養食事療法

急性期には，炎症を抑制するために肝臓，胆囊，膵臓の安静が必要となるため，数日間は絶食とし，静脈栄養を行う。炎症が治まって，経口摂取が可能になったら（回復期），糖質を中心とした流動食から開始する。症状が安定するまで基本的に脂質の摂取は禁止とするが，摂取できるようになっても10g/日以下とする。

回復期を経て，激しい痛みが消失し食欲が出てきたら（安定期），エネルギー投与量を20kcal/kg（標準体重）/日程度から徐々に増加させる。炭水化物を中心とし，肉類や魚類はできる限り脂質含有量の少ないものを選択する。無症状の場合は原則普通食でよいが脂質の過剰摂取，過食を控える。肥満がある場合は，肥満解消のためエネルギー投与量を調整する。不飽和脂肪酸の割合が多くなるように脂質の種類に配慮する。

**〈胆石症・胆囊炎（回復期） 栄養基準の目安〉**

エネルギー　　20～kcal/kg（標準体重）/日
◎炭水化物中心の食事
たんぱく質　　1.0～1.2g/kg（標準体重）/日
※肉類・魚類はできる限り脂質含有量の少ないものを選ぶ
脂　　　質　　20～30g/kg（標準体重）/日

#### 3) 栄養食事指導・生活指導

肉類は脂肪の少ない赤身や鶏肉（皮なし）を選択する。魚や野菜を多くし，揚げ物は避ける。便秘になると腸管内圧が上昇し，胆石発作の誘因となるため，食物繊維を積極的に摂取する。規則正しい食生活を守り，適度な運動を行う。

### 3.3.12　膵　　炎

#### (1)　疾患の定義

膵臓は，消化を分泌する外分泌機能と，インスリン・グルカゴンなどの血糖を調整するホルモンを分泌する内分泌機能の２つを併せもっている。膵炎は，急性膵炎と慢性膵炎に分類される。急性膵炎とは膵臓に浮腫，壊死が生じ，膵周辺への炎症や多臓器の障害をきたす急性炎症性疾患である。慢性膵炎は６ヵ月以上にわたる膵臓の持続性，進行性の炎症で，次第に膵実質の脱落，線維化，石灰化などの不可逆的な変化が生じ，膵外分泌・内分泌機能が低下していく膵臓の病的線維化炎症症候群である。

#### (2)　病因・病態

急性膵炎は，通常十二指腸に分泌されてから活性化される膵酵素が，膵臓内で活性化されて膵臓および周囲の臓器を自己消化する。病因は，アルコール，胆石，特発性（原因不明）が多い。重症急性膵炎では様々な炎症性サイトカインが血流を介して全身に及び，ショック，呼吸不全，腎不全など多臓器障害を引き起こす重篤な疾患となる。

慢性膵炎は，膵臓の内外に不規則な線維化，炎症細胞浸潤などの慢性変化を生じ，進行すると膵外分泌・内分泌機能の低下を伴う。臨床経過を膵内外分泌機能の障害の程度により代償期，移行期，非代償期に分類される。

#### (3)　症　　状

急性膵炎は大量飲酒後に発症し，急激に起こる持続性の激しい腹痛，背部痛を生じ，痛みを軽減するために患者は前屈姿勢をとる。

慢性膵炎は病態の進行に伴い膵臓機能障害が出現，進行する。慢性膵炎の潜在期～代償期は腹痛が主症状で膵内外分泌機能の明らかな障害は見られないが，病態の進行とともに腹痛は軽減し，膵内外分泌機能障害が進行していく（移行期）・非代償期になると腹痛はさらに軽減し，糖代謝障害（膵性糖尿病）や消化吸収障害（脂肪便）などの膵内外分泌機能障害が主症状となる。非代償期ではインスリン分泌，グルカゴン分泌ともに低下するため，血糖値の日内変動が大きく，特に低血糖に陥りやすい。

#### (4)　検査・診断

急性膵炎では，血清・尿中アミラーゼ，リパーゼ，白血球数，CRP が上昇する。腹部超音波検査，腹部 CT 検査などの画像検査では，膵臓の腫大，膵周囲の浸出液の貯留などがみられる。

慢性膵炎では，代償期では血中膵酵素値が上昇するが，非代償期では低値を呈する。慢性膵炎の画像検査所見の特徴は，膵の委縮，膵管や膵実質内の石灰化，膵管の不整拡張を認める。膵内分泌機能検査として，血糖値，HbA1c，糖負荷試験，グルカゴン試験を行い糖代謝を評価する。

#### (5) 医学的アプローチ

急性膵炎は，膵臓の安静を保つため，絶飲食とし，十分な輸液を行う。薬物療法では，たんぱく質分解酵素阻害薬，消化酵素薬，抗生物質を投与する。早期に経腸栄養を開始することが推奨されている。アルコールは厳禁である。

慢性膵炎では断酒と栄養療法が基本である。代償期には脂肪制限食とし，消化酵素剤を投与する。非代償期では基本的には脂肪制限を行わないこととする。消化吸収障害をきたすために，消化酵素剤を投与する。脂溶性ビタミンや必須脂肪酸の欠乏をきたしやすいため適宜補充する。膵性糖尿病に対しては原則インスリン投与を行う，膵性糖尿病は，低血糖を生じやすく，遷延する傾向があるため血糖コントロール指標は高めに設定する。

#### (6) 栄養学的アプローチ

##### 1) 栄養評価

膵臓の内分泌機能，外分泌機能に関する項目の評価を行うとともに，消化吸収障害による脂肪便や低栄養，消化能力の低下などの状態を把握する。血液生化学検査で，血清アミラーゼ，血中リパーゼなどの膵酵素や白血球数，CRP などの炎症反応について評価する。低栄養状態（PEM）に陥りやすいため，必要に応じて身体計測で BMI，体脂肪率などを測定し，体重減少率も確認する。また，内分泌機能の低下によるインスリン分泌不足から膵性糖尿病を発症することがあるため注意する。

##### 2) 栄養食事療法

急性膵炎では，発症直後は絶飲食とし，経静脈栄養を行う。回復期は，成分栄養剤が主体であるが，腸管合併症がない場合は，なるべく早期に経腸栄養を開始し，腹痛の消失や血中リパーゼ値などを指標として症状が落ち着いたら経口栄養に移行する。

慢性膵炎には，病期に応じた栄養食事療法が必要となる。腹痛を有する代償期には短期的な脂肪制限を行い，炭水化物主体とする。

一方病期の進行とともに腹痛が減少し，非代償期には膵消化酵素薬補充療法を行ったうえで脂肪を制限しない食事とし，一律に低脂肪食とすることは誤りである。長期にわたる脂肪摂取制限は必須脂肪酸などの栄養素が欠乏するリスクがあるため避ける（**図 3.17**）。

膵性糖尿病では，高血糖を回避するためのエネルギー制限は行わず，十分量の膵消化酵素補充療法を併用したうえでのインスリン治療が基本となる。

##### 3) 栄養食事指導・生活指導

急性膵炎の回復期の食事開始として，脂質摂取量はまず 10g/日以下を目安とし経過をみながら漸増する。膵炎の再燃がなければ30g/日まで脂肪を増量し，徐々に普通食へ移行していく。香辛料，炭酸などの胃酸分泌刺激作用の強い食品は控える。1回の食事量は8分目程度とし，不足分は分食として補う。

慢性膵炎の代償期は急性膵炎に準じた指導を行う。非代償期では，禁止食品はないが，香辛料やカフェインは控えめにする。消化酵素薬を十分補充し，バランスのとれた栄養を摂取する。過剰な食事制限，脂肪摂取制限を継続し，低栄養状態に陥らないようする。アルコール性慢性膵炎患者へは，禁酒を指導する。

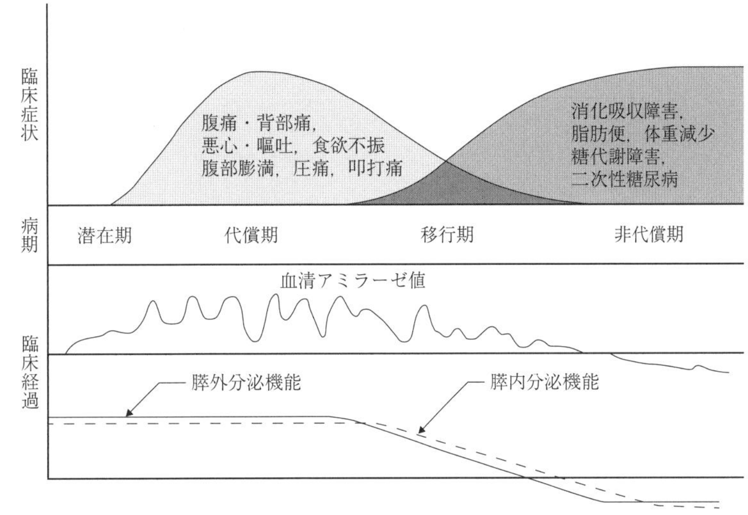


出所）QLIFE「慢性膵炎とは」https://www.qlife.jp/dictionary/item/i_180720000/（2024.2.28）

**図 3.17**　慢性膵炎の経過

**〈慢性膵炎（代償期）　栄養基準の目安〉**

エネルギー　20〜30kcal/kg（標準体重）/日
たんぱく質　1.0〜1.2g/kg（標準体重）/日
脂　　質　30〜35g/日（1回10g以下）
※長期にわたる脂肪摂取制限は必須脂肪酸などの栄養欠乏リスクがあるので避ける。

**〈慢性膵炎（非代償期）栄養基準の目安〉**

糖尿病の食事に準じる。脂肪制限は必要ない。アルコール厳禁

**【演習問題】**

**問1**　腸疾患に関する記述である。**正しい**のはどれか。1つ選べ。

（2019年国家試験）

（1）潰瘍性大腸炎では，白血球数の低下がみられる。
（2）過敏性腸症候群では，抗TNF-$\alpha$抗体製剤が用いられる。
（3）イレウスでは，経腸栄養法を選択する。
（4）クローン病では，チャイルド分類で重症度を評価する。
（5）たんぱく漏出性胃腸症では，高たんぱく質食とする。

**解答**　(5)

**問2**　53歳，男性。標準体重64kgの肝硬変患者。血清アルブミン値2.2g/dL，血清フェリチン値200ng/mL（基準値15〜160ng/mL），腹水・浮腫あり，肝性

脳症が認められる。この患者に肝不全用経腸栄養剤 630kcal を投与した際の，食事から摂取する1日当たりの目標栄養量に関する記述である。**最も適当**なのはどれか。1つ選べ。 (2023 年国家試験)

(1) エネルギーは，600kcal とする。
(2) たんぱく質は，40g とする。
(3) 食塩は，8g とする。
(4) 鉄は，12mg 以上とする。
(5) 食物繊維は，10g 以下とする。

**解答** (2)

**問 3** 慢性膵炎の病態と栄養管理に関する記述である。**最も適当**なのはどれか。1つ選べ。 (2023 年国家試験)

(1) 代償期の間欠期では，たんぱく質摂取量を 0.8g/kg 標準体重/日とする。
(2) 代償期の再燃時では，血清アミラーゼ値が低下する。
(3) 非代償期では，腹痛が増強する。
(4) 非代償期では，インスリン分泌が低下する。
(5) 非代償期では，脂肪摂取量を 10g/日とする。

**解答** (4)

**【参考文献】**


岩崎元雄企画，清水雅仁，華井竜徳，西村佳代子：臨床栄養　臨時増刊 肝疾患エキスパートブック─栄養管理に活かすための最新情報，139 (4)，422-472，534-597，医歯薬出版 (2021)

杉山みち子，赤松利恵，桑野稔子編：カレント臨床栄養学（第2版），建帛社 (2018)

竹谷豊，塚原丘美，桑波田雅士，阪上浩編：新・臨床栄養学　第2版　講談社 (2023)

日本肝臓学会編：NASH・NAFLD の診療ガイド 2021，文光堂 (2021)

日本消化器病学会関連研究会慢性便秘の診断・治療研究会編：慢性便秘症診療ガイドライン (2017)

日本消化器病学会編：胃食道逆流症（gastroesophageal reflux disease: GEDRD）ガイドライン 2015 (2015)

日本消化器病学会編：炎症性腸疾患（IBD）ガイドライン (2020)

日本消化器病学会編：過敏性腸症候群（IBS）ガイドライン (2020)

日本消化器病学会・日本肝臓学会編集：肝硬変診療ガイドライン 2020 改訂第3版，xix-122，南江堂 (2020)

日本病態栄養学会編集：病態栄養ガイドブック改訂第7版，152-168，南江堂 (2022)

本田佳子編，イラストレイテッド臨床栄養学，57，羊土社 (2019)

## 3.4　循環器疾患における栄養ケア・マネジメント

### 3.4.1　高 血 圧

#### (1)　疾患の定義

**高血圧**は，慢性的な血圧上昇を呈する疾患であり，代表的な生活習慣病のひとつである。脳卒中，心筋梗塞，慢性腎臓病などを合併し，血圧値が高いほど，合併症罹患率や死亡率は高くなる。

#### (2)　病因・病態

高血圧症は，原因が明確でない本態性高血圧と，明らかな基礎疾患がある二次性高血圧とに分類される。本態性高血圧は，高血圧の約9割を占め，遺伝的素因や環境因子（塩分の過剰摂取，ストレス，肥満，加齢など）が関与する。二次性高血圧の原因は，糸球体腎炎や，腎血管の動脈硬化，内分泌性疾患（原発性アルドステロン症，クッシング症候群など）がある。

#### (3)　症　　状

自覚症状はほとんどなく，肩こり，めまい，動悸などを感じる場合もあるが，個人差がある。高血圧は動脈硬化の主要な危険因子であり，慢性的な高血圧により，虚血性疾患（狭心症や心筋梗塞）や脳卒中などの発症を引き起こす。

#### (4)　検査・診断

血圧値により，正常血圧，正常高値血圧，高値血圧，Ⅰ度高血圧，Ⅱ度高血圧，Ⅲ度高血圧，（孤立性）収縮期高血圧に分類する（**表3.23**）。血圧測定には，医療環境下で測定する診察室血圧と家庭で測定する**家庭血圧**[*1]がある。診察室血圧 140/90mmHg 以上，家庭血圧 135/85mmHg 以上を高血圧とする。家庭血圧は，**白衣高血圧**[*2]や早朝高血圧，**仮面高血圧**[*3]の診断に有効とされる。

**＊1 家庭血圧**　家庭で測定する血圧である。近年，電子自動血圧計を用いた家庭血圧の測定が推奨されている。家庭血圧は，白衣高血圧や朝の高血圧，仮面高血圧の診断に有効である。起床後の測定は排尿後，座位1～2分の安静後，就寝前の測定は座位1～2分の安静後に行う。

**＊2 白衣高血圧**　診察室で測定した血圧が高値であっても，診察外血圧が正常である場合である。有害であるか無害であるかは不明である。

**＊3 仮面高血圧**　診察室血圧が正常であっても，診察室外の血圧では高値を示す状態である。予後は不良である。

#### (5)　医学的アプローチ

治療の目的は血圧を下げることのみではなく，高血圧による臓器障害を予防し，それらによる死亡を減少させ，高血圧患者が充実した日常生活を送れるように支援することにある。治療の対象はすべての高血圧患者であり，**図3.18**に示す初診時の高血圧管理計画に準拠して治療計画を決定する。すなわち，生活習慣の修正項目（**表3.24**）をすべての患

**表3.23**　成人における血圧値の分類（mmHg）

| 分　類 | 診察室血圧（mmHg） | | | 家庭血圧（mmHg） | | |
|---|---|---|---|---|---|---|
| | 収縮期血圧 | | 拡張期血圧 | 収縮期血圧 | | 拡張期血圧 |
| 正常血圧 | ＜120 | かつ | ＜80 | ＜115 | かつ | ＜75 |
| 正常高値血圧 | 120-129 | かつ | ＜80 | 115-124 | かつ | ＜75 |
| 高値血圧 | 130-139 | かつ／または | 80-89 | 125-134 | かつ／または | 75-84 |
| Ⅰ度高血圧 | 140-159 | かつ／または | 90-99 | 135-144 | かつ／または | 85-89 |
| Ⅱ度高血圧 | 160-179 | かつ／または | 100-109 | 145-159 | かつ／または | 90-99 |
| Ⅲ度高血圧 | ≧180 | かつ／または | ≧110 | ≧160 | かつ／または | ≧100 |
| （孤立性）収縮期高血圧 | ≧140 | かつ | ＜90 | ≧135 | かつ | ＜85 |

出所）高血圧治療ガイドライン 2019

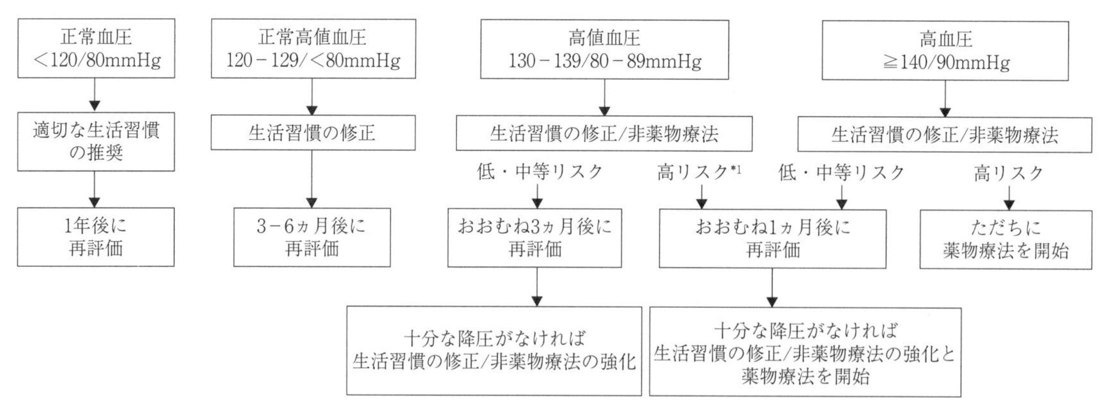


*1 高値血圧レベルでは，後期高齢者（75 歳以上），両側頸動脈狭窄や脳主幹動脈閉塞がある，または未評価の脳血管障害，蛋白尿のない CKD，非弁膜症性心房細動の場合は，高リスクであっても中等リスクと同様に対応する。その後の経過で症例ごとに薬物療法の必要性を検討する。

出所）高血圧治療ガイドライン 2019

**図 3.18** 初診時の血圧レベル別の高血圧管理計画

**表 3.24** 生活習慣の修正項目

1．食塩制限 6 g/日未満
2．野菜・果物の積極的摂取
　飽和脂肪酸，コレステロールの摂取を控える
　多価不飽和脂肪酸，低脂肪乳製品の積極的摂取
3．適正体重の維持：BMI（体重［kg］÷身長[m]$^2$）25 未満
4．運動療法：軽強度の有酸素運動（動的及び静的筋肉負荷運動）を毎日 30 分，または，180 分/週以上行う。
5．節酒：エタノールとして男性 20-30mL/日以下，女性 10-20mL/日以下に制限する
6．禁煙

生活習慣の複合的な修正はより効果的である。
＊カリウム制限が必要な腎障害患者では，野菜・果物の積極的摂取は推奨しない
　肥満や糖尿病患者などエネルギー制限が必要な患者における果物の摂取は 80kcal/日程度にとどめる。
出所）高血圧治療ガイドライン 2019

者に徹底させながら，リスクの層別化（**表 3.25**）に応じた治療計画を立て，降圧目標達成のために必要に応じて降圧薬治療を開始する。降圧目標は**表 3.26** のとおりである。

**1）生活習慣の修正**

① **減塩**　減塩目標は食塩 6 g/日未満とするが，より少ない食塩摂取量が理想である。一般医療施設における食塩摂取量評価は随時尿（クレアチニン補正）（**表 3.27**）で行うほか，**24 時間蓄尿***による評価がある。

② **食塩以外の栄養素**　野菜・果物を積極的に摂取し，コレステロールや飽

＊ **24時間蓄尿による評価**　推定 1 日食塩摂取量（g/日）＝24時間尿中ナトリウム排泄量（mEq/日）÷17（mEq）

**表 3.25** 診察室血圧に基づいた心血管病リスク層別化

| リスク層 ＼ 血圧分類 | 高値血圧 130-139／80-89 mm Hg | Ⅰ度高血圧 140-159／90-99 mm Hg | Ⅱ度高血圧 160-179／100-109 mm Hg | Ⅲ度高血圧 ≧180／≧110 mm Hg |
|---|---|---|---|---|
| リスク第一層<br>予後影響因子がない | 低リスク | 低リスク | **中等リスク** | **高リスク** |
| リスク第二層<br>年齢（65 歳以上），男性，脂質異常症，喫煙のいずれかがある | **中等リスク** | **中等リスク** | **高リスク** | **高リスク** |
| リスク第三層<br>脳心血管病既往，非弁膜症心房細動，糖尿病，蛋白尿のある CKD のいずれか，または，リスク第二層の危険因子が 3 つ以上ある | **高リスク** | **高リスク** | **高リスク** | **高リスク** |

出所）高血圧治療ガイドライン 2019

表 3.26　降圧目標

| | 診察室血圧 | 家庭血圧 |
|---|---|---|
| 75 歳未満の成人<br>脳血管障害患者<br>（両側頸動脈狭窄や脳主幹動脈閉塞なし）<br>冠動脈疾患患者<br>CKD 患者（蛋白尿陽性）*1<br>糖尿病患者<br>抗血栓薬服用中 | ＜ 130/80 | ＜ 125/75 |
| 75 歳以上の高齢者<br>脳血管障害患者<br>（両側頸動脈狭窄や脳主幹動脈閉塞あり，<br>または未評価 | ＜ 140/90 | ＜ 135/85 |

出所）高血圧治療ガイドライン 2019

表 3.27　食塩摂取量評価法

| 実施者 | 評価法 | 位置づけ |
|---|---|---|
| 高血圧専門施設 | 24 時間蓄尿によるナトリウム排泄量測定<br>管理栄養士による秤量あるいは 24 時間思い出し食事調査 | 信頼性は高く望ましい方法であるが，煩雑である<br>患者の協力や施設の能力があれば推奨される |
| 一般医療施設 | 随時尿*1，起床後第 2 尿でのナトリウム，クレアチニン測定食事摂取頻度調査，食事歴法 | 24 時間蓄尿に比し，信頼性はやや低いが，簡便であり，実際的な評価法として推奨される |
| 患者本人 | 早朝尿（夜間尿）での計算式を内蔵した電子式食塩センサーによる推定 | 信頼性は低いが，簡便で患者本人が測定できることから推奨される |

*1 随時尿を用いた 24 時間尿ナトリウム排泄量の推定式：
　24 時間尿ナトリウム排泄量（mEq/日）= 21.98 ×〔随時尿ナトリウム（mEq/L）÷ 随時尿クレアチニン（mg/dL）÷ 10 × 24 時間尿クレアチニン排泄量予測値〕$^{0.392}$
　24 時間尿クレアチニン排泄量予測値（mg/日）= 体重(kg) × 14.89 + 身長(cm) × 16.14 − 年齢 × 2.043 − 2244.45
出所）高血圧治療ガイドライン 2019

和脂肪酸の摂取を控える。魚（魚油）の積極的摂取も推奨される。ただし，重篤な腎疾患を伴う患者では高カリウム血症をきたすリスクがあるので，野菜・果物の積極的摂取は推奨しない。また，糖分の多い果物の過剰な摂取は，特に肥満者や糖尿病などのカロリー制限が必要な患者では勧められない。

③ **適正体重の維持**　BMI25 未満が目標であるが，目標に達しなくとも，4 〜 5 kg の減量で有意な降圧が得られる（**図 3.19**）。

④ **運動**　心血管病のない高血圧患者が対象で，中等度の強さの有酸素運動を中心に定期的に（毎日 30 分以上を目標に）行う。

⑤ **節酒**　エタノール換算で男性 20〜30mL/日以下，女性 10〜20mL/日以下の節酒をする。

⑥ **禁煙**　喫煙は心血管病の強力なリスクであり，一部で高血圧への影響も指摘されているので，喫煙（受動喫煙を含む）の防止に努める。

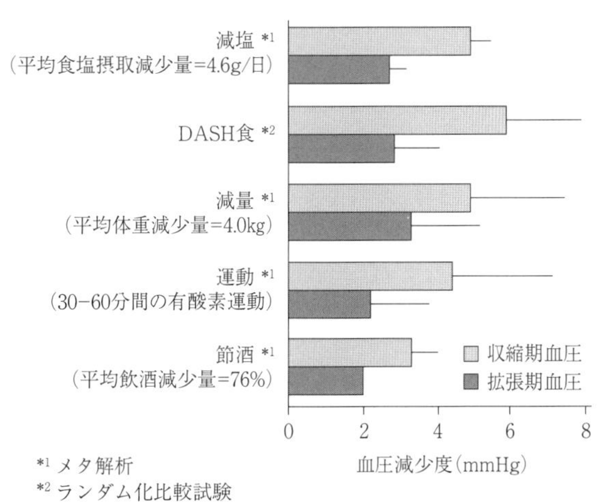


*1 メタ解析
*2 ランダム化比較試験
DASH食については「2. 栄養素と食事パターン」次頁を参照
出所）高血圧治療ガイドライン 2019 を改変

図 3.19　生活習慣修正による降圧の程度

#### 2)　降圧薬治療

血圧が高くなるほど，生活習慣の改善のみでは降圧目標に達することは難しく，降圧薬による治療が必要となる。降圧薬は，原則１日１回の投与とし，Ca 拮抗薬，ARB，ACE 阻害薬，利尿薬，β遮断薬の中から選択する。しかし，降圧目標を達成するためには，多くの場合２，３剤の併用（併用療法）が必要となる。また，高齢者では緩徐な降圧が望ましい。

### (6)　栄養学的アプローチ

#### 1)　栄養評価

減塩，適正体重の維持（適正エネルギーの摂取），運動，節酒に **DASH 食***を組み合わせることで，より効果的な降圧が期待できることから，生活習慣の修正は，複合的に行うよう指導する。

* **DASH 食（dietary approaches to stop hypertension：高血圧を防ぐ食事療法）** 欧米で野菜，果物，低脂肪乳製品などを中心として食事摂取（飽和脂肪酸とコレステロールが少なく，カルシウム，カリウム，マグネシウム，食物繊維が多い）の臨床試験が行われ，有意な降圧効果が示された。

#### 2)　栄養食事療法

食塩と高血圧の関係は密接であるため，減塩の工夫を指導し，食塩摂取量を６g 未満にする。包装食品の栄養表示は食塩量ではなく，ナトリウム表示が義務づけされているので，減塩指導では換算式（Na 量（g）×2.54＝食塩量（g））を用いる必要がある。

また，カリウム，マグネシウム，カルシウムの摂取を心がける。カリウムは，野菜，豆類，芋類，果物類，海藻類から摂取する。マグネシウムは，未精白穀類，魚類，種実から，カルシウムは，牛乳・乳製品を中心に骨ごと食べられる小魚，海藻（ひじきなど）から摂取する。カルシウムとマグネシウムの摂取比率はほぼ２：１が望ましいとされる。

長期にわたる飲酒は血圧上昇となるため，エタノール換算で男性 20〜30mL/日以下（日本酒１合，ビール中瓶１本，焼酎半合弱，ウイスキーダブル１杯，ワイン２杯弱に相当），女性 10〜20mL/日以下に制限する。

新鮮な食材を使用し，下調理に用いる食塩を避ける。食べる直前に調味することでより塩味を感じることができる。カリウムの多い食品は，野菜類，いも類，海藻類，豆類である。その他には乾物や青汁にも多く含まれる，カリウムは水に溶けるため，ゆでる，煮るという調理法で 20〜30%が流出する。生野菜を使ったサラダや，スープ煮などが良い。酸味，香辛料，減塩食品を使って味にメリハリをつける。

**〈高血圧の栄養基準の目安〉**

| | |
|---|---|
| エネルギー | 25〜30kcal/kg 標準体重/日 |
| たんぱく質 | 1.0〜1.2g/kg 標準体重/日 |
| 脂肪エネルギー比 | 20〜25% |
| 食塩 | ６g/日未満 |

#### 3）栄養食事指導・生活指導

高血圧治療の必要性，治療の基本は減塩とバランスのとれた食事，適正体重の維持，運動療法であることを説明する。治療目標値を設定し，患者の栄養に関する一般的な知識の程度，外来受診の動機，食事療法に対する態度，食事療法を妨げる要因を評価し，食生活の栄養評価を行い，問題点を抽出する。減塩の目標は実行できる範囲から8g未満，6g未満へと段階的に変えてもよい。セルフコントロールには，体重，食事内容，運動量などのモニタリングを勧める。指導は一定期間必要で，初診，1ヵ月後に実施し，以後は随時行う。食事療法は3～6ヵ月間継続させる。次回受診までの目標には血圧値，体重などを用いる。食事療法の維持継続は，治療への理解と動機づけが鍵となる。

### 3.4.2　動脈硬化症

#### (1)　疾患の定義

動脈硬化とは，血管壁が肥厚や硬化をきたす動脈病変の総称である。**粥状硬化**（じゅくじょうこうか），中膜硬化，細動脈硬化に分類され，このうち臨床的に最も重要な粥状硬化を狭義の動脈硬化とよぶ。中膜硬化は大動脈や四肢の動脈の中膜で石灰化を生じる。細動脈硬化は腎や脳の0.2mm以下の細動脈にみられ，高血圧が原因のことが多い。

#### (2)　病因・病態

**プラーク**[*1]形成から血栓形成までの過程を**図3.20**に示す。粥状硬化を発生させるのは，LDLそのものではなく酸化されたLDLである。マクロファージは酸化LDLを取り込んで脂質に富むプラークを粥腫（アテローム）とよぶ。プラークが大きくなって血管腔が狭くなり，血流が低下してさまざまな症状を引き起こす。またプラークが破れて（破綻という）潰瘍や血栓を形成し，突然血流が途絶することになる。

#### (3)　症　　状

血管壁に生じる狭窄が75％以上になってはじめて血流が減少する。よって，症状が出る頃には，狭窄がかなり進行している。動脈硬化は全身の病気であり，複数の臓器や組織にわたって病変をもつことが多い。下肢の動脈硬化では，**間欠性跛行**（かんけつせいはこう）[*2]がみられる。

#### (4)　検査・診断

脂質異常症の評価のためにLDLコレステロールやHDLコレステロール，中性脂肪などの血清脂質，その他の危険因子の把握のために，血糖，$HbA1_C$，AST，ALT，$\gamma$－GTP，尿酸などを把握する。実際に動脈硬化が生じているか，またその程度に関しては，血液検査や通常の血圧測定値からは判断できない。そのため，心電図，**頸動脈エコー検査**[*3]，脈波伝播速度検査，

＊1 **プラーク**　動脈硬化に生じる隆起状の病変。内部にコレステロールやマクロファージなどが含まれる。プラークの安定化と進行予防が重要である。破綻しやすいものを不安定プラークといい，不安定狭心症や急性心筋梗塞（冠動脈疾患）を引き起こす原因となる。

＊2 **間欠性跛行**　閉塞性動脈硬化症の症状のひとつ。数分歩くと下肢の疼痛・しびれ・冷えが生じるが，しばらく休息するとふたたび歩行が可能になる。

＊3 **頸動脈エコー検査**　頸動脈のプラークや石灰化の有無，狭窄度を超音波診断装置で評価する。全身の動脈硬化の進行を把握することができる。

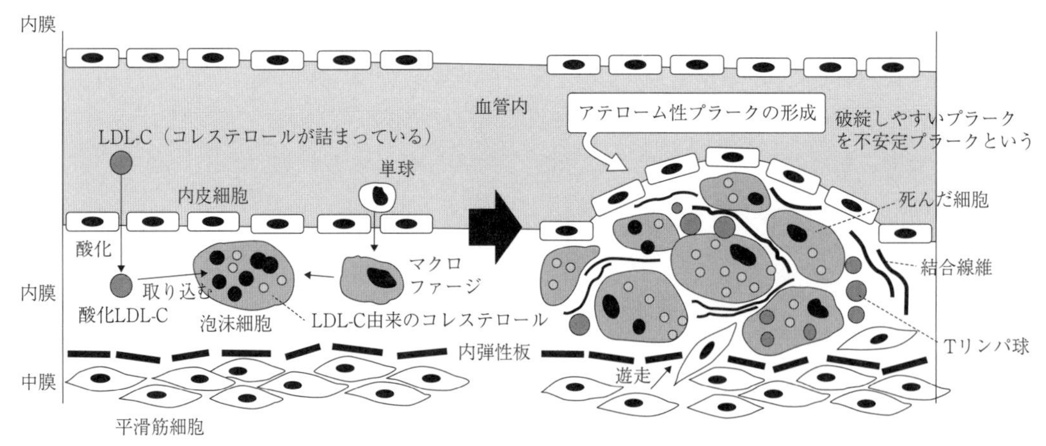

出所）竹谷豊他編：栄養科学シリーズNEXT 新・臨床栄養学，講談社（2016）

**図 3.20　粥状硬化の成り立ち**

*1 足関節上腕血圧比検査（ABI：ankle brachial index）上腕の血圧と足首の血圧の比であり，動脈硬化の進行度や血管の狭窄や閉塞などを推定する検査である。

*2 MRI（magnetic resonance imaging）脳，冠動脈をはじめ，全身の血管を評価できる。金属が体内にある場合は，撮影が困難な場合が多い。

**足関節上腕血圧比検査**[*1]，**MRI**[*2]などの結果も確認する。

### (5)　医学的アプローチ

患者のリスクに応じて，脂質異常症，高血圧，糖尿病など，疾患ごとの管理・治療目標を定める。早期から各危険因子に対する介入や十分な管理を考慮すべきである。

LDL コレステロール値を低下させるとプラーク内の脂質が減り，さらに強力に LDL コレステロール値を低下させると，粥腫が退縮することが期待され，動脈硬化性疾患の発症・進展を防止できる。

症状がある場合や血圧や血清脂質値が目標に達しない場合は，薬物療法を取り入れる。薬物療法で改善されない場合は，外科的治療として，動脈硬化病変部の一部をバルーン誘導により拡張させる経皮経管冠動脈拡張術，血栓除去術，血管再建術が行われる。

### (6)　栄養学的アプローチ

#### 1)　栄養評価

食事，運動や禁煙など生活習慣の改善（**表 3.28**，**表 3.29**）は，動脈硬化性疾患予防の基本である，すべての患者に十分な指導を行わなければならない。薬物治療中もこうした生活習慣の改善を行う必要がある。

#### 2)　栄養食事療法

①エネルギー摂取量と身体活動量を考慮して標準体重（身長(m)$^2$×22）を維持する。②たんぱく質は，獣鳥肉より魚肉，大豆たんぱくを多くする。③獣鳥性脂肪を少なくし，植物性・魚肉性脂肪を多くして，飽和脂肪酸を4.5%以上7％未満，n-3系多価不飽和脂肪酸の摂取を増やす。④ビタミンC，E，$B_6$，$B_{12}$，葉酸やポリフェノールの含量が多い野菜，果物などの食品を多くとる。果糖のとりすぎには注意する。

摂取エネルギーの適正化により，脂肪摂取・単糖類の過剰摂取をおさえる。脂肪酸組成はSMP（飽和脂肪酸：S = saturated fatty acid，一価不飽和脂肪酸：M = mono-unsaturated fatty acid，多価不飽和脂肪酸：P = poly-unsaturated fatty acid）比やn-6/n-3比を考慮する。動物性脂肪を制限し，オリーブオイルやなたね油，青魚を取り入れる。エネルギー制限を行うと，穀類やいも類の摂取が少なくなり，食物繊維が不足しやすくなるため，全粒パンや麦ごはんなどを用いる。食物繊維の中でも水溶性食物繊維は，保水性・粘性があり，ゲルを形成する性質をもつため，ブドウ糖やコレステロールの吸収抑制の働きがある。海藻，きのこ類，こんにゃくを献立に入れる。

**表 3.28**　生活習慣の改善すべき項目

| | |
|---|---|
| 禁煙 | 禁煙は必須。受動喫煙を回避する。 |
| 体重管理 | 定期的に体重を測定する。<br>BMI < 25であれば適正体重を維持する。<br>BMI ≧ 25の場合は，摂取エネルギーを消費エネルギーより少なくし，体重減少を図る。 |
| 食事管理 | 適切なエネルギー量と，三大栄養素（たんぱく質，脂質，炭水化物）およびビタミン，ミネラルをバランスよく摂取する。<br>飽和脂肪酸やコレステロールを過剰に摂取しない。<br>トランス脂肪酸の摂取を控える。<br>n-3系多価不飽和脂肪酸の摂取を増やす。<br>食物繊維の摂取を増やす。<br>減塩し，食塩摂取量は，6g未満/日を目指す。 |
| 身体活動・運動 | 中等度以上*の有酸素運動を中心に，習慣的に行う（毎日合計30分以上を目標）。<br>日常生活の中で，座位行動**を減らし，活動的な生活を送るように注意を促す。<br>有酸素運動の他にレジスタンス運動や柔軟運動も実施することが望ましい。 |
| 飲酒 | アルコールはエタノール換算で1日25g***以上にとどめる。<br>休肝日を設ける。 |

*中等度以上とは3METs以上の強度を意味する。METsは安静時代謝の何倍に相当するかを示す活動強度の単位。**座位行動とは座位および仰臥位におけるエネルギー消費量が1.5METs以下の全ての覚醒行動。***およそ日本酒1合，ビール中瓶1本，焼酎半合，ウィスキー・ブランデーダブル1杯，ワイン2杯に相当する。
出所）日本動脈硬化学会：動脈硬化性疾患予防ガイドライン2022年度版（2022）より作成

#### 3）栄養食事指導・生活指導

動脈硬化性疾患の罹患性や重大性に気づき，その予防や治療に前向きになるよう教育する必要がある。患者をとり巻く環境を考えた食生活全体を見据えた指導を心がける。

**〈動脈硬化症の栄養基準の目安〉**

| | |
|---|---|
| エネルギー | 25～30kcal/kg標準体重/日 |
| 炭水化物エネルギー比 | 50～60% |
| たんぱく質エネルギー比 | 15～20% |
| 脂肪エネルギー比 | 20～25% |
| ビタミン・ミネラル | 食塩6g/日未満 |
| | 食物繊維20～25g/日 |
| その他 | コレステロール200mg/日未満 |
| | アルコール25g/日以下 |

### 3.4.3　狭心症，心筋梗塞

#### (1)　疾患の定義

虚血性心疾患（CAD：Coronary Artery Disease）は，冠状動脈の粥状硬化により血行動態が障害されたため起こる，心筋の酸素需要に供給が追いつかなくなって生じる病態である。狭心症（AP：angina pectoris）と心筋梗塞

**表 3.29　動脈硬化性疾患予防のための食事療法**

| | |
|---|---|
| 1． | 過食に注意し，適正体重を維持する |
| ● | 総エネルギー摂取量（kcal/日）は，一般に目標とする体重（kg）*×身体活動量（軽い労作で 25～30，普通の労作で 30～35，重い労作で 35～）を目指す |
| 2． | 肉の脂身，動物脂，加工肉，鶏肉の大量摂取を控える |
| 3． | 魚の摂取を増やし，低脂肪乳製品を摂取する |
| ● | 脂質エネルギー比率を 20～25%，飽和脂肪酸エネルギー比率を 4.5%以上 7%未満，コレステロール摂取量を 200mg/日未満に抑える |
| ● | n-3 系多価不飽和脂肪酸の摂取を増やす |
| ● | トランス脂肪酸の摂取を控える |
| 4． | 未精製穀類，緑黄色野菜を含めた野菜，海藻，大豆および大豆製品，ナッツ類の摂取量を増やす |
| ● | 炭水化物エネルギー比を 50～60%とし，食物繊維は 25g/日以上の摂取を目標とする |
| 5． | 糖質含有量の少ない果物を適度に摂取し，果糖を含む加工食品の大量摂取を控える |
| 6． | アルコールの過剰摂取を控え，25g/日以下に抑える |
| 7． | 食塩の摂取は 6 g/日未満を目標にする |

*18 歳から 49 歳：[身長（m）]$^2$× 18.5～24.9kg/m$^2$，50 歳から 64 歳：[身長（m）]$^2$× 18.5～24.9kg/m$^2$，65 歳から 74 歳：[身長（m）]$^2$× 21.5～24.9kg/m$^2$，75 歳以上：[身長（m）]$^2$× 21.5～24.9kg/m$^2$とする
出所）表 3.28 と同じ

（MI：myocardialinfarction）のことである。狭心症の場合，一時的に心筋虚血が起こり心筋が酸素不足になった状態をいい，心筋は壊死に陥ることはなく可逆性の変化である。心筋梗塞は，虚血が持続し心筋が壊死に陥ったもので不可逆的なものである。

**(2)　病因・病態**

病因には，動脈硬化症に基づく冠動脈狭窄，攣縮，血栓のいずれか，または，複数が関連し存在する。危険因子として喫煙，高血圧があり，日本人の寄与率は高く，脂質異常症，糖尿病，肥満の身体的因子に加え，喫煙，運動，飲酒などの生活習慣がある。また，男性，加齢も生理学的な因子である。

**(3)　症　　状**

**1)　狭 心 症**

心筋の一過性虚血によって起こる胸痛を主な症状とする。数分から 15 分で治まる。ニトログリセリンの舌下投与で 2 ～ 3 分で痛みがなくなる。

**2)　心筋梗塞**

胸痛が強く，30 分～数時間持続する場合もある。ニトログリセリンの舌下投与でも痛みは消えない。

**(4)　検査・診断**

心電図，心エコー，血液生化学検査（CPK，AST，LDH など），冠動脈造影などを行う。心筋梗塞の心電図では，ST 上昇，異常 Q 波，T 陰性が経時的に出現する（**図 3.21**）。

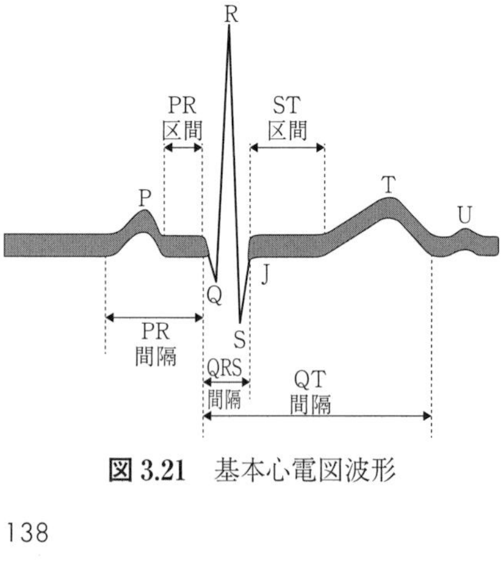

**(5)　医学的アプローチ**

虚血性心疾患の一次予防ガイドライン 2023 年での降圧目標は，75 歳未満は原則 130/80㎜ Hg 未満，75 歳以上は 140/90㎜ Hg 未満としている。脂質異常に関しては，JAS（日本動脈硬化学会）2022GL に準ずる，治療の優先順位は，LDL-C → non-HDL-C → TG/HDL-C である。

**図 3.21**　基本心電図波形

**表 3.30**　虚血性心疾患一次予防ガイドライン（2012）

|  |  |
|---|---|
| 加齢と家族歴，喫煙 | 男性 45 歳以上，女性 55 歳以上であると，加齢による危険因子<br>虚血性疾患の家族歴，喫煙習慣 |
| 高 血 圧 | 高血圧（血圧が 140/90mmHg 以上だと） |
| 肥　満 | BMI が 25 以上かつ，ウエストが男性 85cm，女性 90cm 以上 |
| 糖尿及び境界型 | 空腹時血糖が 120mg/dL 以下を目標とし，HbA1c は正常上限＋１％以内を目標 |
| 高コレステロール血症 | 高コレステロール血症 LDL コレステロールの値が 140mg/dL，他にも危険因子がある場合 120mg/dL 以下 |
| 中性脂肪血症 | 中性脂肪 150mg/dL 以下 |
| 運　動 | 中等度の有酸素運動を 150 分以上/週<br>上記に加えて週３回の筋肉トレーニング<br>活発な運動 4METs・時，週 23METs・時 |
| 精神的，肉体的ストレス | |

出所）日本循環器学会学術委員会編：虚血性心疾患の一次予防ガイドライン（2012）

### (6)　栄養学的アプローチ

#### 1)　栄養評価

虚血性心疾患は，動脈硬化が基盤となって発生するので，動脈硬化の進展を抑制する栄養管理が求められる。したがって，動脈硬化，脂質異常症の予防・改善は，3.2.4 脂質異常症を参照する。

#### 2)　栄養食事療法

発作後安静時は絶食として静脈による輸液管理により栄養補給を行う。

病態により経口摂取が可能となると，心臓はじめ消化器に負担かけないよう徐々に食事アップを試みる。

**〈狭心症・心筋梗塞の栄養基準の目安〉**

| | |
|---|---|
| エネルギー | 25～30kcal/kg 標準体重/日 |
| たんぱく質 | 1.0～1.2g/kg 標準体重/日 |
| 脂肪エネルギー比 | 20～25% |
| ビタミン・ミネラル | 低カリウム血症確認，食塩６g/日未満<br>水分２～2.5L/日 |

#### 3)　栄養食事指導・生活指導

消化の良い食品，少量頻回食とし，流動食や分粥食から徐々に軟菜食，常食へと移行する。低カリウム血症には，カリウム含有量の多い食品（バナナや野菜ジュース等）の摂取が重要である。抗血液凝固薬（ワルファリン）投与患者の場合には，ビタミンＫ含有量の多い，納豆やクロレラ，カルシウム拮抗薬投与患者には，グレープフルーツやそのジュースに注意する。浮腫には，水分や食塩の制限を行う。

## 3.4.4　心 不 全

### (1)　疾患の定義

心不全（heart failure）とは，なんらかの心臓機能障害，すなわち，心臓に器質的および，あるいは機能的異常が生じて心ポンプ機能の代償機転が破綻した結果，呼吸困難・倦怠感や浮腫が出現し，それに伴い運動耐容能が低下する臨床症候群。

**(2) 病因・病態**

心筋梗塞，心筋炎，心筋症，弁膜症，大動脈疾患，不整脈，内分泌異常，肺高血圧を伴う肺疾患，高血圧などの疾患がある。近年では，虚血性心疾患，高血圧性心疾患によるものが増加し，従来の収縮不全による低拍出性心不全から左室拡張機能障害に起因する拡張不全が注目されている。レニン・アンジオテンシン・アルドステロン系が亢進しているため，体内に水分や塩分の貯留が起こりやすくなる。

**(3) 症　状**

左心不全：肺うっ血による症状
（呼吸困難，起坐呼吸，咳，チアノーゼなど）

右心不全：静脈系のうっ血の症状
（浮腫，経静脈怒張，肝脾腫大，胸水，腹水，嘔気など）

**(4) 検査・診断**

胸部 X 線像，心エコー，血液検査では，希釈性低ナトリウム血症，肝うっ血による AST（GOT）・ALT（GPT），**脳性ナトリウム利尿ペプチド**（BNP*1）上昇を認めることがある。**左室駆出率***2が低下する場合もある。**心胸郭比***3は心不全などの可能性を示す。貧血を呈することも多い。重症貧血は心不全の原因となりうる。重症度判定には NYHA（**表 3.31**）による心機能分類が用いられている。

**(5) 医学的アプローチ**

安静，食塩管理である。薬物療法では，利尿薬，強心薬，血管拡張薬（Ca 拮抗薬，亜硝酸薬），ACE 阻害薬，ARB（高カリウム血症は禁忌），$\beta$ 遮断薬，急性期にはカテコールアミン製剤も用いられる。体内，体外式の補助人工心臓などが用いられることがある。

心臓リハビリテーションは，廃用症候群，低栄養や炎症性サイトカイン上昇による骨格筋萎縮，筋力低下，呼吸機能低下，骨粗鬆症，**心臓悪液質***4をきたしやすいことから，早期より実施する。

**(6) 栄養学的アプローチ**

**1) 栄養評価**

心不全では，食欲低下から栄養不良になる場合が多く，痩せてくると増悪になる場合もある。身体計測，血清アルブミン（ALB），により栄養評価が必要だが，浮腫のある場合は，体重や上腕三頭筋部皮下脂肪厚（TSF），上腕周囲長（AC）は栄養指標にならない。

**＊1 脳性ナトリウム利尿ペプチド** BNP（brain natriureuretic peptide）。心室から分泌され，血管拡張作用，利尿作用を持ち体液量や血圧の調整に重要な役割を果たしている。心不全患者には重症度に応じて増加する。

**＊2 左室駆出率**　心拍ごとに心臓が放出する血液量（駆出量）を拡張期の左心室容量で割って算出される。50％以上が正常とされている。

**＊3 心胸郭比**　50％以上であると心臓が大きい「心拡大」と判断されることが多い。この場合，心不全などの可能性がある。

**＊4 心臓悪液質**　長期間にわたる心疾患のため栄養状態が高度に障害された状態である。基礎代謝が上昇している一方で，エネルギー摂取量が減少し，エネルギーのインバランスを生じる。悪液質を伴う心不全患者の予後は悪い。

**表 3.31**　NYHA 分類

| | | |
|---|---|---|
| Ⅰ度 | 心疾患を有するが，そのために身体活動が制限されることはない<br>日常生活における身体活動では疲労・動悸・呼吸困難・狭心痛は生じない | 無症状 |
| Ⅱ度 | 身体活動に軽度から中等度の制限がある安静時は無症状だが，通常の活動で症状をきたす | 坂道で× |
| Ⅲ度 | 身体活動に高度の制限がある<br>安静時は無症状だが，通常以下の活動で症状をきたす | 平地で× |
| Ⅳ度 | いかなる身体活動を行うにも制限がある<br>安静時であっても症状をきたす | 安静時も× |

#### 2)　栄養食事療法

重症心不全では，循環動態と利尿が安定するまで静脈栄養管理を行う。

経口摂取に移行した場合でも，十分栄養量が摂れないケースが多いため，頻回食や栄養補助食品の利用も考慮する。肥満の場合も，頻回食が良いとされている。肥満すると血液の体内循環量が増大し，心不全状態になる。1回の食事量を減らし，頻回食が望ましい。浮腫の発生の場合，水分よりも食塩を考慮し低たんぱく血症がみられるためたんぱく質など，摂取量を考慮する。尿量や利尿薬により水分量は決められる。利尿薬の使用によりカリウムは，ナトリウム，水分ともに排泄され低カリウム血症になりやすい。

心臓の負担を軽減し，過剰に貯留した体液量の減少のほか，心不全の危険因子の疾患に対する食事療法を行う。心不全の再発防止をすることが重要である。

〈心不全の栄養基準の目安〉

| | |
|---|---|
| エネルギー | 25～30Kcal/kg 標準体重/日 |
| たんぱく質 | 1.0～1.2g/kg 標準体重/日 |
| 脂肪エネルギー比 | 20～25％ |
| ビタミン・ミネラル | 低カリウム血症確認，食塩6g/日未満<br>水分1,000mL 以下/日<br>(重症心不全で希釈性低ナトリウム血症時) |

#### 3)　栄養食事指導・生活指導

食塩量を制限する。水分摂取量を適正量にする。たんぱく質は十分に摂取する。

特に肥満者のエネルギー量を適正量投与とする。カリウム量を調節する。脂質は摂りすぎない。アルコールは適切量にする。

### 3.4.5　不整脈，心房細動，心室細動，心室頻拍

#### (1)　疾患の定義

不整脈（arrhythmia）は，心臓の拍動は，**洞房結節***1に発する電気的興奮が刺激伝導系を伝わり，心筋が興奮して起きる。通常このリズムは，正しく保たれているが，正常の調律が乱れ，心臓の拍動に異常がある病態をいう。脈がゆっくり打つ**徐脈***2，速く打つ**頻脈***3，または不規則に打つ状態を指す。

#### 1)　心房細動（AF：Atrial Fibrillation）

もっとも一般的な不整脈である。心房は1分間に300から500回ほど興奮し，細かく動く。そのため心房細動時には不規則に電気が心室に伝えられ，心臓は全体として1分間に60回から200回の頻度で不規則に興奮する。**心原性脳塞栓症***4を起こす場合もある。

*1 **洞房結節**　上大静脈の前面で右心房との接合部に位置する紡錘形の特殊な細胞の集まりである。

*2 **徐脈**　脈が1分間に50以下の場合をいう。

*3 **頻脈**　脈が1分間に100以上の場合をいう。

*4 **心原性脳塞栓症**　心房細動があると，心臓の中の左心房の左心耳に，血液の滞りが続き，血液の塊，血栓が出来やすくなる。心臓に出来た血栓は，左心房，左心室，大動脈，総頚動脈，内頚動脈と，血管の中を血流に乗って飛んでいき，脳の血管まで辿り着き，最終的に脳の血管に詰まると脳梗塞に至る。

#### 2） 心室細動（VF：Ventricular Fibrillation）

心室が細動し，血液を送り出せなくなった状態（心停止状態）をいう。

#### 3） 心室頻拍（VT：Ventricular Tachycardia）

連続で3拍以上にわたり心拍数が120/分以上となる状態である心臓に病気があったり，連発の数が多かったりする場合は，致命的になる場合がある。

### (2) 病因，病態，

電気的刺激の生成，もしくは刺激電動系のいずれかに障害があると不整脈が発生する。

正常の調律は，自律神経によって調節されている。すなわち交感神経は心拍を亢進し，副交感神経は抑止する。自律神経系による調節に異常があると不整脈を起こす。心疾患，甲状腺機能亢進症，電解質異常，薬物中毒などで不整脈がみられる。

心室細動が起こると，脳や腎臓，肝臓など重要な臓器にも血液が行かなくなり，やがて心臓が完全に停止して死亡する。心臓が原因の突然死の多くは，この心室細動を起こしている。

### (3) 症　　状

・頻脈不整脈は，心拍数が多くなり，心悸亢進を訴える。呼吸困難，失神などを起こすこともある。

・徐脈性不整脈では，心拍数が少なくなり，めまい，心不全などを起こす。

・心室頻拍では持続時間に依存し，無症状から動悸，血行動態の破綻，さらには死に至ることもある。

### (4) 検査・診断

心電図，心エコー，血液生化学検査（クレアチニンキナーゼ（CPK），アスパラギン酸アミノトランスフェラーゼ（AST），乳酸脱水素酵素（LDH）など），冠動脈造影などを行う。

ホルダー心電図検査を行えば，日常生活の中での不整脈の発生を診断できる。

### (5) 医学的アプローチ

心房細動の根本的治療は，カテーテルアブレーションである。これは心臓に入れた細い管（カテーテル）の先から高周波を流して，異常な電気の発生源や回路を焼き切って不整脈を出なくする治療法。心臓ペースメーカー，ICD（植え込み型除細動器：突然死予防），抗凝固療法（ワルファリンや直接経口抗凝固薬）が基本である。動悸などの症状がある場合や心機能が低下している場合，また脳梗塞を予防する目的により抗凝固療法に加え，$\beta$遮断薬，抗不整脈薬がある。

心房細動がある人は日常生活の心がけとして，精神的ストレス，睡眠不足，疲労，過度のアルコール摂取などを控えることが必要である。それらによって心房細動を誘発する原因となる期外収縮が増加するためとされる。

必要な場合は，植込み型除細動器による長期治療を行う。

#### (6)　栄養学的アプローチ

##### 1)　栄養評価

身体計測，血液生化学検査などで栄養評価を行う。

##### 2)　栄養食事療法

不整脈は，過労やストレスが誘因となることもある。誘発因子として，喫煙，アルコール，カフェインなど避けるよう指導する。

**〈不整脈の栄養基準の目安〉**

| | |
|---|---|
| エネルギー | 25～30Kcal/kg 標準体重/日 |
| たんぱく質 | 1.0～1.2g/kg 標準体重/日 |
| 脂肪エネルギー比 | 20～25% |
| ビタミン・ミネラル | 基礎疾患の病態により食塩 6 g/日未満 |

＊基礎疾患の食事療法に準ず

##### 3)　栄養食事指導・生活指導

基礎疾患のある場合として，虚血性心疾患，心不全，脂質異常症，糖尿病，高血圧などのコントロールとして病態により食塩の制限（6 g/日）を行う。動脈硬化の進展を抑制する栄養管理が求められる。

### 3.4.6　脳出血，くも膜下出血，脳梗塞

#### (1)　各疾患の概要と医学的アプローチ

脳血管障害は脳卒中ともよばれ，脳血管の破綻や閉塞によって神経症状が出現する疾患の総称である。脳血管の破綻によるものには脳出血やくも膜下出血がある。脳血管の閉塞によるものには脳梗塞がある。脳卒中の分類は**図 3.22** の通りである。

##### 1)　脳出血，くも膜下出血

脳内の細い動脈が破綻することで脳実質内に出血するものを脳出血という。脳内に出血した血液自体が脳細胞を障害したり，脳内に生じた血腫が脳を圧排したりして意識障害や機能障害に至る。原因の多くは，高血圧症で 40 歳代以降に発症しやすい。高血圧症がみられない場合でも，脳動脈瘤，脳動静脈奇形，もやもや病などが原因となって出血が起こることがあり，この場合くも膜下出血となることが少なくない。くも膜下出血は，くも膜と軟膜の間にあるくも膜下腔というスペースに出血するものをくも膜下出血という。脳動脈瘤の破裂を原因とするものが約 80%で，40～50 歳代に多い。女性にやや多く発症し，30%程度の高い致命率の疾患である。

脳出血は多くの場合特別の前兆なく突然に起こり，数分から数時間のうち

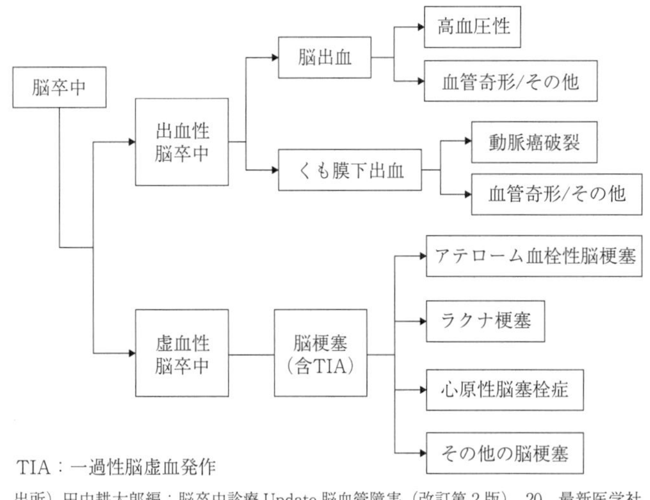


出所）田中耕太郎編：脳卒中診療 Update 脳血管障害（改訂第2版），20，最新医学社（2010）

**図 3.22**　脳卒中の分類

に症状が現れる。発症時の主な症状は頭痛，吐気・嘔吐，意識障害などで，これらは血腫の増大や周囲組織の浮腫によって頭蓋内圧が亢進することにとって増悪することがある（頭蓋内圧亢進症状）。発症から時間とともに現れる感覚麻痺，運動麻痺（片麻痺），失語，構音障害，嚥下障害，視覚障害などの症状は，その現れ方やその程度が出血部位によって異なる。また，失行や失認といった**高次脳機能障害**[*1]が残存すると社会生活上支障が出ることがある。また，くも膜下出血では，突然の激しい頭痛があり，「頭をハンマーで殴られたような」と表現され，項部硬直など**髄膜刺激症状**[*2]もみられる。

脳出血の部位は頭部 CT で早期から高吸収域（白）を呈するので，頭部 CT を用いることで診断は比較的容易である。さらに MRI，MRA，脳血管造影などの検査は出血源となる血管や器質的病変の有無を調べるのに有用である。

血腫が大きい場合は外科的に血腫除去術が行われるが出血の部位によって取り扱いは異なり，特に脳幹部の出血では手術適応がない。保存的治療法（非手術的治療）としては止血，血圧の管理，脳浮腫の管理，呼吸の管理などが中心となる。

**2）脳梗塞**

脳梗塞は脳卒中全体の 3／4 を占め，脳血栓，脳梗塞，ラクナ梗塞，一過性脳虚血発作（TIA：transient cerebral ischemic attacks），その他の脳梗塞に分類される。

脳血栓はアテローム血栓性脳梗塞とよばれ，脳内の血管やそれに連なる内頸動脈や椎骨動脈といった太い動脈が動脈硬化（アテローム硬化）を起こす際に形成されるプラークが血管を詰まらせるものである。梗塞巣の場所や大きさによって症状は異なるが，片麻痺や構音障害などの症状を呈する。

脳塞栓の原因の多くは心原性脳塞栓症である。心房細動のような不整脈や弁膜症では心臓内に血栓を形成しやすく，血流によって運ばれた血栓が脳の動脈に詰まると脳塞栓となる。片麻痺，構音障害，失語や意識障害が急減に起こる。

ラクナ梗塞は大脳深部や脳幹などを走行する細い脳動脈穿通枝が閉塞することで発症する。1.5cm 未満の小さな梗塞巣で，運動や感覚機能の障害が

＊1 **高次脳機能障害**　失語・失行・失認のほか記憶障害，注意障害，遂行機能障害，社会的行動障害などの認知障害が含まれ，これらの障害により日常生活および社会生活への適応に困難を生じる。

＊2 **髄膜刺激症状**　項部硬直，ケルニッヒ徴候（膝を曲げた状態で股関節を直角に屈曲しそのまま膝を伸ばそうとすると抵抗がある）ブルジンスキー徴候（頸部を前屈させると股関節および膝関節が屈曲する）がみられる。

自覚されない無症状性脳梗塞であることが少なくない。一過性脳虚血発作は一時的に脳の一部に虚血状態を生じて神経症状が出現するが，24時間以内にその症状が完全に消失するものをいう。粥状硬化巣から遊離した血栓による一時的な脳血管の閉塞が多く，短時間で血栓は溶解し血流が再開する。ラクナ梗塞や一過性脳虚血発作は動脈硬化が背景にあるので，脳血栓のリスクが高いことを念頭に置かなければならない。脳梗塞の症状は，太い動脈が閉塞すると脳出血に比べて広い範囲に影響を及ぼすために，麻痺や失語といった後遺症が重篤になりやすい。

診断には頭部CTやMRIが用いられるが，脳出血と異なり頭部CTでは発症から1～2日経過しないと梗塞部位（低吸収域：黒）が明らかに描出されない。一方MRIでは発症早期からの診断が可能である。発症4.5時間以内ならば，遺伝子組み換え組織プラスミノゲンアクチベータ（rt-PA：recombinant tissue plasminogen activator）による血栓溶解療法が行われ，脳血流を再開させる治療法がある。機能障害をほとんど残さず回復する場合もある。

### (2)　栄養学的アプローチ

#### 1)　栄養評価

脳出血，脳梗塞に特化した栄養評価はなく，高血圧，脂質異常症，糖尿病などの既往がある場合は各疾患に準じて評価する。嚥下障害がある場合は嚥下機能の評価を行う。また，嚥下障害や食欲不振などにより摂取量が低下している場合には身体計測，血清たんぱく，アルブミンなどの血液検査データにより低栄養について評価する。

#### 2)　栄養食事療法

①急性期：発症直後は経静脈栄養法が中心となり水分出納と電解質の管理を中心に行う。②亜急性期：軽症の場合は経口，中等度または重症では経腸栄養法から始め経口栄養法へ移行する。経腸栄養法が困難な場合は経静脈栄養法を行う。③慢性期：意識障害や嚥下障害などの神経症状がなければ経口栄養法を行う。これらの神経症状を認める場合は経腸栄養法を選択する。脳出血，脳梗塞に特化した栄養基準は定められておらず高血圧，脂質異常症，糖尿病などの既往がある場合は各疾患に準じた栄養療法とする。

〈脳出血・脳梗塞の栄養基準の目安〉

| | |
|---|---|
| エネルギー | 20～25kcal/kg標準体重/日 |
| たんぱく質 | 1.0～1.2g/kg標準体重/日 |
| 脂肪エネルギー比 | 20～25% |
| ビタミン・ミネラル | 食塩6g/日未満 |

#### 3)　栄養食事指導・生活指導

各種疾患のある場合は各疾患の項目を参照。経口摂取が可能な場合は，再発を予防するために規則正しい食生活と主食副食をそろえてバランスよく摂取することを基本とする。飲酒については医師の指示に従う。

**【演習問題】**

**問 1**　高血圧患者の食塩摂取量を推定するために，24 時間蓄尿を行ったところ，尿量が 1.2L，尿中ナトリウム濃度が 170mEq/L であった。尿中食塩排泄量（g/日）として，**最も適当**なのはどれか。1 つ選べ。　（2023 年国家試験）

(1) 8
(2) 10
(3) 12
(4) 14
(5) 16

**解答**　(3)

**問 2**　うっ血性心不全患者において，前負荷を減らす栄養管理である。**最も適当**なのはどれか。1 つ選べ。　（2022 年国家試験）

(1) たんぱく質制限
(2) 乳糖制限
(3) 食物繊維制限
(4) 食塩制限
(5) カリウム制限

**解答**　(4)

**問 3**　慢性心不全に関する記述である。**最も適当**なのはどれか。1 つ選べ。
（2021 年国家試験）

(1) 重症度評価には，ボルマン（Borrmann）分類が用いられる。
(2) 脳性ナトリウム利尿ペプチド（BNP）は，重症化とともに低下する。
(3) 進行すると，悪液質となる。
(4) エネルギー摂取量は，40kcal/kg 標準体重/日とする。
(5) 水分摂取量は，50mL/kg 標準体重/日とする。

**解答**　(3)

**【参考文献】**

明渡陽子，長谷川輝美，山崎大治：カレント臨床栄養学（第 2 版），建帛社（2018）
田中耕太郎編：脳卒中診療 Update 脳血管障害（改訂第 2 版），最新医学社（2010）
奈良信雄：看護・栄養指導のための臨床検査ハンドブック（第 5 版），医歯薬出版（2014）
日本高血圧学会高血圧治療ガイドライン作成委員会編：高血圧治療ガイドライン 2019，日本高血圧学会（2019）
日本循環器学会編：虚血性心疾患の一次予防ガイドライン，日本循環器学会（2012）
日本循環器学会編：急性・慢性心不全診療ガイドライン 2017 年改訂版，日本心不全学会（2018）
日本動脈硬化学会：動脈硬化性疾患予防ガイドライン（2022）
日本不整脈心電学会編：心房細動患者の管理に関するガイドライン，日本不整脈心電学会（2020）

## 3.5 腎・尿路疾患における栄養ケア・マネジメント

腎臓は，体内代謝産物である窒素化合物や老廃物の排泄，水分や電解質，酸塩基平衡（pH）などの体液・血圧の調節にかかわる。また，ホルモンの産生や造血，骨代謝の調節も行い，生命維持に必須の臓器である。

### 3.5.1 急性・慢性糸球体腎炎

#### (1) 疾患の定義

急性**糸球体**[*1]腎炎と慢性糸球体腎炎に分類される。急性糸球体腎炎は，急性腎炎症候群の代表的な疾患である。扁桃腺や咽頭などが治ってから10日前後経ってから発症する一過性腎炎（糸球体の炎症）が大部分で，小児における発症が多い。黄色ブドウ球菌やウイルスなどが原因の場合もある。慢性糸球体腎炎は，急性糸球体腎炎発症後などで1年以上にわたり異常たんぱく尿や血尿，または高血圧や浮腫などが続く腎炎である。

＊1 **糸球体**　血液が腎臓の糸球体を通ってろ過され，ろ過された尿は身体の外へ排出する。細い毛細血管が毛糸の球のように丸まってできているので「糸球体」という。

#### (2) 病因・病態

急性糸球体腎炎は，A群β溶連菌（他の細菌やウイルスが原因の場合もある）が代表的な原因菌で小児から若年者に多い。慢性糸球体腎炎は原因不明だが，病型が病理学的に分類（微小変化型，IgA腎症，腹性腎症など）される。

#### (3) 症　状

糸球体腎炎は，上気道感染症状（全身倦怠感，咽頭痛，食欲不振，頭痛，悪心，嘔吐など）が出現後，顔面・まぶた・足の**浮腫**（むくみ），肉眼的**血尿**（尿が褐色・コーラ色など），尿量低下，**高血圧**などが主な症状である。

#### (4) 検査・診断

急性糸球体腎炎は　高度な血尿と蛋白尿に加え，溶連菌感染を示すASO（抗ストレプトリジンO抗体），ASK（抗ストレプトキナーゼ抗体）の上昇を認める。症状と検査所見で診断するが，他の腎炎との鑑別のために腎臓に針を刺す**腎生検**[*2]を施行し，腎臓の組織を調べる。微小変化型は，光学顕微鏡で腎臓の糸球体にほとんど変化を認めないことから微小変化型といわれる。IgA腎症は，腎臓の糸球体に，抗体の一種であるIgA（免疫グロブリンA）の沈着を確認する。膜性腎症は，糸球体の成分に対する抗体ができるために，糸球体が壊れてたんぱくが尿に漏れてしまう腎炎である。

＊2 **腎生検**　腎臓組織の一部を採り，顕微鏡などで詳しく組織診断する検査法。正しく診断し適切な治療方針を立てるために，腎生検を行ない，「どんな病気で，どのようなタイプで，どの程度なのか」を知る必要がある。腎臓をX線，またはエコーで見ながら，背中から細い針を刺入し腎臓の組織小片を採取する。

#### (5) 医学的アプローチ

急性糸球体腎炎の尿量減少・浮腫・高血圧に対しては，安静と塩分・水分制限，抗菌薬を投与し，利尿薬・降圧薬投与を入院で行う。時間の経過にともない，血尿・たんぱく尿・腎機能は自然に改善する予後良好な疾患だが，時に尿所見異常が持続し腎機能障害が残ることもある。慢性糸球体腎炎は，ACE阻害薬やアンギオテンシンⅡ受容体拮抗薬などの降圧薬，副腎皮質ステロイド，免疫抑制薬，抗血小板薬などが治療に

**表3.32**　糸球体腎炎の分類

| 急性腎炎 | （A群β溶連菌感染後） |
|---|---|
| 慢性腎炎 | 微小変化型<br>IgA腎症<br>膜性腎症<br>膜性増殖性糸球体腎炎<br>巣状分節性糸球体硬化症 |

出所）日本腎臓学会（2020）より改変

用いられる。

### (6) 栄養学的アプローチ

#### 1) 栄養評価

体重・血圧測定，血液検査値（クレアチニン，尿素窒素，総たんぱく質，アルブミン），尿検査値（尿たんぱく，尿酸，血尿）などから評価する。浮腫・血尿・尿量減少・高血圧に対しては，安静と塩分・水分評価を行う。1日尿量が50～100mL以下を**無尿**，400mL以下を**乏尿**と呼ぶ。食事摂取量，飲水量，輸液量などで体外からのin量と，尿量・不感蒸泄量などからのout量で水分出納を評価する。体重測定を行い，浮腫・脱水の有無を確認する。

#### 2) 栄養食事療法

腎機能や病状に応じて，たんぱく質制限，食塩制限，水分制限，十分なエネルギー補給を行う。糸球体腎炎は，安静・食事療法が重要である。浮腫・高血圧を認める場合は食塩制限を行う。食塩は1日5g以下，重度な浮腫のある場合は3g以下・水分制限を行う場合もある。高血圧合併あるいは腎機能が低下したIgA腎症患者では，3～6g/日未満の食塩摂取制限とする。降圧剤の利尿薬を使用している場合は，低カリウム血症が起こりやすいので血清カリウム値を確認する。慢性で進行が疑われる場合は，**eGFR***を確認し慢性腎臓病（CKD）のステージ病期に準じてたんぱく質，カリウム制限を行う。たんぱく質摂取制限を指導する場合には，栄養障害をきたさないよう十分に注意が必要である。エネルギーは，25～35kcal/kg標準体重/日が基準であるが，安静度や食欲に応じて適宜調節する。

＊eGFR 推算糸球体濾過値(eGER: estimated glemerular filtration rate）というものです。血清クレアチニン値，年齢，性別から推算するもので，腎臓の機能が今どれくらいあるかを示す値である。

#### 3) 栄養食事指導・生活指導

減塩指導は，習慣化できるように美味しく食べれる調理法を含めて指導する。肥満は高血圧，糖尿病および脂質異常症などの生活習慣病の発症・進展リスクであり，腎疾患の予後に関連する。肥満解消に取り組むことを提案する。IgA腎症患者は，一律に運動制限を行うことは推奨しない。運動療法や運動制限の実施は，患者個々の病態などから適応を総合的に判断し，経過を慎重に観察する。喫煙は腎予後のみならず，肺癌，閉塞性肺疾患などの重大な危険因子であり，禁煙指導に取り組む。

**表3.33** 急性腎炎の栄養基準の目安（例）

| | | エネルギー（kcal/kg*/日） | たんぱく質（g/kg*1/日） | 食塩（g/日） | カリウム（g/日） | 水分（mL/日） |
|---|---|---|---|---|---|---|
| **急性期** | 乏尿期<br>利尿期 | 35 | 0.5 | 0～3 | 5.5mEq/L以上のときは制限する | 前日尿量＋不感蒸泄量 |
| **回復期および治癒期** | | 35 | 1 | 3～5 | 制限せず | 制限せず |

*標準体重

**表 3.34**　成人ネフローゼ症候群の診断基準

| |
|---|
| 1　たんぱく尿：3.5g ／日以上が持続する。<br>（随時尿において尿たんぱく・クレアチニン比が 3.5g ／ gCr 以上の場合もこれに準ずる） |
| 2　低アルブミン血症：血清アルブミン値 3.0g ／ dL 以下，血清総たんぱく量 6.0g ／ dL 以下も参考になる。 |
| 3　浮腫。 |
| 4　脂質異常症（高 LDL コレステロール血症）。 |

注 1）上記の尿たんぱく量，低アルブミン血症（低たんぱく血症）の両所見を認めることが本症候群の診断の必須条件である。
　2）浮腫は本症候群の必須条件ではないが，重要な所見である。
　3）脂質異常症は本症候群の必須条件ではない。
　4）脂質異常症（高 LDL コレステロール血症）。
出所）難治性腎障害に関する調査研究班（2020a）より

### 3.5.2　ネフローゼ症候群

#### (1)　疾患の定義

ネフローゼ症候群は，大量の**尿たんぱく**（主としてアルブミン）と**低たんぱく血症**（アルブミン）を特徴とする症候群である。尿たんぱく量と低アルブミン血症の両所見を満たすことが本症候群の診断必須であり，血清総たんぱくの低値，**浮腫・脂質異常症**（高 LDL コレステロール）は参考として定義する。成人ネフローゼ症候群の診断基準を示す。

#### (2)　病因・病態

尿たんぱく量と低アルブミン血症の基準を満たした場合に診断し，明らかな原因疾患がないものを一次性，原因疾患をもつものを二次性に分類する。一次性ネフローゼ症候群は腎生検による病理診断によって分類する。主に，微小変化型ネフローゼ症候群，巣状分節性糸球体硬化症，膜性腎症，および，増殖性糸球体腎炎（メサンギウム増殖型，管内性増殖型，膜性増殖型，半月体形成型）である。二次性ネフローゼ症候群は，自己免疫疾患，代謝性疾患，感染症，アレルギー・過敏性疾患，腫瘍，薬剤，遺伝性疾患などに起因して発症する。

#### (3)　症　　状

浮腫が大きな症状で，胸腹水も現れ血漿量増加で高血圧となる。体液量過剰に随伴する症状としては頭痛，易疲労感，腹部膨満感，呼吸困難がある。体液量過剰による腸管浮腫による腹痛，食欲不振，下痢の消化器症状もみられる。高度たんぱく尿は，尿の色調などに変化はないが，尿の表面張力増大による尿の泡立ちが目立つ。微小変化群などで高度低アルブミン血症を生じる極期では，尿量の低下も自覚する。二次性ネフローゼ症候群の症状は，発熱，関節症状（関節痛，関節変形），腰痛などの骨痛，皮膚症状（紫斑，日光過敏症），末梢および中枢神経障害，腹部症状（腹痛，下血など腸炎症状）などがある。

#### (4)　検査・診断

ネフローゼ症候群で，3.5g/日以上の尿たんぱく尿，血尿も認めることも

**表 3.35**　ネフローゼ症候群の治療効果判定基準

治療効果の判定は治療開始後１カ月，６カ月の尿たんぱく量定量で行う。
・完全寛解：尿たんぱく＜0.3g／日
・不完全寛解Ⅰ型：0.3g／日≦尿たんぱく＜1.0g／日
・不完全寛解Ⅱ型：1.0g／日≦尿たんぱく＜3.5g／日
・無効：尿たんぱく≧3.5g／日

注１）ネフローゼ症候群の診断・治療効果判定は24時間蓄尿により判断すべきであるが，蓄尿ができない場合には，随時尿の尿たんぱく・クレアチニン比（g／gCr）を使用してもよい。
２）６カ月の時点で完全寛解，不完全寛解Ⅰ型の判定には，原則として臨床症状および血清たんぱくの改善を含める。
３）再発は完全寛解から，尿たんぱく１g／日（１g／gCr）以上，または（２＋）以上の尿たんぱくが２～３回持続する場合とする。
４）欧米においては，部分寛解（partial remission）として尿たんぱくの50%以上の減少と定義することもあるが，日本の判定基準には含めない。
出所）難治性腎障害に関する調査研究班（2020a）より

ある。尿中に多量に存在するたんぱくや，有効循環血漿量減少の併存が影響し，尿比重は一般的に高値を示す。血液検査は，低アルブミン血症や尿素窒素，クレアチニン，総コレステロール，LDL-コレステロールの上昇がある。

### (5)　医学的アプローチ

安静および食事療法，薬物療法を行う。ネフローゼ症候群治療開始後一定期間（１～６カ月）での尿たんぱく量（寛解・無効）による治療効果判定基準がある。微小変化型ネフローゼ症候群は90%以上が初期治療で寛解する。

### (6)　栄養学的アプローチ

#### 1)　栄養評価

腎機能低下を糸球体濾過量（GFR），血清クレアチニン（Cr），血中尿素窒素（BUN）などから確認する。身体計測により体液量管理を行う。低アルブミン血症により膠質浸透圧は低下し，血管外に血漿が漏出し浮腫が発症する。循環血漿量が減少するため，腎臓からレニン・アルドステロン分泌が亢進し，尿細管から水・ナトリウムの再吸収が促進され浮腫が増強する。食欲不振，悪心，全身浮腫に伴い腸管浮腫による栄養吸収不良による栄養障害を評価する。低アルブミン血症が持続すると，肝臓におけるアルブミンやリポたんぱく質合成が亢進し，血中LDL-コレステロールやトリグリセリドの増加を評価する。薬物療法（利尿薬，降圧剤など）から病状を把握する。

#### 2)　栄養食事療法

食塩制限は，ネフローゼ症候群の浮腫を軽減するために必須である。たんぱく質制限は，微小変化型以外のネフローゼ症候群で0.8g/日のたんぱく質制限，微小変化型ネフローゼ症候群は予後良好なことから1.0~1.1g/kg/日のたんぱく質制限を行う。エネルギー摂取量は，摂取たんぱく質量との関係が重要である。35kcal/標準体重/日のカロリー摂取下で，0.8g/kg体重/日

**表 3.36**　ネフローゼ症候群の栄養基準の目安

| | エネルギー（kcal/kg*/日） | たんぱく質（g/kg*1/日） | 食塩（g/日） | カリウム（g/日） | 水分（mL/日） |
|---|---|---|---|---|---|
| 微小変化型ネフローゼ症候群**以外** | 35 | 0.8 | 5 | 血清K値により増減 | 制限せず** |
| 治療反応性が良好な微小変化型ネフローゼ症候群 | 35 | 1.0~1.1 | 0～7 | 血清K値により増減 | 制限せず** |

*：標準体重
**：高度の難治性浮腫の場合には水分制限を要する場合もある。
出所）日本病態栄養学会（2022）

のエネルギー摂取は健常人と同様に窒素バランスを保つ。

**3)　栄養食事指導・生活指導**

たんぱく質や食塩制限によって食欲低下がさらに進み，摂取エネルギー不足にならないよう注意する。たんぱく質を含まない糖類，油脂類などを上手に取り入れ，必要エネルギー量を確保する。寛解状態にあるネフローゼ症候群患者や副腎皮質ステロイド投与中は，肥満症予防やステロイド骨粗鬆症予防において，運動療法が必要と考えられる。寛解状態にないネフローゼ症候群患者に安静が指示されることが多い。しかし，ネフローゼ症候群による血液凝固能亢進や長期臥床による血流うっ滞は，深部静脈血栓症および肺血栓塞栓症の危険因子と考えられるので，過度の安静は好ましくない。

### 3.5.3　慢性腎臓病（CKD）

**(1)　疾患の定義**

慢性腎臓病とは，腎臓障害（たんぱく尿，腎形態異常）もしくは腎機能低下（**糸球体濾過量**＊1 60ml/min/1.73m$^2$未満）が３か月以上持続している状態である。慢性腎臓病（CKD）のたんぱく尿・アルブミン尿は，末期腎不全（ESKD）のみならず心血管疾患（CVD）や総死亡リスクの危険因子である。慢性腎臓病と診断されたら原因検索を行い，CKD 重症度を評価する。一般的に，腎機能は徐々に低下していき，末期の尿毒症を呈する疾患である。

＊1 **糸球体濾過量**（GFR）　腎臓の糸球体で１分間に何 mL の血液を濾過して尿を作る能力を表しています。

**(2)　病因・病態**

慢性腎臓病は，世界中で透析や腎移植治療などの腎代替療法を要する腎障害患者数が増えている。日本の透析患者数は増え続け，慢性腎臓病が心血管疾患や死亡の重大なリスク因子であると確認され，早期発見・早期介入の重要性が認識された。

原因検索は，家族歴，その他疾患，腎機能と検尿異常の病歴確認，二次性腎臓疾患のスクリーニング，尿細管障害マーカーや沈査などの尿検査，腎臓画像評価である。CKD 重症度分類は原因疾患の糖尿病があれば**糖尿病性腎臓病**となり，高血圧があれば**高血圧性腎硬化症**＊2となる。CKD ステージ G5 は，保存期 CKD 治療を継続していることが一般的とし，**高度低下～末期腎不全（ESKD）**とした。

＊2 **高血圧性腎硬化症**　高血圧性腎硬化症は，持続した高血圧により生じた腎臓の病変で，一般的に良性腎硬化症を示す。高血圧歴を有し，血尿は無し，たんぱく尿は高度でない，糖尿病や糸球体腎炎の合併を認めない腎機能低下を診断されることが多い。

**(3)　症　　状**

腎臓から水分を十分排泄できなくなり，足首のくるぶし付近から浮腫が出現する。腎機能が低下すると，尿の濃縮力が低下して多尿となり夜間頻尿になり，さらに腎機能低下すると尿量は低下する。末期腎不全では，尿毒症物

**表 3.37**　CKD 診断基準

| | |
|---|---|
| 腎臓の障害 | たんぱく尿（0.15g/gCr 以上）アルブミン尿（30mg/gCr 以上）<br>尿沈渣の異常<br>尿細管障害による電解質異常<br>病理組織・画像検査による異常<br>腎移植の既往 |
| 腎機能低下 | GFR60ml/min/1.73m$^2$ 未満 |

出所）日本腎臓学会編（2023）

**表 3.38　CKD 重症度分類**

<table>
<tr><th colspan="2">原疾患</th><th colspan="2">蛋白尿区分</th><th>A1</th><th>A2</th><th>A3</th></tr>
<tr><td colspan="2" rowspan="2">糖尿病性腎臓病</td><td colspan="2">尿アルブミン定量（mg/日）</td><td>正常</td><td>微量アルブミン尿＊1</td><td>顕性アルブミン尿＊2</td></tr>
<tr><td colspan="2">尿アルブミン/Cr 比（mg/gCr）</td><td>30 未満</td><td>30～299</td><td>300 以上</td></tr>
<tr><td colspan="2" rowspan="2">高血圧性腎硬化症<br>腎炎<br>多発性嚢胞腎<br>移植腎<br>不明<br>その他</td><td colspan="2" rowspan="2">尿蛋白定量（g/日）<br>尿蛋白/Cr 比（g/gCr）</td><td>正常</td><td>軽度蛋白尿</td><td>高度蛋白尿</td></tr>
<tr><td>0.15 未満</td><td>0.15～0.49</td><td>0.50 以上</td></tr>
<tr><td rowspan="6">GFR 区分<br>(ml/分/1.73m²)</td><td>G1</td><td>正常または高値</td><td>＞90</td><td rowspan="2">①</td><td rowspan="2">②</td><td rowspan="2">③</td></tr>
<tr><td>G2</td><td>正常または軽度低下</td><td>60～89</td></tr>
<tr><td>G3a</td><td>軽度～中等度低下</td><td>45～59</td><td>②</td><td>③</td><td rowspan="4">④</td></tr>
<tr><td>G3b</td><td>中等度～高度低下</td><td>30～44</td><td>③</td><td rowspan="3">④</td></tr>
<tr><td>G4</td><td>高度低下</td><td>15～29</td><td rowspan="2">④</td></tr>
<tr><td>G5</td><td>高度低下～末期腎不全（ESKD）</td><td><15</td></tr>
</table>

重症度は原疾患・GFR 区分・尿たんぱく区分を合わせたステージにより評価する。
CKD の重症度は死亡，末期腎不全，心血管死亡発症のリスクを ① のステージを基準に，②⇒③⇒④ の順にステージが上昇するほどリスクは上昇する。
出所）日本腎臓学会編（2023）より

＊1 **微量アルブミン尿**　尿の中に非常に少量のたんぱく質が漏れ出る。糸球体や尿細管の傷害が進んでいる。尿中アルブミン排泄量 30～299mg/Cr

＊2 **顕性アルブミン尿**　尿中アルブミン尿が300mg/gCr を超える状態。

質が蓄積し倦怠感がでてくる。腎臓機能が低下すると腎臓がエリスロポエチンを十分に分泌させることができなくなり，立ちくらみや腎性貧血が起こる。また，アシドーシスを合併し高カリウム血症，カルシウム・リン代謝異常などが出現する。

### (4)　検査・診断

腎機能は GFR と尿たんぱくを用いて評価する。GFR 評価は，イヌリンクリアランスによる実測 GFR を用いるが，日常診療では血清クレアチニン値を用いて推算 GFR（eGFR）を算出する。

男性：eGFR（mL/分/1.73m²）$= 194 \times Cr^{-1.094} \times Age^{-0.28}$

女性：eGFR（mL/分/1.73m²）$= 194 \times Cr^{-1.094} \times Age^{-0.28} \times 0.739$

尿たんぱくの存在は重要であり，糖尿病性腎臓病は微量アルブミン尿で早期発見に有効である。0.5g/日以上のたんぱく尿もしくは，たんぱく尿・血尿ともに陽性の場合は腎生検を考慮する。

### (5)　医学的アプローチ

原因となった疾患の治療を行い，食事療法・薬物療法が基本となる。慢性腎臓病の治療は，腎不全への進行抑制，尿毒症の予防・抑制，栄養障害の是正が目的である。高血圧が慢性腎臓病発症のリスク因子であり，血圧管理により慢性腎臓病発症を予防することは重要である。高血圧治療ガイドライン 2019 で推奨されている減圧目標値を準拠した食事療法，運動療法を含めた血圧管理を行う。降圧薬としては ACE 阻害薬や ARB 薬を用いる。

### (6) 栄養学的アプローチ

#### 1) 栄養評価

栄養摂取量（エネルギー，たんぱく質，食塩）を評価する。慢性腎臓病患者の多くは高齢者で，慢性腎臓病の発症・進展には生活習慣病が大きく関連する。推定たんぱく質摂取量は，24時間蓄尿を用いた**Maroniの式**[*1]から算出する。**推定食塩摂取量**[*2]は，24時間蓄尿から算出する。クレアチニンは筋肉で産生されるため筋肉量の影響を受けるので長期入院やサルコペニア患者は，筋肉量が減少してるいのでeGFRが高く推算されるので注意する。

*1 **Maroniの式** 1日のたんぱく質摂取量(g/日)＝[1日尿中尿素窒素排泄量(g)＋0.031(g/kg)×体重(kg)]×6.25＋尿たんぱく量(g/日)

*2 **推定食塩摂取量** 推定食塩摂取量(g/日)＝24時間Na排泄量(mEq/日)÷17

#### 2) 栄養食事療法

慢性腎臓病のステージ進行を抑制するため，必要エネルギー量を確保し，たんぱく質摂取制限を指導する。慢性腎臓病の各ステージの病態に合わせた栄養基準とする。総死亡，心血管疾患のリスクを低下させるため，血清カリウム値を4.0～5.5mEq/L未満とする。高血圧と尿たんぱくが抑制されるため，6g/日未満の食塩摂取制限とする。代謝性アシドーシスを有する慢性腎臓病患者では，アルカリ性食品（野菜や果物）の摂取増を勧める。

#### 3) 栄養食事指導・生活指導

患者や家族に低たんぱく質の必要性を理解させる。低たんぱく質ではエネルギー量不足につながるので，全体の摂取バランスに注意する。減塩食の調理工夫を指導する。必要に応じて低たんぱく質等の**腎不全用治療用特殊食品**[*3]を紹介する。保存期慢性腎臓病患者では，通常よりも意図的に飲水量を増やすことは行わない。便秘は，慢性腎臓病の発症・進展のリスクとなる可能性がある。禁煙は強く勧め，口腔ケアを勧める。

*3 **治療用特殊食品** 腎臓病治療食の低たんぱく質・高エネルギー食を満たす治療用の特殊食品が多数開発されている。腎臓病食品交換表にエネルギー調整食品，たんぱく質調整食品，食塩調整食品，リン調整食品などがある。

**表3.39** 慢性腎臓病の栄養基準の目安

<table>
<tr><th>ステージ<br>(GFR)</th><th>エネルギー<br>(kcal/kgBW/日)</th><th>たんぱく質<br>(g/kgBW/日)</th><th>食　塩<br>(g/日)</th><th>カリウム<br>(mg/日)</th></tr>
<tr><td>ステージ1<br>(GFR ≧ 90)</td><td rowspan="6">25～35</td><td>過剰な摂取をしない</td><td rowspan="6">3≦　＜6</td><td>制限なし</td></tr>
<tr><td>ステージ2<br>(GFR60～89)</td><td>過剰な摂取をしない</td><td>制限なし</td></tr>
<tr><td>ステージ3<br>(GFR45～59)</td><td>0.8～1.0</td><td>制限なし</td></tr>
<tr><td>ステージ3b<br>(GFR30～44)</td><td>0.6～0.8</td><td>≦2,000</td></tr>
<tr><td>ステージ4<br>(GFR15～29)</td><td>0.6～0.8</td><td>≦1,500</td></tr>
<tr><td>ステージ5<br>(GFR ＜ 15)</td><td>0.6～0.8</td><td>≦1,500</td></tr>
<tr><td>5D<br>(透析療養中)</td><td colspan="4">p.159　表3.44</td></tr>
</table>

注1）エネルギーや栄養素は，適正な量を設定するために，合併する疾患（糖尿病，肥満など）のガイドラインなどを参照して病態に応じて調整する。性別，年齢，身体活動度などにより異なる。

2）体重は基本的に標準体重（BMI＝22）を用いる。

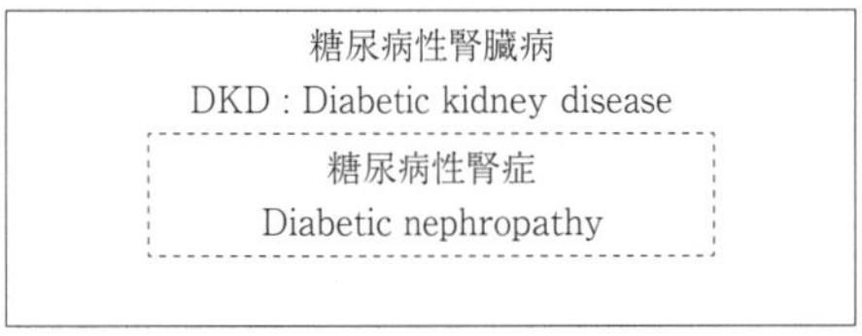

糖尿病合併 CKD

糖尿病性腎臓病
DKD : Diabetic kidney disease

糖尿病性腎症
Diabetic nephropathy

出所）日本腎臓学会編（2023）より

**図 3.23** 糖尿病性腎臓病（DKD）の概念図

### 3.5.4 糖尿病腎症・糖尿病性腎臓病（DKD）

#### (1) 疾患の定義

**糖尿病性腎症**は，糖尿病の３大合併症（網膜症，腎症，神経疾患）の一つである。10 年以上の糖尿病罹患があり，持続的なアルブミン尿の増加と eGFR 低下で発症する。微量アルブミン尿が出現し，持続的なたんぱく尿期を経て腎機能が低下し末期腎不全に至る。腎機能低下し透析治療を必要とする患者のうち，糖尿病による腎臓病を原因とする患者が 40％以上と最も頻度が高く，１年間に約１万６千人が糖尿病のため透析治療を開始となる。

**糖尿病性腎臓病（DKD）**は，典型的な糖尿病腎症に加え，顕性アルブミン尿をともなわない GFR 低下，糖尿病性網膜症の存在などが認められない場合を含む。**糖尿病合併 CKD** は，糖尿病と直接関連しない腎疾患（IgA 腎症，**多発性嚢胞腎***）患者が糖尿病を合併する場合を含む。

**表 3.40** 糖尿病性腎症病期分類

| 病期 | 尿アルブミン（mg/gCr）<br>あるいは尿たんぱく値（g/gCr） | GFR（eGFR） |
|---|---|---|
| 第１期<br>**正常アルブミン尿期** | 正常アルブミン尿（30 未満） | 30 以上 |
| 第２期<br>**微量アルブミン尿期** | 微量アルブミン尿（30～299） | |
| 第３期<br>**顕性アルブミン尿期** | 顕性アルブミン尿（300 以上）<br>あるいは<br>持続性たんぱく尿（0.5 以上） | |
| 第４期<br>腎不全期 | 問わない | 30 未満 |
| 第５期<br>透析療法期 | 透析療法中 | |

出所）日本腎臓学会編（2023）より改変

* **多発性嚢胞腎**　多発性嚢胞腎（PKD）最も多い遺伝性腎疾患であり，60歳までに約半数が末期腎不全に至る。両側腎臓に多数の進行性の嚢胞が発生・増大し，高血圧や肝嚢胞，脳動脈瘤などを合併する。

#### (2) 病因・病態

糖尿病性腎症は，たんぱく尿やアルブミン尿，糸球体濾過量（GFR）から第１期「**正常アルブミン尿期**」，第２期「**微量アルブミン尿期**」，第３期「**顕性アルブミン尿期**」，第４期腎不全期，第５期透析療法期に分類さる。

#### (3) 症　状

糖尿病治療中は，体重，血糖，血圧，コレステロール管理などをしっかりコントロールする。食事療法は，エネルギー量，たんぱく質，食塩を調整する。症状が出にくいため，早期発見，早期治療が重要である。慢性腎不全に進行すると，症状は他の原因疾患の腎不全と同様である。

#### (4) 検査・診断

糖尿病患者で，①腎障害（30mg/gCr 以上のアルブミン尿，尿沈査の異常，尿細管障害による電解質の異常，病理組織検査や画像検査による形態異常，腎移植），② eGFR60mL/分/1.73m$^2$ 未満のいずれかが３ヵ月を超えると**糖尿病性腎臓病（DKD）**と診断する。腎生検により，メサンギウム基質の増加，結節性病変，糸球体基底部膜の肥厚が観察できれば糖尿病性腎臓病（DKD）の診断確定となる。

#### (5) 医学的アプローチ

糖尿病性腎臓病（DKD）患者の生命予後改善や QOL 維持は，血管合併症

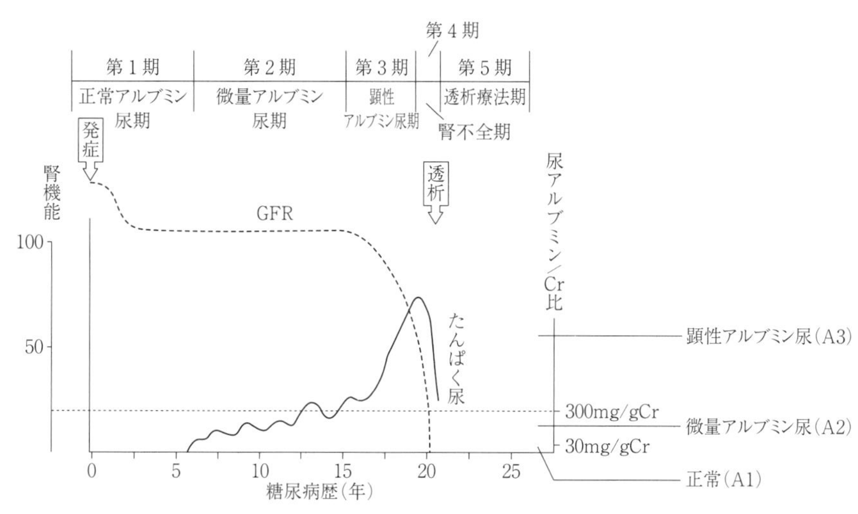


出所）日本腎臓学会編（2023）より改変

**図 3.24**　2型糖尿病腎症の臨床経過

の発症・進行を抑制する。定期的な尿アルブミン測定は予後判定に有用である。高血糖是正，高血圧治療，および栄養食事療法が重要である。顕性アルブミン尿患者は，最小血管合併症の発症・進展のため，血糖コントロール目標はHbA1c 7.0%未満を目指す。腎予後の改善と心血管疾患（CVD）発症抑制が期待されるSGLT 2阻害薬の投与が推奨される。

### (6)　栄養学的アプローチ

#### 1)　栄養評価

身体計測（身長，体重，BMI，皮下脂肪厚），食事摂取量（エネルギー量，たんぱく質，食塩など）を評価する。糖尿病歴や治療法（経口血糖降下薬，インスリン使用など），腎症の病期，血糖コントロール状態，血圧，糖尿病のその他の合併症など有無を確認する。血清BUN・血清クレアチニンをモニタリングして腎機能を評価する。血清カリウム，リン値も確認する。経口摂取量の低下時は，腎臓疾患用の濃厚流動食の使用を考慮する。

#### 2)　栄養食事療法

栄養食事療法の基本は，血糖・血圧コントロール，低たんぱく質食である。腎機能低下に応じた食塩・カリウム制限も必要になる。

#### 3)　栄養食事指導・生活指導

糖尿病栄養療法にはなかった低たんぱく食が加わり，理解不足やとまどいが出るのを理解して，丁寧に栄養食事指導を行う。たんぱく質制限により不足するエネルギーを，でんぷん製品などの炭水化物や植物油等の脂質により補う。高カリウム血症時はカリウム制限を指導する。糖尿病腎症の食品交換表を利用し，運動療法は医師の指示により行う。

表 3.41　糖尿病腎症の栄養基準

| 病　期 | 総エネルギー*2<br>(kcal/kg*1/日) | たんぱく質<br>(g/kg*1/日) | 食塩<br>(g/日) | カリウム<br>(g/日) | 備　考 |
| --- | --- | --- | --- | --- | --- |
| 第 1 期<br>(腎症前期) | 25～30 | 1.0～1.2 | 高血圧があれば<br>6 未満 | 制限せず | ・糖尿病食が基本，血糖コントロールに努める<br>・降圧治療，脂質管理，禁煙 |
| 第 2 期<br>(早期腎症期) | 25～30 | 1.0～1.2 | 高血圧があれば<br>6 未満 | 制限せず | ・糖尿病食が基本，血糖コントロールに努める<br>・たんぱく質の過剰摂取を控える<br>・降圧治療，脂質管理，禁煙 |
| 第 3 期<br>(顕性腎症期) | 25～30 | 0.8～1.0 | 6 未満 | 制限せず<br>(高カリウム血症があれば< 2.0) | ・適切な血糖コントロール<br>・たんぱく質制限食<br>・降圧治療，脂質管理，禁煙 |
| 第 4 期<br>(腎不全期) | 25～35 | 0.6～0.8 | 6 未満 | 1.5 未満 | ・適切な血糖コントロール<br>・低たんぱく質食，貧血治療<br>・降圧治療，脂質管理，禁煙 |
| 第 5 期<br>(透析療法期) | 透析療法患者の食事療法に準ずる | | | | |

＊1　目標体重　＊2「日本人の食事摂取基準」と同一とする。性別，年齢，身体活動レベルにより推定エネルギー必要量は異なる
出所）本田佳子，土江節子，曽根博仁編：栄養科学イラストレイテッド臨床栄養学　疾患別編，羊土社（2016）

**コラム 6　糖尿病腎症の栄養指導**

糖尿病腎症の基本は，たんぱく質と食塩の制限，エネルギー量の確保である。腎症の悪化を防止するために，患者さんは，たんぱく質と食塩を減らす食事内容を理解して実践していく。しかし，長年のエネルギー量制限から，たんぱく質制限によるエネルギー量の確保への切り替えは実践が難しい。また，たんぱく質量を少なくした治療用特殊食品購入の経済的負担も大きい。管理栄養士は，患者さんのバックグランド等も考慮して栄養食事指導していくことを期待する。

### 3.5.5　腎硬化症

#### (1)　疾患の定義

腎硬化症は，高血圧の長期間持続を原因とする進行性の腎障害である。糖尿病性腎症，慢性糸球体腎炎に次ぐ多さで新規透析導入となる疾患である。

#### (2)　病因・病態

腎硬化症患者は，高血圧や高齢化を背景に増加，腎病変主体は血管病変である。病理学的には主に小動脈にみられる内膜肥厚と細動脈（輸入細動脈）血管における硬化性変化で，腎血流低下を惹起し腎間質の線維化，糸球体硬化となる。高血圧のほか糖尿病，アルコール飲酒，喫煙，肥満，高脂血症，高尿酸血症といった動脈硬化促進因子によっても起こる。

#### (3)　症　　状

自覚症状は乏しい。臨床的には高血圧を有し血尿を認めず尿たんぱくが高度ではない。顕微鏡的血尿は存在しても軽度であり，尿たんぱくは 1 g/日以下が多い。

#### (4)　検査・診断

高血圧性腎硬化症の明確な診断基準はない。糖尿病，原発性あるいは二次

性の糸球体腎炎の合併を認めない腎機能低下症例を診断することがある。診断時に高血圧がなくても腎生検で診断する場合もある。

#### (5)　医学的アプローチ

腎機能低下を抑制させるとともに，その後の心血管疾患（CVD）の進展抑制のために血圧管理が重要である。腎動脈狭窄をともなうCKDにおいて，レニン-アンジオテンシン（RA）系阻害薬は末期腎不全への進展予防に使用する。

#### (6)　栄養学的アプローチ

##### 1)　栄養評価

腎硬化症初期には糸球体内血圧は正常に保たれているため，たんぱく尿などの尿所見は軽微であり，腎機能障害の進行も比較的緩やかである。しかし顕性蛋白尿を伴う場合は，糸球体高血圧により腎機能障害の進行が進む。

##### 2)　栄養食事療法，栄養食事指導・生活指導

塩分制限が主体となる。運動習慣などの生活習慣の修正による血圧の管理が重要である。その他慢性腎臓病（CKD）の栄養学的アプローチを参照。

### 3.5.6　血液透析，腹膜透析

#### (1)　疾患の定義

腎機能低下によりCKDステージがG４に進行すると，いろいろな合併症や心血管疾患（CVD）が増加する。老廃物が体内に蓄積し，電解質や水のバランスが崩れ，ホルモンの調整や身体の恒常性を保つことが出来なくなると腎代替療法（血液透析，腹膜透析，腎移植）を行う。

#### (2)　病因・病態

毎年４万人の患者が，腎不全のため血液透析，腹膜透析，腎移植の治療を必要としている。腎代替療法には，腎機能のうち，体液量やミネラルの調節・老廃物の排泄を補うことができる透析療法（血液透析・腹膜透析）と，腎臓のほぼすべての機能を補うことができる腎移植がある。治療法選択は，患者の生活の質（QOL），生命予後，生活に与える影響を比較検討するだけでなく，患者の価値観，希望にあったものを多職種による説明・教育後（**シェアードデシジョンメイキング***）に選択する。

**＊ シェアードデシジョンメイキング**　シェアードデシジョンメイキング（共同意思決定）では，複数の治療選択肢があり，どの治療法が患者にとって最善かを決めるため，医療者は医学的なエビデンスを伝え，患者は自分にとって大切なこと，日々の生活スタイルやスケジュールなどを伝え，さらに医療者からの提案もふまえて話し合いをすすめていくこと。

#### (3)　症　　状

腎機能が低下すると，塩分や水分のコントロールができず浮腫，胸水，肺水腫が発症し息切れ，高血圧になる。高カリウム血症による不整脈，老廃物を排泄できず尿毒症（吐き気，食欲不振，倦怠感など）が生ずる。

**表 3.42**　腎不全の症状

| | |
|---|---|
| 体液貯留 | 浮腫，胸水，腹水，心外膜液貯留，肺水腫 |
| 体液異常 | 低ナトリウム血症，高カリウム血症<br>低カルシウム血症，高リン血症<br>代謝性アシドーシス |
| 消化器症状 | 食欲不振，悪心・嘔吐，下痢 |
| 循環器症状 | 心不全，不整脈 |

出所）日本腎臓学会他編（2020）より改変

#### (4)　検査・診断

血中の老廃物（クリアチニンや尿素窒素）を確認し，推

＊1 **不均衡症候群**　透析を新たに始めた時期に起こりうる合併症（頭痛や嘔気・嘔吐，痙攣など）である。

＊2 **バスキュラーアクセス不全**　血液透析を行うために，バスキュラーアクセス（内シャントや留置カテーテル）が必要。治療を続けていく中で，血管が狭くなってしまったり，血の塊（血栓）などで詰まってしまったりして，流れが悪くなり透析ができなくなること。

＊3 **透析アミロイドーシス**　老廃物である$\beta$2ミクログロブリンというたんぱく質は，血液透析で除去されにくいため，徐々に体内に蓄積する。この$\beta$2ミクログロブリンはアミロイドという物質に変化し，手足の関節や骨などに蓄積し，痛みや運動障害などの症状が発症する。

＊4 **多嚢胞化萎縮腎**　透析を長期間続けていく中で腎臓は小さくなっていくが，液体成分を含んだ嚢胞が複数発生する。まれに嚢胞が大きくなったり，出血したりすることがある。

算糸球体濾過量（eGFR）をもとに，腎臓の機能を判断する。進行性の腎機能低下がみられeGFRが30mL/min/1.73m$^2$未満に至った時点で腎代替療法について説明を開始する。症状の有無や選択する腎代替療法によっても異なるが，eGFR 10mL/min/1.73m$^2$以下になると腎代替療法が必要である。

### (5)　医学的アプローチ

透析により血液中に滞留している老廃物や水分，塩分，カリウム，リンを除去できる。血液透析は，腕のシャント血管（動脈と静脈をつなぎあわせて，血液が多く流れるようにした血管）から，ポンプを使って血液を身体の外に出し，ダイアライザー装置の中に血液を通し，血液中の老廃物や水分・ミネラルを調整する。腹膜透析はダイアライザーの代わりに自分の身体の腹膜を利用して血液中の老廃物や水分・ミネラルを調整する。腎移植は，健康な親族（配偶者を含む）の方の二つの腎臓のうち，一つの腎臓の提供を受ける生体腎移植と，脳死や心臓死になられた方から腎臓の提供を受ける献腎移植がある。

血液透析の早期合併症として，**不均衡症候群**＊1，血圧変動（低血圧もしくは高血圧），出血合併症，**バスキュラーアクセス不全**＊2，筋痙攣などがある。長期合併症では，**透析アミロイドーシス**＊3，**多嚢胞化萎縮腎**＊4などがあり，二次性副甲状腺機能亢進症という病態はCKDステージG3aより始まっている。腹膜透析は，さまざまな合併症（呼吸苦，胸痛，感染，腹痛，浮腫・体重変動，カテーテル異常など）がある。合併症で注意すべきものは，腹膜炎，出口部感染などの感染症，体液量過剰による心不全がある。透析では腎臓ホルモンの産生機能はないため，エリスロポエチン，活性型ビタミンDなどのホルモンを注射や薬で補う必要がある。

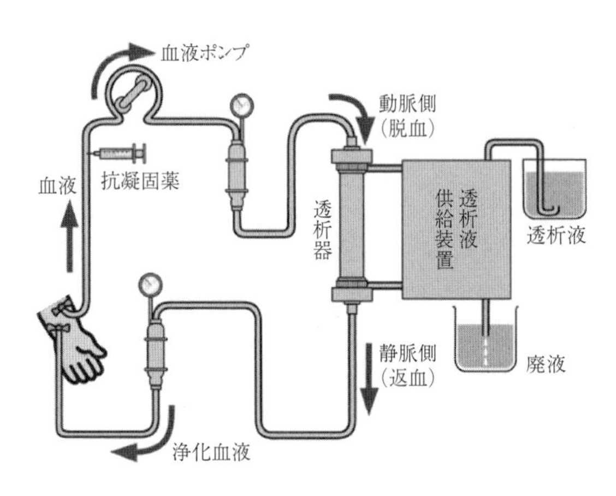


**図 3.25**　血液透析模式図

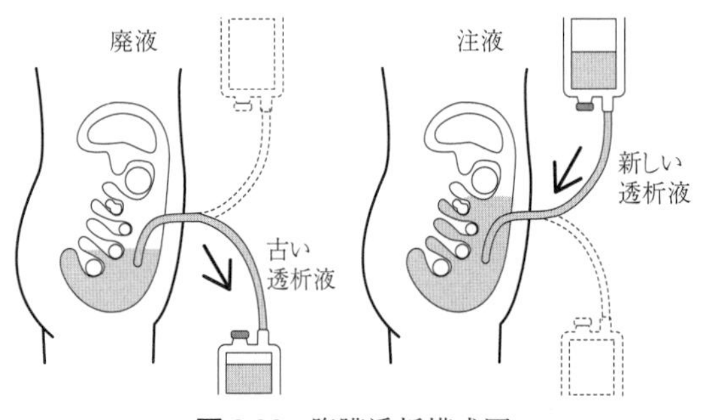


**図 3.26**　腹膜透析模式図

### (6)　栄養学的アプローチ

#### 1)　栄養評価

透析患者は，栄養障害に陥りやすいので注意して栄養管理を行う。長期透析患者や高齢者は，体重変化，食事摂取量，血液検査値を丁寧に評価する。透析患者は，腎臓の機能がほぼ廃絶しているため，透析が行われない間は血液中に老廃物と余剰水分が体内に蓄積する。老廃物と余剰水分を体外に除去できるのは「次の透析」のタイミングになるため，「十分な透析」と「透析間の食生活」が重要である。血液透析後でも，就労や就業はできるが食事制限は必要である。飲水についても制限があるが，適切に減塩できれば口渇感は減少し，飲水量過多を防ぐことができる。飲水制限に伴って便秘になりがちである。腹膜透析患者は，仕事や家事，趣味などに支障がないように腹膜透析のメニューを決めることができるため，QOLを保つことができる。

### 2)　栄養食事療法

透析導入後も，エネルギー，たんぱく質，食塩，水分，カリウム，リンのそれぞれについて制限がある。透析開始後はアミノ酸が透析によってある程度除去されるため，一般的な成人とほぼ同等のたんぱく質（0.9～1.2g/kg標準体重/日）を摂取する。カリウムの摂取量は1日あたり2,000mg以下に抑える。リン摂取量は，摂取たんぱく質（g）×15mg/日以下とする。

腹膜透析患者は，総摂取エネルギーは標準体重あたり30～35kcal/kg/日，たんぱく質摂取量は0.9～1.2g/kg/日，食塩摂取量は［除水量（L）×7.5g］+［残存腎尿量100 mLにつき0.5g］とする。尿量が維持されている間は飲水量に制限がない場合が多いが，尿量減少とともに飲水量の調整が必要になる。総エネルギー量は，食事から摂取するエネルギー量に腹膜から吸収され

**表3.43**　血液透析・腹膜透析・腎移植の比較

| | 血液透析 | 腹膜透析 | 腎移植 |
|---|---|---|---|
| 代替できる腎臓機能 | 10％程度 | 5％程度 | 50％程度 |
| | エススロポエチンやビタミンDなどのホルモン異常は残る | | ホルモン異常はある程度回復 |
| 生命予後 | 腎移植に比べると劣る | | 優れている |
| 心血管合併症 | 多い | | 透析に比べて少ない |
| QOL | 腎移植に比べると劣る | | 優れている |
| 生活の制約 | 多い<br>（週3回，1回4時間程度の通院治療） | やや多い<br>（透析液交換，装置のセットアップなど） | ほとんどなし |
| 食事・飲水制限 | 多い（たんぱく・水・塩分，カリウム，リン） | やや多い（水，塩分，リン） | 少ない |
| 旅行・出張 | 旅行先等での透析施設の確保が必要 | 透析液等の携帯や準備 | 制限なし |
| 感染症 | リスクが高い | | 予防が重要 |

出所）日本腎臓学会他編：腎代替療法選択ガイド（2020）より改変

**表3.44**　CKDステージ5Dによる食事療法基準

| ステージ5D | エネルギー（kcal/kgBW/日） | たんぱく質（g/kgBW/日） | 食塩（g/日） | 水分 | カリウム（mg/日） | リン（mg/日） |
|---|---|---|---|---|---|---|
| 血液透析（週3回） | 30～35[注1, 2)] | 0.9～1.2[注1)] | ＜6[注3)] | できるだけ少なく | ≦2,000 | ≦たんぱく質(g)×15 |
| 腹膜透析 | 30～35[注1, 2, 4)] | 0.9～1.2[注1)] | PD除水量(L)×7.5＋尿量(L)×5 | PD除水量＋尿量 | 制限なし[注5)] | ≦たんぱく質(g)×15 |

注1）体重は基本的に標準体重（BMI = 22）を用いる。
　2）性別，年齢，合併症，身体活動度により異なる。
　3）尿量，身体活動度，体格，栄養状態，透析間体重増加を考慮して適宜調整する。
　4）腹膜吸収ブドウ糖からのエネルギー分を差し引く。
　5）高カリウム血症を認める場合には血液透析同様制限する。
出所）日本腎臓学会：慢性腎臓病に対する食事療法2014年版，東京医学社（2014）

るエネルギー量を差し引いて求める。

腎移植後しばらくして免疫抑制薬が減量されると，刺身や寿司などの生ものは新鮮なものであれば食べても問題ない。生野菜や果物も摂取できる。ただし，グレープフルーツなど一部の柑橘類は免疫抑制薬の血中濃度を上昇させるため摂取を避ける。腎移植後は肥満やメタボリックシンドロームをきたしやすく，カロリー摂取量は25〜35 kcal/標準体重 kg/日，高血圧を合併している場合には食塩摂取量は6 g/日未満とする。

#### 3) 栄養食事指導・生活指導

食事療法を実践していくために，患者はもちろん，家族の理解と協力が必要である。血液透析は食事・飲水について制限がある。血液透析患者は，痩せていると生命予後が悪くなるため，十分なエネルギーを摂取する。サルコペニアやフレイル予防のためにも，たんぱく質をしっかり摂取する。しかし，たんぱく質摂取量増加に伴う血清リン値の上昇に注意する。水分摂取量をできるだけ少なくするとあり，多くの施設では1日あたり「500〜600mL＋尿量」の水分摂取量としている。しかし，塩分摂取が多くなれば，水分摂取量は多くなりがちで，塩分を制限せずに水分を制限することは難しい。果物や生野菜，芋類などには比較的多くのカリウムが含まれるので摂取は要注意である。一般にたんぱく質を多く摂取するとリン摂取量も多くなる。リンは，**有機リンと無機リン***がある。リン/たんぱく質比の高い加工食品（ハム，ソーセージ）や乳製品（ヨーグルト，牛乳，チーズ）の摂取は控える。近年栄養状態が生存率に関与すると報告があり，リン吸着剤等をうまく利用しながら血中リン値を正常に保つ栄養療法を目指す傾向がある。血液透析後でも運動はできる。血液透析後，当日の入浴（温泉を含む）やプール遊泳は感染症の予防のため原則的に禁止。国内旅行，海外旅行のどちらも可能である。腹膜透析は，体液過剰状態に陥りやすく，透析液へたんぱく質が喪失するので，栄養障害をきたしやすい。たんぱく質過剰摂取は残腎への負荷を生じる。尿量が減少し体重増加がみられる際には，水分摂取量を減らす。腹膜透析を始めても国内旅行のみならず海外旅行も可能。カテーテル出口部の感染やトンネル感染は腹膜炎につながることがあるため，毎日観察し，出口部を清潔に保つ。腹膜炎の原因は外因性と内因性がある。外因性予防は，手洗いやマスクの着用，正しいバッグ交換，カテーテルの出口部を清潔に保つ。内因性予防は日頃から便秘にならないように，野菜や果物を摂取する。衣類や運動などにより腹部を圧迫したり，カテーテルが引っ張られたりすることがないように注意する。

***有機リン，無機リン**　有機リンの吸収率は40〜60%（肉や魚に多い），無機リンの吸収率90%以上（加工品，レトルト缶詰に多い）。

**【演習問題】**

**問 1**　腎疾患の病態と栄養管理に関する記述である。**最も適当**なのはどれか。1つ選べ。　　(2022 国家試験)

(1) 急性糸球体腎炎では，エネルギーを制限する。

(2) 微小変化型ネフローゼ症候群では，たんぱく質摂取量を 0.8g/kg 標準体重/日とする。

(3) 急性腎不全では，利尿期の後に乏尿期となる。

(4) 慢性腎不全では，血中 1$\alpha$, 25-ジヒドロキシビタミン D 値が低下する。

(5) 尿路結石では，水分を制限する。

**解答**　(4)

**問 2**　CKD 患者に対するたんぱく質制限（0.8～1.0g/kg 標準体重/日）に関する記述である。**最も適当**なのはどれか。1つ選べ。　　(2021 国家試験)

(1) 糸球体過剰濾過を防ぐ効果がある。

(2) 重症度分類ステージ G 1 の患者に適用される。

(3) エネルギー摂取量を 20kcal/kg 標準体重/日とする。

(4) アミノ酸スコアの低い食品を利用する。

(5) 制限に伴い，カリウムの摂取量が増加する。

**解答**　(1)

**問 3**　血液透析患者の 1 日当たりの目標栄養量である。**最も適当**なのはどれか。1つ選べ。　　(2023 国家試験)

(1) エネルギーは，25kcal/kg 標準体重とする。

(2) たんぱく質は，1.5g/kg 標準体重とする。

(3) カリウムは，3,000mg とする。

(4) リンは，たんぱく質量（g）× 15mg とする。

(5) 飲水量は，2,000mL とする。

**解答**　(4)

**【参考文献】**

難治性腎障害に関する調査研究班編：エビデンスに基づくネフローゼ症候群診療ガイドライン 2020，東京医学社（2020）

日本腎臓学会編：エビデンスに基づく CKD 診療ガイドライン 2023，日本腎臓学会，東京医学社（2023）

日本腎臓学会他編：腎代替療法選択ガイド 2020，ライフサイエンス出版（2020）

日本病態栄養学会編：病態栄養専門管理栄養士のための病態栄養ガイドブック（改訂第 7 版），南江堂（2022）

## 3.6 内分泌疾患における栄養ケア・マネジメント

### 3.6.1 下垂体疾患

#### (1) 概　要

下垂体は視床下部の下方にある小指頭大の分泌臓器である。視床下部－下垂体系ホルモンは全身の内分泌腺の中枢である。下垂体は前葉と後葉からなり，前葉からは成長ホルモン，乳汁分泌ホルモン（プロラクチン；PRL），甲状腺刺激ホルモン（TSH），副腎皮質ホルモン（ACTH），性腺刺激ホルモンとして黄体化ホルモン（LH），濾胞刺激ホルモン（FSH）が分泌されている。後葉からはバソプレシン（抗利尿ホルモン；ADH）とオキシトシンが分泌されている。

#### (2) 末端肥大症，巨人症

成長ホルモンの過剰分泌により起こる疾患で，原因は下垂体腺腫である。骨端線が閉じる思春期前に成長ホルモンの過剰が起これば巨人症となり高身長となる。骨端線閉塞後であれば末端肥大症となり，骨末端の肥大，軟部組織の肥大（巨舌，内臓臓器の肥大）が生じる。

下垂体腺腫の症状として，頭痛，両耳側半盲がみられる。

治療は外科的腺腫摘出術，薬物療法，放射線療法がある。

#### (3) プロラクチン産生腺腫（プロラクチノーマ）

プロラクチン産生腺腫からのプロラクチン分泌過剰が起こる。他に高プロラクチン血症を呈する疾患としては，ドーパミン受容体拮抗薬投与や，視床下部障害などがある。症状として女性では乳汁漏出，無月経を呈する。男性では女性化乳房，性腺機能低下症を呈する。

プロラクチン産生腺腫の治療は外科的腺腫摘出術，薬物療法としてのドーパミン受容体作動薬があり，微小腺腫では著効することが多い。

#### (4) 尿 崩 症

下垂体後葉からの抗利尿ホルモンの分泌低下によって生ずる。原因は特発性，頭蓋咽頭腫，脳神経外科的手術後，頭部外傷後などがある。症状は口渇・多飲，多尿で，尿量は1日3,000～10,000mLとなり，低張尿を呈する。

治療は**抗利尿ホルモンアナログ製剤***（デスモプレシン）の投与である。

* **抗利尿ホルモンアナログ製剤**
ペプチドホルモン製剤のアミノ酸構造を人工的に変え，作用持続時間や効果を変化させた薬剤である。インスリン製剤などにも用いられている。

#### (5) 下垂体機能低下症

下垂体非機能性腺腫や視床下部近傍腫瘍で起こることが多い。障害されるホルモンの欠乏症状が出現する。性腺刺激ホルモンや成長ホルモンが障害されやすく，甲状腺機能低下症，副腎皮質機能低下症を呈することがある。月経障害や性欲低下などの症状がみられる。治療は欠乏するホルモンの補充療法を行う。

### 3.6.2　甲状腺疾患

#### (1)　概　　要

甲状腺は前頸部の甲状軟骨（のどぼとけ）の下方で気管の前にあり，重さ10〜20gで，左葉，右葉，中央の峡部からなる蝶形をした内分泌臓器である。チロシンとヨードからサイロキシン（$T_4$）とトリヨードサイロニン（$T_3$）が合成され，分泌される。

甲状腺ホルモンの作用としては，代謝亢進作用，交感神経亢進作用などがある。前者にはタンパク質合成亢進作用，糖新生亢進作用，脂肪分解促進作用がある。後者には心筋へのアドレナリン取り込み亢進作用などがある。

甲状腺ホルモンは下垂体前葉から分泌されるTSH（thyroid stimulating hormone；甲状腺刺激ホルモン）で刺激を受け，さらにTSHは上位の視床下部から分泌されるTRH（thyrotropin releasing hormone；TSH放出ホルモン）によって刺激を受けている。

視床下部－下垂体－甲状腺にはnegative feedback機構がある。甲状腺ホルモンの分泌が高まる原発性甲状腺機能亢進症では視床下部からのTRH，下垂体前葉からのTSHの分泌が抑制される。一方，原発性甲状腺機能低下症では中枢からのTRH，TSHの分泌は促進され，甲状腺は刺激を受ける。

甲状腺疾患は内分泌疾患の中で最も高頻度にみられる。甲状腺機能低下症（慢性甲状腺炎の一部）が国内には35〜40万人，甲状腺機能亢進症（甲状腺中毒症；バセドウ病など）が15万人と推定されている。

#### (2)　甲状腺機能亢進症（中毒症）

##### 1)　バセドウ病

病因としては甲状腺に存在するTSH受容体に対する自己抗体が原因となり，甲状腺を刺激する**抗TSH受容体抗体***が甲状腺ホルモンの合成・分泌を高め，甲状腺機能亢進症（中毒症）の状態になる。好発年齢は思春期〜40歳であり，男女比は1：2と女性に多い。

＊ **抗TSH受容体抗体**　抗TSH受容体抗体には甲状腺のTSH受容体を刺激するTSH受容体刺激抗体とTSHの受容体への作用を阻害する抗体がある。

症候としては甲状腺腫，眼球突出，心悸亢進がMeruseburgの三徴である。甲状腺はびまん性に腫大し，軟らかく触知し，血管性雑音が聴取できる。交感神経亢進症状として動悸，頻脈，手指振戦を認める。時に心房細動や心不全を併発することがある。代謝亢進症状として体重減少，発汗過多がある。食欲は亢進し，下痢をすることが多い（**表3.45**）。バセドウ眼症としての症状には眼球突出や複視がある。その他，限局性粘液水腫は圧痕を残さない皮膚の膨隆で下

**表3.45**　甲状腺機能異常症における自覚的症状

| | 甲状腺機能亢進症・中毒症 | 甲状腺機能低下症 |
|---|---|---|
| 全身状態 | 易疲労感，全身倦怠感 | 脱力感，易疲労感 |
| 体感温度 | 暑がり | 寒がり |
| 発汗 | 発汗過多 | 発汗減少，皮膚乾燥 |
| 体重 | 体重減少 | 体重増加 |
| 食欲 | 食欲亢進 | 食欲低下 |
| 排便 | 下痢，軟便 | 便秘 |
| 精神症状 | いらいら，集中力低下<br>不眠 | 精神鈍麻，憂うつ<br>動作緩慢，緩徐な話し方<br>記憶力の低下，眠がり |
| その他 | 動悸，心悸亢進 | 浮腫，嗄声<br>難聴，脱毛 |

**表 3.46**　甲状腺機能異常症における他覚的所見

| | 甲状腺機能亢進症・中毒症 | 甲状腺機能低下症 |
|---|---|---|
| 体温 | 微熱 | 低体温 |
| 精神状態 | いらいら，神経質<br>落ち着きがない | 精神活動低下<br>言語・動作緩慢 |
| 循環器 | 頻脈，心房細動<br>脈圧増大<br>心不全 | 徐脈，心陰影拡大<br>心音減弱，脈圧減少<br>心不全 |
| 消化器 | 消化管運動亢進，軟便，下痢 | 消化管運動低下，便秘 |
| 神経・筋 | 手指振戦，腱反射亢進<br>筋力低下，周期性四肢麻痺 | 腱反射遅延，筋力低下<br>こむら返り |
| 顔貌 | バセドウ様顔貌<br>眼球突出 | 粘液水腫様顔貌，憂うつ<br>口唇肥厚，巨大舌 |
| 皮膚 | 発汗過多，湿潤 | 皮膚乾燥，黄色 |
| 浮腫 | 限局性粘液水腫 | 圧痕を残さない浮腫 |

**表 3.47**　甲状腺機能異常症における検査所見

| | 甲状腺機能亢進症・中毒症 | 甲状腺機能低下症 |
|---|---|---|
| コレステロール | 低下 | 上昇 |
| 中性脂肪 | 低下 | 上昇 |
| CPK | 低下 | 上昇 |
| GOT，GPT，LDH | 上昇 | 上昇 |
| Alp（骨由来） | 上昇 | 不変 |
| 基礎代謝 | 上昇 | 低下 |
| 心電図 | 洞性頻脈，心房細動，高電位 | 洞性徐脈，低電位 |

腿に比較的多くみられる（**表 3.46**）。

診断するには症候に加え，血清遊離 $T_3$（$FT_3$），遊離 $T_4$（$FT_4$）が高値を示し，血清 TSH は抑制される。血中の TRAb（TSH 受容体抗体）または TSAb（甲状腺刺激抗体）が高値となる。一般検査では総コレステロールや HDL コレステロールは低値となり，中性脂肪は低値を示す。骨代謝は高回転型となり，血清アルカリフォスファターゼは高値を示すことが多い。正球性正色素性貧血のことがある。心電図では心拍数の増加，時に心房細動を認める（**表 3.47**）。

バセドウ病の治療には薬物療法，放射性ヨード，手術療法がある。薬物療法には抗甲状腺薬による治療と無機ヨードによる治療がある。抗甲状腺薬にはメチマゾール（MMI）とプロピルチオウラシル（PTU）の 2 種類がある。MMI は 15～30mg，PTU は 300～450mg を初期投与量として，甲状腺ホルモンの正常化を確認しながら漸減していく。副作用としては皮膚中毒疹，肝障害，重篤なものとしては白血球減少がある。

放射性ヨード療法は甲状腺腫の程度，**放射性ヨード**＊1の甲状腺への摂取率から投与量を決定し，経口的に放射性ヨードを投与する。数ヵ月から数年で甲状腺機能は正常化してくるが，長期的に甲状腺機能低下症をきたすことがある。挙児希望者や妊婦への投与は禁忌である。

手術療法は甲状腺腫が大きい場合や甲状腺がんを合併しているときに適応となる。甲状腺亜全摘もしくは全摘出が行われる。

**2)　破壊性甲状腺炎＊2（亜急性甲状腺炎，無痛性甲状腺炎）**

甲状腺炎により甲状腺濾胞が破壊され，一時的に甲状腺ホルモンが血中に漏出して甲状腺中毒症を呈する病態である。原因は明確にはされていないが，ウイルス感染などが考えられている。甲状腺に痛みを伴うものが亜急性甲状腺炎で，痛みのないものが無痛性甲状腺炎である。頻脈，発汗過多，手指振戦などの症状を呈する。血清 $FT_3$，$FT_4$ は上昇し，TSH は抑制される。無痛性甲状腺炎では，通常甲状腺中毒症の時期は 3ヵ月以上持続せず，TRAb や TSAb はいずれも陰性である。また放射性ヨード（またはテクネシウム）の甲状腺への取り込みはバセドウ病では増加するが破壊性甲状腺炎の場合は

＊1 **放射性ヨード**　放射性ヨードの甲状腺への摂取率をみる場合や放射性ヨードで治療を行う場合には，予めヨードを制限した食事が必要となる。ヨードを多く含む海藻類や海産物の摂取は控える。

＊2 **破壊性甲状腺炎**　破壊性甲状腺炎でも亜急性甲状腺炎は無痛性甲状腺炎に比べ，炎症所見が強く表れ，発熱や血清 CRP の上昇をみる。

低値となる。亜急性甲状腺炎の治療としては消炎鎮痛薬やステロイドホルモン薬が治療薬として用いられ，数ヵ月の経過で甲状腺機能低下症の時期を経て寛解する。一方，無痛性甲状腺炎は甲状腺中毒症を呈した後，自然の経過で甲状腺機能低下症を経て甲状腺機能は正常化する。

#### 3) プランマー病

甲状腺結節から甲状腺ホルモンが分泌される疾患であり，甲状腺中毒症を呈する。甲状腺結節には放射性ヨードの取り込みが亢進する。甲状腺超音波検査では結節性病変が描出できる。プランマー病は結節への血流は増加し，破壊性甲状腺炎では血流が認められないことから，超音波ドプラーによる血流検査で両者を鑑別できる。治療は手術による結節の摘出である。

#### 4) 甲状腺機能亢進症（中毒症）の栄養食事療法，生活指導

代謝が亢進していることから，体重減少を呈することが多い。摂取エネルギー量を増やす必要がある。標準体重 kg 当たり 35～40kcal のエネルギー量とし，熱代謝も亢進することから，水分摂取量も増やす。食事は高たんぱく質，高糖質とする。甲状腺機能が正常化してからの過剰なエネルギーの食事は肥満を呈するので注意が必要である。骨代謝や糖代謝は亢進状態にあることからカルシウムの補充やビタミン B 群の補充を十分に行う。さらに交感神経刺激状態はあるのでコーヒー，タバコ，香辛料などの刺激物は控える。ヨードを含む食品の摂取を特に避ける必要はない。睡眠を十分にとり，規則正しい生活を行い，甲状腺亢進症（中毒症）期には激しい運動やストレスは避けるように指導する。

### (3) 甲状腺機能低下症

原発性甲状腺機能低下症の原因として多いのは慢性甲状腺炎（橋本病）である。甲状腺に対する自己抗体が関与する自己免疫疾患である。時にバセドウ病の甲状腺摘出後や放射性ヨード治療後，甲状腺がんによる甲状腺摘出後に起こることがある。続発性甲状腺機能低下症としては下垂体機能低下症による TSH の分泌不全から二次的に甲状腺機能低下症を呈することがある。

#### 1) 慢性甲状腺炎（橋本病）

慢性甲状腺炎の好発年齢は 30～60 歳で男女比は 1 ： 4 ～ 9 と女性に多い。甲状腺機能低下症による症状として，寒気，易疲労感，便秘，眠気，精神活動の低下を認める。徐脈，体重増加，粘液水腫様顔貌，皮膚の乾燥がある。びまん性に硬い甲状腺腫を触知し，腱反射の弛緩相の遅延を呈する。（**表 3.45**，**表 3.46**）。

診断では，甲状腺腫に加え，抗甲状腺自己抗体が陽性であれば，慢性甲状腺炎と診断できる。慢性甲状腺炎の中で実際に甲状腺機能低下症を呈するのは約 10％程度と考えられている。長い経過で機能低下症に陥ることがある

ので経過観察は必要である。機能低下症があれば，血清遊離 $T_4$，$T_3$ の低値，血清 TSH はネガティブフェードバックで高値を呈する。抗甲状腺自己抗体として抗サイログロブリン抗体や抗マイクロゾーム（TPO：甲状腺ペリオキシダーゼ）抗体の抗体価は高く陽性となる。甲状腺超音波試験（エコー）検査では甲状腺は全体に腫大し，内部エコーは不均一となる。また，放射性ヨードの甲状腺への取り込みは低下する。一般検査では軽度の貧血，血清総コレステロール，CPK が高値を示す（**表 3.47**）。

治療は甲状腺機能低下症があれば，甲状腺ホルモン薬の補充が基本となる。少量の合成 $T_4$ の投与から始め，甲状腺機能をみながら，2～4 週間ごとに機能が正常化するまで甲状腺ホルモン薬を増量する。

#### 2） クレチン症

出生時に甲状腺ホルモンの少ない状態が続くことで，心身の発達に障害が起こる。精神・知能機能の遅延や体の発育障害が生じる。原因として甲状腺の形成不全や甲状腺ホルモンの合成障害がある。出生児 6,000～7,000 人に 1 人の頻度でみられる。出生時の臍帯血 TSH 測定によるマススクリーニングで早期に診断・治療が可能となっている。

症候としては，新生児黄疸の遅延，臍ヘルニア，腹部膨満，便秘を認める。治療が遅れると発育障害，精神・知能発達の遅延が起こる。血中 TSH の高値，甲状腺ホルモン（遊離 $T_4$，遊離 $T_3$）値は低値を呈する。総コレステロール，CPK は高値を示すことがある。治療として甲状腺ホルモンの補充を行う。

#### 3） 甲状腺機能低下症の栄養食事療法

甲状腺機能低下症では基礎代謝が低下しているため，肥満があれば，摂取エネルギーは抑える必要がある。食事療法の注意点はヨードを多く含む海藻類（特に昆布やワカメ）の大量摂取は控える。貧血や高コレステロール血症は甲状腺ホルモンの補充によって改善するので対症療法は必要としないが，必要に応じて鉄やビタミン $B_{12}$ を補給する。

## 3.6.3 副甲状腺疾患

### (1) 概　念

副甲状腺は甲状腺の後面にある米粒大の臓器で左右に 2 対存在する。副甲状腺からは副甲状腺ホルモンが分泌され，体内のカルシウムとリンの代謝を調節している。副甲状腺ホルモンは骨からのカルシウム吸収を高め，腎尿細管からのリンの排泄を高める作用がある。

### (2) 副甲状腺機能亢進症

副甲状腺ホルモンの過剰によって高カルシウム血症，低リン血症を呈する疾患である。原因は副甲状腺状腺腺腫もしくは過形成でおこる原発性と腎不全によるビタミンD活性障害から低カルシウム血症を呈し，反応性に副甲状腺ホルモンの分泌が増加する続発性がある。症状としては，高カルシウム血症による多尿，多飲，尿路結石，骨からのカルシウムの吸収により骨粗鬆を呈する。治療は腺腫摘出である。

**(3)　副甲状腺機能低下症**

副甲状腺ホルモンの低下によっておこる疾患である。低カルシウム血症，高リン血症を呈する。原因は副甲状腺の形成障害，自己免疫による破壊，副甲状腺摘出後に起こる。症状としては，テタニー発作，てんかん様全身けいれん，筋肉のこわばり，しびれ感などである。治療は活性型ビタミンD製剤やカルシウム製剤の投与である。

### 3.6.4　副腎疾患

**(1)　概　　要**

副腎は両側の腎の上極にある約5gの母指頭大の臓器である。副腎は皮質と髄質の2層に分かれ，皮質からはステロイドホルモンが分泌され，髄質からはカテコーラミンが分泌される。さらに皮質は球状層，束状層，網状層の3層に分かれている。球状層からはアルドステロンが，束状層からはコルチゾールが，網状層からは副腎アンドロゲンがそれぞれ分泌されている。

副腎皮質ステロイドホルモンの分泌過剰症としてクッシング症候群，原発性アルドステロン症がある。分泌低下症としてはアジソン病がある。一方，髄質のカテコーラミン分泌過剰症として褐色細胞腫がある。

副腎皮質ステロイドホルモンは下垂体前葉から分泌される**ACTH**[*1]（副腎皮質刺激ホルモン）によって刺激的に分泌調節されている。また，球状層から分泌されているアルドステロンはACTHとともに**レニン-アンジオテンシン系**[*2]の支配を受け，アンジオテンシンⅡによって分泌が促進する。

**(2)　クッシング症候群（広義）**

クッシング症候群（広義）は副腎皮質からのコルチゾールの分泌過剰症である。その原因は下垂体腺腫からのACTH分泌過剰によって両側副腎過形成をきたすクッシング病と副腎腺腫や副腎がんから過剰のコルチゾールが分泌されるクッシング症候群（狭義）がある。また，肺がんなどがACTHを異所性に分泌し，コルチゾール過剰症を示す異所性ACTH症候群やステロイドホルモンの長期過剰投与によって起こる薬剤性クッシング症候群がある。

クッシング症候群（広義）の頻度は，男女比1：4と女性が多く，クッシング病が約40%，異所性ACTH症候群が約10%，副腎腺腫が約50%である。

症候としては体幹への脂肪沈着と四肢の筋量の低下によって生じる中心性肥満，後頸部には水牛様脂肪沈着，満月様顔貌，下腹部皮膚にみられる赤色

*1 **ACTH**　下垂体前葉から分泌されるACTHの前駆体はプレプロオピオメラノコルチンであり，アミノ酸残基がプロセッシングしてACTH，β-エンドルフィン，メラニン細胞刺激ホルモン（MSH）が合成される。ACTHが過剰に分泌される病態では血中MSHが増加し，皮膚の色素沈着がみられる。

*2 **レニン-アンジオテンシン系**　腎臓の傍糸球体細胞からレニンが分泌され，レニンは肝臓で生成されるアンジオテンシノーゲンをアンジオテンシンⅠに変換する。さらにアンジオテンシンⅠはアンジオテンシン変換酵素（ACE）によってアンジオテンシンⅡに変換される。アンジオテンシンⅡはアルドステロンの分泌を促進し，血中ナトリウムを増加させるとともに血管を収縮して血圧を上昇させる。

表 3.48　副腎皮質機能異常症における臨床所見

| | クッシング症候群 | アジソン病 |
|---|---|---|
| 体重 | 中心性肥満 | 減少 |
| 皮膚 | 赤色皮膚線条 | 色素沈着 |
| 血清ナトリウム | 上昇 | 低下 |
| 血清カリウム | 低下 | 上昇 |
| 血糖値 | 上昇 | 低下 |
| 血清脂質 | 上昇 | 低下 |

皮膚線条などがある。その他，骨粗鬆症，耐糖能異常，高血圧，皮膚ざ瘡，多毛，抑うつ症状などがみられる（**表 3.48**）。

検査所見では血中・尿中のコルチゾールは上昇し，**日内変動**[*1]は消失する。デキサメサゾン抑制試験で血中のコルチゾールは抑制されない。血中 ACTH は副腎原発のクッシング症候群（狭義）では抑制され，クッシング病や異所性 ACTH 症候群では高値を示す。副腎シンチグラフィの所見として，副腎腺腫では病側に片側性に描出され，クッシング病では両側の副腎が描出される。一般検査では耐糖能異常，高ナトリウム血症，低カリウム血症がみられ，総コレステロールや中性脂肪は高値を示す（**表 3.48**）。

*1 **日内変動**　ACTH-コルチゾール系の日内変動は，早朝にホルモン濃度はピークを示し，午後から夜間にはホルモン濃度は半減する。時差ボケの要因のひとつである。

治療は副腎腺腫や下垂体腺腫の摘出が基本的となる。耐糖能異常，高血圧，脂質異常を合併することが多く，摂取エネルギー量のコントロールや食塩制限を指導する。また，コレステロール摂取量を減らし，食物繊維の摂取を勧める。

#### (3)　アジソン病（副腎皮質機能低下症）

アジソン病は副腎皮質ホルモンの分泌不全によって起こる。原因は特発性（自己免疫性）49%，結核やウイルスなどの感染性 27%，転移性副腎がんなどその他が 11%である。**特発性の副腎皮質機能低下症**[*2]では抗副腎皮質抗体が陽性となる。症状として易疲労感，脱力感，悪心，食欲低下，低血圧，体重減少などがあり，口腔粘膜，関節伸展側皮膚，爪床，乳輪に色素沈着が 90%以上の頻度で認められる。女性では腋毛，恥毛の脱落をきたす。検査では低ナトリウム血症，高カリウム血症，低血糖，低コレステロール血症，末梢血好酸球増多を認める（**表 3.48**）。血中コルチゾール低値，ACTH 高値であり，ACTH 負荷試験で血中コルチゾールは無反応である。

*2 **特発性の副腎皮質機能低下症**　特発性アジソン病と慢性甲状腺が合併することがあり，シュミット（Schmidt）症候群という。

治療ではコルチゾールの補充が必要である。栄養療法としては食欲低下，体重減少があり，摂取エネルギー量の評価を行う。コルチゾールの補充によって食欲低下は早急に改善する。塩類は喪失傾向にあるので十分な食塩の摂取が必要である。

#### (4)　原発性アルドステロン症

原発性アルドステロン症はアルドステロンの過剰によって起こる。病型としてアルドステロン産生腺腫，特発性アルドステロン症などがある。高血圧症の 10～15%を占めると報告されている。アルドステロンは腎臓の遠位尿細管に働いて尿からのナトリウム再吸収とカリウムの排泄を促進する。その結果，原発性アルドステロン症では高ナトリウム血症，高血圧を示し，低カリウム血症によって筋力低下，周期性四肢麻痺が生じ，代謝性アルカローシスを呈する。診断では血漿アルドステロン（PAC）高値，血漿レニン活性（PRA）低値となり，PAC/PRA の比は 200 以上を示す。腹部 CT では副腎腺腫を認め，副腎シンチグラフィーでは腺腫への取り込みの亢進を認める。

治療はアルドステロン分泌腺腫の摘出である。両側副腎過形成による特発性アルドステロン症では抗アルドステロン薬（スピロノラクトン）による治療が行われる。栄養療法では，高血圧があるので食塩制限を指導する。低カリウム血症があれば，生野菜や果物の摂取を勧める。

**【演習問題】**

**問 1**　内分泌疾患とホルモンに関する記述である。**最も適当**なのはどれか。1 つ選べ。（2023 年国家試験）

(1) 尿崩症では，バソプレシンの分泌が増加する。
(2) 原発性副甲状腺機能亢進症では，血清リン値が低下する。
(3) 原発性アルドステロン症では，血漿レニン活性が上昇する。
(4) アジソン病では，コルチゾールの分泌が増加する。
(5) 褐色細胞腫では，カテコールアミンの分泌が減少する。

**解答**　(2)

**問 2**　内分泌疾患と血液検査所見の組合せである。**最も適当**なのはどれか。1 つ選べ。（2022 年国家試験）

(1) バセドウ病 ―――― 甲状腺刺激ホルモン（TSH）受容体抗体の陽性
(2) 橋本病 ―――― LDL コレステロール値の低値
(3) 原発性アルドステロン症 ―――― レニン値の上昇
(4) クッシング症候群 ―――― カリウム値の上昇
(5) 褐色細胞腫 ―――― カテコールアミン値の低値

**解答**　(1)

**【参考文献】**

日本甲状腺学会編：バセドウ病治療ガイドライン 2019，南江堂（2019）
日本内分泌学会編：内分泌代謝科専門医研修ガイドブック，診断と治療社（2018）
日本病態栄養学会：病態栄養ガイドブック，南江堂（2019）

## 3.7 神経疾患における栄養ケア・マネジメント

### 3.7.1 認知症

#### (1) 疾患の定義

認知症とは老いに伴う病気のひとつで，脳の病気や障害によって認知機能が持続的に低下し（失語，失認，失行，実行機能），およそ6ヵ月以上にわたり日常生活や社会生活に支障をきたす状態をいう。

#### (2) 病因・病態

認知症は，高齢化の進展とともに増加し，前段階の**軽度認知障害（MCI）**[*1]も加えて今後も増え続けると予想されている。認知症は，アルツハイマー型認知症，レビー小体型認知症，血管性認知症，前・側頭型認知症がある。遺伝によるケースは稀であり，誰にでも起こりうる疾患である。認知症では，脳の細胞が壊れて新しい記憶ができない記憶障害，時間や場所がわからなくなる見当識障害，理解・判断力の低下，同じものを購入したり計画が立てられない実行機能の低下など中核症状と呼ばれるものが現れる。その結果，不安・焦燥，うつ状態，幻覚・妄想，徘徊，興奮・暴力，不潔行為，せん妄などの周辺症状・随伴症状が現れる（**図3.27**）。65歳未満で発症した場合は若年性認知症という。

#### (3) 症　状

##### 1) アルツハイマー型認知症

わが国でもっとも多い認知症で，有病率は高齢になるほど高くなる。アルツハイマー病患者の脳にはたんぱく質のシミ（老人斑）がみられ，ここに含まれる**アミロイドβ（ベータ）**[*2]とよばれる異常なたんぱく質の蓄積と**タウタンパク質**[*3]が凝集する神経原繊維変化の形成，この二つによって，脳の神経細胞が傷害されると考えられている。アルツハイマー病は，物忘れなどの記憶障害から始まり，緩やかに進行して，人格崩壊や徘徊などが見られたり，さらに進行すると歩行や摂食に支障をきたし，終末期には寝たきりになる人も少なくない。

##### 2) 血管性認知症

脳梗塞や脳出血，動脈硬化が主因で生じた認知症で，日常生活に支障をきたすような記憶障害や認知機能障害などが現れやすい。症状の現れ方には特徴的なま

*1 **軽度認知障害**（MCI：Mild Cognitive Impairment）　正常と認知症の中間の状態。日常生活への影響はほとんどなく，認知症とは診断できないが，MCIの人のうち年間で10〜15%が認知症に移行するとされている。

*2 **アミロイドβ**　脳内で作られるタンパク質の一種。健康な人の脳にも存在する物質で，通常は短期間で分解・排出されるが，排出されずに脳に蓄積するとアミロイドβの毒素で神経細胞が死滅すると考えられている。

*3 **タウタンパク質**　神経細胞で生成される可溶性のタンパク質。脳の特定部位で過剰になると不溶性の神経原繊維変化と呼ばれる構造を形成し，神経細胞を死滅させる。

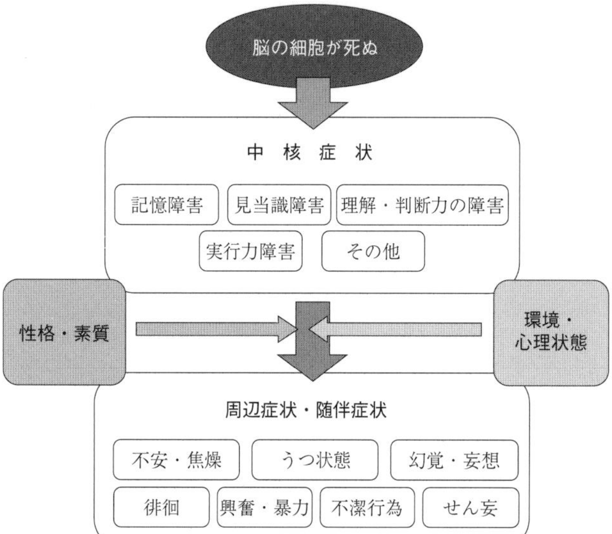

脳の細胞が死ぬ
↓
中核症状
記憶障害
見当識障害
理解・判断力の障害
実行力障害
その他
性格・素質 → ← 環境・心理状態
↓
周辺症状・随伴症状
不安・焦燥
うつ状態
幻覚・妄想
徘徊
興奮・暴力
不潔行為
せん妄

出所）厚生労働省：制作レポート認知症を理解する
https://www.mhlw.go.jp/seisaku/19.html（2023.9.1）

図3.27　認知症の症状

**だら認知症**[*1]がある。さらに歩行障害，手足の麻痺，言語障害，パーキンソン症状，排尿障害（頻尿，尿失禁），抑うつ，**感情失禁**[*2]，**夜間せん妄**[*3]などの症状がみられることがある。

**3） レビー小体型認知症**

アルツハイマー型に次いで多い認知症であり，記憶障害を中心とした認知症と，繰り返す幻視や筋肉のこわばり（パーキンソン症状）などを伴う。

**4） 前・側頭型認知症**

会話中に突然立ち去る，万引きをする，同じ行為を繰り返すなど性格変化と社交性の欠如が現れやすい。

#### (4) 検査・診断

認知機能の評価法としては「改訂 長谷川式簡易知能評価スケール（HDS-R）（**付録参照**），MMSE（Mini Mental State Examination）（**付録参照**），その他様々な検査法がある。また頭部CT，MRIによる画像診断で脳全体の萎縮や記憶を司る海馬の萎縮を確認し，血管性認知症の原因となる脳血管障害の有無を確認する。

#### (5) 医学的アプローチ

アルツハイマー病とレビー小体型認知症は，抗認知症薬としてコリンエステラーゼ阻害薬，NMDA受容体拮抗薬があり，中核症状への有効性が認められている。また，アルツハイマー病の治療薬「レカネマブ」は，アミロイドβを除去する効果が認められている。行動・心理症状の特徴によって異なるが，抗うつ薬，抗不安薬，抗精神病薬，漢方薬，睡眠薬，便秘薬などがある。非薬物療法では，**運動療法**[*4]，**認知機能訓練**[*5]などの取り組みがある。

#### (6) 栄養学的アプローチ

**1） 栄養評価**

認知症高齢者においては，低栄養状態が大きな問題となるため，体重の変化，身体構成成分，血液検査等から栄養状態を評価する。食事をしたことを忘れる，食べ物と認識できない，食べ方を忘れるなど，介護者から食事状況を聞き取って拒食，少食，過食，偏食，異食のほか，嚥下，咀嚼，脱水がないかを把握し，経口摂取量の不足を評価する。

**2） 栄養食事療法**

嚥下，咀嚼障害がある場合は，継続して実施可能な食事形態を提案する（「摂食機能の障害」参照）。少食の場合はBMIに応じた栄養摂取量になっているかを検討する。特にエネルギー量，たんぱく質不足，脱水に注意する。疾患がある場合には各疾患の食事療法の項を参照する。

**3） 栄養食事指導・生活指導**

食事は，家族や介護者への働きかけが中心となる。介護用の食事や食器を

*1 **まだら認知症** ある分野のことはしっかりできるのに，他のことでは何もできない，また日によってできる日とできない日があるなど能力にばらつきがある。

*2 **感情失禁** 感情の調節がうまくいかず，過度に感情を出してしまう情緒障害のこと。

*3 **夜間せん妄** 一過性の錯乱，幻覚，妄想などが，とくに夜間に生じること。

*4 **運動療法** 運動療法には有酸素運動，筋力強化訓練，平衡感覚訓練があり，運動機能を高めることで寝たきりや転倒のリスク低減が期待されている。

*5 **認知機能訓練** 認知トレーニングや認知刺激療法，認知リハビリテーション，音楽療法，回想法など。

利用するなど，食べやすい環境作りも重要である。しかし，近年は老老介護も増加し，家族の健康にも留意する必要がある。日常生活の困難さから家族に燃え尽きやうつを生じないよう，家族だけではなく専門家を含めた包括的な栄養ケアが重要である。

### 3.7.2 パーキンソン病・症候群

#### (1) 疾患の定義

パーキンソン病は原因不明の神経難病のひとつで，大脳基底核の黒質にある**ドパミン**[*1]神経細胞が減少して起こる進行性変性疾患である。

*1 **ドパミン** 神経伝達物質の1つで，カテコールアミンに属する。アミノ酸のチロシンから酵素の働きによって合成される。

#### (2) 病因・病態

パーキンソン病は，1817年にイギリスの医師パーキンソンにより筋肉の硬直と震えがある病気として最初に報告されたことから名付けられた。

パーキンソン病は，ドパミン神経が減少することで，運動の調整を司令する神経伝達物質のドパミンが作られないことから，体の動きに障害が生じる。動作緩慢，すくみ足，小歩症（きざみ歩行），典型的な左右差のある安静時振戦，バランスが取れない姿勢反射障害，筋固縮，仮面様顔貌，突進歩行，小字症などの症状がみられる。何年もかけてゆっくり進行するため，適切な治療をしながら長年にわたり良い状態を保つことが大切である。発症年齢は50～65歳に多いが，高齢になる程発病率が増加する。

#### (3) 検査・診断

パーキンソン病は，血液検査やMRIなどの一般的な検査では特徴的な異常はなく，症状，診察初見，進行性の経過などを踏まえ，パーキンソン病と似た症状をきたす他の疾患ではないことを確認し，治療薬の有効性などから総合的に診断される。パーキンソン病と類似した症状を呈する病気を総称してパーキンソン症候群と呼ぶが，この中には様々な疾患が含まれ，区別される。重症度の評価としてホーン・ヤール（Hoehn-Yahr）重症度分類（**表3.49**）のステージⅢ以上，生活機能障害度Ⅱ度以上は難病として公費医療の対象となる。

#### (4) 医学的アプローチ

パーキンソン病の治療の基本は薬物療法である。ドパミンの前駆体でありアミノ酸の一種であるレボドパ（L-ドーパ）は最も強力な治療薬であり，脳内でドパミンに変化して不足しているドパミンを補う。しかしレボドパは，服用して2-3時間すると効果が切れて動けなくなる**ウェアリング・オフ**[*2]現象が生じる。またこの副作用が生じない薬剤としてドパミンアゴニストなど，様々な薬剤があり，複数の薬を飲み合わせることが多い。そのほか，手術療法や対症療法としてカウンセリングやリハビリテーションなどがある。

*2 **ウェアリング・オフ現象** レボドパ（L-ドーパ）の作用時間が短いことから，薬効のあるオンと振戦・無動・運動障害などの薬効のないオフが出現する，日内変動のオンとオフ現象をいう。

**表 3.49**　ホーン・ヤール（Hoehn & Yahr）重症度分類

<table>
<tr><th colspan="2">Hoehn-Yahr の重症度分類</th><th colspan="2">生活機能障害度<br>（厚生労働省異常運動疾患調査研究班）</th></tr>
<tr><td>ステージⅠ</td><td>片側のみの症状がみられる。軽症で機能障害はない。</td><td>Ⅰ度</td><td>日常生活，通院にほとんど介助を要さない。</td></tr>
<tr><td>ステージⅡ</td><td>両側の症状がみられるが，バランスへの障害はない。</td><td rowspan="3">Ⅱ度</td><td rowspan="3">日常生活，通院に介助を要する。</td></tr>
<tr><td>ステージⅢ</td><td>歩行障害，姿勢反射保持障害がみられる。日常生活動作に一部介助が必要となる。</td></tr>
<tr><td>ステージⅣ</td><td>日常生活に介助を要する。</td></tr>
<tr><td>ステージⅤ</td><td>寝たきりあるいは車椅子で，全面的に介助を要する状態である。</td><td>Ⅲ度</td><td>日常生活に全面的な介助を要し，歩行，起立不能。</td></tr>
</table>

出所）厚生労働省：「指定難病の要件について」（平成 27 年）

### (5)　栄養学的アプローチ

バランスの取れた食事・栄養がしっかり摂れることが重要である。そのためには，進行する重症度や症状，嚥下状態に合わせて栄養管理や食事内容を変えていく必要がある。嚥下障害が悪化し，服薬困難や食事摂取量が減少し低栄養が見られる時には，経管栄養や胃瘻造設も考慮する。

#### 1)　栄養評価

摂食・嚥下障害が現れ，脱水，栄養障害，誤嚥性肺炎などの感染症が直接の死因になることが多い。そのため，治療の長期化による低栄養に留意し，体重の変化や身体構成成分，血液検査などから栄養状態を把握する。特に摂食・嚥下機能に見合った食形態かどうかは患者の生命に関わるため重要である。

#### 2)　栄養食事療法

レボドパを使用している場合にはウェアリング・オンの時に食事をするのが望ましい。またレボドパはアミノ酸の一種であることから，薬効を最大限に引き出すよう，日中はできるだけ高たんぱく質の食物を避けた献立にする（**表 3.59**）。自律神経症状として便秘が起こりやすくなるため，規則正しい食生活をはじめ，水分，水溶性食物繊維，乳酸菌の積極的な摂取を行う。

#### 3)　栄養食事指導・生活指導

患者が自宅で療養する場合には，家庭での栄養バランスの取り方，体重維持と低栄養の防止，食事形態の調整を指導するほか，便秘予防や栄養補助食

**表 3.50**　たんぱく質再分配療法の例

| |
|---|
| 朝食：糖質中心：ごはん（多），汁物，野菜のおかず |
| 昼食：糖質中心：麺（多），野菜のおかず |
| 間食：糖質中心：果物，ゼリー |
| 夕食：たんぱく質中心：ごはん（少），肉・魚・卵・豆製品のおかず（多） |

出所）橋本幸亜：パーキンソン病の栄養療法の確立に向けて，日本静脈経腸栄養学会雑誌，**32**(5)，(2017)

品など必要な情報を提供する。

**【演習問題】**

**問1**　神経疾患に関する記述である。**最も適当**なのはどれか。1つ選べ。

（2020年国家試験）

(1) パーキンソン病では，筋緊張低下がみられる。
(2) レビー小体型認知症は，ウイルス感染により起こる。
(3) 脳血管性認知症では，感情失禁がみられる。
(4) アルツハイマー病では，症状が階段状に進行する。
(5) アルツハイマー病では，まだら認知症がみられる。

**解答**　(3)

**問2**　パーキンソン病治療薬レボドパ（L-ドーパ）の吸収に影響することから，昼食として摂取を控えるのが望ましい食事である。**最も適当**なのはどれか。1つ選べ。

（2023年国家試験）

(1) ジャムサンド
(2) シーフードドリア
(3) ざるそば
(4) わかめうどん
(5) 梅粥

**解答**　(2)

**【参考文献】**

厚生労働省：政策レポート認知症を理解する，
https://www.mhlw.go.jp/seisaku/19.html（2023.9.1）
厚生労働省：政府広報オンラインもし家族や自分が認知症になったら，知っておきたい認知症のキホン，https://www.gov-online.go.jp/useful/article/201308/1.html（2023.9.1）
（独立行政法人）国立病院機構松江医療センター：神経変性疾患領域における基盤的調査研究班
難病情報センター：パーキンソン病（指定難病6），
https://www.nanbyou.or.jp/entry/169（2023.9.1）
日本神経学会「パーキンソン病診療ガイドライン」作成委員会編：パーキンソン病診療ガイドライン2018，医学書院（2018）

## 3.8　摂食障害における栄養ケア・マネジメント

摂食障害とは，単なる食欲や食行動の異常ではなく，体重に対する過度のこだわりや自己評価への体重・体形への過剰な影響といった心理的要因に基づく食行動の重篤な障害のことである。

### 3.8.1　神経性やせ症（神経性食欲不振症）（AN：anorexia nervosa）

#### (1)　病態および症状

思春期から青年期（10〜19歳）の女性に好発するが，近年，低年齢化がみられる。身体像のゆがみがあり，強いやせ願望，肥満恐怖のためにやせていることを認めない病識の欠如がみられる。**身体症状**[*1]や**食行動異常**[*2]がみられる。極度のやせにもかかわらず過度に運動する活動性の亢進が認められる。

家族の食事状況への異常な関心（食べることの強制）や食べ物への固執（料理やお菓子作りなど）もみられる。心理面では抑うつ感情，見捨てられ不安，強迫傾向，焦燥感，無力感，自己嫌悪などが認められる。

*1 **身体症状**　短期間に著しいやせに至り，無月経，徐脈，低体温，低血圧，便秘，浮腫，うぶ毛密生，乾燥した皮膚などの症状を呈す。

*2 **食行動異常**　食べ続ける自分を制御できず一度に大量の食物をむちゃ食いする。自己誘発性嘔吐や下剤の乱用により，電解質異常，脱水，浮腫をきたす場合もある。また過栄養による脂肪肝や脂質異常症を認める。

#### (2)　診断基準

摂食障害の分類には，WHOの国際疾病分類（ICD-10）と米国精神医学会の診断基準（DSM-5）がある。現在，神経性やせ症は厚生労働省では（**表3.51**）の診断基準を用いている。

#### (3)　栄養学的アプローチ

##### 1)　栄養評価

体重が最も重要な指標である（**表3.52**）。**表3.53**に活動制限目安を示す。食事摂取状況の問診を行い，栄養摂取量及び食行動の状況について把握する。症状の有無，血液検査データ，月経の有無などを評価する。

##### 2)　栄養食事療法

医療チームで共有するように情報提供に努め，主治医の治療方針とすり合わせを行う。標準体重から80%以上の場合，運動制限はない。

外来診療で体重増加が不良の場合は入院治療を勧める。再栄養時には，全身浮腫，肝機能障害，refeeding症候群，微量元素の不足に留意する。栄養状態がある程度回復した時点で精神療法などの治療を開始する。低栄養に伴い，胃排泄能の低下，大腸運動の低下など機能障害を生じ，消化器症状をきたしやすい。経口摂取が困難な場合には中心静脈栄養または経腸栄養なども考慮する。体重は，週1kg程度の増加を目標とする。エネルギー投与量は4〜7日かけて徐々に増加させる。グルコース代謝に伴いビタミン$B_1$の需要・消耗が増し，ウェルニッケ脳症や代謝性アシドーシスなどをきたしやすいため，再栄養開始時は十分に補充する。500〜1,000kcalから開始し，患者の状態に合わせて本人に同意を得ながら徐々に増加させる。

表 3.51　神経性やせ症の診断基準（DMS-5）

| |
|---|
| A：年齢・性別・発達的軌跡・身体的健康状態のうえで著しい低体重を生じるような，必要量に比較して抑制されたエネルギー摂取。著しい低体重は，正常の最低より少ない，または子どもや青年では，期待される最低よりも少ないことで定義される<br>B：著しい低体重にもかかわらず，体重が増えることまたは肥満することに対する強い恐怖，あるいは体重増加を妨げる持続的行為<br>C：自分の体重または体形の感じ方の障害，または自己評価に対する体重や体形の不適切な影響，または現在の低体重の重大さに対する認識の持続的な欠如 |
| 病型の特定<br>制限型：最近3カ月間に，再発する症状のなかで，過食や排出行動（自己誘発性嘔吐，下剤，利尿剤，浣腸の乱用）を行ったことがない。この下位分類は，体重減少がおもに食事制限，絶食，または過剰な運動でなされた病態を表している。<br>過食・排出型：最近3カ月間に，過食や排出行動（自己誘発性嘔吐，下剤，利尿剤，浣腸の乱用），反復的なエピソードがある。<br>重症度の特定<br>重症度の最低の水準は，大人では現在のBMIにもとづき（下記）を，子どもと青年ではBMI-パーセンタイルにもとづく。下記の各範囲は大人のやせの分類をWHOから引用している。子どもと青年では対応するBMI-パーセンタイルが用いられるべきである。重症度の水準は臨床症状や能力低下の程度，そして指導の必要性を反映して強められることもある。<br>軽　度：BMI ≧ 17kg/㎡<br>中等度：BMI　16～16.99kg/㎡<br>重　度：BMI　15～15.99kg/㎡<br>最重度：BMI ＜ 15kg/㎡ |

出所）高橋三郎監訳：DSM-5 精神疾患の分類と診断の手引き，医学書院（2014）

表 3.52　％標準体重とやせの重症度

| ％標準体重 | やせの重症度 |
|---|---|
| 75％以上 | 軽症 |
| 65％以上 75％未満 | 中等度 |
| 65％未満 | 重症 |

出所）厚生労働省難治性疾患克服事業「中枢性摂食異常症に関する調査研究班」：神経性食欲不振症のプライマリケアのためのガイドライン（2007）

表 3.53　やせの程度による身体状況と活動制限の目安

| ％標準体重 | 身　体　状　況 | 活　動　制　限 |
|---|---|---|
| 55 未満 | 内科的合併症の頻度が高い | 入院による栄養療法の絶対適応 |
| 55～65 | 最低限の日常生活にも支障がある | 入院による栄養療法が適切 |
| 65～70 | 軽労作の日常生活にも支障がある | 自宅療養が望ましい |
| 70～75 | 軽労作の日常生活は可能 | 制限つき就学就労の許可 |
| 75 以上 | 通常の日常生活は可能 | 就学就労許可 |

出所）厚生労働省難治性疾患克服事業「中枢性摂食異常症に関する調査研究班」：神経性食欲不振症のプライマリケアのためのガイドライン（2007）

### 3）栄養食事指導・生活指導

栄養食事指導による食行動の是正や正しい知識の獲得とその過程で行われるカウンセリングなどによって，精神的治療の促進が期待できる。単に知識を与えるだけでは偏った認識を改めることは困難であり心理療法をはじめ**チーム医療***が欠かせない。指導内容は，食事の意義，栄養のバランス，食品の摂取量や組み合わせなど患者の興味のあることから進める。体重が回復するに従って，太ることへの恐怖感がつのるので，太りすぎないことの保証をしつつ安心感を持てるよう努める。摂食そのものが行えていない時期では，偏食をあえて是正する必要はなく，安定して摂食できるようになってからすすめる。摂取目標量は，不足しているときも行き過ぎた時も数字に縛られる傾向にある。栄養士側の目安として考え，どの程度伝えるかは慎重に判断する。

＊ **チーム医療のポイント**
① 患者の心理行動上の特徴を理解する。
② 主治医と治療方針を統一する。
③ 栄養上の問題行動にこだわらない。問題行動に対して，否定的対応をしない。
④ 栄養に関する知識を正しく，わかりやすく教育する。

〈摂食障害の栄養基準の目安〉

| | | |
|---|---|---|
| エネルギー | 初期 | 30kcal/kg～ |
| | 体重増加時 | 70kcal/kg～ |
| | 安定期 | 40kcal/kg～ |
| たんぱく質 | 1.0～1.5g/kg | |
| ビタミン・ミネラル | 十分に補給する | |

＊体重は現体重を使う。

### 3.8.2　神経性大食症（BN：bulimia nervosa）

#### (1)　病態および症状

発症年齢は青年期以降（20～29歳）と遅いが，頻度として女子大学生の5％に及ぶ。やせを伴わない，**食行動異常**＊を示す。体重が正常範囲であるため，家族に気づかれないことが多い。患者は過食に嫌悪感をもっているが，ストレス発散の手段としている。慢性化しやすく，過食後の抑うつのため，学校や職場を休むようになる。肥満恐怖はあるが，やせ願望はそれほど強くない。治療は食行動の問題についてアセスメントし，認知行動療法，食行動に焦点をあてない対人関係療法，薬物療法などが行われる。通常は認知行動療法が用いられ，高いエビデンスを示す。

＊ **食行動異常**　→p. 175参照。

#### (2)　診断基準

米国精神医学会の診断基準（DSM-5）に準拠して行う。

#### (3)　栄養学的アプローチ

##### 1)　栄養評価

食事摂取状況の問診を行い，栄養摂取量および食行動の状況について把握する。嘔吐の有無，頻度，その時の状況について確認し，血液検査データについて評価する。拒食と過食を繰り返すことから，栄養状態が著しく悪化していることは少ない。

##### 2)　栄養食事療法

必要に応じて，栄養学や食生活の正しい知識を教育する。本人の同意を得て，信頼関係を築くことが大切である。

##### 3)　栄養食事指導・生活指導

3.8.1の項参照。

**【演習問題】**

**問 1**　22 歳，女性。神経性やせ症（神経性食欲不振症）。嘔吐や下痢を繰り返し，2 週間以上ほとんど食事摂取ができず，入院となった。この患者の病態および栄養管理に関する記述である。**最も適当**なのはどれか。1 つ選べ。

（2020 年国家試験）

(1) インスリンの分泌が亢進する。
(2) 無月経がみられる。
(3) 高カリウム血症がみられる。
(4) エネルギーの摂取量は，35kcal/kg 標準体重/日から開始する。
(5) 経腸栄養剤の使用は，禁忌である。

**解答**　(2)

**問 2**　25 歳，女性。BMI 15kg/$m^2$。神経性やせ症（神経性食欲不振症）。心療内科に通院をしていたが，自己判断による食事摂取制限や下剤の常用，自己誘発性嘔吐を繰り返し，無月経が認められ入院となった。この患者のアセスメントの結果と関連する病態の組合せである。**最も適当**なのはどれか。1 つ選べ。

（2023 年国家試験）

(1) BMI 15kg/$m^2$ ――― 血圧の上昇
(2) 食事摂取制限 ――― 除脂肪体重の増加
(3) 下剤の常用 ――― 血清カリウム値の上昇
(4) 自己誘発性嘔吐 ――― う歯の増加
(5) 無月経 ――― 骨密度の上昇

**解答**　(4)

**【参考文献】**

佐々木雅也編：メディカルスタッフのための栄養療法ハンドブック，南江堂（2022）
佐藤和人，本間健，小松龍夫編：エッセンシャル臨床栄養学（第 9 版），医歯薬出版（2022）
日本摂食障害学会監修：摂食障害治療ガイドライン，医学書院（2017）

## 3.9　呼吸器疾患における栄養ケア・マネジメント

### 3.9.1　COPD（慢性閉塞性肺疾患）

#### (1)　疾患の定義

慢性閉塞性肺疾患（COPD：chronic obstructive pulmonary disease）は，「タバコ煙を主とする有害物質を長期に吸入曝露することなどにより生ずる肺疾患」（日本呼吸器学会）と定義されている。慢性の気流制限を呈する**肺気腫**と**慢性気管支炎**の２つの閉塞性肺疾患を合わせてCOPDという。

#### (2)　病因・病態

COPDは，喫煙が最大の理由となる生活習慣病であり，喫煙により肺に慢性炎症が生じ，これにより肺胞の破壊や気管支粘膜腺の肥大が起こる。早期には炎症は軽度で可逆性であるが，長期にかけて慢性化すると可逆性に乏しくなり，末梢気道の線維化を伴う狭窄や肺胞の破壊が起こり，気腫性病変が進行するとされる。

#### (3)　症　　状

主症状は，咳，痰，労作時の息切れや呼吸困難である。重症では安静時にも呼吸困難になる。呼気時に口をすぼめて気道内圧を高くし，気道が閉塞するのを防ぎながら息を吐こうとする口すぼめ呼吸がみられる。進行するとバチ指となる。肺の弾性収縮力の低下により，胸郭はビア樽状の形状（樽状胸）に変形し，胸部運動は小さく，呼気相の延長がみられる。気道感染などをきっかけに急性増悪を生じやすく，低酸素血症と高炭酸ガス血症がみられ，これらが進行すると意識障害を合併し生命予後を悪化させる。

呼吸困難，食欲低下，代謝亢進により体重減少が生じやすい。気道閉塞時の安静時エネルギー消費量増大によるエネルギー摂取量不足は，筋たんぱく質分解による分岐鎖アミノ酸（BCAA：branched amino acids）の利用を亢進し，マラスムス型栄養障害を起こす。栄養障害により筋肉量が減少し，換気障害や呼吸障害を悪化させる悪循環―呼吸器悪液質を形成する（**図3.28**）。

#### (4)　検査・診断

スパイロメトリーにより**努力性肺活量**[*1]と１秒間の呼出量である**１秒量**[*2]を測定し，**１秒率**[*3]と１秒量の予測値に対する割合により軽症から最重症の重症度４ステージに分類される。ガス交換能を６分間歩行試験などにより確認する。胸部Ｘ線，胸部CTにより画像診断が行われる。

＊1 **努力性肺活量**（forced vital capacity：FVC）　最大吸気位から最大の努力で早く呼出したときの空気量のことである。

＊2 **１秒量**（forced expiratory volume1.0：$FEV_1$）　努力性肺活量のうち，最初の１秒間に呼出した量であり，気道閉塞の状態をよく反映する。

＊3 **１秒率**（forced expiratory volume1.0%：$FEV_1$%）　気管の閉塞の状態を表す指標であり，１秒量÷努力性肺活量×100（%）で求められる。

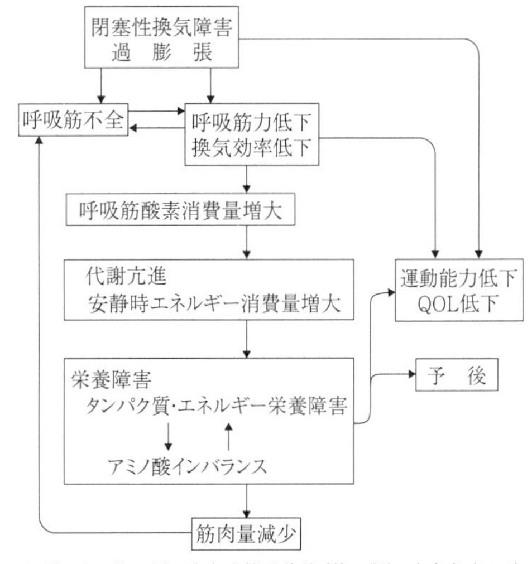


出所）武田英二編：臨床病態栄養学（第３版），文光堂（2013）一部改変

**図3.28**　COPDの栄養障害

(5) **医学的アプローチ**

リスクファクターの積極的減少のため，インフルエンザワクチンが接種される。中等症以上では，長時間作用性気管支拡張薬の定期的投与と呼吸リハビリテーションが推奨されている。憎悪を繰り返す場合には吸入ステロイド薬が用いられ，慢性呼吸不全ならば長期酸素療法，在宅酸素療法が行われる。

(6) **栄養学的アプローチ**

1) **栄養評価**

日本呼吸器学会 COPD ガイドラインでは，COPD 患者の栄養指標（**表3.54**）と推奨される評価項目（**表3.55**）が示されている。

**表3.54** COPD患者の栄養指標

| 食習慣，食事（栄養）摂取量，食事摂取時の臨床症状の有無 |
|---|
| 体重 |
| ○%標準体重（% ideal body weight：% IBW）<br>○ BMI（body mass index）= 体重(kg)/〔身長(m)〕$^2$ |
| 身体組成 |
| ○%上腕筋囲（% arm muscle circumference：% AMC）<br>○%上腕三頭筋部皮下脂肪厚（% triceps skinfolds：% TSF）<br>○体成分分析<br>・除脂肪体重（lean body mass：LBM）<br>・脂肪量（fat mass：FM） |
| 生化学的検査 |
| ○内臓蛋白<br>・血清アルブミン<br>・RTP（rapid turnover protein）<br>血清トランスフェリン<br>血清プレアルブミン<br>血清レチノール結合蛋白<br>○血漿アミノ酸分析<br>・分岐鎖アミノ酸（BCAA）<br>・芳香族アミノ酸（AAA）<br>・BCAA/AAA比 |
| 呼吸筋力 |
| ○最大吸気筋力<br>○最大呼気筋力 |
| 骨格筋力 |
| ○握力 |
| エネルギー代謝 |
| ○安静時エネルギー消費量（resting energy expenditure：REE）<br>○栄養素利用率 |
| 免疫能 |
| ○総リンパ球数<br>○遅延型皮膚反応<br>○リンパ球幼若化反応 |

出所）日本呼吸器学会 COPD ガイドライン第4版作成委員会編：COPD（慢性閉塞性肺疾患）診断と治療のためのガイドライン（第4版），メディカルレビュー社（2013）

2) **栄養食事療法**

栄養療法は，運動療法とともに包括的呼吸リハビリテーションのひとつとして位置づけされている。

体重増加させるには，患者個々の必要な摂取エネルギー量を求める。また，脂質の割合を高くした栄養素配分が基本的な考えであり，

**表3.55** 推奨される評価項目

| 必須の評価項目 |
|---|
| ○体重<br>○食習慣<br>○食事摂取時の臨床症状の有無 |
| 行うことが望ましい評価項目 |
| ○食事調査（栄養摂取量の解析）<br>○簡易栄養状態評価表（MNA®-SF）<br>○%上腕囲（% arm circumference：% AC）<br>○%上腕三頭筋部皮下脂肪厚（% TSF）<br>○%上腕筋囲（% AMC：AMC = AC − π × TSF）<br>○体成分分析（LBM，FM など）<br>○血清アルブミン<br>○握力 |
| 可能であれば行う評価項目 |
| ○安静時エネルギー消費量（REE）<br>○ RTP 測定<br>○血漿アミノ酸分析（BCAA/AAA）<br>○呼吸筋力<br>○免疫能 |

IBW：80≦%IBW<90：軽度低下
70≦%IBW<80：中等度低下
%IBW<70：高度低下
BMI：低体重<18.5，標準体重 18.5～24.9，体重過多 25.0～29.9

出所）日本呼吸器学会 COPD ガイドライン第5版作成委員会編：COPD（慢性閉塞性肺疾患）診断と治療のためのガイドライン 2018（第5版），メディカルレビュー社（2018）

筋たんぱく量を保持するには十分なたんぱく質摂取が欠かせない。呼吸筋でのBCAAの利用が高まっている呼吸不全状態では，BCAA強化アミノ酸製剤が推奨されている。呼吸筋の機能維持に必要なリン，カリウム，カルシウムを十分に摂取する。

〈慢性閉塞性肺疾患の栄養基準の目安〉

必要なエネルギー量：実測安静時エネルギー消費量×1.5～1.7
あるいは，基礎エネルギー消費量×活動因子1.3×ストレス因子1.1～1.3
脂質摂取量：35～55%（エネルギー投与量の40%以上）
たんぱく質：15～20%（エネルギー投与量の17%）

#### 3)　栄養食事指導・生活指導

嚥下力や咀嚼力，消化管機能低下を考慮し，負担にならない食材の選択や調理法の工夫など説明し，十分なエネルギー量の確保とたんぱく質の補給が行われるように指導する。特に，BCAA摂取について理解してもらえるように，食品中のBCAA含有量など具体的な説明が必要となる。

食欲のない患者に対しては，高エネルギー高たんぱく質の栄養補助食品（剤），ビタミンやミネラルの強化栄養食品の利用を提案する。また，BCAA強化栄養食品やn-3系脂肪酸強化栄養食品の有用性についての報告もあるため，これらの食品の紹介を行う。

### 3.9.2　気管支喘息

#### (1)　疾患の定義

気道の敏感性亢進により気道狭窄が生じ，発作性または持続性の呼吸障害が起こる慢性気道炎症性疾患である。

#### (2)　病因・病態

アレルギー性炎症，物理的刺激あるいは化学的物質による炎症，大気汚染ンによる炎症などにより気道敏感性を主体とする慢性炎症が起こり，遺伝的因子（アトピー素因）と誘発因子（アレルゲン，大気汚染，ウイルス感染，喫煙，アスピリン，食品添加物，気象，運動，精神的ストレス，など）との相互作用によって発作が誘発され，重積発作時では症状が特に強く発現し，死に至ることもあるとされる。

外因性（アレルギー性）と内因性（非アレルギー性）に分類され，小児喘息は基本的に外因性が多く，成人喘息は内因性が多く，予後が悪い。

#### (3)　症　　状

発作性の呼吸困難，喘鳴（ぜんめい），咳嗽（がいそう）が出現し，夜間または早朝に起きやすく，しばしば持続する。小発作から中発作での聴診では，連続性ラ音の笛様音（ウイーズ）が聴取される。発作が強くなると，仰向けに寝ていることができず，起坐呼吸を行う。重症の場合，チアノーゼ，意識障害も現れ，死に至ることもある。

### (4) 検査・診断

臨床症状，誘発因子が特定される病歴の確認により診断される。呼吸機能検査により閉塞性障害を評価する。肺活量，１秒量と１秒率の低下，残気率の増加がみられる。**ピークフロー値**[*1]は，気管支喘息の診断や自己管理に用いられる。また，喀痰検査により喀痰中に好酸球が認められ，血液検査により好酸球や**IgE 値**[*2]の増加を確認する。

### (5) 医学的アプローチ

外因性の場合は，アレルゲンとなる物質や発作誘発因子を避ける。薬物療法では，気管支拡張剤，副腎皮質ホルモン（ステロイド）剤，抗アレルギー剤などが投与される。

### (6) 栄養学的アプローチ

#### 1) 栄養評価

エネルギー摂取における過不足の評価は，成人ではBMIと体重減少率により行い，成長期の小児においては，成長曲線を用いて行う。食事摂取調査から栄養素の摂取状況を確認する。食物アレルギーのある場合は除去食物を確認し，除去食の遵守状況，除去食による栄養摂取量の不足について評価する。

#### 2) 栄養食事療法

食物アレルギーのある場合は，食物アレルゲンを除いた除去食や低アレルゲン食とする。アスピリン喘息の場合は，誘発因子である食品添加物など含まない食事とする。

#### 3) 栄養食事指導・生活指導

アレルゲンが家ダニやハウスダストなどである場合は，ふとん干しや部屋の掃除をこまめに丁寧に行い，部屋の換気をよくする。日頃から過労を避けて規則正しい生活を心がけ，感染症の予防に努める。禁煙はもちろん，受動喫煙にも配慮が必要であるため，周囲の協力を得るよう指導する。

食物アレルギーにより除去食を行う場合は，除去による栄養素摂取量の不足が起こらないように代替食品の活用についても指導し，栄養バランスが損なわれないように注意する。満腹まで食べると喘息発作を起こしやすいため，食事は腹八分目とし，就寝直前に食べないようにする。飲酒は控えるよう指導する。

## 3.9.3 肺　炎

### (1) 疾患の定義

肺炎は肺気道系の最終部分である肺胞道あるいは肺胞嚢に起こす炎症である。

*1 **ピークフロー値**　力いっぱい息をはき出したときの息の速さの最大値（最大呼気流量）のこと。ピークフローメーターで測定する。喘息発作時には気道の収縮や分泌物の増加により気道が狭くなり値は低くなる。気管支の状態を客観的に知ることができる。

*2 **IgE 値**　IgE は免疫グロブリンの一種です。アレルギーの原因物質（抗原）に働き，身体を守る作用があります。アレルギーがあると血中の IgE は増加します。

### (2) 病因・病態

肺炎は肺内への微生物の経気道的侵入によるもので，原因微生物別に細菌性肺炎と非定型肺炎（ウイルス性肺炎，マイコプラズマ肺炎，クラミジア肺炎など）に大別される。胸部X線像からは，大葉性肺炎，気管支肺炎，異型肺炎，間質性肺炎などに分類される。高齢者では，肺機能の低下とともに全身免疫能や感染防御の低下などによる高齢者肺炎，嚥下障害による誤嚥性肺炎などを発症しやすい。また，肺炎は**日和見感染症***として起こることも多い。

* **日和見感染症**　通常，健康な人では発症しないような弱い病原体が原因で引き起こされる感染症のこと。抵抗力や免疫力が低下している場合に起こることが多く，その原因にはガンや白血病などの疾患，広範な火傷や外傷，臓器移植などがある。

### (3) 症　状

発熱，咳嗽，喀痰，呼吸困難，チアノーゼなどがみられるが，このような症状がなく，全身倦怠感や食欲不振などのみの場合もある。

### (4) 検査・診断

臨床症状と合わせて，聴診，胸部X線像，血液検査，喀痰培養により診断を行う。CTスキャンやMRIなどの画像診断により肺炎の鑑別診断を行う。

### (5) 医学的アプローチ

肺炎では，抗菌剤の投与が主となり，発熱，咳嗽，喀痰，呼吸困難などに対する対症療法が行われる。誤嚥性肺炎の場合には，気管内遺物の除去や洗浄，薬物療法のほかに肺理学療法も行われる。

### (6) 栄養学的アプローチ

#### 1) 栄養評価

低栄養状態の評価が必要となる。身体計測により体重減少率，標準体重比，通常体重比，上腕囲，上腕筋囲を把握する。血液検査では，血清たんぱく質や血清アルブミン，免疫学的指標として血中リンパ球数などを確認する。食事摂取状況についても調査し，エネルギー摂取量やたんぱく質摂取量などを把握する。

#### 2) 栄養食事療法

発熱や咳嗽により食欲不振の強いときは流動食から始めるが，低栄養状態では免疫能低下をきたすため，栄養状態の回復を基本とする。発熱や咳による消費エネルギー量の増加に見合う摂取エネルギー量を必要とし，2,300～2,500kcal程度とする。感染症では，たんぱく質の異化亢進が進むため，必要たんぱく質量は1.0～2.0g/kg体重/日とし，十分な必須アミノ酸の補給が必要である。発熱時には，水分補給も十分量補給する。

#### 3) 栄養食事指導・生活指導

症状の改善と栄養状態が大きく関わっていることを説明し，十分な栄養補給が行われるよう指導する。食欲増進のための工夫をするとともに，食事摂取量が増えない場合や食後の疲労や呼吸困難が強い場合は，1日に4～6回の分食を勧める。

誤嚥性肺炎を防ぐ方法として，とろみをつけた食事とし，口腔ケアを十分に行う。食後，しばらくの座位を保つことも必要となる。

**【演習問題】**

**問 1**　70 歳，男性。高 CO2 血症を認める COPD 患者である。この患者の栄養管理に関する記述である。**最も適当**なのはどれか。1 つ選べ。

（2021 年国家試験）

(1) たんぱく質摂取量は，0.5g/kg 標準体重/日とする。
(2) 脂肪の摂取エネルギー比率は，40% E とする。
(3) 炭水化物の摂取エネルギー比率は，80% E とする。
(4) カルシウム摂取量は，300mg/日とする。
(5) リン摂取量は，500mg/日とする。

**解答**　(2)

**問 2**　COPD の病態と栄養管理に関する記述である。**最も適当**なのはどれか。1 つ選べ。

（2023 年国家試験）

(1) 呼吸筋の酸素消費量は，減少する。
(2) 基礎代謝量は，減少する。
(3) 骨密度は，低下する。
(4) エネルギー摂取量は，制限する。
(5) BCAA 摂取量は，制限する。

**解答**　(3)

**【参考文献】**

石川朗監修：管理栄養士のための呼吸ケアとリハビリテーション（第 2 版），中山書店（2019）
医療情報科学研究所編：病気がみえる vol. 4 呼吸器（第 3 版），メディックメディア（2018）
山東勤弥，保木昌憲，雨海照祥編：NST のための臨床栄養ブックレット第 4 巻 疾患・病態別栄養管理の実際 呼吸・循環器系の疾患，文光堂（2009）
武田英二編：臨床病態栄養学（第 3 版），文光堂（2013）
中村丁次編著：栄養食事療法必携（第 3 版），医歯薬出版（2010）
日本呼吸器学会 COPD ガイドライン第 4 版作成委員会編：COPD（慢性閉塞性肺疾患）診断と治療のためのガイドライン（第 4 版），メディカルレビュー社（2013）
日本呼吸器学会 COPD ガイドライン第 5 版作成委員会編：COPD（慢性閉塞性肺疾患）診断と治療のためのガイドライン 2018（第 5 版），メディカルレビュー社（2018）

## 3.10 血液系の疾患における栄養ケア・マネジメント

### 3.10.1 貧　血

**貧血**とは血液中の**ヘモグロビン（Hb）濃度が低下している状態***である。赤血球の大きさ，Hb 量と濃度によって貧血が分類される（**表 3.A**）。それらに共通した症状として，頭痛やめまい・たちくらみ，皮膚・爪・眼瞼結膜の蒼白，易疲労感などがある。主な原因としては，赤血球産生に障害があること，末梢において赤血球の破壊が亢進していること，出血により赤血球が消失すること，があげられる。

* **Hb 濃度が低下している状態**　血中ヘモグロビン濃度が，成人男子では13g/dl 以下，妊婦でない成人女子では12g/dl 以下の場合を貧血とする。妊婦では11g/dl 以下，小児は12g/dl 以下，幼児は11g/dl 以下である。

#### (1) 鉄欠乏性貧血

##### 1) 疾患の定義

鉄欠乏により，骨髄中の赤芽球のヘモグロビン合成が低下して起こる小球性低色素性貧血である。

##### 2) 病因・病態

偏食やダイエットによる鉄の摂取不足，胃切除後などの鉄吸収低下，成長期や妊婦などによる需要の増大，慢性的な出血による喪失の増大があげられる。

##### 3) 症　状

症状の進行に伴い，舌炎や口角炎，嚥下障害という **Plummer-Vinson 症候群**が現れる。また，組織鉄の欠乏が進むと爪がスプーン状になったり（**匙状爪：spoon nail**），氷や土などを好んで食べるようになる**異食症**になったりする。

##### 4) 検査・診断

上記症状に加え，貯蔵鉄（フェリチン）と血清フェリチンが低下し，トランスフェリン，総鉄結合能（TIBC）と不飽和鉄結合能（UIBC）が上昇する。

##### 5) 医学的アプローチ

食事改善と鉄剤投与が原則である。鉄剤投与には経口投与と非経口投与がある。経口投与の場合，1 日 50～200mg の鉄剤を貯蔵鉄が正常化するまで 3～6 ヵ月続けて服用する。非経口投与では一定期間，静脈内注射が行われるが，過剰投与によるアナフィラキシーショックに注意する必要がある。

**表 3.56**　赤血球指数による貧血の分類

| | MCV | MCHC | 貧血の種類 |
|---|---|---|---|
| 1：小球性低色素性貧血 | 80 未満 | 31 未満 | 鉄欠乏性貧血，鉄芽球性貧血，セラセミア，慢性疾患による貧血 |
| 2：正球性正色素性貧血 | 81～100 | 31～35 | 溶血性貧血，再生不良性貧血，腎性貧血 |
| 3：大球性正色素性貧血 | 100 超 | 31～35 | 巨赤芽球性貧血 |

MCV（平均赤血球容積）$= \dfrac{\text{ヘマトクリット（\%）}}{\text{赤血球数（}10^6/\mu\text{L）}} \times 10$　：正常値 80～100

MCHC（平均赤血球ヘモグロビン濃度）$= \dfrac{\text{ヘモグロビン濃度（g/dL）}}{\text{ヘマトクリット数（\%）}} \times 10$　：正常値 31～35

### 6) 臨床栄養学的アプローチ

#### i) 栄養評価

貧血の自覚・他覚症状（倦怠感，血色，爪の状態）や臨床検査値（Hb，Ht，フェリチン，総鉄結合能，不飽和鉄結合能など）により栄養状態を評価し，背景となる食習慣や食生活状況についても確認する。具体的には，食事摂取量とバランス，鉄の摂取量，鉄吸収を促進する動物性たんぱく質，ビタミンC，鉄強化食品やサプリメントの摂取状況を観察すると共に，極端な偏食や菜食主義・ダイエットやアルコール過敏の有無を確認する。

#### ii) 栄養食事療法

エネルギーや各栄養素の摂取推奨量は，「日本人の食事摂取基準」に従う。2020年版では，鉄の摂取推奨量は，例えば月経のある女性の場合10～14歳で12.0mg/日，15～49歳では10.5mg/日である。食品に含まれる鉄は，吸収率が10～30%と高いヘム鉄と，１～８%と低い非ヘム鉄の２種類に分けられる[*1]。鉄の大部分は三価鉄（$Fe^{3+}$）として存在しており，ビタミンCやアミノ酸，胃液中の胃酸などによって二価鉄（$Fe^{2+}$）に還元されて吸収されることから，ビタミンCを多く含む柑橘類や野菜，アミノ酸を多く含む動物性タンパクを一緒に摂ることで鉄の吸収は促進される。また，胃粘膜を刺激して胃酸の分泌を促す酢やクエン酸・リンゴ酸および香辛などを一緒に摂ることでも促進される。一方，お茶やコーヒーに含まれるタンニン，ホウレンソウのアク成分であるシュウ酸，豆や雑穀類に多く含まれるフィチン酸，食物繊維，カルシウムは，鉄の吸収を阻害する作用があるため，それらの過剰摂取に注意する。さらに，鉄に加えて，たんぱく質や造血成分であるビタミン$B_{12}$，$B_6$，葉酸，銅の適正摂取が不可欠である。

*1　ヘム鉄は牛豚鶏レバー，牛肉，砂肝，赤貝，あさり，かつお，マグロなどに多く含まれ，非ヘム鉄は小松菜，がんもどき，ほうれん草，納豆，高野豆腐などに含まれる。

#### iii) 栄養食事指導・生活指導

貧血の症状が改善されても，貯蔵鉄が十分になるには時間を要するため，必要な栄養素の適正量を満たす三食を規則正しく摂取する食習慣が大切である。極端な偏食や痩身願望，アルコール依存症や神経性食思不振症では，基礎疾患の治療や心理専門家の介入が必要であり，食事療法に正しく食事に向き合い実践していくことができるよう支援していく。

## (2) 巨赤芽球性貧血

### 1) 疾患の定義

赤芽球をつくる上でDNAの合成障害が起こり，無効造血をきたし，骨髄内では通常よりも大きい巨赤芽球ができる**大球性正色素性貧血**[*2]である。

*2 **大球性正色素性貧血**　表3.56参照。

### 2) 病因・病態

DNAの障害は①ビタミン$B_{12}$（$VB_{12}$）欠乏または②葉酸欠乏より起こる。①の原因としては，$VB_{12}$の摂取不足，胃全摘による胃粘膜萎縮や内因子の欠乏による吸収障害があげられる。特に，胃の内因子分泌低下が原因となっているものを**悪性貧血**[*1]という。②の原因は葉酸の摂取不足，妊娠などによる需要拡大，吸収障害があげられる。

*1 **悪性貧血**　摂取されたビタミン $B_{12}$ は胃壁の細胞から分泌される内因子と結合した後，回腸で吸収される。巨赤芽球性貧血のうち，胃壁の細胞を攻撃する自己抗体により内因子が分泌されず，ビタミン $B_{12}$ の吸収障害，欠乏を原因として起こるもの。

#### 3)　症　状

① $VB_{12}$ 欠乏（悪性貧血）では，貧血症状とともに**ハンター舌炎**などの消化器症状と四肢の末梢のしびれといった神経症状を生じる。②葉酸の欠乏では貧血症状と消化器症状をきたすが，神経症状はみられない。

#### 4)　検査・診断

末梢血の MCV が 100 以上であり，血清 $VB_{12}$ または葉酸が低値，無効造血のため間接ビリルビンや LDH が高値となる。胃の内視鏡検査により萎縮性胃炎がみられる。① $VB_{12}$ 欠乏の場合，免疫異常により，抗壁細胞抗体と抗内因子抗体が陽性となる。

#### 5)　医学的アプローチ

原因疾患の治療に加え，① $VB_{12}$ 欠乏では，基本的には $VB_{12}$ 製剤を筋肉注射にて投与する。ただし神経症状の悪化を招く恐れがあるため，葉酸投与は禁忌である。②葉酸欠乏では葉酸摂取を増やすことで症状はしばしば改善する。

#### 6)　栄養学的アプローチ

##### i)　栄養評価

臨床検査値や身体計測値，自覚症状から栄養状態を評価する。また，$VB_{12}$ の吸収を妨げる要因として，胃や回腸の手術歴さらに極端な偏食・ダイエット，菜食主義などを確認し，$VB_{12}$ や葉酸の欠乏の原因を見極める。

##### ii)　栄養食事療法

エネルギーや各栄養素の摂取量は，「日本人の食事摂取基準」に従う。このうち成人の $VB_{12}$ の推奨量は 2.4 μg/日，葉酸は 240 μg/日である（2020 年度版）。**$VB_{12}$ または葉酸が豊富に含まれている食品**[*2]を摂るように心がける。アルコールは葉酸の腸吸収を阻害するため，大量飲酒は控える。

*2 ①ビタミン B12を多く含む食品は，しじみ，アサリ，いくら，レバーなど，②葉酸を多く含む食品は，ほうれん草，ブロッコリー，干しシイタケ，ワカメなどである。

##### iii)　栄養食事指導・生活指導

$VB_{12}$，葉酸欠乏とも治療の主体は薬物療法である。偏った食習慣をもつ患者には，食事に対する考えを聴き知識を確認しながら望ましい食事を説明し，適正な食習慣を習得するよう積極的に指導する。

### (3)　腎性貧血

#### 1)　疾患の定義

腎性貧血は，腎障害（Chronic Kidney Disease, **CKD**[*3]）のため，赤血球産生を促進するエリスロポエチン（erythropoietin, EPO）の腎での分泌が不足することが主な原因となって貧血が生じる内分泌疾患である。

*3 **CKD**　Chnomic Kidaey Disease　慢性腎臓病　p. 151参照。

2) 病因・病態

EPOは，主に腎臓（一部は肝臓）で産生される分子量3～4万程度の糖タンパクホルモンであり，赤血球系の幹細胞に対して分化誘導を刺激し，赤血球産生を促進する。CKDになると比較的早期から，腎でのEPOの産生が低下する。重症の腎機能障害ではほとんど貧血が生じるが，軽度の場合，腎機能障害の程度とEPO産生低下や貧血の重症度は必ずしも相関せず，腎機能が比較的保たれていても，腎性貧血が生じる可能性がある。

腎性貧血は，CKD進行のリスクファクターでもあり，悪循環をもたらすとともに，他臓器疾病にも悪影響を及ぼす。とくに，心疾患については，腎疾患，貧血が3者で互いに悪循環をもたらす病態（心腎貧血症候群，CRA：cardio-renal-anemia syndrome）があり，貧血治療が推奨される。

3) 症　状

症状は，貧血に伴うもので，易疲労感，全身倦怠感，労作時から始まる動悸・息切れなどがあるが，貧血が徐々に進行することから，身体が症状に慣れてしまって，相当程度進行するまで気づかないことも多い。他に，めまい，立ちくらみ，顔色不良などがみられることもある。

4) 検査・診断

診断は，腎機能低下と貧血の確認によって行う。貧血は正球性貧血であることが多い。検査としては，腎機能検査（血液検査と必要に応じて尿検査等）と**血算**[*1]であるが，血算ではヘモグロビン低下の他，**網状赤血球**[*2]減少を認める。また保存期CKD患者の場合，血中EPO濃度が診断に有用なことがある。

5) 医学的アプローチ

腎機能の改善も大切であるが，貧血の改善を最優先とする。赤血球造血刺激因子製剤（ESA：erythropoiesis stimulating agent）による**治療**[*3]（皮下注射）は，CKDに伴うさまざまな合併症予防・治療にも有効であることから，早期の開始が推奨されている。必要に応じて輸血をすることもあるが，ESA投与によって輸血の頻度は大きく低下した。保存期CKD患者の鉄剤の補給は，原則経口投与であるが，不十分な場合，静注投与を行う。

6) 栄養学的アプローチ

CKD（慢性腎臓病）の食事療法に従う。

(4) 再生不良性貧血

1) 疾患の定義

造血幹細胞異常によって，造血前駆細胞の減少，およびそれに伴う汎血球減少（赤血球，白血球，血小板の全般的な血球減少）と，骨髄の低形成・無形成がみられる疾患である。このうち血球減少では3系統すべての血球の減少

＊1 **血算**　全血球計算の略称。CBC（complete blood count）とも呼ばれる。血液中の細胞成分である赤血球，白血球，血小板の数や大きさ，ヘモグロビン濃度，ヘマトクリット値などを計測したもので，貧血や感染症の診断に用いられる。

＊2 **網状赤血球**　赤芽球が熟成して脱核した直後の大型で幼若な赤血球で，成熟した赤血球のひとつ前の段階の未熟な赤血球のこと。骨髄の赤血球産生亢進に伴って増加し，骨髄での赤血球産生の指標となる。

＊3 **ESAによる治療**　一般に保存期CKDの腎性貧血目標Hb値は11g/dL以上とし，ESAは複数回の検査でHb値11g/dL未満となった時点から開始する。ただし，ESAの過剰投与は生命予後を悪くする可能性があるので，Hb値13g/dL（心血管合併症をもつ患者等では12g/dL）を超えた場合はESA投与を中止する。

が必須条件ではなく，再生不良性貧血では少なくとも２系統以上の血球減少を伴うものとされており，貧血と血小板減少のみみられる軽症例もある。しかし，１系統のみの減少は該当せず，たとえば赤芽球系のみが減少する場合は赤芽球癆（ろう）という。

#### 2）病因・病態

さまざまな**薬剤**[*1]，放射線，ウイルス，肝炎などが原因となることが報告されている。一方で，約半数が原因不明の特発性である。その原因としては，自己免疫が関与しているとされているが，未だ明確にはなっていない。

#### 3）症　状

貧血による易疲労感と脱力，血小板減少による出血傾向（点状・斑状出血，粘膜下出血，歯肉出血）がみられる。徐々に起こり，症状が顕著となるまでは気づかないことも多いが，まれに急激に進行する場合もある。血小板減少により頭蓋内出血が生じたり，白血球減少により重篤な感染症が生じると致命的となる場合がある。

#### 4）検査・診断

貧血や出血傾向，時に発熱がみられた患者に対して，血算を行い，汎血球減少の有無を確認する。具体的には，Hb 濃度 10g/dL 未満，好中球 1,500/μL 未満，血小板 10 万/μL 未満のうち２つを満たしており，**他の汎血球減少をきたす疾患**[*2]でない場合に，この疾患が疑われる。そのうえで，貧血にかかわらず網状赤血球が増加していないこと，骨髄穿刺で有核細胞の減少または巨核球の減少などの所見がみられること，骨髄生検で造血細胞の減少がみられることなどにより，診断がなされる。

#### 5）医学的アプローチ

対症療法（支持療法）としては，白血球除去赤血球輸血により Hb 濃度を７g/dL 以上に保つようにするが，頻回に行うと，**ヘモクロマトーシス**[*3]が生じるので注意が必要である。血小板減少に対しては血小板輸血，白血球減少に伴う感染症に対しては抗生物質投与と，とくにその際好中球数が 500/μL 未満であれば**顆粒球コロニー刺激因子（G-CSF）**[*4]を投与する。

原因療法，すなわち造血機能を回復させる治療としては，① 造血幹細胞移植（骨髄移植，臍帯血輸血など），② 免疫抑制療法（抗胸腺細胞グロブリン（ATG）免疫抑制剤とシクロスポリン及び経口造血刺激薬エルトロンボパグオラミンの併用），③ たんぱく同化ステロイド療法（造血幹細胞の増殖に加え，腎においてエリスロポエチン（EPO）産生を刺激）がある。

#### 6）栄養学的アプローチ

##### i）栄養評価

臨床検査値や身体計測値，自覚症状から栄養状態を評価する。

**＊1 薬剤**　原因となる薬剤としては，ベンゼンやヒ素等の化学物質や，抗悪性腫瘍薬，抗菌薬（ST 合剤等），抗生物質（クロラムフェニコール等），抗精神病薬（クロルプロマジン等），$H_2$ ブロッカー，痛風治療薬（アロプリノール等），ペニシラミン，メトトレキサレートなどが知られている。

**＊2 他の汎血球減少をきたす疾患**　白血病，骨髄繊維症，巨赤芽球性貧血，悪性リンパ腫，全身性エリトマトーデスなどがある。

**＊3 ヘモクロマトーシス**　肝臓，膵臓など全身の臓器の実質細胞に鉄が蓄積し，臓器障害をきたす疾患である。肝腫大，肝硬変，糖尿病，心筋障害，下垂体機能低下症，関節症，皮膚色素沈着，性腺機能低下症などをきたす。遺伝性と後天性のものがある。遺伝性は白人に多く，日本での発生はまれである。後天性は，再生不良性貧血などの治療のため赤血球輸血を頻回に行うと生じるものをいう。

**＊4 顆粒球コロニー刺激因子（G-CSF）**　骨髄を刺激し，白血球の中の顆粒球，特に好中球の分化や増殖を促進し，好中球機能を亢進させるサイトカイン（細胞間相互作用に関与する生理活性物質である低分子たんぱく質）。

#### ii) 栄養食事療法

エネルギーや各栄養素の摂取量は,「日本人の食事摂取基準」に従う。令和6年度までは2020年版が用いられる。

#### iii) 栄養食事指導・生活指導

治療の主体は薬物療法である。食事療法では，特にたんぱく質が不足しないように注意しながら，バランスのよい食事を規則正しく摂取することを目標とする。経口摂取が困難になった場合は，経腸栄養法や経静脈栄養法も併用して必要量を確保する。

### (5) 溶血性貧血

#### 1) 疾患の定義

何らかの原因により，赤血球が本来の寿命（約120日）前に破壊されることを溶血というが，この溶血により生じる貧血を溶血性貧血という。ただし，ある程度の溶血であれば，骨髄による赤血球産生が亢進し代償することで，貧血は防止される。この状態を**代償性溶血性貧血**という。これに対して，代償されずに貧血になってしまった状態を**非代償性溶血性貧血**という。

#### 2) 病因・病態

溶血の原因には，赤血球が正常でそれ以外に原因がある外因性のものと赤血球に異常があって溶血する内因性のものとがある。

外因性には，**自己免疫性溶血性貧血**[*1]（**薬剤**[*2]誘発性を含む）や血栓性血小板減少性紫斑病のような免疫異常によるもの，脾機能亢進症のような網内系機能亢進によるもの，心臓弁膜症や行軍血色素尿症等による機械的損傷によるもの，**感染症**[*3]によるもの，鉛（鉛貧血）・銅（ウイルソン病）・蛇毒などの毒性によるものがある。

内因性では，赤血球膜異常があり，これに遺伝性球状赤血球症のように先天的なものと，低リン血症や発作性夜間ヘモグロビン尿症等により後天的に異常をきたすものがある。他に，ヘモグロビン異常（**鎌状赤血球症**[*4]，**サラセミア**[*5]など），赤血球代謝障害（**グルコース-6-リン酸脱水素酵素（G6PD）欠損症**[*6]やピルビン酸キナーゼ欠損症など）がある。

溶血には，網内系で処理される血管外溶血と，血管内の循環血液中の破壊である血管内溶血に分けられる。ほとんどが血管外溶血であるが，自己免疫や機械的損傷（破砕赤血球）及び毒素による場合，血管内溶血が生じ，ヘモグロビン血症につながることがある。

#### 3) 症　状

貧血により，易疲労感，脱力，めまいや蒼白が出現する。黄疸，ヘモグロビン尿（赤色尿），脾腫が生じることもある。

**＊1 自己免疫性溶血性貧血**　赤血球と反応する自己抗体によって生じる溶血によって起こる貧血である。抗体には37℃以上で反応する温式抗体と，37℃未満で反応する冷式抗体（寒冷凝集素）があり，それぞれ別の疾病である。温式によるもののほうが多い。これは女性に多く，特発性のものの他，膠原病やリンパ腫などの患者にみられることもある。診断には，血算の他，クームス試験が有用である。

**＊2 薬剤による溶血**　溶血を起こす薬剤は主なものとして，ペニシリン系，キニーネ，キニジン，チクロピジンなどがある。

**＊3 感染症による溶血**　感染症では，マラリアのように赤血球に侵入し直接破壊するものや，溶血性連鎖球菌感染のように感染生物が産生する毒素が起こすもの，または，エプスタインバー（EB）ウイルスやマイコプラズマ感染のように免疫異常によって起こるものがある。溶血性尿毒症症候群（HUS）では，ベロ毒素により血管内皮細胞が障害され，血管内に微小血栓ができた結果，赤血球が機械的に損傷されるとされている。

**＊4 鎌状赤血球症**　鎌状（三日月形）の赤血球と溶血性貧血を特徴とする黒人特有の遺伝性疾患。

**＊5 サラセミア**　ヘモグロビン合成障害により溶血性貧血を起こす先天性疾患。地中海沿岸の住民に多くみられたため地中海貧血ともいうが，中東からインド，東南アジアにもみられる。小球性貧血となる。

**＊6 グルコース-6-リン酸脱水素酵素（G6PD）欠損症**　X染色体にあるG6PD遺伝子の欠損によって，急性疾患や，サリチル酸などの薬物摂取後など，酸化ストレスを受けたあとに溶血を引き起こしやすい疾患。稀に重症な患者もいるが，自然治癒や，輸血等の支持療法のみでおさまることが多い。酸化ストレスをできるだけ回避する。黒人の約10%にみられるが，地中海沿岸出身者にもみられる。

#### 4）検査・診断

血算で貧血と網状赤血球増多を認め，生化学検査で血清間接ビリルビン上昇がみられる。また，血清 LDH，ALT と尿中ウロビリノーゲンが上昇することが多い。末梢血塗抹検査で，赤血球断片（破砕赤血球）がみられれば，溶血の診断が確定するだけでなく，血管内溶血を示すことから，原因探査に役立つ。そのほか，溶血の原因を調べるためにクームス試験，異常ヘモグロビン検査，血清ハプトグロビン（血管内溶血で低下）などが役立つことがある。

#### 5）医学的アプローチ

溶血の原因によって，治療法は異なる。原因となる疾患があれば原疾患の治療を行う。自己免疫性溶血性貧血の場合，温式の場合（190 ページ＊1参照）は，副腎皮質ステロイドホルモン薬の投与が有効である。冷式の場合は，保温が重要になる。脾機能亢進症では，脾臓摘出が効果的な場合もある。貧血に対して輸血を行うことも多いが，頻回な輸血の場合，ヘモクロマトーシス（189 ページ＊3参照）防止のため，キレート剤が適応となることもある。長期にわたる溶血に対しては葉酸の補充が必要となる。

#### 6）栄養学的アプローチ

再生不良性貧血のアプローチに準じる。

### 3.10.2　出血性疾患

出血しやすい状態，または，いったん出血すると血が止まらない状態を出血傾向という。出血の場所により，皮下出血（紫斑），粘膜出血（歯肉や鼻，消化管からの出血），深部出血（関節内出血，脳出血）がある。原因としては，血小板の異常，凝固系の異常，線溶系の異常，血管の異常に大別される。出血傾向をきたす疾患（出血性疾患）は，遺伝的・先天的なものと疾患により出現する後天的なものとに分けられる。

#### （1）特発性血小板減少性紫斑病

#### 1）疾患の定義

特発性血小板減少性紫斑病（ITP＊）は，抗血小板自己抗体が作られ，血小板数の破壊が亢進し，出血傾向をきたす疾患である。

＊ ITP　Idiopathic thrombocytopenic purpura

#### 2）病因・病態

小児期（10 歳以下）ではウイルス感染後に急激に発症する急性型が多く，成人女性（20～50 歳）では明らかな誘因はなく緩慢に発症する慢性型が多い。

#### 3）症　状

鼻出血，歯肉出血，紫斑，月経過多がみられる。

#### 4）検査・診断

末梢血で血小板数が 10 万/$\mu$L 以下に減少するが，赤血球，白血球，凝固時間については正常である。血小板抗体を表す血小板関連 IgG（**PAIgG**[*1]）が高値となり，骨髄巨核球数は正常または増加となる。さらに，**血小板減少をきたす疾患**[*2]の除外診断を行うことで ITP の診断となる。

*1 PAIgG　platelet-associated immunoglobulin G

*2 血小板減少をきたす疾患　白血病・骨髄疾患，ウイルス感染症（C 型肝炎ウイルス，ヒト免疫不全ウイルス（HIV），Epstein-Barr（EB）ウイルスなど），（肝硬変，骨髄線維症，ゴーシェ（Gaucher）病などによる）脾腫，免疫性血小板減少症，血栓性血小板減少性紫斑病，溶血性尿毒症症候群など。

#### 5）医学的アプローチ

まずは副腎皮質ステロイドの投与を行い，効果がない場合は，脾摘を行う。さらに効果がない場合は免疫抑制療法を行う。緊急時には血小板輸血を行う。

#### 6）栄養学的アプローチ

ステロイド投与や脾摘に伴い免疫力が低下する可能性があるので，食生活の偏りや摂取不足防止を心がけること，また，抗酸化能の高い食品を摂取するようにすること，腸内環境を整えることが大切である。また，口腔内からの出血を防ぐため，食事形態を症状に合わせ，刺激物を控えるようにする。

### (2) 血友病

#### 1）疾患の定義

血液凝固因子である第Ⅷ因子または第Ⅸ因子活性が低下することにより出血傾向をきたす遺伝性の疾患である。

#### 2）病因・病態

血友病 A では第Ⅷ因子活性が，血友病 B では第Ⅸ因子活性が低下することによる（**図 3.29**）。遺伝形式は伴性劣性遺伝で，患者の多くは男性である。

#### 3）症　状

特徴的な症状として，関節内血腫，筋肉内血腫などの体の深部で起こる出血がある。1 歳以下より発症する場合もあるが，軽症の場合，抜歯や手術後になかなか止血しないことで発症が確認されることもある。また，幼少期から打ち身や青あざがあり，自然出血もみられる。

#### 4）検査・診断

血小板数，出血時間，外因系機能を反映する凝固因子プロトロンビン時間（PT）は正常であり，内因系凝固機能を反映する活性化部分トロンボプラスチン（APTT）だけが延長する。血友病 A・B ともに臨床症状は同じであるため，血友病 A では第Ⅷ因子活性の不全を認め，**von Willebrand 因子**[*3]の異常がないかを調べた後に診断し，血友病 B では第Ⅸ因子活性の不全を調べることで鑑別する。

*3 von Willebrand　第 VIII 因子を安定化させる因子であり，これに異常があると血友病 A と同様の症状を示す von Willebrand 病が起こる。

内因系
Ⅻ因子
↘
Ⅺ因子
↘
血友病B →× Ⅸ因子
↘
血友病A →× Ⅷ因子
↘
外因系
Ⅲ因子
↙
Ⅶ因子
↙
Ⅹ因子 →Ⅴ因子 →Ⅱ因子 → Ⅰ因子
↓　↘
ⅩⅢ因子 → フィブリン形成

血液凝固は図に示すようにさまざまな因子が連続的に関与して起こる。血友病は先天的に 1 つの因子活性が低下して，凝固が起こりにくくなるものである。

**図 3.29**　血液凝固系と血友病

#### 5）医学的アプローチ

血友病Aでは第Ⅷ因子製剤，血友病Bでは第Ⅸ因子製剤を定期的に投与する。また，血友病患者に手術を行う場合には術前，術中に必要に応じて凝固因子を補充する必要がある。

#### 6）栄養学的アプローチ

再生不良性貧血のアプローチに準じる。

### （3）播種性血管内凝固症候群（DIC）

#### 1）疾患の定義

さまざまな基礎疾患により，全身の血管内で凝固が活性化され，血栓による臓器障害をもきたす疾患である。

#### 2）病因・病態

微小血栓ができることで，血小板や凝固因子が大量に消費され，出血傾向をきたす。原因疾患としては，白血病，敗血症，自己免疫疾患などがある。

#### 3）症　状

紫斑や血尿，下血，吐血などがあり，血栓により虚血を起こし，多臓器不全をきたす。

#### 4）検査・診断

凝固系因子の亢進に関して，血小板数の減少，フィブリノーゲン延長，APTT・PTの延長がみられ，線溶系の亢進に関して，FDP・D-ダイマーの増加，プラスミノーゲンの減少がみられる。

#### 5）医学的アプローチ

まずは原因疾患の治療を優先する。また，血液凝固をさせないようにするため，ヘパリンの投与やアンチトロンビン製剤の投与を行う。出血が著しい場合は抗凝固製剤の投与のもと，新凍結血漿や血小板製剤を補充する。

#### 6）栄養学的アプローチ

再生不良性貧血のアプローチに準じる。

**【演習問題】**

**問1**　25歳女性。易疲労感があり来院した。血液検査結果でWBC1,060/nL，RBC186万/nL，Hb5.8g/dL，血小板8万/nL，網赤血球1‰（基準値2～27‰），MCV91.3fL（基準値80～98fL），MCH31.1pg（基準値28～32pg），MCHC34.1%（基準値30～36%），Cr0.6mg/dL，総ビリルビン0.3mg/dLであった。考えられる疾患として，**最も適切**なのはどれか。1つ選べ。

（2023年国家試験）

（1）鉄欠乏性貧血　　（2）ビタミンB12欠乏性貧血
（3）再生不良性貧血　　（4）溶血性貧血

**解答**　（3）

## 3.11 筋・骨格系疾患における栄養ケア・マネジメント

### 3.11.1 骨粗鬆症

#### (1) 疾患の定義

骨粗鬆症は,「低骨量と骨組織の微細構造の異常を特徴とし, 骨の虚弱性が増大し, 骨折の危険性が増大する疾患である」(世界保健機関) と定義されている。骨強度は骨密度 (70%) と骨質 (30%) の2つの要因からなり, 骨質を規定するものは, 微細構造, 骨代謝回転, 微小骨折 (マイクロクラック), 骨組織の石灰化度などである。

#### (2) 病因・病態

骨粗鬆症の病型は, **原発性骨粗鬆症**と**続発性 (二次性) 骨粗鬆症**に分類される (**表3.57**)。女性では閉経後にエストロゲン不足をきたし, 骨吸収が亢進して骨破壊が起こる。

#### (3) 症 状

骨粗鬆症の症状は, 骨量減少および骨折, それに伴う腰背部痛である。低骨量のみでは症状は発現しないので, 無症状の症例から多発性骨折をきたして, それによるいちじるしい臨床症状を有する例まで存在する。骨粗鬆症による骨折は, 立った姿勢からの転倒などのわずかな外力で生じる骨折であり, 脆弱性骨折と表現され, 椎体, 大腿骨近位部, 下腿骨, 椎体, 橈骨遠位端, 上腕骨近位部, 肋骨などの部位で生じやすい。**大腿骨頚部骨折**[*1]では寝たきりの原因にもなって高齢者のQOL低下を著しく低下させることになる。

*1 **大腿骨頚部骨折** 関節内骨折であり, 股関節の関節包の内部での骨折である。

#### (4) 検査・診断

診断には, X線像による評価が不可欠であるが, それに加え骨密度測定が有用となる。骨密度測定法にはX線, 超音波, CTを用いたものがあり, 二重エネルギーX線吸収測定法 (**DXA**[*2]) が骨密度の評価法として広く使用されている。骨密度は若年成人の平均値 (YAM : Young Adult Mean, 腰椎では20～44歳, 大腿骨近位部では20～29歳) との比較で評価される (**図3.30**)。骨形成マーカーとしてⅠ型コラーゲン架橋 (NTX : N—テロペプチド) や骨吸収マーカーとしてデオキシピリジノリン (DPD) などによって骨形成と骨吸収の評価も行われる。

*2 DXA 2種類のエネルギーのX線を測定部位に当てて, 骨を他の組織と区別して骨密度を正確に測定する方法。骨粗鬆症の診断では, 腰椎と大腿骨近位部の2ヵ所を測定する。DAX法は筋量の測定にも用いられる。

**表3.57** 骨粗鬆症の分類

| 原発性骨粗鬆症 | 閉経後骨粗鬆症, 男性骨粗鬆症, 特発性骨粗鬆症 (妊娠後骨粗鬆症など) | |
|---|---|---|
| 続発性骨粗鬆症 | 内分泌性 | 副甲状腺機能亢進症, クッシング症候群, 甲状腺機能亢進症, 性腺機能不全など |
| | 栄養性 | 胃切除後, 神経性食欲不振症, 吸収不良症候群, ビタミンC欠乏症, ビタミンAまたはD過剰 |
| | 薬物性 | ステロイド薬, 抗痙攣薬, ワルファリン, メトトレキサート, ヘパリンなど |
| | 不動性 | 臥床安静, 対麻痺, 廃用症候群, 骨折後など |
| | 先天性 | 骨形成不全症, マルファン症候群 |
| | その他 | 糖尿病, 間接リウマチ, アルコール多飲 (依存), 慢性腎臓病, 慢性閉塞性肺疾患など |

出所) 骨粗鬆症の予防治療ガイドライン作成委員会編：骨粗鬆症の予防治療ガイドライン2015年版を一部改変

#### (5) 医学的アプローチ

腰背部痛があるときは, 飲み薬や注射によって痛みを軽減する治

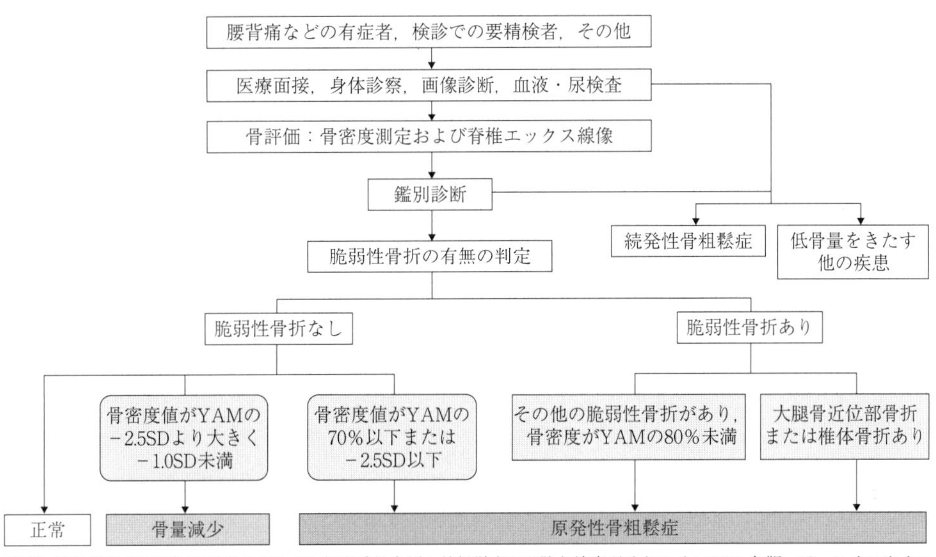


出所）骨粗鬆症の予防と治療ガイドライン作成委員会編：骨粗鬆症の予防と治療ガイドライン 2015 年版，18，ライフサイエンス出版（2015）

**図 3.30　原発性骨粗鬆症の診断基準**

療が行われる。薬物療法は，患者の年齢や骨密度等から医師と話し合って決定され，薬には，骨吸収（骨破壊）抑制剤，骨形成促進剤，骨代謝調節薬がある。

### (6)　栄養学的アプローチ

#### 1)　栄養評価

骨量測定値，骨代謝に影響を与える疾患の既往歴，身長（身長の短縮），体重，BMI，円背，腰背部痛の有無など，臨床検査値，食生活習慣（カルシウム，ビタミン D，ビタミン K の摂取状況を含む食事摂取量の把握，偏食の有無，食欲の有無，食事回数など），嗜好食品（喫煙，アルコール，コーヒーなど）の有無，運動習慣，外出頻度，日光に当たる時間などを確認する。

#### 2)　栄養食事療法

**〈骨粗鬆症の栄養基準の目安〉**

| | |
|---|---|
| エネルギー | 25～30kcal/kg 標準体重/日 |
| たんぱく質 | 1.0～1.2g/kg 標準体重/日 |
| 脂肪エネルギー比 | 20～25％ |
| カルシウム | 食品から 700～800mg |
| ビタミン D | 600～800IU（15～20μg） |
| ビタミン K | 250～300μg |
| 他のビタミン・ミネラル | 日本人の食事摂取基準に準じる |

エネルギー，たんぱく質，カルシウム，マグネシウム，ビタミン等の各種栄養素の必要量を確保する。特に，高齢者では，低栄養状態をきたさないよう配慮する必要がある。さらに，嗜好や咀嚼・嚥下能力などを考慮した調理

**表 3.58**　骨粗鬆症の治療時に推奨される食品，過剰摂取を避けた方がよい食品

| 推奨される食品 | 過剰摂取を避けた方がよい食品 |
|---|---|
| カルシウムを多く含む食品<br>（牛乳・乳製品，小魚，緑黄色野菜，大豆・大豆製品）<br>ビタミンDを多く含む食品<br>（魚類，きのこ類）<br>ビタミンKを多く含む食品<br>（納豆，緑色野菜）<br>果物と野菜<br>たんぱく質（肉，魚，卵，豆，牛乳，乳製品など） | リンを多く含む食品<br>（加工食品，一部の清涼飲料水）<br>食塩（過剰摂取により，カルシウムの尿中排泄量を増加させるといわれている）<br>カフェインを多く含む食品<br>（コーヒー，紅茶）<br>アルコール |

出所）図 3.27 と同じ，65

方法の工夫が必要である。ビタミンD・Kは，積極的に摂取する。リンは，カルシウムの吸収を阻害する因子があるため，各種リン酸塩が使用されている加工食品のとりすぎには注意が必要である（カルシウムとリンの比率 0.5～2.0）（**表 3.58**）。カルシウムとマグネシウムの摂取比率は２：１が望ましいといわれている。サプリメント利用による過剰摂取に注意が必要である。

#### 3）　栄養食事指導・生活指導

骨折を予防することが，QOL や ADL を維持・向上のためになり，骨量の増加が必要であることを説明する。カルシウムはもとより，他の栄養素についても適量，バランスのよい摂取を心がけなければならない。骨強度を高めるためには適度な運動が必要であり，運動は筋力やバランス能の維持・強化につながり転倒予防に寄与する。ビタミンDを活性化させるために日光を浴びながら運動することも大切である。

### 3.11.2　骨軟化症・くる病

#### (1)　疾患の定義，病因・病態

**血液**[*1]，**尿所見**[*2]は側注に示す。**くる病**や**骨軟化症**は，骨や軟骨の石灰化障害によって類骨組織が増加する病気である。ビタミンDの欠乏あるいは代謝・活性化障害による作用不足やリン欠乏に起因する。骨端線閉鎖前に小児期に発症したものがくる病で，閉鎖後に発症するものが骨軟化症である。腫瘍が産生する物質によってビタミンD代謝が影響を受けて骨軟化症やくる病となることもある。

*1 **血液所見**　血清アルカリフォスファターゼ値上昇，血清リン値低下，血清カルシウム値低下

*2 **尿所見**　尿中カルシウム排泄量の減少，尿中リン排泄量の増加

#### (2)　症状，治療，医学的アプローチ

くる病では，内反膝（O脚）またはX脚，歯の発育不良等の症状がみられ，骨軟化症では，腰背部痛や筋力低下等が主な症状である。治療では活性型ビタミン $D_3$ 製剤やカルシウム剤を投与し，腫瘍が原因である時はこれを切除する。

**表 3.59**　骨粗鬆症とくる病，骨軟化症

| 骨粗鬆症 | くる病，骨軟化症 |
|---|---|
| 骨の石灰化には異常がない | 骨の石灰化障害→類骨が増加 |
| 骨量（骨塩量）が減少する | 骨量は正常である |
| 血中 Ca，P の濃度は正常 | 血中 Ca，P の濃度は低下 |
| 骨型アルカリホスファターゼ閉経後やや上昇 | 骨型アルカリホスファターゼ上昇 |

類骨が増加
骨塩が減少
骨量は変化なし

#### (3)　栄養学的アプローチ

#### 1）　栄養評価

両疾患ともビタミンDやカルシウム不足により起こる。低リンの有無を確認する。リンが不足すると体力・筋力が低

下し，末梢神経障害，関節炎などを起こし筋力に影響する。

#### 2)　栄養食事療法

エネルギー，たんぱく質等各種栄養素の必要量を確保する。未熟児くる病は，母乳による単独哺乳が原因の場合もあり，調製粉乳（ビタミンD，リンの強化）と混合栄養を早期から検討する必要がある。

#### 3)　栄養食事指導・生活指導

カルシウムやビタミンDを含む食品を十分に摂取し，またリンが不足しないようにする。日光浴は，体内のビタミンDの活性化につながるため，散歩を日常生活に取り入れることも大切である。

## 3.11.3　変形性関節症

### (1)　疾患の定義，病因・病態

変形性関節症は，関節軟骨の変性・摩耗および骨の増殖性変化やそれに伴う二次性髄膜炎により，疼痛，腫脹，可動域の制限，関節変形などの関節の機能障害をきたす疾患である。発症には，加齢や遺伝，構造的異常，筋力低下，肥満，関節外傷等様々な要因が関与する。**変形性膝関節症**[*1]は高齢女性に多く，2,500万人以上，**変形性腰椎症**[*2]は高齢男性に多く，3,700万人以上と推定されている。

*1 **変形性膝関節症**　→ p. 87参照。

*2 **変形性腰椎症**　腰椎の加齢変化で骨棘（こつきょく）と呼ばれる骨の棘ができたり，背骨が変形したりして生じる腰痛のこと。

### (2)　症状，治療，医学的アプローチ

症状としては関節の痛みや腫れ，関節水腫を起こし，関節の変形や可動域制限などにより，関節の機能障害が起こる。病態の進行防止と改善を主として，罹患関節への力学的負荷の軽減をするための食事療法，運動療法や消炎鎮痛剤の投与などの薬物療法，装具療法，および各種手術療法が選択されている。

### (3)　栄養学的アプローチ

#### 1)　栄養評価

身体計測（身長，体重，BMI）を定期的に行い食生活や日常生活などを把握する。

#### 2)　栄養食事療法

適正体重に見合ったエネルギー摂取量と適度な運動が大切である。また，たんぱく質や各種栄養素の必要量を確保する。

#### 3)　栄養食事指導・生活指導

体重変化を確認し，食事内容を中心に食生活に関する指導を行う。また，生活様式の中で関節に負担がかかる姿勢や転倒による骨折に注意する。

## 3.11.4　サルコペニア

### (1)　疾患の定義

サルコペニアは高齢期にみられる骨格筋量の減少と筋力もしくは身体機能

表 3.60　サルコペニアの分類

| | | |
|---|---|---|
| 一次性<br>サルコペニア | 加齢性 | 加齢以外明らかな原因がないもの |
| 二次性<br>サルコペニア | 活動 | 寝たきり，不活発なスタイル，（生活）失調や無重力状態が原因となりうるもの |
| | 疾患 | 重症臓器不全（心臓，肺，肝臓，腎臓，脳），炎症性疾患，悪性腫瘍や内分泌疾患に付随するもの |
| | 栄養 | 吸収不良，消化管疾患および食欲不振を起こす薬剤使用などに伴う，摂取エネルギーおよび/またはタンパク質の摂取量不足に起因するもの |

出所）サルコペニア診療ガイドライン作成委員会編：「サルコペニア診療ガイドライン 2017 年版一部改訂」を一部改変

（歩行速度など）の低下であり，サルコペニア肥満はサルコペニアと肥満もしくは体脂肪の増加を併せもつ状態であり，それぞれ四肢骨格筋量の減少と BMI または体脂肪率またはウエスト周囲長の増加で定義される。

#### (2)　検査・診断

骨格筋量の減少を必須として，それ以外に筋力または身体機能の低下のいずれかが存在すれば，サルコペニアと診断する。サルコペニアの原因は，加齢による**一次性サルコペニア**と活動不足や疾患，栄養不良により引き起こされる**二次性サルコペニア**に分けられる（**表 3.60**）。

#### (3)　医学的アプローチ

治療には，運動療法と栄養療法の併用が有効である。有酸素運動やレジスタンストレーニングを含む運動療法で筋力の増強をはかり，同時に十分なたんぱく質（アミノ酸）を補給する。サルコペニア対策として，1 日で体重 1 kg あたり 1.2〜1.5g 程度のたんぱく質摂取が必要とされている。

#### (4)　栄養学的アプローチ

##### 1)　栄養評価

身長，体重，上腕三頭筋皮下脂肪（TSF），上腕周囲長（AC），下腿周囲長（CC），骨格筋量，筋力，身体能力，体脂肪率，基礎代謝量，食事摂取量を把握する。

##### 2)　栄養食事療法

エネルギー，たんぱく質，各種栄養素の必要量を確保する。特に，高齢者の低栄養状態が進行すると筋力や持久力が低下するため，嗜好や咀嚼・嚥下状態に配慮した栄養管理が必要である。

##### 3)　栄養食事指導・生活指導

食事の多様性とたんぱく質摂取が重要となる。他の疾患が原因となっている場合には，原疾患の治療が優先される。

### 3.11.5　ロコモティブシンドローム（運動器症候群）

#### (1)　疾患の定義

骨・関節・軟骨・筋肉などの運動器の障害によって，立つ，歩くという移動機能の低下をきたした状態をロコモティブシンドローム（略称：ロコモ）

**コラム7　WHO 骨折リスク評価ツール（FRAX®）**

骨密度あるいは危険因子によって個人の骨折絶対リスクを評価し，薬剤治療開始のカットオフ値として使用されることを目的として作成されたツール。年齢，性，大腿骨頚部骨密度（骨密度が測定できない場合はBMI），既存骨折，両親の大腿骨近位部骨折歴，喫煙，飲酒，ステロイド薬使用，関節リウマチ，続発性骨粗鬆症の各危険因子に関する情報を用い，個人の将来10年間の骨折発生確率（%）を算出できる。

と呼ぶ。進行すると日常生活の維持が困難となり，要介護に至る危険性が高くなる。

#### (2)　症　　状

関節可動域制限，疼痛，姿勢変化，柔軟性変化，筋力低下，バランス能力の低下などの症状があり移動機能が低下する。

#### (3)　検査・診断

日本整形外科学会では，自己チェックツールである「ロコチェック」や，①「立ち上がりテスト」（下肢筋力），②「2ステップテスト」（歩幅），③「ロコモ25（質問表）」からなる「**ロコモ度テスト**」を実践するよう推奨している。この結果から「ロコモ度1（移動機能低下が始まっている状態）」と「ロコモ度2（移動機能の低下が進んでいる状態）」を判定する。

#### (4)　医学的アプローチ

適正体重の維持が大切である。また，運動習慣のない生活，活動量の低下，スポーツのやりすぎ，事故によるケガなど日常の生活習慣と適切な対処の有無によって移動機能の状態は変わる。

#### (5)　栄養学的アプローチ

##### 1）　栄養評価

身長，体重，TSF，AC，CC，骨格筋量，筋力，身体能力，体脂肪率，基礎代謝量，食事摂取量や偏食等の有無を把握する。

##### 2）　栄養食事療法

適正体重の維持のため，肥満がある場合には減量のための食事療法を検討する。特に，高齢者では，エネルギーやたんぱく質の不足に注意が必要である。

##### 3）　栄養食事指導・生活指導

食事摂取量や活動量を確認し，個々の必要栄養量に見合っているか検討する。また，7項目からなる**ロコチェック***などを活用し生活上の注意を促す。

＊ **ロコチェック**　骨や筋肉，関節などの運動器が衰えていないかを7つの項目でチェックできる簡易テスト。https://locomo-joa.jp/check/lococheck

**【演習問題】**

**問 1**　骨粗鬆症の治療時に摂取を推奨する栄養素と，その栄養素を多く含む食品の組合せである。**最も適当**なのはどれか。１つ選べ。　(2023 年国家試験)

(1) ビタミン D　—　しろさけ
(2) ビタミン D　—　ささみ
(3) ビタミン K　—　じゃがいも
(4) ビタミン K　—　木綿豆腐
(5) カルシウム　—　しいたけ

**解答**　(1)

**問 2**　70 歳，女性。体重 48kg，標準体重 50kg。自宅療養中の骨粗鬆症患者である。１日当たりの栄養素等摂取量の評価を行った。改善が必要な項目として，**最も適当**なのはどれか。１つ選べ。　(2022 年国家試験)

(1) エネルギー 1,500kcal
(2) たんぱく質 60g
(3) ビタミン D 4 ng
(4) ビタミン K 300ng
(5) カルシウム 700mg

**解答**　(3)

**【参考文献】**

今井佐恵子，富安広幸編：臨床栄養学実習書第 13 版，医歯薬出版 (2023)
岩井達，嵐雅子編：臨床栄養学実習，みらい (2020)
医療情報科学研究所編：病気がみえる vol. 11 運動器・整形外科第 1 班，メディックメディア (2017)
骨粗鬆症の予防と治療ガイドライン作成委員会編：骨粗鬆症の予防と治療ガイドライン 2015 年版，ライフサイエンス出版 (2015)
サルコペニア診療ガイドライン作成委員会編：サルコペニア診療ガイドライン 2017 年版一部改訂，ライフサイエンス出版 (2020)
日本整形外科学会，日本運動器科学会監修；ロコモティブシンドローム診療ガイド，文光堂 (2021)
本田佳子編：新臨床栄養学　栄養ケアマネジメント第 4 版，医歯薬出版 (2022)

## 3.12 免疫・アレルギー疾患における栄養ケア・マネジメント

### 3.12.1 食物アレルギー

#### (1) 疾患の定義

食物アレルギー診療ガイドラインでは,「食物アレルギーとは，食物によって引き起こされる抗原特異的な免疫学的機序を介して生体にとって不利益な症状が惹起される現象」と定義されている。

しかし,「アレルギー症状の誘発に食物またはその成分が関与している場合は，食物アレルゲンが生体に侵入する経路は問わない」としている。したがって，感作に関与するのが食物以外であっても，それに**交差抗原性**[*1]を示す食物により症状が誘発されたのであれば食物アレルギーに含める。

*1 **交差抗原性** 異なるアレルゲンに共通の部位があると，IgE 抗体が異なるアレルゲンのどちらにも結合することをいう。

#### (2) 病因・病態

食物アレルギーが発症する免疫学的機序には，IgE 抗体に依存する反応と依存しない反応に分類される。多いのは IgE 依存性であり，その多くが即時型反応である。

また，食物アレルギーを誘発するアレルゲンの大部分は，食物中のたんぱく質であり，生体に侵入し，それに対する特異的な IgE 抗体が産生され，感作が成立する。

IgE 抗体はマスト細胞（肥満細胞）の表面に結合しており，そこに再び侵入したアレルゲンが，IgE 抗体に結合すると架橋反応によりマスト（肥満細胞）内に情報が伝えられ，細胞からヒスタミンやロイコトリエンなどの化学伝達物質が放出されアレルギー症状を引き起こす。

有病率が高いのは乳幼児であるが，原因食品が鶏卵，牛乳，小麦の場合は食物アレルギーは年齢とともに軽減されていく。一方，学童期以降に落花生，甲殻類，果物などが原因で新規に発症した食物アレルギーは軽減されにくい。

#### (3) 症　　状

食物アレルギーの多くは摂取後数分から数十分で症状が現れ，皮膚症状，粘膜症状，呼吸器症状，消化器症状などが誘発される（**表 3.61**）。

さらに,「アレルゲン等の侵入により，複数の臓器に全身性のアレルギー症状が惹起され，生命に危機を与え得る過敏反応」と定義されるアナフィラキシーが引き起こされることがある。これに，血圧低下や意識障害が伴う場合をアナフィラキシーショックという。

また，IgE が関与しない新生児-乳児消化管アレルギーやアレルゲンである食物を摂取後，運動することにより発症する**食物依存性運動誘発アナフィラキシー**[*2]と原因食品が口腔粘膜へ接触して起こる口腔アレルギー症候群などがある（**表**

*2 **食物依存性運動誘発アナフィラキシー** アレルゲンである食物を摂取した後に運動を負荷すると引き起こされるアナフィラキシーである。原因食物は小麦，甲殻類，果物が多い。

**表 3.61** 食物アレルギーの症状

| 臓器 | 症　状 |
|---|---|
| 皮膚 | かゆみ，じんましん，紅斑 |
| 粘膜 | 眼：結膜充血，かゆみ<br>鼻：くしゃみ，鼻汁<br>口腔：違和感，腫脹 |
| 呼吸器 | 咽頭浮腫，呼吸困難 |
| 消化器 | 腹痛，嘔吐，下痢 |
| 神経 | 活気の低下，不機嫌，イライラ感，不穏 |
| 循環器 | 血圧低下，頻脈 |

**表 3.62　食物アレルギーの臨床型分類**

<table>
<tr><th colspan="2">臨床型</th><th>発症年齢</th><th>頻度の高い食物</th><th>耐性獲得</th><th>アナフィキシーショックの可能性</th><th>食物アレルギーの機序</th></tr>
<tr><td colspan="2">新生児・乳児消化管アレルギー</td><td>新生児期<br>乳児期</td><td>牛乳（乳児用調製粉乳）</td><td>多くは寛解</td><td>（±）</td><td>主に IgE 依存性</td></tr>
<tr><td colspan="2">食物アレルギーの関与する乳児アトピー性皮膚炎</td><td>乳児期</td><td>鶏卵，牛乳，小麦，大豆など</td><td>多くは寛解</td><td>（＋）</td><td>主に IgE 依存性</td></tr>
<tr><td colspan="2">即時型症状（蕁麻疹，アナフィラキシーなど）</td><td>乳児期～成人期</td><td>乳児～幼児：<br>鶏卵，牛乳，小麦，そば，魚類，落花生など<br>学童～成人：<br>甲殻類，魚類，小麦，果物類，そば，落花生など</td><td>鶏卵，牛乳，小麦，大豆などは寛解しやすい<br>その他は寛解しにくい</td><td>（＋＋）</td><td>IgE 依存性</td></tr>
<tr><td rowspan="2">特殊型</td><td>食物依存性運動誘発アナフィラキシー</td><td>学童期～成人期</td><td>小麦，えび，果物など</td><td>寛解しにくい</td><td>（＋＋＋）</td><td>IgE 依存性</td></tr>
<tr><td>口腔アレルギー症候群</td><td>幼児期～成人期</td><td>果物，野菜など</td><td>寛解しにくい</td><td>（±）</td><td>IgE 依存性</td></tr>
</table>

出所）AMED 研究班による食物アレルギーの診療の手引き，1 表 1（2017）

3.62）。

#### (4)　検査・診断

食物アレルギーの診断は，特定の食物により症状が誘発されること，それが免疫学的機序を介していることの両立で確定する。

誘発の確認は，症状が出現している時に診察することが望ましいが，疑われる食品を摂取してから症状出現までの時間や摂取方法などについて詳細な問診が行われる。また，必要に応じて，食物経口負荷試験（OFC：oral food challenge）という。アレルギーが確定している食品，もしくは疑われる食品を単回または複数回に分割摂取させて症状の出現を確認する検査を行うことがある。特異的 IgE 抗体免疫学的検査には，特異的 IgE 抗体検査，好塩基球ヒスタミン遊離試験，皮膚プリックテストなどがある。

#### (5)　医学的アプローチ

食物アレルギーの治療には，原因となる食品を除去する食事療法と，誘発された症状に対する対症療法がある。誘発された症状に対して，抗ヒスタミン薬，抗アレルギー薬，ステロイド剤などが用いられ，アナフィラキシーに対しては，アドレナリンを投与する。緊急時に患者自身が使用するアドレナリン自己注射薬のエピペンが普及している。また，食物経口負荷試験で症状誘発閾値を確認後，医師の指導のもとで，原因となっている食品の量を増やしていく経口免疫療法（減感作療法）という耐性獲得を目指す治療法がある。しかし，食物アレルギー診療ガイドラインでは一般診療として推奨されておらず，慎重に行われるべきである。

#### (6)　栄養学的アプローチ

##### 1)　栄養評価

問診や免疫学的な検査により特定された原因食品およびその除去の程度に

ついて正確な情報を得ることが重要である。また，アナフィラキシーショックの既往歴についての確認も必要である。

患者の多くが成長期であるので，原因食品の除去によるエネルギーや栄養素の不足により，成長に影響を及ぼしていないか，確認しながら評価する。

**2)　栄養食事療法**

問診や免疫学的な検査により特定された原因食品を除去するが，必要最小限の食物除去にすることが重要である。原因食品であっても症状を誘発しない量の摂取や加熱によりアレルゲンが減弱することで摂取可能であれば除去せず摂取をする。また，原因食品を除去するだけでなく，除去した食品に含まれる栄養素等を代替食品で補う。

原因食品はおもにたんぱく質の多い食品であり，えび，かに，くるみ，小麦，そば，卵，乳，落花生（**ピーナッツ**[*1]）は発症数が多く，重篤な症状を呈することも多いため，容器包装された加工食品への表示が義務づけられている。また，これまで報告数の多い20食品については表示が推奨されている（**表3.63**）。

**〈食品別栄養食事療法の要点〉**

●鶏　卵

鶏卵の主要アレルゲンは，卵白に含まれるオボアルブミンやオボムコイドであり，卵黄に含まれるたんぱく質がアレルゲンとなることは少ない。オボアルブミンやオボムコイドは加熱による変性を受けて抗原性が下がることがある。このためオボアルブミンがアレルゲンであれば十分に加熱をすれば摂取できることがある。また，鶏卵が原因食品であってもほとんどの場合，鶏肉や魚卵は摂取可能である。

●牛　乳

牛乳の主要アレルゲンは牛乳たんぱく質中のカゼインであるが，カゼインは耐熱性があり，加熱による抗原性の変化はほとんどない。発酵させても同様である。**交差抗原性食品**[*2]もある。牛乳・乳製品を除去する場合に，栄養面ではカルシウムの摂取量が少なくなる可能性がある。牛乳・乳製品以外の食品でカルシウムを摂取することが必要である。調製粉乳が必要な乳児には，牛乳アレルゲン除去調製粉乳を用いる（**表3.64**）。

●小　麦

小麦たんぱく質にはグリアジンやグルテニンが含まれており，水

**表3.63**　食品表示法によりアレルギーの原因物質として表示される食品

| 分　類 | | 食　品　名 |
|---|---|---|
| 特定原材料 | 表示義務 | えび，かに，くるみ，小麦，そば，卵，乳，落花生（ピーナッツ）（8品目） |
| 特定原材料に準ずるもの | 表示推奨 | アーモンド，あわび，いか，いくら，オレンジ，カシューナッツ，キウイフルーツ，牛肉，ごま，さけ，さば，大豆，鶏肉，バナナ，豚肉，まつたけ，もも，やまいも，りんご，ゼラチン（20品目） |

*1 **ピーナッツ**　高熱処理でアレルゲンが強まる重篤な場合が多いので微量でも注意。くるみ，カシューナッツ等樹木ナッツ類は，落花生とは原因となるたんぱく質が異なるため一律に除去する必要はない。

*2 **交差抗原性食品**　牛乳アレルギーの交差抗原性の食品として，羊，山羊の乳。なお，豆乳は交差反応しないが赤ちゃんに豆乳を飲ませすぎると豆乳アレルギーを引き起こす場合がある。

**表 3.64　牛乳アレルギー用調整粉乳**

| | 商品名<br>（メーカー名） | たんぱく質・窒素源 |
|---|---|---|
| 加水分解乳 | ニューMA-1<br>（森永乳業） | カゼイン消化物 |
| | ペプディエット<br>（雪印ビーンスターク） | カゼイン消化物 |
| アミノ酸乳 | エレメンタル<br>フォーミュラー<br>（明治乳業） | 精製結晶アミノ酸 |
| 大　豆　乳 | ボンラクトi<br>アサヒグループ食品 | 大豆たんぱく質 |

＊ペプディエットには大豆レシチンが含まれているので，大豆アレルギーがある場合は注意が必要である。

を加えて練ると特有の粘りをもつグルテンが形成される。これが小麦の主要なアレルゲンである。

また，これに含まれる$\omega$-5グリアジンは食事依存性運動誘発アナフィラキシーの主なアレルゲンである。米粉で作られたパンやうどんは摂取可能であるが，グルテンを用いたものは注意が必要である。

小麦のアレルゲンは，パンやクッキーのように高熱で焼いてもアレルゲン性が低下することはない。

**3）　栄養食事指導・生活指導**

原因となる食品を除去した食事が基本であり，その中で年齢や活動量に応じたエネルギーや栄養素等を摂取する。しかし，除去によりエネルギーや栄養素の不足が起こりそうであれば除去した食品に代替できる食品についての指導を行う。また，加工食品を使用する場合は，アレルゲン表示が義務づけられている8食品がアレルゲンであれば表示の確認をすれば摂取可能である。しかし，8食品以外がアレルゲンであれば表示されていないこともあるので慎重に使用するよう指導する。さらに，牛乳や小麦がアレルギーの場合，きれいに洗ったはずの食器や容器に残っていたわずかな牛乳や小麦加工品（粘土，石けん）によってアレルギーが誘発されることがあることも説明しておく必要がある。

### 3.12.2　自己免疫性疾患

自己免疫疾患とは，通常ある物質を異物と判断するとそれから自分を守るために攻撃をして排除する免疫系が，正常に機能しなくなり正常な自分の組織を攻撃する疾患である。

#### (1)　関節リウマチ

関節リウマチ（RA；rheumatoid arthritis）は，関節の滑膜に炎症が起こり，そのために関節に痛みや腫れ，朝のこわばりなどの症状を引き起こす自己免疫性疾患である。こわばりは他の疾患でもみられるが，関節リウマチでは1時間以上継続することが特徴である。また，炎症が強い場合には発熱，全身倦怠感，食欲不振など全身症状が現れることもある。男性に比べ女性（30～50歳）に発症が多い。

治療の中心は薬物療法である。関節リウマチには，メトトレキサートが第一選択薬として使用されることが多い。また，効果が不十分な場合は，サイトカインの働きを抑える生物学的製剤を併用することがある。

#### (2)　全身性エリテマトーデス

全身性エリテマトーデス（SLE；systemic lupus erythematosus）は，抗核抗体という自己抗体が発症に関与する全身性自己免疫疾患である。女性に多い疾患でどの年齢にも発症するが，特に20～40歳に多く発症する。

この疾患では多くの場合，全身症状，皮膚や関節の症状がみられる。全身症状としては発熱，全身倦怠感，食欲不振など，皮膚症状としては蝶型紅斑，日光過敏症など，関節症状としては関節炎，関節痛などがみられる。これにループス腎炎，心膜炎，間質性肺炎，中枢神経障害などの臓器症状が加わる場合がある。

治療は，ステロイド薬と免疫抑制薬を用いた薬物療法が中心となる。これらの薬により，この疾患のコントロールは進歩したが，免疫システムが抑制される結果，感染症を起こしやすくなっている。

### (3)　全身性強皮症

全身性強皮症は，皮膚や内臓が硬くなることが特徴的な自己免疫疾患である。30～50歳の女性に多くみられる。

初期症状として多いのが**レイノー症状***である。治療としては保温が重要である。手指の腫れぼったい感じからはじまる皮膚硬化は，四肢の末端や顔から始まり，体幹へ進んでいくがすべての患者で体幹まで進むわけではない。

＊ **レイノー症状**　冷たいものに触れると手指が蒼白から紫色になる症状。

### (4)　シェーグレン症候群

シェーグレン症候群は，涙腺と唾液腺を標的とする自己免疫疾患で，中年の女性に多く発症する。

症状が眼の乾燥（ドライアイ），だ液の分必低下による口腔内の乾燥，鼻腔の乾燥がみられるものから疲労感，記憶力低下，頭痛など全身症状が生じることもある。根本的治療がないので，眼の乾燥に対して人工涙液や点眼薬を用いる。口腔の乾燥には唾液分泌促進薬や人工唾液を用いたり，口腔内を清潔に保つことが重要である。

### (5)　栄養学的アプローチ

#### 1)　栄養評価

身体症状，臨床検査値，体重の変化，食事摂取量を確認する。

#### 2)　栄養食事療法

それぞれの疾患に対する特異的な栄養食事療法というのはない。症状や栄養状態に合わせた栄養食事療法が必要となる。

・関節リウマチ

全身の関節に炎症を起こすので，関節に負担がかからないよう，肥満の場合には体重のコントロールが必要となる。

・全身性エリテマトーデス

薬物療法の中心となるステロイド薬により，糖尿病や脂質異常症を発症することがある。したがって，エネルギーが過剰とならないようにするとともに，コレステロールの制限が必要となる。

また，腎臓が障害された場合には，慢性腎臓病に準じた食事療法が必要となる。

・全身性強皮症

全身性エリテマトーデスと同様である。

・シェーグレン症候群

口腔内の乾燥による咀嚼や嚥下困難に対しては，症状に合わせて，刺激の少ない軟らかい食事とする。

**3）　栄養食事指導・生活指導**

・関節リウマチ

肥満がある場合には，標準体重を目標に減量が必要であることを説明し，食事摂取状況を確認しながらエネルギーの適正量について指導する。

・全身性エリテマトーデス

血糖値やコレステロール値の上昇がみられる場合，エネルギーやコレステロールの制限について指導を行う。

腎機能が低下している場合，たんぱく質や食塩の制限について指導する。

・全身性強皮症

全身性エリテマトーデスと同様である。

・シェーグレン症候群

乾燥した食品は牛乳やスープなどの液体に浸して摂取することや食べやすい温度にすることを指導する。

### 3.12.3　免疫不全症候群

免疫不全症候群とは，免疫細胞が機能しないために細菌やウイルスなどに対して抵抗力がなく，感染症にかかりやすい状態をいう。これには，生まれつき原因がある先天性免疫不全症候群とウイルス感染により発症する後天性免疫不全症候群がある。

**(1)　先天性免疫不全症候群**

出生時より免疫機能に異常がある免疫不全症候群で，原発性免疫不全症候群ともいう。免疫をつかさどる好中球，リンパ球，単球などの免疫細胞が機能しないために，感染の反復，感染症の遷延化，感染症の重症化等を引き起こす。治療としては，感染対策や免疫グロブリンなどの補充療法が行われる。

**(2)　後天性免疫不全症候群**

厚生労働省は，後天性免疫不全症候群（AIDS；acquired immunodeficiency syndrome）とは「レトロウイルスの一種であるヒト免疫不全ウイルス（HIV；human immunodeficiency virus）の感染によって免疫不全が生じ，日和見感染症や悪性腫瘍が合併した状態」と定義している。HIV が，**CD4 陽性 T リンパ球***に感染することにより発症する。HIV の感染経路には，性的接触，母子

＊ **CD4陽性リンパ球**　血液中に流れている白血球の一部と，感染症から体を守る免疫とし働く。HIV に感染すると，徐々に破壊されて免疫能が低下する。

感染，血液感染（輸血，血液製剤，注射針の共用など）がある。進行すると，CD4 陽性リンパ球数が減少し，日和見感染症や悪性腫瘍などを発症する。

急性感染期：HIV に感染後，1～2 週間後から 10 週間程度の時期で，発熱，咽頭痛，筋肉痛，発疹，リンパ節腫脹，頭痛などのインフルエンザ様症状がみられる。

無症候期：HIV に感染後，数年から 10 年程度続く。特徴的な症状がない，無症状キャリアの時期である。CD 4 陽性リンパ球数が減少してくると，発熱，全身倦怠感，リンパ節腫脹がみられるようになる。

AIDS 発症期：無症候期までに適切な治療が行われないと HIV が増加し，発熱，全身倦怠感に加え，食欲不振，下痢を伴い，体重減少，低栄養状態により全身状態が悪化する。免疫力の低下により日和見感染症を発症する。さらに，悪性腫瘍が認められる。

治療は，抗 HIV 薬を組み合わせて用いる多剤併用療法が中心となる。

### (3)　栄養学的アプローチ

#### 1)　栄養評価

身体症状，臨床検査値，体重の変化，食事摂取量を確認し，評価する。

#### 2)　栄養食事療法

進行すると，食欲不振などによる食事摂取量の低下や下痢等により体重の減少が認められる。栄養状態に合わせた栄養管理を行う。感染初期から適切なエネルギー，たんぱく質，ビタミン，ミネラルを十分に確保する。食欲不振のときは，口当たりのよいプリンやゼリー，ジュースなど食べやすいものを準備する。また，下痢の場合は，脂質量を確認するとともに，水分が不足しないよう補給する。感染症を予防するために，非加熱食品類（生水や生もの）を控える。

#### 3)　栄養食事指導・生活指導

本症の進行を予防するために，十分な栄養量を確保することや，感染を予防するために衛生面に配慮するよう指導する。

**【演習問題】**

**問 1**　食物アレルギーに関する記述である。**最も適当**なのはどれか。1 つ選べ。

（2023 年国家試験）

(1) オボムコイドは，加熱により抗原性が低下する。
(2) オボアルブミンは，加熱により抗原性が増大する。
(3) ピーナッツは，炒ることで抗原性が低下する。
(4) 小麦アレルギーでは，米粉を代替食品として用いることができる。
(5) 鶏肉は，特定原材料として表示が義務づけられている。

**解答**　(4)

**問 2**　鶏卵アレルギー患者が，外食時に避ける必要のない食べ物である。**最も適当**なのはどれか。1 つ選べ。　（2022 年国家試験）

(1) ポテトサラダ
(2) 焼きはんぺん
(3) シュークリーム
(4) エビフライ
(5) 鶏肉の照り焼き

**解答**　(5)

**【参考文献】**

海老澤元宏，伊藤浩明，藤澤隆夫監修，（一般財団法人）日本小児アレルギー学会食物アレルギー委員会作成：食物アレルギー診療ガイドライン 2021，協和企画（2021）
海老澤元宏，伊藤浩明，藤澤隆夫監修，（一般財団法人）日本小児アレルギー学会食物アレルギー委員会：食物アレルギー診療ガイドライン 2016《2018 改訂版》，協和企画（2018）
海老澤元宏監修：新版　食物アレルギーの栄養指導　食物アレルギーの栄養食事指導の手引き 2017 準拠，医歯薬出版（2018）
中村丁次ほか編著：食物アレルギー A to Z—医学的基礎知識から代替食献立まで（第 2 版），第一出版（2014）
日本アレルギー学会監修：アナフィラキシーガイドライン，（一般社団法人）日本アレルギー学会（2014）

## 3.13 感染症における栄養ケア・マネジメント

感染とは，病原性微生物（細菌，ウイルス）が人の体表面，体内に定着，侵入して増殖する状態をいう。その結果，発熱や何らかの異常が生じた状態を感染症という。また，感染後何らかの症状を発症した状態を**顕性感染**といい，発症しない場合を**不顕性感染**という。顕性感染は，インフルエンザ，麻疹，水痘，狂犬病などである。不顕性感染は，日本脳炎，ポリオがある。

感染経路は，その侵入経路によって**接触感染**[*1]，**経口感染**[*2]，**飛沫感染**[*3]，**空気感染**[*4]，**血液感染**[*5]などがある。このほか母体から胎児に感染する**垂直感染**[*6]もある。

感染症の症状は，主として炎症反応による発熱と疼痛がある。炎症が進み感染症が重症化すると，骨格筋等のたんぱくの崩壊が進み窒素出納は負となり，たんぱくの栄養状態は低下する。体脂肪量は減少し，ビタミンの消費が増大する。

感染症の治療は，対象疾患に応じて抗菌薬，抗真菌薬，抗ウイルス薬を使用する。対症療法として解熱薬や鎮痛薬，下痢や脱水がある場合は輸液や整腸剤を投与する。

以下，各論として特徴的な感染症について述べる。

### 3.13.1 院内感染症

#### (1) 疾患の定義

院内感染症とは，病院内で入院している患者が原因疾患とは別に新たに感染した場合をいう。また，病院医療従事者や見舞客も含めて病院内での感染症をすべて指す。おもな院内感染症として肺炎，血管内**カテーテル感染**[*7]，尿路感染，創傷感染，敗血症などがある。

#### (2) 病因・病態

抗菌薬を使用，連用しているとその薬に耐性を持った耐性菌や薬剤感受性のない細菌や真菌が増殖してくることがある。具体的には，**MRSA**[*8]（メチシリン耐性黄色ブドウ球菌），VRA（バンコマイシン耐性陽球菌），緑膿菌，結核菌，セレウス菌，ノロウイルスなどによる院内感染症が問題となることが多い。また，病院医療従事者と感染患者との接触で感染するインフルエンザ等の呼吸器感染症や**針刺し事故**[*9]によって感染するウイルス性肝炎，HIV（AIDS：後天性免疫不全症候群），梅毒なども代表的な疾患である。

#### (3) 症　状

発熱，全身倦怠感などの症状がでる。

#### (4) 検査・診断

感染部位からの培養検査や薬剤感受性検査を行い耐性菌かどうか調べる。インフルエンザは，迅速キットですぐに判別ができる。

*1 **接触感染**　感染源と直接に接触する，または，飛沫した物を介して接触して感染する。

*2 **経口感染**　感染源に汚染された飲食物が経口的に体内へ侵入し感染する。

*3 **飛沫感染**　咳やくしゃみなどで飛沫した感染源が，体の粘膜に付着し感染する。

*4 **空気感染**　飛沫した感染源を吸入して体内へ入り感染する。

*5 **血液感染**　感染された血液が，傷口や粘膜を通して体内へ侵入して感染する。注射・輸血・歯科治療等の医療行為などによって感染する場合もある。

*6 **垂直感染**　出産時など母親の胎盤を通じて感染する。授乳によって感染するものを含める場合もある。

*7 **カテーテル感染**　カテーテルとは，医療用に血管内に挿入するプラスチック製やゴム製の管。その管を通じて病原菌が体内へ侵入し感染症を引き起こすこと。

*8 **MRSA**　多くの抗生物質に感受性を示さなくなった多剤耐性の黄色球菌。MRSAは接触感染で，院内感染の原因となる。

*9 **針刺し事故**　注射針等を扱う医療従事者が，患者の血液に触れた針を誤って自分に刺してしまう事故。肝炎，HIV，梅毒など感染の危険性がある。

#### (5) 医学的アプローチ

最近の医療施設では，**ICT**[*1]（Infection Control Team）という感染管理対策を行うチームがあり，管理栄養士も参画し院内組織化されている。

事前に予防接種で職業感染防止をしておくことは重要である。

血管内カテーテルや尿路内留置カテーテルに関連した感染対策，感染性廃棄物の適切な処理，空調設備や院内清掃の整備や調査，抗菌薬耐性菌などの**サーベイランス**[*2]の実施，**アウトブレイク**[*3]の感知と行政機関との対応などの対策もしている。

*1 ICT　医療施設において，感染管理，対策，予防，教育等を行う医療チームの名称。

*2 サーベイランス　院内感染の発症予防のために院内を監視，見守りの調査を行う。

*3 アウトブレイク　感染症のアウトブレイクとは，通常発生している以上に感染症が増加していること。

#### (6) 栄養学的アプローチ

感染症が重症になると敗血症，肺炎，創傷感染などを起こす場合があるので注意する。特に，低栄養状態の患者や高齢者などは経過不良となる場合が多い。インフルエンザでは，冬場だけでなく1年を通して発症している。

##### 1) 栄養評価

臨床検査値により，栄養状態を評価する。発熱，吐気，嘔吐，食欲不振などの消化器症状，体力消耗，体重減少，水分摂取，腸管から出血などを確認する。軽症であれば特に問題はないが，抗がん剤や副腎皮質ステロイドの治療中患者，高齢者や低栄養患者，長期間入院患者では特に注意して評価する。

発熱や下痢・嘔吐などによる脱水の有無があるため，体重評価は注意が必要である。脱水の場合は，水分・電解質・ビタミン・エネルギー源を経口（経静脈）投与する。

##### 2) 栄養食事療法

基本，経口摂取ができれば経口摂取を行う。症状に合わせて流動食から常食へと展開して摂取栄養量増を目指す。重症の場合は，強制栄養の選択もある。CRP が安定したら，血清アルブミン値も徐々に上がるよう栄養量を増やしていく。水分出納，電解質も確認しておく。

##### 3) 栄養食事指導・生活指導

発熱37℃から1℃上昇ごとにストレス係数は，0.2ずつエネルギー消費量が増えると推定する（37℃：1.2，38℃：1.4，39℃：1.6）。重症感染症になれば，ストレス係数は1.5〜1.8倍にもなる。

エネルギー消費が亢進しているので十分な栄養量を確保する。

重症感染症では，体たんぱくの崩壊が進んでいる。たんぱく質摂取量を増やして，窒素平衡が負にならないよう注意する。発熱により不感蒸泄量が増え，さらに下痢，嘔吐が重なって脱水リスクが高くなるので注意する。エネルギー代謝亢進でビタミン消費が増えている。

〈感染症の栄養基準の目安〉

| | |
|---|---|
| エネルギー | 30～35kcal/kg 標準体重/日 |
| たんぱく質 | 1.5～2.0g/kg 標準体重/日 |
| 脂質エネルギー比 | 20～25% |
| ビタミン・ミネラル | 十分補給する |

### 3.13.2　敗血症

#### (1)　疾患の定義

敗血症の定義は，感染症によって重篤な臓器障害が引き起こされる状態である。敗血症性ショックの定義は，敗血症の中に含まれ急性循環不全により細胞障害および代謝異常が重度となり，ショックを伴わない敗血症と比べて死亡の危険性が高まる状態である。

#### (2)　病因・病態

日本版敗血症診療ガイドライン（J-SSCG）2020では，敗血症の重症度分類は，敗血症と敗血症性ショックの2区分である。敗血症の病態は，感染症に伴う生体反応が生体内で調節不能な状態で，生命を脅かす臓器障害を引き起こす。敗血症性ショックは，敗血症に急性循環不全を伴い，細胞障害および代謝異常が重度となる状態である。

#### (3)　症　状

発熱，悪寒，低血圧，頻呼吸，低体温，低血圧，意識障害（特に高齢者），白血球数増加や減少，代謝性アシドーシス，免疫不全患者における呼吸不全・急性腎障害・急性肝機能障害などがある。

**コラム8　災害時における避難所での感染症対策**

災害時には，感染症の拡大リスクが高まる。特に避難所では，衛生状態を保つことが大切である。飛沫感染や空気感染による感染拡大する恐れがあるため，感染症に「自分がかからない」ように手洗いを，かかっても「他人にうつさない」ために咳エチケットなどを行う。

皆様へのお願い　～感染症予防のために～

トイレについて
◇ トイレはきれいに使いましょう。
◇ トイレを汚した場合には職員にお知らせください。
◇ 使用前後には便座を拭きましょう。

手洗いについて
◇ トイレのあとや食事の前には手を洗いましょう。
　水が出ない場合には，
　　・アルコール消毒剤を多めに手に取り，
　　　手拭き用の紙で拭き取りましょう。

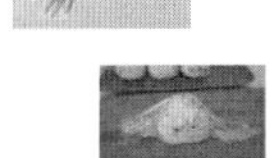

食べ物について
◇ 袋入りの食べ物は，手でちぎって食べたりせず，
　直接食べましょう。
◇ おにぎりを握る時は，使い捨て手袋の使用やラップに包んで作りましょう。

＊お願い＊　嘔吐・下痢・発熱などの症状のある方は
　すぐに職員又は管理者等にお知らせください。

出所）厚生労働省

### (4)　検査・診断

敗血症は，① 感染症もしくは感染症の疑いがあり，かつ② **SOFA スコア**[*1]）の合計２点以上の急上昇として行う。SOFA スコアは，意識（Glasgow coma scale），呼吸（PaO2/FIO），循環（平均血圧），肝（血漿ビリルビン値），腎（血漿クレアチニン値，尿量），凝固（血小板数）の項目がある。一般病棟や外来では，敗血症のスクリーニングとして **quick SOFA**[*2]）を評価する。quick SOFA は，① 意識変容，② 呼吸数≧22 回/分，③ 収縮期血圧≦100mmHg の 2/3 項目以上で敗血症を疑い，早期治療を開始する。

＊1 SOFA: sequential【sepsis-related】organ failure assessment
呼吸・循環系や中枢神経系，肝臓，腎臓および凝固系といった臓器障害を簡便に点数化して重症度を判定することを目的に作成されたもの。

＊2 quick SOFA: quick Sequential［Sepsis-related］Organ Failure Assessment

### (5)　医学的アプローチ

敗血症・敗血症性ショックは，原因となる感染症の診断は重要である。病歴，身体所見，画像検査などから速やかに感染巣を絞り込み，血液培養や推定感染部位から適切に培養検体を採取する。

### (6)　栄養学的アプローチ

#### 1)　栄養評価

適切な栄養ケアが行われないと低栄養になる可能性が高い。SGA や血清たんぱくで栄養評価をする。浮腫などの水分貯留があるので体重評価には気をつける。感染症による食欲低下は，摂取量低下につながり，たんぱく質・脂質の分解が亢進する。感染症発症時にはすでに低栄養状態になっている場合も少なくない。食事摂取不可能な敗血症患者は栄養療法を計画する必要がある。経腸栄養は，腸管機能と免疫防御機構の維持に貢献し，患者の予後や感染症発生率を改善させる。

#### 2)　栄養食事療法

敗血症患者に対する治療開始初期は，経腸栄養を消費エネルギーよりも少なく投与する。ESPEN ガイドラインでは，初期の目標エネルギーは消費エネルギーの 70～100％とし，初期の２日間は目標に達さないようにすること，３～７日間で目標に達することを推奨している。経腸栄養の投与に伴う消化器症状（嘔吐，腹痛，胃内残留物過多，腹部膨満，消化管出血，蠕動亢進や吸収能低下からくる下痢など）を確認する。病態が急性期を乗り越えた場合や１週間程度を超えた時期からは，必要エネルギー 25～30kcal/kg/日程度，たんぱく質も１g/kg/日以上の投与量が望ましい。ビタミン類の要求量は増えているので総合ビタミン剤などの投与も検討する。

#### 3)　栄養食事指導・生活指導

敗血症患者に対する急性期の至適たんぱく質投与量は，１g/kg/日未満のたんぱく質を投与する。低体重や筋肉量減少など栄養不良のある患者は，急性期から十分なエネルギー投与を考慮する。

**【演習問題】**

**問1**　感染症の感染経路に関する記述である。**誤って**いるのはどれか。1つ選べ。

（2019年国家試験）

（1）結核は，空気感染である。
（2）コレラは，水系感染である。
（3）アニサキスは，いかの生食で感染する。
（4）風疹は，胎児に垂直感染する。
（5）C型感染は，経口感染である。

**解答**　（5）

**問2**　入院2日目の敗血症患者の病態と栄養管理に関する記述である。**最も適当**なのはどれか。1つ選べ。　（2021年国家試験）

（1）基礎代謝は，亢進する。
（2）体たんぱく質の異化は，抑制される。
（3）血糖値は，低下する。
（4）糸球体濾過量は，増加する。
（5）静脈栄養法は，禁忌である。

**解答**　（1）

**【参考文献】**

佐藤和人，田中正彰，小松龍史編：エッセンシャル臨床栄養学第9版，医歯薬出版（2022）
日本集中治療医学会，日本救急医学会：日本版敗血症診療ガイドライン2020，学研メディカル秀潤社（2021）
日本臨床栄養代謝学会：日本臨床栄養代謝学会JESPENテキストブック，南江堂（2021）

## 3.14　がんにおける栄養ケア・マネジメント

### 3.14.1　消化管のがん：食道，胃，結腸，直腸

〔食道がん〕

**(1)　疾患の定義**

**＊1 扁平上皮がん**　皮膚や粘膜など体の表面を覆っている組織に発症するがんをいう。

食道粘膜から発生する。**扁平上皮がん**＊1が大部分を占め，圧倒的に男性に多く年齢は70歳代が多い。好発部位は食道の胸部中部が最も多い。

**(2)　病因・病態**

喫煙，飲酒，食物（熱いもの）が発症に関与する。進行すると食道周囲の組織（気管，肺，大動脈）に浸潤しやすく，リンパ節転移もきたしやすい。予後は不良で，５年生存率は約40％である。

**(3)　症　　状**

早期には症状がでないことが多いが（約60〜70％），進行するにつれ嚥下時の違和感や嚥下時痛，摂食時のつかえ感など，さらには食物や水分の通過障害，背部痛，反回神経麻痺による嗄声や咳などの症状がみられるようになる。

**(4)　検査・診断**

上部消化管内視鏡検査と上部消化管造影検査，CT検査，MRI検査，PET（陽電子放射断層撮影検査）検査，腫瘍マーカー検査などを行う。

**(5)　医学的アプローチ**

早期であれば内視鏡的粘膜切除術にて根治が期待できる。切除可能な進行食道がんでは，術前に化学療法を行ってから手術をすることもある。手術を希望しない場合は化学放射線療法や放射線単独療法を行う。切除不能な場合は化学療法や化学放射線療法を行う。

〔胃がん〕

**(1)　疾患の定義**

**＊2 腺がん**　身体内部の分泌物を出す腺組織に発症するがんをいう。

胃粘膜から発生し，**腺がん**＊2が大部分を占める。死亡数，罹患数ともに第３位である。男性に多く，年齢は80歳代に多い。病理組織学的ながん細胞の深達度により早期がんと進行がんに分けられる。早期がんはがんの浸潤が粘膜下層までで留まり，進行がんは固有筋層以下に深く浸潤しているものをいう（**図3.31**）。

**(2)　病因・病態**

発生機序は不明であるが，喫煙・飲酒・食塩過多などがリスク因子との報告がある。また，ヘリコバクター・ピロリ菌の感染が原因のひとつとなることがわかっている。

**(3)　症　　状**

初期には自覚症状が乏しい場合が多く，病気によっては，進行にともない

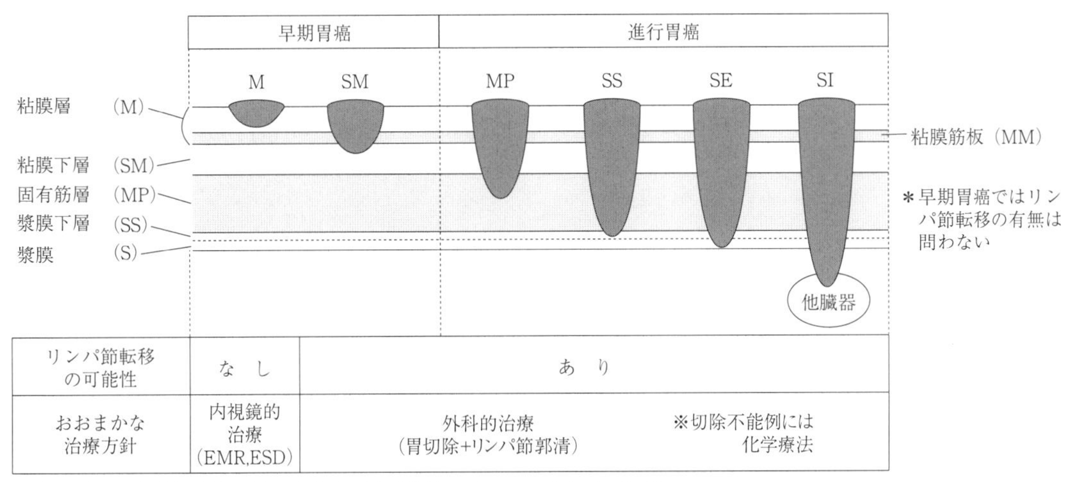


| リンパ節転移の可能性 | な　し | あ　り |
|---|---|---|
| おおまかな治療方針 | 内視鏡的治療（EMR,ESD） | 外科的治療（胃切除+リンパ節郭清）　※切除不能例には化学療法 |

出所）医療情報科学研究所編：病気がみえる vol. 1 消化器，メディックメディア（2016）

**図 3.31**　胃がんの壁深達度分類

心窩部痛や食欲不振，体重減少などがみられる。

**(4)　検査・診断**

診断は，主に上部消化管内視鏡検査で行う。胃 X 線（胃造影）検査は，粘膜面に病変の露出の少ないスキルス胃がんの診断や切除範囲を定めるために必要な検査である。また CT 検査では，胃がんの多臓器浸潤，多臓器転移，遠隔リンパ転移，腹水の有無などを診断する。**腫瘍マーカー**＊として CEA や CA19-9 などが使われる。

＊ **腫瘍マーカー**　腫瘍細胞から特異的に分泌されるたんぱく質や酵素のことで尿や血液より検出される。腫瘍細胞の部位によってもその種類は異なる。

**(5)　医学的アプローチ**

胃癌の治療方針を考えるうえで，壁深達度は重要な項目のひとつとなる。胃がんに対する治療法としては，内視鏡的治療，手術，化学療法があり，臨床病期に応じて治療アルゴリズムが決められている（**図 3.31**）。

内視鏡的治療では，胃の機能は維持されるため，体力は早めに回復し約 1ヵ月で日常生活に復帰できることが大きい。胃切除後は体重減少が起こりやすく，ダンピング症候群や逆流性食道炎，貧血，骨粗鬆症になることもあるためダイエットカウンセリングが必要となる。

**〔大腸がん（結腸，直腸）〕**

**(1)　疾患の定義**

大腸粘膜から発生し腺がんがほとんどで，好発部位は S 状結腸と直腸で全体の約 70％を占める。死亡数は肺がんについで第 2 位を占め，罹患数は第 1 位である。男性がやや多く，年齢は 50 歳以上に多い。

**(2)　病因・病態**

食生活の欧米化が原因と考えられ，高脂質・高たんぱく質・低食物繊維な食事，赤身肉（牛，豚，羊など）や加工肉（ベーコン，ハム，ソーセージなど）

の摂取と飲酒とされている。また，体脂肪・腹部肥満といった体型もリスクとされている。遺伝性の病気である家族性大腸腺腫症とリンチ症候群，大腸の粘膜に炎症や潰瘍ができる潰瘍性大腸炎やクローン病などの病気がある人は，大腸がんになる可能性が高くなることが報告されている。

**(3) 症　状**

早期では自覚症状がない場合が多いが，血便や便通異常・便狭小化などがみられる。検診での便潜血検査で認められることが多い。

**(4) 検査・診断**

下部消化管内視鏡検査や注腸造影検査および病理組織学的検査にて診断する。リンパ節転移，多臓器転移など，周囲臓器への浸潤などの検索にはCT検査・MRI検査を行う。腫瘍マーカーとしてはCEA，CA19-9などが使われる。

**(5) 医学的アプローチ**

早期であれば内視鏡的粘膜切除，進行がんでは，外科的切除を行う。外科的切除の場合は部位により人工肛門の造設が必要となり，術後の排便機能に大きく影響する。完全に切除できない場合は化学療法，放射線療法を行う。

大腸狭窄や大腸術後に対しては食物繊維の少ない消化吸収のよい食品とし腸内環境を整える。直腸温存の直腸がん術後では，便失禁を予防するために不溶性食物繊維の積極的な摂取をすすめる。

### 3.14.2 消化管以外のがん：肺，肝，膵，白血病

**〔肺がん〕**

**(1) 疾患の定義**

原発性肺がんは気管から肺胞までの気管上皮または腺上皮に由来する。がん部位別死亡数で第1位である。

**(2) 病因・病態**

喫煙，職業的暴露（アスベストなど），COPD（慢性閉塞性肺疾患）がリスク因子となる。肺がんは組織学的に，非小細胞がん（80～85%）と小細胞がん（15～20%）に分けられる（**表3.65**）。

**(3) 症　状**

早期では無症状であるが，進行すると中枢型では咳嗽，喀痰，血痰などが出現し，末

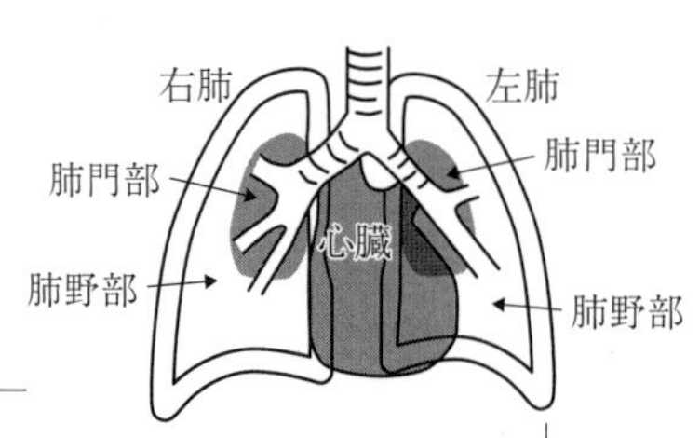


**表3.65** 肺がん種類

| | 組織分類 | 多く発生する場所 | 特徴 |
|---|---|---|---|
| 非小細胞肺がん | 腺がん | 肺野 | 肺がんの中で最も多い，タバコ吸わない |
| | 扁平上皮がん | 肺門 | 喫煙との関連が大きい<br>咳や血痰などの症状があらわれやすい |
| | 大細胞がん | 肺野 | 増殖が速い，患者数が少ない |
| 小細胞肺がん | 小細胞がん | 肺門・肺野ともに発生する | 喫煙との関連が大きい<br>増殖速い<br>移転しやすい<br>肺の入り口に近い肺門部にできるが |

梢型では胸膜播種・胸壁浸潤による疼痛，胸水貯留などが生じる。脳，骨，肝臓へ遠隔転移する。

**(4)　検査・診断**

胸部X線検査，CT，MRIなどにより発がんの部位と大きさを確認する。気管支鏡検査や喀痰細胞診により確定する。

**(5)　医学的アプローチ**

外科的切除術が不能な場合は化学療法，放射線療法がそれぞれ単独または併用して行われる。COPDが基礎疾患として存在することが多く，がん発症時から低栄養をすでに合併していることも多い。息切れや咳嗽などにより食欲の低下をきたし，体重減少，低栄養，倦怠感を生じるため，高密度食品や経口補助食品を少量頻回に補充をする。呼吸器症状の軽減で食欲回復に貢献できる可能性がある。

**〔肝がん〕**

**(1)　疾患の定義**

原発性肝がんと転移性肝がんがみられる。原発性肝がんでは肝細胞がんが90%以上を占め，残りは肝内胆管がんなどである。転移性肝がんは主に消化管がん（大腸がん・胃がん）からの転移であり，乳がんや子宮がん，肺がんからの転移の場合もある。

**(2)　病因・病態**

肝細胞がんの背景肝病変として80%以上に肝硬変や慢性肝炎があり，約70%がC型肝炎ウイルス，約15%がB型肝炎ウイルスの感染を認めている。発がんは半数が単発ではなく多発中心型であるため術後再発率も高い。また，近年は脂肪肝に「肥満」「2型糖尿病」「2種類以上の代謝異常のいずれかが併存している疾患概念のMAFLD（metabolic dysfunction-associated fatty liver disease）からの肝発がんも着目されている。

**(3)　症　　状**

肝がんは基本的に肝硬変の症状である。

**(4)　検査・診断**

超音波検査，CT検査，MRI検査，肝動脈造影検査などの画像診断が行われる。腫瘍マーカーには$\alpha$-フェトプロテイン（AFP），ビタミンK欠乏時産生たんぱく質（PIVKA-Ⅱ）がある。治療方針の決定にあたっては腫瘍因子とChild-Pugh分類による肝予備能の両方を考慮する必要がある。

**(5)　医学的アプローチ**

肝がんの治療は，肝切除，**ラジオ波熱凝固療法（RFA）**[*1]，**肝動脈塞栓療法（TACE）**[*2]の3大治療法，および**肝動注化学療法（TAI）**[*3]，全身化学療法，放射線療法，肝移植がある。近年，肝炎ウイルスを薬で陰性化できるように

**＊1 ラジオ波熱凝固療法（RFA）**　超音波ガイド下で電極針を腫瘍部に到達させ，ラジオ波を照射することで，腫瘍を焼灼壊死させる方法。

**＊2 肝動脈塞栓療法（TACE）**　足の付け根の動脈からカテーテルを挿入し，肝臓内の腫瘍を栄養とする細い動脈までカテーテルを進め，抗がん剤などを入れ，動脈の血流を遮断し，腫瘍細胞を壊死させる方法。

**＊3 肝動注化学療法（TAI）**　血管造影に用いたカテーテルから抗がん剤のみを注入する治療法。

なっている。

〔膵がん〕

(1) **疾患の定義**

膵原発の悪性腫瘍で，主に膵管上皮から発生する。病理組織学的に管状腺がんが最も多い。部位としては膵頭部がんが最も多く，浸潤傾向が強く，血行性，リンパ行性に転移するため，難治性のがんである。

(2) **原因・病態**

原因は不明であるが，喫煙，膵がんの家族歴，糖尿病，慢性膵炎などがリスク因子となることが分かっている。

(3) **症　状**

特異的な症状に乏しく，進行膵がん患者では腹痛，黄疸，体重減少，腰背部痛，食欲不振，全身倦怠感を呈する。慢性疾患の併存による糖尿病や消化吸収障害も生じるため栄養不良のリスクが高い。

(4) **検査・診断**

血液検査だけでは膵がんの早期発見は難しい。膵酵素の働きや腫瘍マーカーを確認することに加え，腹部超音波検査，CT 検査，MRI 検査，超音波内視鏡検査（EUS）などを組み合わせ，膵液細胞診や組織生検も行われる。

(5) **医学的アプローチ**

治療として外科手術，化学療法，放射線療法，緩和ケアが行われる。手術術式には大きく分けて膵頭十二指腸切除（PD）と膵体尾部切除（DP）がある。膵がんは再発のリスクも高く，術前術後に化学療法，放射線療法などの集学的治療が必要である。

〔白血病〕

(1) **疾患の定義**

白血病は造血細胞の悪性腫瘍で，急性骨髄性白血病（AML），急性リンパ性白血病（ALL），慢性骨髄性白血病（CML），慢性リンパ性白血病（CLL）に分類される。その他にウイルス感染が原因で発症する**成人 T 細胞白血病（ATL）***がある。

* **成人 T 細胞白血病**（ATL）　幼少時に母乳を介して母親から感染した human T-lymphotroic virus type1（HTLV-1）キャリアのみに発症する。九州地区に多く，キャリアの 5 ～10％の頻度で発症する。$CD4^{+}$ T 細胞が数種類の突然変異で腫瘍化し，単クローン性に増殖する。60～70歳の患者が多い。

(2) **原因・病態**

造血幹細胞の増殖と分化にかかわる遺伝子の変異が想定されているが原因は不明である。急性リンパ性白血病は 6 歳以下の小児に多く見られる。

(3) **症　状**

造血機能が抑制され，赤血球，白血球，血小板が減少する。赤血球減少による貧血，息切れ，動悸，倦怠感，白血球減少による発熱，血小板減少によるあざや鼻血，歯茎からの出血といった症状がみられる。白血病細胞の浸潤による多臓器不全を起こす。

### (4)　検査・診断

白血球数や分画を検査し白血病細胞を証明する。骨髄液を採取し，骨髄細胞を顕微鏡で詳しく観察したり，遺伝子や染色体の異常の有無を調べたりすることにより確定診断を行う。

### (5)　医学的アプローチ

多剤併用化学療法によって白血病細胞の減少と正常造血の回復を図る。骨髄移植による造血幹細胞移植が有効で，その合併症として**移植片対宿主病***が有名である。

発症時から口内炎などが存在するなどして食事摂取困難な場合がある。化学療法では，嘔気・嘔吐，味覚異常・嗅覚異常，下痢，粘膜障害などさまざまな理由から食欲不振に陥るため，患者一人ひとりの状態に応じた対応が重要となる。骨髄移植では，白血球減少や免疫不全状態が生じて感染しやすい状態に陥る場合があり，食事からの感染を防ぐために，加熱殺菌処理をした食事を提供する。

＊ **移植片対宿主病**（graft-versus-host-disease: GVHD）は，ドナーのリンパ球が患者の体を他人と考えて攻撃する病気。移植後早い時期に起こる急性移植片対宿主病と，移植後約3ヵ月以降に発症する慢性移植片対宿主病がある。

### (6)　栄養学的アプローチ

**A　栄養ケアプロセス（NCP）**　①栄養アセスメント，②栄養診断，③栄養介入，④栄養モニタリングと評価を繰り返し行い，治療を支援することとQOL維持・向上を達成することを目標に質の高い栄養ケアを実施する。

**B　栄養評価**　臨床病期とは独立した全身性の病態評価で，治療法の選択や生命予後の推定に不可欠である。スクリーニングツールには，NRS2002，MUST，MNA®-SFなどがあり，アセスメントツールには，SGA，PG-SGA，MNA®がある。それぞれBMI，体重減少，食事摂取量の減少，活動量，症状，精神・神経的問題などを組み合わせてリスク評価を行う。食事摂取状況の問診では，食欲の有無，食習慣や嗜好について把握し，摂取量について評価する。発がん部位により摂食・嚥下機能や消化機能などに注意して問診を行う。血液検査では，血清アルブミン，プレアルブミン，レチノール結合たんぱく質，CRP，総コレステロール，総リンパ球数などがある。血液検査を組み合わせたリスクインデックスには，CONUT，PNI，GPSなどがある。CONUTは，アルブミン，総リンパ球数，総コレステロールをスコア化して算出した値により栄養状態を判定する。2019年に低栄養診断の国際基準としてGLIMcriteriaが発表され使用されている。また，二重エネルギーX線吸収法（DEXA）や生体電気インピーダンス法（BIA）による筋肉量，体脂肪量，体水分量の把握や経時的変化も有用である。

**C　悪液質**　がん患者には，さまざまな代謝，栄養障害が存在しており，食欲不振，体重減少，全身衰弱，倦怠感などをきたす。栄養障害の原因は，栄養の摂取不足と栄養の利用障害の2つに大別される。栄養の摂取不足は飢餓に近い病態であり，摂取不良の原因へのアセスメントと栄養補充により回復が期待される。栄養の利用障害はがんに起因する各種サイトカインなどによる栄養代謝障害である「悪液質（cachexia）」が原因である。悪液質は2006年に「背景疾患により引き起こされる複合的な代謝症候群であり，骨格筋の減少を主体とし，脂肪減少の有無は問わないことを特徴とする」と定義され，2011年には，この定義に「通常の栄養サポートでは改善困難で，進行性に機能的悪化を来し，食事摂取の低下と代謝異常による負の蛋白，エネルギーバランスを引き起こす病態」と付記された。悪液質には，その前段階としての前悪液質（pre-cachexia）および，悪液質の終末期像としての不応性悪液質（refractory-cachexia）が加わった3つの病期が提唱されている。前悪液質での体重減少や食欲不振のサインを見逃さず，継続的にその程度を評価するために早期から栄養介入を行う。不応性悪液質と考えられる時期でも栄養状態の維持改善を行うが，QOLを主とした食支援へのギアチェンジを考慮しながら関わる。過剰な水分やエネルギーなどの投与を制御し，残された身体機能に対する負荷を軽減していく。（**図3.32**）

**〈がんの栄養基準の目安量〉**

| | |
|---|---|
| エネルギー | 基礎代謝量（BEE）×活動係数×ストレス係数で算出<br>25～30kcal/kg 標準体重/日 |
| たんぱく質 | 1.0～1.5g/kg 標準体重/日 |
| 脂肪エネルギー比 | 20～25% |

＊疾患や病期，悪液質など個人差が大きいため個別に設定が必要

### 3.14.3　化学療法，放射線療法，緩和ケア

#### (1)　化学療法，放射線療法

化学療法時には副作用として，食欲不振，悪心・嘔吐や下痢などの消化器症状，味覚異常，口内炎，全身倦怠感などがおこり経口摂取量が著しく低下する。支持療法を行なっても有害事象が発生した場合は，有害事象共通用語基準（CTCAE ver5.0：**表3.66**）に基づきGradeに応じて対応する。有害事象は薬物療法などが中心であるが，化学療法が可能なGrade 1の時点から管理栄養士が関わり，患者の症状を早期に察知し栄養介入をおこなう。

放射線療法時の食事に関係する副作用としては，照射した部位に起こる炎症が原因となり，味覚異常や嗅覚異常，口内炎や口腔乾燥，咽頭痛，下痢などが生じる。

薬剤による副作用への対策を行いながら可能な限り食べやすい食品の選択や調理の工夫を行う。食欲不振がある場合は食べたい時に食べられるように，好みの食品を前もって用意しておく。めん類や果物，デザートなどさっぱり

**表 3.66**　CTCAE ver 5.0 におけるがん化学療法に伴う栄養療法に関係の深い非血液毒性

| CTCAE ver 5.0 | Grade1 | Grade2 | Grade3 | Grade4 | Grade5 |
|---|---|---|---|---|---|
| **味覚不全**<br>食物の味に関する異常知覚，嗅覚の低下によることがある | 食生活の変化を伴わない味覚変化 | 食生活の変化を伴う味覚変化（例：経口サプリメント）；不快な味：味の消失 | | | |
| **口腔粘膜炎**<br>口腔粘膜の潰瘍または炎症 | 症状がない，または軽度の症状；治療を要さない | 経口摂取に支障がない中等度の疼痛または潰瘍；食事の変更を要する | 高度の疼痛；経口摂取に支障がある | 生命を脅かす；緊急処置を要する | 死亡 |
| **悪心**<br>ムカムカ感や嘔吐の衝動 | 摂食習慣に影響のない食欲低下 | 顕著な体重減少，脱水または低栄養を伴わない経口摂取量の減少 | カロリーや水分の経口摂取が不十分；経管栄養/TPN/入院を要する | | |
| **嘔吐**<br>胃内容が口から逆流性に排出されること | 治療を要さない | 外来での静脈内輸液を要する；内科的治療を要する | 経管栄養/TPN/入院を要する | 生命を脅かす | 死亡 |
| **脱水**<br>体から過度に水分が失われた状態，通常，高度の下痢，嘔吐，発汗により起こる | 経口水分補給の増加を要する；粘膜の乾燥；皮膚ツルゴールの低下 | 静脈内輸液を要する | 入院を要する | 生命を脅かす；緊急処置を要する | 死亡 |
| **下痢**<br>排便頻度の増加や軟便または水様便の排便 | ベースラインと比べて＜4回/日の排便回数増加；ベースラインと比べて人工肛門からの排泄量が軽度に増加 | ベースラインと比べて4～6回/日の排便回数増加；ベースラインと比べて人工肛門からの排泄量の中等度増加；身の回り以外の日常生活動作の制限 | ベースラインと比べて7回以上/日の排便回数増加；入院を要する；ベースラインと比べて人工肛門からの排泄量の高度増加；身の回りの日常生活動作の制限 | 生命を脅かす；緊急処置を要する | 死亡 |
| **食欲不振**<br>食欲の低下 | 摂食習慣の変化を伴わない食欲低下 | 顕著な体重減少や低栄養を伴わない摂食量の変化；経口栄養剤による補充を要する | 顕著な体重減少または低栄養を伴う（例：カロリーや水分の経口摂取が不十分）；静脈内輸液/経管栄養/TPNを要する | 生命を脅かす；緊急処置を要する | 死亡 |
| **体重減少**<br>体重の減少，小児ではベースライン成長曲線より小さい | ベースラインより5～10% 減少；治療を要さない | ベースラインより10～20% 減少；栄養補給を要する | ベースラインより20% 以上減少；経管栄養または TPN を要する | | |

出所）日本臨床栄養代謝学会（JSPEN）編：日本臨床栄養代謝学会 JSPEN コンセンサスブック 1 がん，165，医学書院（2022）

としたものが好まれる場合が多い。吐き気や嘔吐は制吐薬で予防や軽減し，においの強いものを周りに置かないように配慮して，消化の良い食品を少量ずつ数回に分け摂取する。味覚異常は状況を聞き取り，食品や調理方法，味について考慮する。嗅覚異常では嗅覚過敏となっている場合が多く，冷ますことにより軽減される。口内炎がある場合は，香辛料や刺激となる酸味の強い食材はさける。咽頭痛があるときはあんかけやゼリーのようにさっぱりとしてつるんとした食事や液体が好ましい。下痢では消化のよい食品や料理と

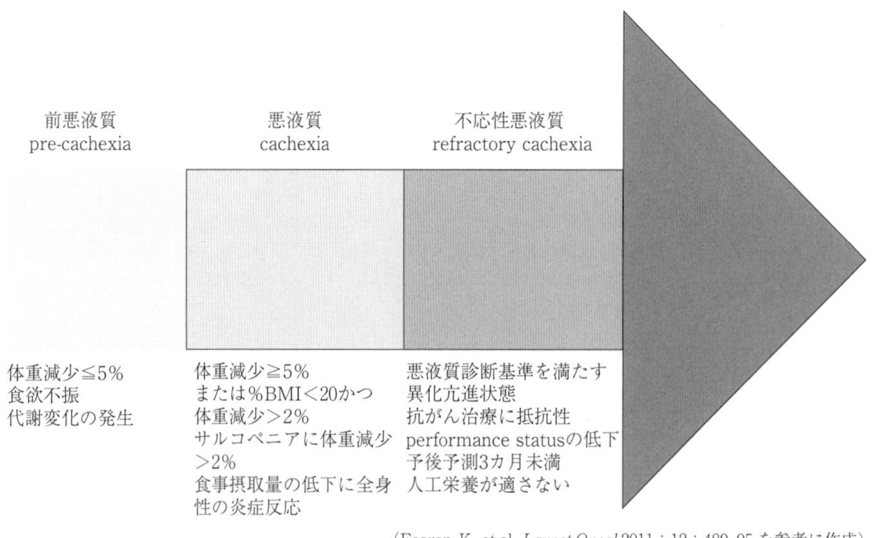


**図 3.32** 悪液質の病期分類と診断基準

同時に，水溶性食物繊維や乳酸菌飲料を摂取し腸内環境を整え，経口補水飲料などを用いて脱水の予防を行う。料理する際は，体調の良い時に作り置きできる料理を作ったり，電子レンジ料理や冷凍食品，レトルト食品などを活用したりして負担にならないよう工夫する。一般の食事のみでは十分な栄養補給が不可能な場合は経口補助食品で補うことも必要である。口から食べ物や水分の摂取が困難になった場合に胃瘻を造設し，栄養補給を行う。消化管がんで機能的な障害，腫瘍や狭窄などによる器質的な通過障害で必要な栄養補給が難しい場合は，HPN（Home Parenteral Nutrition）を併用する。精神的ストレスにより食欲低下を助長させることも多く，リラックスできる食環境や，「食べられた」という自信も QOL を維持するために必要である。

**表 3.67** ターミナルケアにおける栄養ケアの例

| 期間 | 栄養ケアの例 |
|---|---|
| 月単位：3～6ヵ月 | 食欲不振などの対応として，患者が食べたいものや食べやすいものの聞き取り，食事提供をする |
| 週単位：数週間 | 家族にも協力を得て，フルーツやゼリーなどののど越しの良いものなども準備する |
| 日単位：数日 | 患者や家族が望むことに対応する |

### (2) 緩和ケア

WHO（世界保健機関）2002 では「緩和ケアとは，生命を脅かす疾患による問題に直面している患者とその家族に対して痛みやその他の身体的問題，心理社会的問題，スピリチュアルな問題を早期に発見し的確な評価と対処を行うことによって苦しみを予防し和らげることで QOL を改善するアプローチである」と定義されている。注意すべき点は，末期だけでなく早い病期の患者も対象になることであり，がんに罹患したときから治療と同時に開始することが望ましい。ただし，末期がん患者では QOL を保持するための終末期医療へ移行する。

## 3.14.4 終末期医療（ターミナルケア）

「ターミナル」とは「終末期」という意味で，ターミナルケアとは人生を

**コラム9　がん悪液質による体重減少**

がん悪液質による体重減少は，**がん関連体重減少**（cancer-associated weight loss：CAWL）と，**がん誘発体重減少**（cancer-induced weight loss：CIWL）の２つに分類される。

がん関連体重減少は，がんの存在による摂取・消化・吸収障害，治療に伴う有害事象，心理的な問題，痛み，倦怠感などによってもたらされ，外科治療やカウンセリングや強制栄養等による栄養管理により栄養摂取量を増加させれば可逆的に改善可能である。

**がん誘発体重減少**は，がん細胞によって放出される炎症性サイトカインやホルモンによって代謝亢進・代謝異常などが惹起され，筋崩壊，脂肪喪失を伴う体重減少が起こる「悪液質」の病態で，腫瘍がなくならない限り改善の可能性が低い。

早期からの介入により体重減少を阻止することが，がん治療の継続や予後の改善にもつながると考えられる。

終える時期の生活の質を高めるケアのことをいい，残された余生を充実させるという考え方である。ターミナル期は余命３ヵ月以内と診断された状態を示し，さらに３つの時期（月単位，週単位，日単位：**表 3.67**）に分けて治療や栄養管理が行われる。

**【演習問題】**

**問１**　がん患者の病態と栄養管理に関する記述である。**最も適当**なのはどれか。１つ選べ。　（2022 年国家試験）

(1) 悪液質では，食欲が亢進する。
(2) 悪液質では，除脂肪体重が増加する。
(3) 不可逆性悪液質では，35〜40kcal/kg 標準体重/日のエネルギー投与が必要である。
(4) がんと診断された時から，緩和ケアを開始する。
(5) 緩和ケアでは，心理社会的問題を扱わない。

**解答**　(4)

**問２**　消化器系がんとそのリスク因子の組合せである。**最も適当**なのはどれか。１つ選べ。　（2021 年国家試験）

(1) 食道がん　――――　アスベスト
(2) 胃がん　――――　アフラトキシン
(3) 肝細胞がん　――――　ヒトパピローマウイルス
(4) 膵がん　――――　喫煙
(5) 結腸がん　――――　EB ウイルス

**解答**　(4)

**問３**　進行大腸がん患者に対し，４週間の放射線療法を開始したところ，イレウスをきたした。治療を継続するため長期の栄養管理が必要である。この患者に対して，現時点で選択すべき栄養投与方法として，**最も適当**なのはどれか。１つ選べ。　（2023 年国家試験）

(1) 経口栄養
(2) 経鼻胃管による経腸栄養
(3) 胃瘻造設による経腸栄養
(4) 末梢静脈栄養
(5) 中心静脈栄養

**解答** (5)

**【参考文献】**

池永昌之，藤井映子企画：臨床栄養 臨時増刊 **134**(6)，(2019)
医療情報科学研究所編：病気がみえる 1　消化器（第 4 版），メディックメディア（2016）
国立がん研究センター　がん情報サービス　がん統計
https://ganjoho.jp/reg_stat/statistics/stat/summary.html（2023.9.1）
大腸癌研究会：大腸癌治療ガイドライン　医師用（2019 年版），金原出版（2019）
日本胃癌学会：胃癌治療ガイドライン　医師用（改訂第 5 版），金原出版（2018）
日本がんサポーティブケア学会：がん悪液質ハンドブック（2019）
日本病態栄養学会編：がん病態栄養専門管理栄養士のためのがん栄養療法ガイドブック 2019（改訂第 2 版），メディカルレビュー社　(2019)
日本臨床腫瘍学会：新臨床腫瘍学　がん薬物療法専門医のために（改訂第 5 版），南江堂 (2018)
日本臨床栄養代謝学会編：日本臨床栄養代謝学会 JSPEN コンセンサスブック①　がん，医学書院（2022）
比企直樹，土師誠二，向山雄人編：NST・緩和ケアチームのためのがん栄養管理完全ガイド　QOL を維持するための栄養管理，文光堂（2018）

## 3.15　手術，周術期患者における栄養ケア・マネジメント

### 3.15.1　消化器の術前，術後

手術，周術期（術前・術後）における栄養ケア・マネジメントはそれぞれの過程で生じる生体内反応について理解したうえで進めていくことが重要である。

#### (1)　術　　前

術前の低栄養は，術後合併症の増加，予後の悪化，在院日数の延長につながる。術前に栄養療法を行う患者をみきわめて，適切に介入を行うことが重要となる。また高齢の患者では**サルコペニア**を合併していることが多い。特に消化器がん患者においては，サルコペニアの発生が予後の悪化や合併症を増加させることが報告されている。

##### 1)　栄養評価

術前の栄養療法の第一歩は，栄養スクリーニングを実施し，低栄養リスクを有する患者を早期に発見することにある。スクリーニングツールとしては**SGA（subjective global assessment）**や欧州栄養代謝学会（ESPEN）が推奨するNRS2002（nutritional risk screening）などを利用するとよい（**表3.68**）。栄養スクリーニングで低栄養リスクがあると判定されたら，より詳細に栄養状態を評価する。参考として術前の栄養評価項目を示した（**表3.69**）。

**表3.68**　NRS 2002（nutritional risk screening）

| | | 軽度<br>スコア1 | 中等度<br>スコア2 | 重度<br>スコア3 |
|---|---|---|---|---|
| 栄養状態 | BMI | | 18.5～20.5 | ＜18.5 |
| | 食事摂取量 | 50～75% | 25～50% | ＜25% |
| | 5％以上の体重減少 | 3ヵ月 | 2ヵ月 | 1ヵ月 |
| 疾患手術重症度 | | 軽度<br>（大腿骨骨折，急性合併症のある慢性患者） | 中等度<br>（腹部手術，脳卒中，重症肺炎，造血器悪性腫瘍） | 高度<br>（頭部外傷，骨髄移植，集中治療患者） |
| 年齢 | | 70歳以上 | | |

合計点＝栄養状態＋疾患手術重症度
＞3点：栄養上のリスクあり。栄養ケアプランを開始する。
＜3点：週1回の感覚で栄養スクリーニングを繰り返し，大手術を受ける場合には予防的栄養ケアプランを立てる。
出所）Weimann, A. et al., ESPEN guideline: Clinical nutrition in surgery. *Clin. Nutr.* 36（3）623-50（2017）

**表3.69**　手術を受ける患者の栄養評価項目

- ADL
- 体重歴
- 食事摂取量
- 消化器症状（腹痛，嘔吐，排便状況）の有無
- 皮下脂肪量，骨格筋量，サルコペニアの有無
  胸水，腹水の有無
- 臨床検査値：アルブミン，炎症の有無と程度
  電解質，甲状腺ホルモン
- 臓器不全の（心不全，肝機能不全，腎機能不全）の有無

出所）日本病態栄養学会編：改定第7版病態栄養専門士のための病態栄養ガイドブック，355，南江堂（2022）

表 3.70　術前栄養介入の適応

| 以下の場合には，手術を 2 週間程度延期して栄養介入を行う |
| --- |
| ① 6 ヵ月以内に 10〜15%をける体重減少が認められる |
| ② BMI が 18.5 kg/m$^2$に満たない |
| ③ SGA がグレード C である |
| ④肝臓や腎臓の機能に異常がないが，血清アルブミン値が 3.0 g/dL 未満である |
| ⑤低栄養でなくても |
| A）7 日以上の絶食が予測される |
| B）10 日以上，栄養必要量の 60%未満の摂取が予測される |

出所）Weimann, A. et al. ESPEN guideline: Clinical nutrition in surgery. Clin. Nutr. 36（3），623-50（2017）

#### 2）栄養食事療法

栄養評価の結果に基づき，**表 3.70** に示した基準に該当する場合は，7 〜14 日間の術前栄養療法を行う。エネルギーやたんぱく質などの栄養目標量や栄養投与ルートを決定し，個々の患者の病態や摂食嚥下機能に応じた栄養介入を決定する。術前栄養療法では経口・経腸栄養が第一選択となるが，経口・経腸栄養では栄養摂取量を確保できない場合には経静脈栄養を行う。目安として目標栄養量の 50%以下の状態が 7 日間以上続く場合は経静脈栄養を検討する。

サルコペニアを認める場合には十分なエネルギー補給に加えて，たんぱく質の摂取が重要となる。たんぱく質は 1.2〜1.5g/kg/日を目標に摂取する。またビタミン D の摂取や適度な運動も必要である。

併存疾患がある場合にも注意が必要である。糖尿病患者で術前から血糖コントロールが必要な場合，エネルギー制限を行うと低栄養を悪化させる原因となってしまうことがある。術前は十分なエネルギー（目安：30kcal/kg/日），たんぱく質（目安：1.0〜1.2g/kg/日）を確保し，可能であれば運動療法を併用し，適宜インスリン製剤を利用しながら血糖コントロール（180mg/dL 以下を目標とする）を行う。

#### 3）栄養食事指導・生活指導

食事摂取状況を確認し，不足している栄養素を補う食材や調理方法を伝える。食事摂取量が少ない場合は**経口栄養補助（oral nutritional supplement：ONS）**を検討する。嚥下機能を確認し，必要に応じて嚥下調整食の調理法や食材の選び方についても指導する。

### (2) 術　　後

手術によってもたらされる侵襲は栄養状態に大きな影響を及ぼす。ストレスホルモンや**炎症性サイトカイン***などの炎症性メディエーターが体内に放出され，体内に貯蔵されていたグリコーゲン，脂肪，たんぱく質などの分解が促進される。この結果，血中にグルコースが遊離し，一過性外科的糖尿病（状態）すなわち外科侵襲的インスリン感受性低下の状態となる。

* **サイトカイン**　IL-6，TNF-$\alpha$ など生体内でさまざまな炎症症状に関与する原因因子

#### 1）栄養評価

術後の栄養評価は，栄養介入の必要性の判断に加え，どの程度の栄養介入を実施するかを判断するために行う。SGA や NRS2002 による栄養評価に加えて，経口摂取をしている患者の場合は食事摂取量を評価する。血清アルブミン値は，手術による炎症反応の影響を受け低下するため栄養指標としては

適していない。術後の栄養指標としては**トランスサイレチン**が適している。

### 2)　栄養食事療法

術前に栄養不良がなく，術後すみやかに経口摂取が可能であり，1週間以内に普通食を十分に摂取できる見込みの患者は術後の栄養管理に気をつかう必要はない。

術前に栄養不良のある患者，併存疾患による臓器機能低下を認める患者，手術に伴う消化吸収不良などの症状がある患者，術後合併症などで適切な栄養摂取ができない患者，サルコペニアやフレイルの患者には術後栄養介入が必要となる。

ESPENのガイドラインでは，「術前に低栄養や低栄養のリスクを有する患者のほか，術後5日以上の絶食，術後7日間以上にわたって必要栄養量の50%以上の経口摂取ができない患者」には栄養介入を推奨している。

エネルギーやたんぱく質はESPENガイドラインではエネルギー：25〜30kcal/kg（標準体重），たんぱく質：1.5g/kg（標準体重）を推奨している。早期の経口摂取をすすめていくことが重要であるが，術後順調に必要栄養量を摂取できる患者ばかりではない。術後悪心・嘔吐や胃内容排泄遅延，麻痺性イレウスなどに注意して栄養量を増やしていく。

栄養投与ルートは，消化管使用禁忌項目（消化管閉塞，消化管出血，重度ショックなど）に該当しなければ，経口（経腸）栄養を第一選択とする。ESPENガイドラインは，術前から低栄養状態で高度侵襲手術（上部消化管手術，膵臓手術など）を受ける患者は，術後に経鼻経腸栄養や空腸瘻増設を考慮してもよいとしている。

またESPENガイドラインは，術後1週間以上，経口（経腸）栄養単独では必要栄養量の50%未満しか投与できないときは静脈栄養を追加すること，また経腸栄養が不可能な患者は速やかに静脈栄養を開始することを推奨している。しかし欧米など海外のガイドラインを参考とする場合，臨床試験患者は肥満患者であることが多い。高齢者ややせが多い我が国の患者とは条件が異なるため，**リフィーディング症候群***や血糖管理に注意が必要である。

### 3)　栄養食事指導・生活指導

退院前には自宅での食事について栄養食事指導を行う。患者によって体調の回復も異なるため嚥下機能や消化機能を確認したうえで，適した食材や調理方法を説明し，患者の負担を軽減する。

## (3)　術後回復促進プログラム（Enhanced Recovery After Surgery：ERAS）

**ERAS**は科学的根拠に基づいて，集学的に外科手術と周術期管理の質を向上させることを目的とした取り組みである。具体的には安全性向上，術後合

**＊ リフィーディング症候群**　低栄養の患者に急激に高エネルギー（糖質）の栄養を投与すると，インスリン分泌が増加し，細胞外から細胞内へのグルコース，リン，カリウム，マグネシウムの取り込みが進む。特にリンの取り込みにより血中のリンが減少し，心不全・呼吸不全などを発症し死に至ることがある。

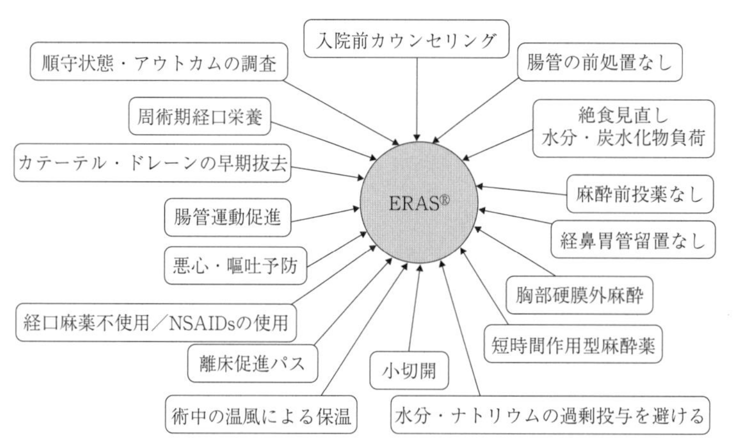


出所）Fearon, KC. et al. Enhanced recovery after surgery: a consensus review of clinical care for patients undergoing colonic resection. Clin. Nutr. **24** (3), 2005, 456-77.

**図 3.33**　ERAS® の概念図

併症減少，回復力強化，入院期間短縮，経費削減を目指している。患者が退院するためには，食べられること，動けることが基本となる。したがって，十分な鎮痛，早期離床，経口摂取を制限しない（禁食にしない）ことをコンセプトとしている。

### (4)　消化管の切除

#### 1)　食道切除

食道は頸部，胸部，腹部に位置する消化器である。食道切除術の対象は主に食道がんであり，食道がん手術は高度の侵襲を伴う。他の消化器手術と比較して，合併症の発生率や死亡率が高いことが知られている。食道がん術後に起こりやすい合併症には縫合不全，術後肺炎，**反回神経麻痺**＊1，**乳び漏（乳び胸）**＊2がある。合併症や術式などを理解した上で栄養管理を進めていくことがポイントとなる。

① 栄養評価

術後の栄養評価に準じる。

② 栄養食事療法

術後急性期は呼吸管理が必要となることもあり，食事開始までは数日を要する。静脈栄養や経鼻経管栄養，術中に留置した小腸カテーテルを用いた経管栄養を行う。リンパ節覚醒などの術式のちがいによって経口摂取開始時期や摂取量には差がある。主要な術式である食道亜全摘術では，再建臓器として胃を用いることが一般的である（**図 3.34**）。食べ物を飲み込んだすぐのところに吻合部があるため，食物の流れが若干ゆっくりになる。また，術中操作による反回神経麻痺をきたしている場合，嚥下障害を発症することがある。経口摂取を始めるにあたっては嚥下機能評価を行い，嚥下機能に合わせた食事形態を選択する必要がある。

**＊1 反回神経麻痺**　リンパ節郭清に伴い，反回神経麻痺が生じることがある。反回神経は声帯の運動を伝えており，障害されることで声帯の運動が低下しかすれ声（嗄声）となる。また誤嚥のリスクも高くなる。

**＊2 乳び漏（乳び胸）**　リンパ節郭清などで胸管に損傷を認めた場合，乳び漏を認める。脂肪成分を含む経腸栄養を開始した後，胸腔ドレーンから白濁廃液が増加するのが特徴である。

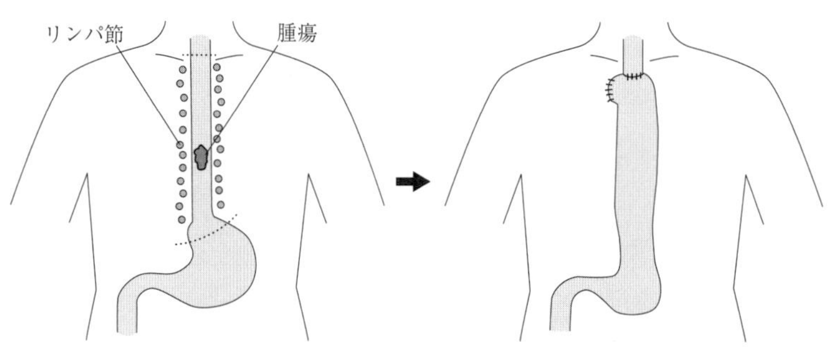


出所）大塚耕司：食道術後の観察ポイント＆合併症，消化器ナーシング，28，523-532（2023）

**図 3.34**　食道亜全摘術と胃による再建

③ 栄養食事指導・生活指導

食道亜全摘術では吻合部がなじむまで，食べ物が通りにくいことがある。また迷走神経を切断していることで胃が動きにくくなるため，よく噛んでゆっくり食べるように指導する。胃を切除していることによる**ダンピング症候群**（胃切除の項参照）にも注意が必要である。

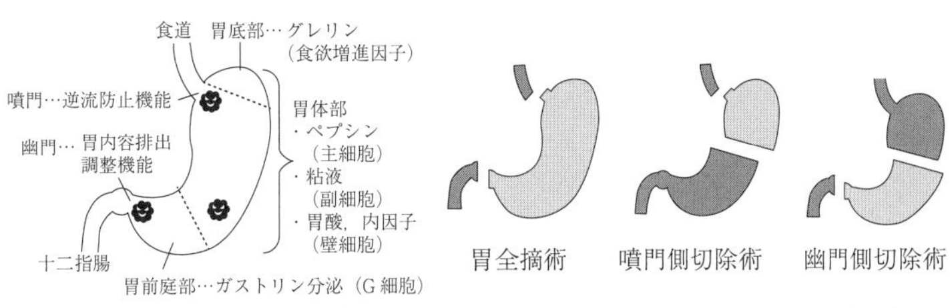


出所）窪田健：胃がん治療と栄養管理のポイント，ニュートリションケア，10，139（2017）

**図 3.35**　胃の機能と胃切除手術の術式

### 2)　胃 切 除

胃は食物の貯留・排出機能と消化機能という２つの大きな役割を担っている。胃を切除するとその機能は失われるが，切除する部位によって失われる機能は異なる。術式には全摘術，亜全摘術（幽門側胃切除術，幽門保存胃切除術，噴門側胃切除術）などがある（**図 3.35**）。全摘術後の絶食期間は５～６日程度，亜全摘術後は３～４日程度とされている。手術後は，切除による胃内容量の低下，食欲増進ホルモングレリンの分泌低下により食事摂取量が減少する。また胃切除，５年以内に胆石ができる確率が 15～20％とされている。

① 栄養評価

術後の栄養評価に準じる。

② 栄養食事療法

術後は，経口摂取が可能となるまでは経静脈栄養法や経腸栄養法によって栄養補給を行うが，ERAS の概念から術後早期の経口摂取が開始されることが多い。長期の絶食期間を必要とする場合は，中心静脈栄養法による栄養補給が必要となるが，長期絶食では**バクテリアルトランスロケーション**＊を生じる可能性があるため，可能な限り早期に経腸栄養法に移行する必要がある。エネルギー量は 25～30g/kg 標準体重/日，たんぱく質投与量は侵襲の程度によって異なるが，1.2～1.5g/kg 標準体重/日を投与することが推奨されている。

＊ **バクテリアルトランスロケーション**　→ p. 51参照。

③ 栄養食事指導・生活指導

胃切除後では，さまざまな症状を生じることがあり，その対策をふまえた栄養指導，管理が必要となる（**表 3.71**）。

### 3)　小腸切除

小腸は十二指腸，空腸，回腸からなる臓器であり栄養素の吸収と輸送の役割を担っている。このため小腸切除後は栄養素の吸収不良，低栄養をきたしやすい。

**短腸症候群**（short bowel syndrome：SBS）は，広範な腸管切除の結果，栄養素の吸収に必要な小腸長が不足して吸収能が低下するために，標準的な経口あるいは経腸栄養では水分，電解質，主要栄養素，微量元素，およびビタミンなどの必要量が満たされない状態と定義される。診断基準は，小児では

**表 3.71　胃切除後症候群の主な病態と栄養食事指導**

| | 病態 | 原因 | 症状 | 栄養食事指導 |
|---|---|---|---|---|
| ダンピング症候群 | 早期ダンピング症候群 | 浸透圧の高い食物が急速に腸に流入<br>→細胞外液が腸管内へ移動し，循環血液量が減少，消化管ホルモン分泌亢進による血管拡張作用なども加わり低血圧となる<br>→腸の進展刺激で小腸蠕動運動が亢進 | 腹痛，冷や汗，めまい，動悸など<br>（食後 30 分以内に出現することが多い） | 少量頻回食とする。<br>よく噛んでゆっくりと食べる。<br>糖質中心の食事とならないようにする。 |
| | 後期ダンピング症候群 | 炭水化物が急速に腸に流入することによる<br>→一過性の高血糖となり，反動でインスリンが過剰分泌される<br>→低血糖となる | めまい，冷や汗，主旨振戦，動悸，脱力感など<br>（食後 2 ～ 3 時間頃に生じやすい） | 糖質補給をして低血糖に対応する。<br>よく噛んでゆっくりと食べる。 |
| 栄養障害 | 鉄欠乏性貧血<br>巨赤芽球性貧血 | 胃酸分泌により鉄の吸収が不足したことによる | めまい，易疲労感など | 鉄（鉄剤）の積極的摂取。ビタミン $B_{12}$ の非経口投与。 |
| | 骨粗鬆症 | 胃酸分泌が低下し，カルシウムの吸収が減少することによる | 骨折しやすくなる | カルシウムを多く含む食品を積極的に摂取する。カルシウム剤，ビタミン D 剤の投与など。 |

出所）竹谷豊，塚原丘美，桑波田雅士ほか編：栄養科学シリーズ新・臨床栄養学，講談社（2023）より抜粋

残存小腸が 75cm 以下，成人では 150cm 以下または 3 分の 1 以下の場合が小腸大量切除と定義されている。上腸間膜動・静脈血栓症やクローン病，イレウスに対する小腸大量切除により発症することが多い。短腸症候群における吸収不良は，一次的には小腸表面積減少の結果であるが，小腸通過時間の短縮も影響しており，栄養素および水分の吸収がともに障害されている。吸収障害の程度は，残存小腸の長さと，回盲弁および大腸が残っているか，などの因子に影響される。小腸大量切除後の臨床経過は，第Ⅰ期（術直後期），第Ⅱ期（回復適応期），第Ⅲ期（安定期）の 3 期に分類され，それぞれの時期の臨床病態に応じた栄養管理が必要となる。

① 栄養評価

術後の栄養評価に準じる。

② 栄養食事療法

第Ⅰ期（術直後期）は腸管麻痺期と腸蠕動亢進期に分けられる。術後 2 ～ 7 日間の腸管麻痺期には，水分・電解質に注意しながら管理する。腸蠕動亢進期には腸蠕動の亢進のために頻回の水様下痢をきたす。水分・電解質を中心にすべての栄養素の喪失を引き起こしやすいため，1 ヵ月以上の中心静脈栄養（TPN）を必要とすることが多い。通常の栄養状態の患者はエネルギー量 25～30kcal/kg 標準体重/日の TPN が行われる。術後第 2 ～ 3 病日より徐々に投与エネルギー量を増やし，目標 40kcal/kg 標準体重/日程度の投与を目指す。アミノ酸は 1.0～1.5g/kg/日，脂質は総エネルギー量の 20～30% 程度とし，総合ビタミン剤，微量元素製剤も必ず投与する。

③ 栄養食事指導・生活指導

正常な大腸を有する患者には，高炭水化物，低脂肪食をすすめる。脂質は

吸収が早く，大腸でも吸収可能な**中鎖脂肪酸（medium chain triglyceride：MCT）**からの摂取をすすめる。近年では小腸切除後6ヵ月以上経った安定期例では，高脂肪食でも脂肪が十分吸収されるため，特に脂肪摂取制限は必要ないと考えられるようになってきている。

短腸症候群ではシュウ酸は遊離型のままで腸管内に残り，尿路結石の発症リスクがある。高炭水化物・低脂肪食の摂取やカルシウムの摂取を増やすことでこれを防ぐことができる。カルシウムは毎日800～1,200mg補うことが推奨されている。

食べ方の工夫として，1回の食事量を少なくし回数を増やす，固形物をゆっくり食べてから水分をゆっくりとることで吸収量が増える可能性がある。砂糖の過剰摂取やアルコール，コーヒーは腸管を刺激し下痢を誘発するので控えた方が良い。

**4）　大腸切除**

大腸は約1.5mの管腔臓器であり，結腸（盲腸，上行結腸，横行結腸，下行結腸，S状結腸）と直腸からなる。結腸の役割は，小腸より送られてきた内容物から水分を吸収して糞便にして直腸に送ることであり，直腸の役割は糞便の貯留と肛門からの排便である。

大腸切除の原因には，結腸がん，直腸がん，腸閉塞，炎症性腸疾患などがある。わが国の大腸がん患者，炎症性腸疾患患者数は増加しており，国内の**人口肛門（ストーマ）**保有者は年々増えている。

ストーマは造設する腸管によって①結腸ストーマ，②小腸ストーマ（空腸・回腸ストーマ）に分類される。結腸ストーマは結腸を経由するため，通常の便性状に近く，消化吸収も比較的変化が少ないのが特徴である。一方，小腸ストーマは結腸を経由しないため，便は水様便になる。そのためストーマ周囲皮膚トラブル，脱水や電解質異常の発生頻度が高い。しかし，比較的便臭が少なく，ストーマ閉鎖も比較的容易といったメリットもある。これらの特徴を理解したうえで栄養管理を進めていく必要がある。

①　栄養評価

術後の栄養評価に準じる。

②　栄養食事療法

- 直腸がん

術式として結腸ストーマを増設する場合は，一般的な腸管麻痺の改善を待ってから経口摂取が始まり，比較的早期に普通食を始めることが可能である。一方で，ストーマを増設せず，吻合部を早期に便が通過する術式では縫合不全などに注意して，慎重に経口摂取を開始する。吻合部が下部大腸となるため，多くの場合は粥食が提供される。

③ 栄養食事指導・生活指導

- 直腸がん

手術後には，腸管切除の影響により腹腔内に癒着が起こりやすいため，腸閉塞の予防が必要となる。特別な食事制限の必要はないが，不溶性食物繊維を過度に摂取している場合は一部を水溶性食物繊維に置き換えるなど，偏りを減らす工夫が必要である。

狭窄や腸閉塞による腸の通過障害や腸管蠕動運動の低下に伴う腹部膨満感，下痢と便秘による排泄障害を予防・軽減するためには，食品選択に気を付けることよりも，十分に咀嚼するなど食べ方への意識を優先することが大切である。排便をコントロールするためにも，食べ過ぎは控え，一定期間は刺激物を避けた食事を心がける必要がある。

### 3.15.2　消化器以外の術前，術後

消化器以外の手術には頭部，心臓，頭頸部などの手術がある。

#### (1)　術　　前

##### 1)　栄養評価

術前の栄養評価に準じる。

##### 2)　栄養食事療法

- 頭部術後

経過良好な場合は術後１～２日目に飲水から開始する。術後３～４日で粥食とし，経過をみながら普通食へ移行する。意識障害や嘔気がみられる場合は，誤嚥のリスクがあるため静脈栄養から開始し，経過をみながら経腸栄養または食事へ移行する。

- 心臓手術後

手術直後は循環動態を安定させ，水分管理を厳格に行うため，静脈栄養による管理とする。食事は病態や循環動態が安定すれば開始することができる。食事量は少なめから開始し徐々に増量するが，食事摂取による病態の変化がみられることがあるため注意が必要である。

- 頭頸部手術後

咽頭切除，顎や舌の欠損や切除により，嚥下障害や味覚障害が起こりやすい。食事摂取量の低下に伴い栄養状態が低下する可能性があるので積極的に栄養摂取を行う必要がある。食事形態を工夫，経腸栄養やONSの併用などを考慮する。

##### 2)　栄養食事指導・生活指導

それぞれの病態に応じた栄養食事指導を行う。頭頸部手術後は食形態の工夫について調理法，使用する食材について指導し，栄養状態が低下しないないように支援する。

**コラム 10　プレハビリテーション**

超高齢社会に突入したわが国では，治療技術の向上により高齢患者への手術適応が拡大している。術後は外科的侵襲によるストレス反応や麻酔薬の影響，臥床，飲食制限などにより身体機能が低下する。この機能低下を軽減し，術後の経過を良好なものとするために，術前のプレハビリテーションが重要になっている。プレハビリテーションでは，運動療法，心理的サポートおよび栄養サポートの３つの介入を行う。多職種チームによる介入，メディカルフィットネスとの連携などを通して，プレハビリテーションが骨格筋量や体重を増やすことが明らかとなっている。また在宅におけるプレハビリテーションについても報告されている。

しかし，わが国ではプレハビリテーションは診療報酬制度においてまだ支援されていない。多くの施設では，プレハビリテーションを実施するスタッフや期間も確保されていない。

臨床現場におけるランダマイズ比較化試験（randomized controlled trial：RCT）が増え，プレハビリテーションの実践効果をさらに明確なものとし，その普及が拡大していくことが期待される。

**【演習問題】**

**問１**　消化器疾患術後及びその合併症と栄養管理の組合せである。**最も適当**なのはどれか１つ選べ。（2022 年国家試験）

（1）食道全摘術後反回神経麻――――――――――嚥下調整食
（2）胃全摘術後後期ダンピング症候群―――――高炭水化物食
（3）膵頭十二指腸切除後術――――――――――高脂肪食
（4）小腸広範囲切除後術――――――――――カルシウム制限
（5）大腸全摘術後―――――――――――――水分制限

**解答**　（1）

**問２**　胃切除患者における術前・術後の病態と栄養管理に関する記述である。**最も適当**なのはどれか。１つ選べ。（2023 年国家試験）

（1）経口補水は，術前２～３時間まで可能である。
（2）術後の早期経腸栄養法の開始は，腸管バリア機能を障害する。
（3）早期ダンピング症候群では，低血糖症状が認められる。
（4）胃全摘術後は，カルシウムの吸収量が増加する。
（5）胃全摘術後は，再生不良性貧血が認められる。

**解答**　（1）

**【参考文献】**

日本病態栄養学会編：改定第７版病態栄養ガイドブック，南江堂（2022）
日本静脈経腸栄養学会編：静脈経腸栄養ガイドライン（第３版），照林社（2013）
栢下淳，栢下淳子，北岡陸男編：栄養科学イラストレイテッド　臨床栄養学実習書，羊土社（2022）

## 3.16　クリティカル・ケアにおける栄養ケア・マネジメント

クリティカル・ケアは，重篤な外傷や広範囲の熱傷，手術や感染など身体に大きな侵襲を負った重症患者や集中治療患者に対して行われる救急医療のことをいう。重症患者は，「疾病」ごとの栄養管理だけでなく，呼吸不全や感染症などの重症度に応じた栄養管理が必要である。患者の病態と重症度を考慮した栄養管理を早期から実施することが重要である。

### 3.16.1　集中治療

集中治療とは，“生命の危機にある重症患者を，24 時間の濃密な観察のもとに，先進医療技術を駆使して集中的に治療するもの”であり，集中治療室（intensive care unit：ICU）とは，“集中治療のために濃密な診療体制とモニタリング用機器，ならびに生命維持装置などの高度の診療機器を整備した診療単位”と定義されている。集中治療は，呼吸，循環，消化器，腎臓，中枢神経系，血液凝固などの各臓器システムに生じた機能不全を対象としている。

ICU で治療を受ける重症患者は複数の臓器不全を呈していることが多く，日々刻々とその状況に変化が認められる。侵襲が加わった時の生体反応を**図 3.36** に示した。傷害期は副腎皮質ホルモンの分泌が増加し，骨格筋を中心にアミノ酸の放出やたんぱく質の異化が亢進する。転換期は副腎皮質ホルモンの分泌レベルが正常化する。この時期に適切なエネルギー投与を行うことで，たんぱく質の合成が行われる。同化期はたんぱく質異化亢進が抑制され，窒素バランスが負から生に戻る。脂肪蓄積期には，侵襲後のホルモン変動が消失し，脂肪が蓄積されて体重が増加する。

#### (1)　栄養評価

重症患者では著しく異化が亢進しており，適正な栄養管理が行われなければ急速に栄養状態が悪化する。このため，毎日栄養評価を行うことが推奨されている。重症患者は，通常の栄養評価に加えて，重症化とともに進行する**血管透過性***の変化，体重変化，たんぱく合成能低下等を加味したうえで栄養評価を行う必要がある。重症度の変化や入院期間に応じて，定期的にエネルギー量，たんぱく質，脂肪のバランスやビタミン，微量元素の血中濃度の

＊ **血管透過性**　栄養素や水分が血管から組織や細胞内にどれだけ効率的に移動できるかを示す性質。急性期重症患者では血管透過性は亢進する。

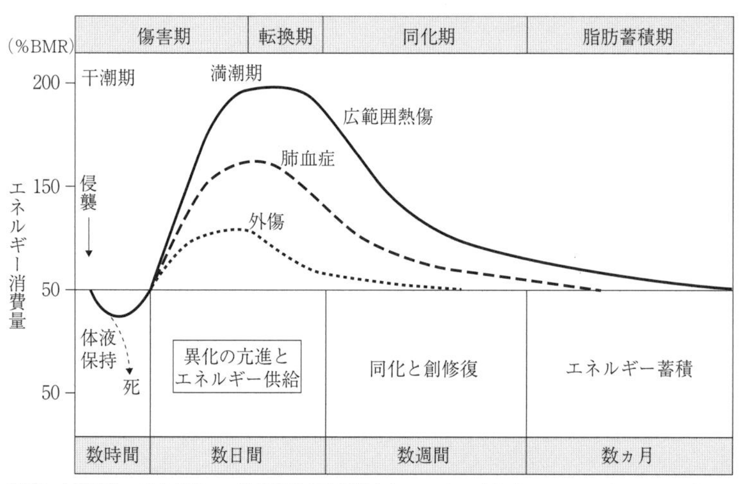


出所）小谷穣治：重症患者への栄養管理が重要視されているのはなぜ？，ニュートリションケア，16,103（2023）

**図 3.36**　侵襲後のエネルギー代謝変動

アセスメントが必要である。加えて下痢，便秘，腸管蠕動の低下，胃液の逆流などの腸管合併症のリスクが高いことが知られている。合併症を併発することによって全身状態の悪化へと進展して死亡率が高くなるので，臨床症状や血液検査などのモニタリングも重要である。

**(2)　栄養療法**

重症病態に対する治療開始後48時間以内に経腸栄養を開始し，5～7日間で目標投与エネルギー量に到達することを目指す。経腸栄養を開始するか否かは一般的な経腸栄養の禁忌項目に従う。

エネルギー投与量は，間接熱量計による測定結果に基づいて決定することが推奨されている。難しい場合は，簡易式（25～30kcal/kg/日）や予測式（Harris-Benedictの計算式等）を用いて計算することもできる。ただし，侵襲の程度に応じた栄養必要量の変化を考慮する必要がある。重度低栄養の患者はリフィーディング症候群に注意が必要なためBMI Ｉ < 14kg/m$^2$の場合は5 kcal/kg/日から開始する。

たんぱく質投与量は1.2～2.0 g/kg/日を基準にして決定する。侵襲が強い場合は，**NPC/N比**[*1]は100を目安として設定する。そのほか血清アルブミン，RTP等の栄養アセスメント，血液生化学検査などのモニタリングに基づいてたんぱく質投与量を調整する。

静脈栄養管理となる場合は脂肪乳剤を併用する。また重症病態ではビタミン，微量元素が不足しないよう総合ビタミン剤，微量元素製剤を必ず投与し，モニタリングにより適宜補充する。

### 3.16.2　外傷，熱傷

**(1)　外　　傷**

外傷とは，外的要因によって体の組織や臓器が損傷をうけたものである。部位は，頭部，顔面，胸部，腹部，四肢，概評などであり，擦過創，打撲，挫創，裂創，剝奪創，刺創，切創などがある。原因は，交通事故，墜落，創傷など機械的損傷によるものと，熱傷や凍傷などの温度，電気，化学物質による非機械的損傷によるものとがある。

腹部外傷では，**出血性ショック**[*2]，消化器損傷，骨盤損傷が問題となる。胸部外傷では，呼吸障害，**気胸**[*3]，**血胸**[*4]，出血性ショック，循環障害が問題となる。頭部外傷では，脳浮腫が問題となる。これらの症状から，ショック，チアノーゼ，感染症，**敗血症**[*5]，急性腎不全などの合併症を引き起こし，アシドーシス，血液凝固異常，低体温の兆候があらわれると，致死的状況に陥る。

受傷後の生体内では，エネルギー消費量の増大，体脂肪の動員，たんぱく質の異化亢進の状態となっている。

**＊1 NPC/N比（非たんぱく質エネルギー/窒素比）** たんぱく質を効率良く利用するために必要な，投与アミノ酸の窒素1gあたりの非たんぱく質エネルギー量（糖質・脂肪によるエネルギー量）をNPC/比という。一般的にたんぱく合成に効率的なNPC/N比は150～200，ストレス下では100～150である。NPC/N比は次の通りである。NPC/N＝［投与糖質（g）×4＋脂質（g）×9］／投与たんぱく質（g）÷6.25

**＊2 出血性ショック** 体内で大量の出血が発生し，血液量が急激に減少することによって生じる。十分な酸素や栄養素が組織や臓器に提供されなくなり，臓器の機能が障害される可能性が高くなる。

**＊3 気胸** 気胸とは何らかの原因で肺に穴が開き，中の空気が胸腔内に漏出する疾患。胸腔内に漏出した空気により肺自体が圧迫されて虚脱するため，呼吸困難や胸痛を生じる。

**＊4 血胸** 胸腔内に血液が貯留している状態。

**＊5 敗血症** 感染症に対する宿主反応によって重篤な臓器障害をきたした状態。

#### 1）栄養評価

基本的には集中治療の栄養評価法に準じる。外傷では，C 反応性たんぱく質（CRP）や血清アミロイド A などの合成増加と浮腫などによる血管透過性亢進による血管外漏出が亢進するため，体重や**血清アルブミン（Alb）**，**トランスサイレチン**などの一般的な栄養指標を用いることはできない。病歴，入院前の食事摂取状況，栄養状態，体重変化，併存疾患，合併症，理学所見，重症度，消化器機能などを総合的に評価し用いることが推奨されている。

#### 2）栄養療法

集中治療の栄養療法に準じる。

### (2) 熱　傷

熱傷とは，皮膚の物理的または科学的な損傷である。原因は火炎や過熱液体など熱いものだけでなく，化学物質，放射線，低温による損傷である凍傷なども含まれる。重症度は熱傷面積と熱傷深度で評価する熱傷指数（burn index： BI）が用いられる。熱傷面積を評価する際には体表面積に対する比率で行い，小児と成人では評価方法を分ける必要がある。評価には 9 の法則，5 の法則，Lund & Brower の法則などが用いられている（**図 3.37**）。熱傷深度はⅠ度（発赤），Ⅱ度（水泡），Ⅲ度（全身性）に分けられる（**表 3.72**）。BI はつぎの式により算出する。

熱傷指数（BI）＝Ⅲ度熱傷面積（%）＋1/2×Ⅱ度熱傷面積（%）

値が大きいほど重症度は高くなる。

受傷から 48 時間以内は，全身の血管透過性が亢進し，全身性浮腫とともに循環血液量の著しい減少をきたす。受傷後 48 時間以上を経過すると，血管からの体液漏出は軽快し，組織に貯留した水分は血管内に戻る。

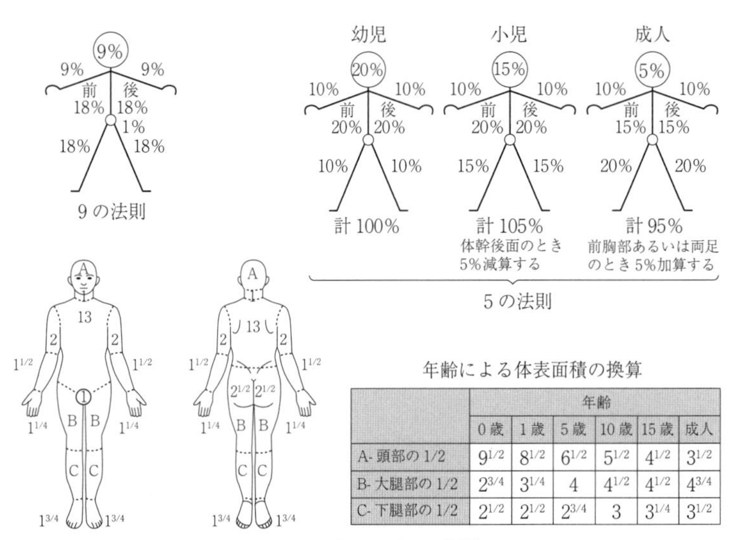


年齢による体表面積の換算

| | 年齢 | | | | | |
|---|---|---|---|---|---|---|
| | 0歳 | 1歳 | 5歳 | 10歳 | 15歳 | 成人 |
| A- 頭部の 1/2 | $9^{1/2}$ | $8^{1/2}$ | $6^{1/2}$ | $5^{1/2}$ | $4^{1/2}$ | $3^{1/2}$ |
| B- 大腿部の 1/2 | $2^{3/4}$ | $3^{1/4}$ | 4 | $4^{1/2}$ | $4^{1/2}$ | $4^{3/4}$ |
| C- 下腿部の 1/2 | $2^{1/2}$ | $2^{1/2}$ | $2^{3/4}$ | 3 | $3^{1/4}$ | $3^{1/2}$ |

出所）三浦智孝，大須賀章倫：Medical Practice 37（臨時増刊），304-307，2020.

**図 3.37**　熱傷面積の評価方法

**表 3.72**　熱傷深度の分類

| 深度 | 障害組織 | 外見 | 症状 |
|---|---|---|---|
| Ⅰ度（EB） | 表皮のみ | 発赤 | 疼痛，熱感 |
| 浅達性Ⅱ度 | 真皮浅層まで | 水泡，<br>水泡底の真皮は赤色 | 強い疼痛 |
| 深達性Ⅱ度 | 真皮深層まで | 水泡（破れやすい），<br>水泡底の真皮は白色 | 強い疼痛<br>感覚鈍麻 |
| Ⅲ度（DB） | 皮膚全層 | 白色・褐色皮革様～黒色<br>炭化 | 無痛<br>（知覚なし） |

出所）新庄貴文：重症熱傷における初期対応，Emer-Log, 35 (2), 234-244 (2022) をもとに作成

尿量の増加に伴い，血圧の上昇，心拍出量の増加もみられ，心不全や肺水腫が発症しやすくなる。1～2週間後は，免疫力が低下し，感染症を発症する危険性が高くなる。高度なストレス状態であり，たんぱく質異化亢進と耐糖能異常が認められる。

#### 1）栄養評価

基本的には集中治療の栄養評価法に準じる。血液検査としてはトランスサイレチンが良い栄養指標となる。また窒素バランスに関しては，尿素出納も栄養指標として古くから用いられている。

#### 2）栄養療法

熱傷，特に重症熱傷は，熱によるきわめて強い生体侵襲を受けることで代謝の面では通常の1.5～2.0倍に及ぶ。筋たんぱくの崩壊が激しく，これをいかに抑えて栄養状態を維持していくかが生命維持のカギとなる。

受傷後24時間以内に経腸栄養を開始することが推奨されており，これにより栄養および代謝パラメータの改善，BMIの低下の減少，炎症反応の減少などにつながることが報告されている。

エネルギー投与量は集中治療に記載した内容に準じる。たんぱく質投与量は，成人1.5～2.0g/kg/日，小児2.5～4.0g/kg/日が必要とされている。また重症熱傷患者に対して，免疫栄養療法としてグルタミンを投与することで死亡率の低下，臓器障害の抑制，入院期間の短縮などの効果が確認されている。

**【演習問題】**

**問1**　受傷後4日目の重症外傷患者の病態と経腸栄養法に関する記述である。**最も適当**なのはどれか。1つ選べ。　(2021年国家試験)

(1) 安静時エネルギー消費量は，低下する。
(2) インスリン抵抗性は，増大する。
(3) 水分投与量は，10mL/kg現体重/日とする。
(4) NPC/Nは，400とする。
(5) 脂肪エネルギー比率は，50％Eとする。

**解答**　(2)

**【参考文献】**

塚原丘美，新井英一，加藤昌彦編：管理栄養士養成のための栄養学教育モデル・コア・カリキュラム準拠　臨床栄養学，医歯薬出版（2022）
日本集中治療学会編：日本版重症患者の栄養療法ガイドライン総論2016＆病態別2017（J-CCNTG）ダイジェスト版，真興交易医書出版部（2018）
日本熱傷学会編：熱傷ガイドライン改定第3版，https://minds.jcqhc.or.jp/summary/c00669/（2023.9.12）
日本病態栄養学会編：改定第7版病態栄養ガイドブック，南江堂（2022）

## 3.17 摂食機能の障害における栄養ケア・マネジメント

### 3.17.1 咀嚼・嚥下障害

#### (1) 疾患の定義

摂食とは，「食べる」ことを指し，摂食嚥下とは，食べ物を認識してから口へ運び，取り込んで咀嚼して飲み込むことを意味する。飲みこむことだけが障害されていることを「嚥下障害」，食物の認知，口への取り込み，咀嚼，食塊形成などを伴って飲みこむことが障害されていることを「摂食嚥下障害」という言葉が使用される。

摂食嚥下の流れは，**先行期・準備期・口腔期・咽頭期・食道期**に分類される（**図 3.38**）。この過程のいずれかの障害により，嚥下が困難となったり，誤嚥を起こしたりする。先行期は，視覚，触覚，嗅覚などによって食べ物を認知する。準備期は，食べ物を捕捉し口腔内に取り込み，歯で噛み砕かれ，唾液と混合されて嚥下しやすい形態に整えられる（**食塊形成**）。歯が欠損していたり，義歯が合っていなかったり，咀嚼筋の働きが弱かったりすると咀嚼がスムーズにいかず嚥下に適した食塊が形成されない。口腔期は，舌により食塊を咽頭に送り込む。咽頭期は，嚥下反射により食塊を咽頭から食道に送る。食道期は，**蠕動運動**[*]と重力によって食塊を食道から胃へ送る。嚥下反射と蠕動運動は不随意筋である。これらの摂食運動のいずれかまたはいくつかが障害された状態が**咀嚼・嚥下障害**である。

＊ **蠕動運動**　消化管や他の管腔臓器は，縦走筋と輪状筋を協調して動かすことで内容物を押し進める働きをする運動。

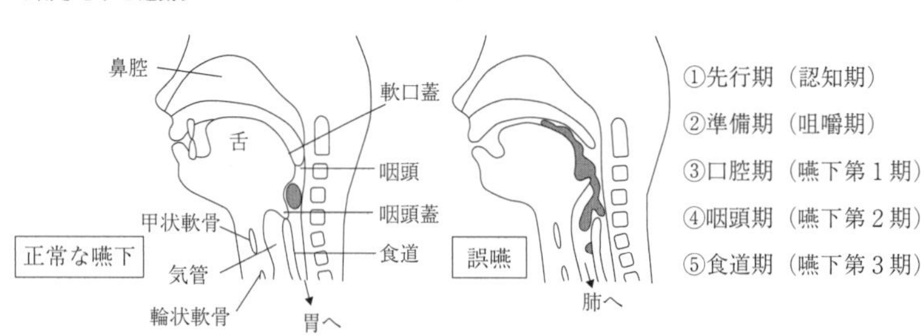


出所）今井佐恵子他編：臨床栄養学実習書第 13 版，医歯薬出版（2013）

**図 3.38**　嚥下と誤嚥

#### (2) 病因・病態

原因には，器質的（静的），機能的（動的），心理的（精神的）などがある（**表 3.73**）。

**表 3.73**　主な摂食・嚥下障害の原因

| | 口腔・咽頭 | 食道 |
|---|---|---|
| 器質的原因 | 舌炎，アフタ性口内炎，歯槽膿漏<br>扁桃炎，扁桃周囲膿瘍<br>口腔・咽頭腫瘍（良性，悪性）<br>口腔咽頭部の異物，術後，<br>甲状腺腫などの外部からの圧迫<br>その他 | 食道炎，潰瘍<br>食道ウェブ，ツェンカー憩室<br>狭窄，異物，腫瘍<br>食道裂孔ヘルニア<br>頸椎症などの外部からの圧迫<br>その他 |
| 機能的原因 | 脳血管障害，脳梗塞，頭部外傷<br>脳炎，脳腫瘍，脳硬化症<br>パーキンソン病，ギランバレー症候群<br>重症筋無力症，筋ジストロフィー<br>その他 | 脳幹部病変<br>アラカジア<br>強皮症<br>全身性エリテマトーデス<br>その他 |
| 心理的原因 | 神経性食欲不振症，認知症，心身症，うつ病，その他 | |

出所）今井佐恵子他編：臨床栄養学実習書第 13 版，医歯薬出版（2013）を一部改変

#### (3) 症　状

咀嚼・嚥下障害は，自覚症状や本人の訴えがないことも多い。食事中の咳やむせ，口腔内のためこみ，痰の増加，食欲の低下，食事量の減少，食事時間の延長，声の変化，体重の変化，などがみられる。誤嚥には，むせや咳などがある**顕性誤嚥**と咳嗽反射の低下によ

りむせや咳などの症状がみられない**不顕性誤嚥**がある。

### (4)　検査・診断，医学的アプローチ

診断は，問診や病歴，摂取状況等から総合的に判断する。簡易検査として，水飲みテスト（WST），反復唾液嚥下テスト（RSST），**改訂水飲みテスト**＊（MWST）などがある。詳しい嚥下機能検査としては嚥下内視鏡検査（VE），嚥下造影検査（VF），筋電図検査などがある。嚥下訓練は食べ物を用いない**間接訓練**と食べ物を用いる**直接訓練**があり，経口摂取の可否は，意識レベルが関係するため Japan Coma Scale（JCS）などを用いる（**表 3.74**）。

**表 3.74**　改訂水飲みテスト（Modified Water Swallowing Test, MWST）

| |
|---|
| 方法：冷水 3 mL を口腔底に注ぎ，嚥下を指示する。咽頭に直接水が流れこむのを防ぐため，舌背ではなく口腔底に水を注ぐ。評価点が 4 点以上であれば，最大でさらにテストを 2 回繰り返し，最も悪い場合を評価点とする。評価不能の場合は，その旨を記載する。また，実施した体位などの情報も記載する。 |
| 評価基準 |
| 1　嚥下なし，むせる and/or 呼吸切迫 |
| 2　嚥下あり，呼吸切迫 |
| 3　嚥下あり，呼吸良好，むせる and/or 湿性嗄声 |
| 4　嚥下あり，呼吸良好，むせなし |
| 5　4 に加え，反復嚥下が 30 秒以内に 2 回可能 |
| 診断精度：カットオフ値を 4 点とした場合，摂食嚥下障害者において，改訂水飲みテストが VF で確認された誤嚥を検出する感度は 1.0，特異度は 0.71 と報告されている。 |

出所）日本摂食嚥下リハビリテーション学会 医療検討委員会：摂食嚥下障害の評価（2019）

＊ **改訂水飲みテスト**　改訂水のみテストは少量（3 mL ほど）の冷水を口腔内に入れ，嚥下動作を2回行い，「むせこみ」の有無や，嚥下動作に対する呼吸状態の変化，声の変化を確認する。この試験で特に問題が見られなければ，フードテストを次の段階で実施する。

### (5)　栄養学的アプローチ

#### 1)　栄養評価

身長，体重，体重変化，上腕三頭筋皮下脂肪厚（TSF），上腕周囲長（AC），下腿周囲長（CC），体脂肪率，基礎代謝量，食事摂取量を把握する。また，臨床検査では，低栄養の有無（血清 Alb 値，トランスサイレチンなど），誤嚥性肺炎の有無（白血球，C 反応性たんぱく質など），貧血の有無（赤血球，Hb，Ht など），脱水の有無（BUN，Cr）を確認する。さらに，食事の様子を観察し，食べこぼしやむせ，咳，声の変化などがないかを確認する。

#### 2)　栄養食事療法

栄養基準は「日本人の食事摂取基準（2020 年版）」に準じる。また，咀嚼・嚥下障害以外に糖尿病などの疾患がある場合は，各疾患のガイドラインにも準ずる。経口摂取では，咀嚼，嚥下機能を正しく評価し，飲み込みやすい適切な食事提供を行うことが重要である。一般に，軟らかくなめらかで滑りが良く，口の中でまとまりやすく，適度な水分があるものが飲み込みやすい。べたつきのあるもの，パサつくものは誤嚥しやすく，特に粘度のない水分はむせこみやすいので注意する。

食事形態は，硬さ，付着性，凝集性に配慮した「日本摂食嚥下リハビリテーション学会嚥下調整食分類 2021（学会分類 2021）」がある（**表 3.75**）。また，嚥下障害者のためのとろみ付き液体は，難易度ではなく濃度により段階的に 3 つに分けている（**表 3.76**）。薄いとろみは，中間のとろみでなくても誤嚥しない症例（軽度），中間のとろみは，脳卒中などの嚥下障害など基本的にまず試される程度を想定しており，濃いとろみは重度の嚥下障害の症例

## 表 3.75　学会分類 2021（食事）早見表

| コード【I-8 項】 | | 名称 | 形態 | 目的・特色 | 主食の例 | 必要な咀嚼能力 | 他の分類との対応 |
|---|---|---|---|---|---|---|---|
| 0 | j | 嚥下訓練食品 0j | 均質で，付着性・凝集性・かたさに配慮したゼリー<br>離水が少なく，スライス状にすくうことが可能なもの | 重度の症例に対する評価・訓練用<br>少量をすくってそのまま丸呑み可能<br>残留した場合にも吸引が容易<br>たんぱく質含有量が少ない | | （若干の送り込み能力） | 嚥下食ピラミッド L0<br>えん下困難者用食品許可基準 I |
| | L | 嚥下訓練食品 0t | 均質で，付着性・凝集性・かたさに配慮したとろみ水<br>（原則的には，中間のとろみあるいは濃いとろみ*のどちらかが適している） | 重度の症例に対する評価・訓練用<br>少量ずつ飲むことを想定<br>ゼリー丸呑みで誤嚥したりゼリーが口中で溶けてしまう場合<br>たんぱく質含有量が少ない | | （若干の送り込み能力） | 嚥下食ピラミッド L3 の一部（とろみ水） |
| 1 | j | 嚥下調整食 1j | 均質で，付着性，凝集性，かたさ，離水に配慮したゼリー・プリン・ムース状のもの | 口腔外で既に適切な食塊状となっている（少量をすくってそのまま丸呑み可能）<br>送り込む際に多少意識して口蓋に舌を押しつける必要がある<br>0j に比し表面のざらつきあり | おもゆゼリー，ミキサー粥のゼリーなど | （若干の食塊保持と送り込み能力） | 嚥下食ピラミッド L1・L2<br>えん下困難者用食品許可基準 II<br>UDF 区分 かまなくてもよい（ゼリー状）<br>（UDF：ユニバーサルデザインフード） |
| 2 | 1 | 嚥下調整食 2-1 | ピューレ・ペースト・ミキサー食など，均質でなめらかで，べたつかず，まとまりやすいもの<br>スプーンですくって食べることが可能なもの | 口腔内の簡単な操作で食塊状となるもの（咽頭では残留，誤嚥をしにくいように配慮したもの） | 粒がなく，付着性の低いペースト状のおもゆや粥 | （下顎と舌の運動による食塊形成能力および食塊保持能力） | 嚥下食ピラミッド L3<br>えん下困難者用食品許可基準 III<br>UDF 区分 かまなくてもよい |
| | 2 | 嚥下調整食 2-2 | ピューレ・ペースト・ミキサー食などで，べたつかず，まとまりやすいもので不均質なものも含む<br>スプーンですくって食べることが可能なもの | | やや不均質（粒がある）でもやわらかく，離水もなく付着性も低い粥類 | （下顎と舌の運動による食塊形成能力および食塊保持能力） | 嚥下食ピラミッド L3<br>えん下困難者用食品許可基準 III<br>UDF 区分 かまなくてもよい |
| 3 | | 嚥下調整食 3 | 形はあるが，押しつぶしが容易，食塊形成や移送が容易，咽頭でばらけず嚥下しやすいように配慮されたもの 多量の離水がない | 舌と口蓋間で押しつぶしが可能なもの押しつぶしや送り込みの口腔操作を要し（あるいはそれらの機能を賦活 し），かつ誤嚥のリスク軽減に配慮がなされているもの | 離水に配慮した 粥など | 舌と口蓋間の押しつぶし能力以上 | 嚥下食ピラミッド L4<br>UDF 区分 舌でつぶせる |
| 4 | | 嚥下調整食 4 | かたさ・ばらけやすさ・貼りつきやすさなどのないもの<br>箸やスプーンで切れるやわらかさ | 誤嚥と窒息のリスクを配慮して素材と調理方法を選んだもの<br>歯がなくても対応可能だが，上下の歯槽提間で押しつぶすあるいはすりつぶすことが必要で舌と口蓋間で押しつぶすことは困難 | 軟飯・全粥など | 上下の歯槽提間の押しつぶし能力以上 | 嚥下食ピラミッド L4<br>UDF 区分 舌でつぶせる　および<br>UDF 区分　歯ぐきでつぶせる　および<br>UDF 区分　容易にかめるの一部 |

出所）日本摂食嚥下リハビリテーション学会（2021）を一部変更

## 表 3.76　学会分類 2021（とろみ）早見表

| | 段階 1 薄いとろみ【III-3 項】 | 段階 2 中間のとろみ【III-2 項】 | 段階 3 濃いとろみ【III-4 項】 |
|---|---|---|---|
| 英語表記 | Mildly thick | Moderately thick | Extremely thick |
| 性状の説明（飲んだとき） | 「drink」するという表現が適切なとろみの程度口に入れると口腔内に広がる液体の種類・味や温度によっては，とろみが付いていることがあまり気にならない場合もある。飲み込む際に大きな力を要しない。ストローで容易に吸うことができる | 明らかにとろみがあることを感じ，かつ「drink」するという表現が適切なとろみの程度。口腔内での動態はゆっくりですぐには広がらない。舌の上でまとめやすい。ストローで吸うのは抵抗がある | 明らかにとろみが付いていて，まとまりがよい，送り込むのに力が必要。スプーンで「eat」するという表現が適切なとろみの程度。ストローで吸うことは困難 |
| 性状の説明（見たとき） | スプーンを傾けるとすっと流れ落ちる。フォークの歯の間から素早く流れ落ちる。カップを傾け，流れ出た後には，うっすらと跡が残る程度の付着 | スプーンを傾けるととろとろと流れる。フォークの歯の間からゆっくりと流れ落ちる。カップを傾け，流れ出た後には，全体にコーテイングしたように付着 | スプーンを傾けても，形状がある程度保たれ，流れにくい。フォークの歯の間から流れ出ない。カップを傾けても流れ出ない（ゆっくりと塊となって落ちる） |
| 粘度（imPa・s）【III-5 項】 | 50-150 | 150-300 | 300-500 |
| LST 値（mm）【III-6 項】 | 36-43 | 32-36 | 30-32 |
| シリンジ法による残留量（ml）【III-7 項】 | 2.2-7.0 | 7.0-9.5 | 9.5-10.0 |

出所）日本摂食嚥下リハビリテーション学会（2021）
本表中の【　】表示は，学会分類 2021 本文中の該当箇所を示す

を対象としている。

嚥下食摂取時の姿勢は，頸部が伸展していると飲食物がまっすぐ気管に入ってしまいやすく危険。頭部を前屈すると，咽頭と器官に角度がついて誤嚥しにくくなる。しっかり座り，下に俯き，顎を引いた姿勢が良い。ファーラー位（半座位）45 度で食事介助を行う場合は，誤嚥予防のため，頸部前屈位をとる。なお，臥位から上半身を 15 度〜30 度起こした状態はセミファーラー位という。

また，使用するスプーンは，ホールが全て口に入り上唇でしっかり補食できる小スプーンを使用する。小スプーンを使用することで，患者の目線も最後まで下方を向き，顎が上がらない。

経口摂取によって誤嚥性肺炎を起こす危険性が大きいときは，経鼻栄養や胃瘻などの経腸栄養法を選択する。できるだけ経口摂取へ移行するよう，チーム医療での取り組みが行われている。経腸栄養が困難な場合は，中心静脈栄養法の適応となる。食事は段階的に分類され，最も機能障害に対応するものをコード 0 とし，0 t に分類される。学会分類 2021（食事）の概要を**表 3.84** に示す。

学会分類 2021 の他に食形態を段階的に分類したものとして，「特別用途食品えん下困難者用食品」（消費者庁），「スマイルケア食」（農林水産省），「ユニバーサルデザインフード（UDF）」（日本介護食品協議会）がある。

#### 3)　栄養食事指導・生活指導

咀嚼・嚥下レベルに応じた安全でおいしい食事の提供が重要である。また，食事摂取量不足による低栄養や水分不足による脱水は，嚥下障害をさらに悪化させる。食事摂取量や水分量の把握を行い，不足している場合には，経腸栄養法や経静脈栄養法を用いて補給する。食べる時の姿勢や食べ方の工夫（複数回嚥下，**交互嚥下***）も大切となる。また，頸部聴診法により嚥下音や嚥下前後の呼吸音を聴診することも誤嚥予防となる。

* **交互嚥下**　固形物と水やゼリーのように液状あるいは液状に近い飲み込みやすいものを交互にとる食事の方法。口腔内や喉に残留した固形物を液体やゼリーが押し流す役割を果たす。嚥下力の弱い人の食事介助の際に用いられる。

### 3.17.2　口腔・食道障害

#### (1)　疾患の概要と医学的アプローチ

口腔の主な機能には，咀嚼機能，嚥下機能，構音機能，感覚機能，および唾液分泌機能などがある。摂食嚥下では，口腔，咽頭，食道，鼻腔の一部などの複数の器官がかかわっており，口腔・食道障害としては，歯の欠損，歯牙や歯肉の疾患，舌，扁桃，咽頭，食道の疾患などが関与している。口腔は嚥下に適した食塊を形成し，嚥下反射を惹起させる準備段階の場となる。口腔内の炎症や腫瘍によっても疼痛や形態異常のために咀嚼機能が低下すると食塊形成に影響する。

欠損した歯は適切な義肉等で補い，**口腔ケア**によって口腔内を消潔にし，

**コラム 11　とろみ調整食品・ゼリー食調整食品**

水や水分，お茶，汁物などの液体は，嚥下力が低下した人には飲みにくく，気管に入ってしまう恐れがある。とろみ調整食品（とろみ剤）によって液体の流れが遅くなるため送り込みをスムーズにすることができ，誤嚥を避けることができる。とろみ調整食品は，温度に関係なく使用でき，混ぜるだけで溶けるなどの特徴がある。また，ゼリー食調整食品（ゲル化剤）は，液体をはじめペースト食やミキサー食などをゼリー状やムース状の塊に変えて，食品や液体を飲み込みやすくすることができるため，口の中で食塊が作れない人にも食べる可能性が広がる。温めても溶けにくいため，温かい食事提供が可能である。この2つの食品の違いは，固形化するかどうかである。

口内炎や歯周病がある場合には速やかに治療する。食前の口腔清拭などは口腔内の細菌を減らし，食後の口腔ケアは口腔内の残留物を除去して誤嚥性肺炎を防止することができる。

食道では食道炎，**食道裂孔ヘルニア**，腫瘍，**食道アカラシア***などによる食道蠕動運動低下が嚥下障害の原因となる。

＊ **食道アカラシア**　下部食道括約筋がゆるむことで，食物は胃へと流れ込むが，その括約筋の弛緩（ゆるむこと）が生じないために，うまく食物が胃に入らず，食道内に停滞してしまうこと。

### (2)　栄養学的アプローチ

#### 1)　栄養評価

身長，体重，体重変化，上腕三頭筋皮下脂肪厚（TSF），上腕周囲長（AC），下腿周囲長（CC），体脂肪率，基礎代謝量，食事摂取量を把握する。低栄養の有無（血清 Alb 値，トランスサイレチンなど），誤嚥性肺炎の有無（白血球，C 反応性たんぱく質など），貧血の有無（赤血球，Hb，Ht など），脱水の有無（BUN，Cr）を確認する。

#### 2)　栄養食事療法

食べ物を咀嚼・嚥下しやすい形態にし，食塊が口腔から食道へとスムーズに移動できるようにする。

#### 3)　栄養食事指導・生活指導

摂食，咀嚼・嚥下レベルに応じた安全な食事の提供が重要である。また，食事摂取量の不足による低栄養や水分不足による脱水は，全身状態の悪化となるため，食事摂取量や水分量の把握を行い，不足している場合には，経管栄養や経静脈栄養にて補給する。

**【演習問題】**

**問 1**　重症嚥下障害患者の直接訓練に用いる嚥下訓練食品である。**最も適切**なのはどれか。1つ選べ。（2019 年国家試験）

(1)　お茶をゼリー状に固めたもの
(2)　牛乳にとろみをつけたもの
(3)　ヨーグルト
(4)　りんごをすりおろしたもの

**解答**　(1)

**問2**　次の文を読み「問2」,「問3」に答えよ。

Kリハビリテーション病院に勤務する管理栄養士である。患者は，88歳，女性。数日前から，ろれつが回らなくなったため，急性期病院を受診した。頭部MRIの結果，脳梗塞と診断され入院した。意識はおおむね清明であったが，右片麻痺が認められた。入院翌日，38℃台の発熱，咳，痰を認め，急性肺炎と診断された。肺炎は軽快し，当院へ転院となった。

**問2**　精査の結果，患者は嚥下障害が認められたため，摂食嚥下支援チームで対応することになった。日本摂食嚥下リハビリテーション学会嚥下調整食分類のコード0jから，摂食嚥下リハビリテーションを開始することになった。その時の患者の姿勢である。**最も適切**なのはどれか。1つ選べ。

(2023年国家試験)

(1) 右側臥位，頸部後屈
(2) 左側臥位，頸部後屈
(3) 右側臥位，頸部前屈
(4) 左側臥位，頸部前屈

**解答**　(4)

**問3**　嚥下調整食分類のコード3の食事まで食べられるようになった時点で，自宅へ退院することになった。患者の家族から，朝食の卵料理を質問された。患者の嚥下機能に適した卵料理として，**最も適切**なのはどれか。1つ選べ。

(2023年国家試験)

(1) ゆで卵
(2) 目玉焼き
(3) スクランブルエッグ
(4) 炒り卵

**解答**　(3)

**【参考文献】**

今井佐恵子，富安広幸編：臨床栄養学実習書第13版，医歯薬出版（2023）
岩井達，嵐雅子編：臨床栄養学実習，みらい（2020）
骨粗鬆症の予防と治療ガイドライン作成委員会編：骨粗鬆症の予防と治療ガイドライン2015年版，ライフサイエンス出版（2015）
武田英二編：臨床病態栄養学第3班，文光堂（2015）
藤島一郎監修：動画でわかる摂食・嚥下リハビリテーション，中山書店（2014）
本田佳子編：新臨床栄養学　栄養ケアマネジメント第4版，医歯薬出版（2022）

## 3.18　身体・知的障害における栄養ケア・マネジメント

障害者基本法において障害者は「身体障害，知的障害又は，精神障害があるため，継続的に日常生活又は社会生活に相当な制限を受けるもの」と定義されている。

### 3.18.1　身体障害

#### (1)　疾患の概要と医学的アプローチ

身体障害者福祉法では身体障害者を視覚障害，聴覚・平行機能障害，音声・言語機能・そしゃく機能障害，肢体不自由，内部障害に分類している。身体障害者の等級には1～7級があり，都道府県知事によって指定された指定医によって判定される。身体障害者手帳が交付されるのは6級からである（**表3.77**），これらのうち交付数が最も多いのが肢体不自由であり，内部障害がこれに次ぐ。

重度の身体障害者は，嚥下困難などで低栄養が問題となることが少なくない。一方，ある程度自立した生活をしている身体障害者では，食事は良好に摂取できているものの，健常者と比べて活動量が少なくなりがちなためにエネルギー過多となり，メタボリックシンドロームが問題となっている。

＊ **廃用性症候群**　疾患や怪我の治療，また高齢のために安静状態を過度に継続し，運動量や活動量が大幅に低下して身体機能が衰えた状態をいう。

**表3.77**　身体障害者の障害種類別等級

| 障害の種類 | 1級 | 2級 | 3級 | 4級 | 5級 | 6級 |
|---|---|---|---|---|---|---|
| 視覚障害 | ○ | ○ | ○ | ○ | ○ | ○ |
| 聴覚・平衡機能障害 | － | ○ | ○ | ○ | － | ○ |
| 音声・言語・咀嚼機能障害 | － | － | ○ | ○ | － | － |
| 肢体不自由 | ○ | ○ | ○ | ○ | ○ | ○ |
| 内部障害（呼吸器，心臓，腎臓，膀胱，直腸，小腸，HIV，肝臓） | ○ | △<br>HIVのみ | ○ | ○ | － | － |

注）○：該当あり，－：該当なし
出所）厚生労働省：身体障害者手帳より改変
https://www.mhlw.go.jp/file/06-Seisakujouhou-12200000-Shakaiengokyokushougaihokenfukushibu/0000172197.pdf

#### (2)　栄養学的アプローチ

身体障害者のBMIは，四肢に切断がある場合は（**図3.39**）を参考に，BMIの補正を行う。例えば，体重60kgで片方の腕が切断されている場合は，60kg×（1＋0.065）≒63.9kgとし，切断がない体重に補正し，栄養量を算出する。必要栄養量は，運動機能の障害によって生じる**廃用性症候群**＊，**サルコペニア**（3.11.4参照）などの筋肉量の低下，障害の種類や重度などによる個人差が大きい。**摂食機能障害**による低栄養がある一方で，消費エネルギーの低下による過栄養にも対応する必要がある。

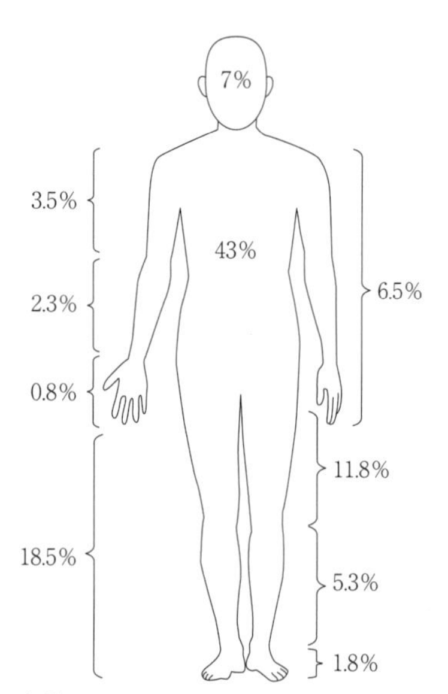


出所）*The A.S.P.E.N. Nutrition Support Practice Manual.* ASPEN. U.S.A.（1998）

**図3.39**　身体障害者の体重補正

##### 1)　栄養評価

栄養評価は，健康人の判定基準を目安とするが，身体活動など個別の状態を把握して評価することが重要である。具体的には日本人の栄養摂取基準2020年版の身体活動レベルより平均的な1日の活動量をタイムスタディ（生活時間分析調査）や聞き取り調査をもとに算出するほか，主観的包括的栄養評価（SGA：subjective general assessment），客観的栄養評価（ODA：objective data assessment）を用いて評価する。障害者の栄養アセスメントで用いる栄養パラメー

**表 3.78**　障害者の栄養アセスメントで用いる栄養パラメータ

| 測定項目 | 栄養パラメータの具体的項目 | 評価（低栄養・過剰栄養） |
|---|---|---|
| ①身体計測値 | 身長，体重，腹囲，TSF，AMC | BMI，筋肉量・体脂肪量 |
| ②握力 | 筋力 | |
| ③インピーダンス法<br>または体成分組成測定 | 体脂肪率 | |
| ④生化学検査 | 血清アルブミン，血中脂質，AST，ALT | |
| ⑤身体活動レベル | 生活時間調査 | 身体活動レベルⅠ・Ⅱ・Ⅲ |
| ⑥食事摂取量 | 主食，副食，飲料，おやつ | エネルギー，たんぱく質，水分，他 |
| ⑦その他（成長期の場合） | 身体発育を考慮した指標 | ローレル指数，身体発育基準曲線 |

出所）日本栄養改善学会監修，中村丁次ほか編：臨床栄養学，医歯薬出版（2013）

タの例を示す（**表 3.78**）。

**2）　栄養食事療法**

経口可能であれば可能な限り自らの力で食事できるよう自助具を用いて喫食しやすくなるなどの工夫をする。姿勢の変形や麻痺などにより経口摂取が困難である場合には経管栄養を選択するが，経口・経管ともに不可能な場合は経静脈栄養法で行う。栄養基準は，疾患によって基礎代謝量も異なるため，基礎代謝量の1から2倍程度を範囲に当面の総エネルギー量を想定して，その後の栄養評価を反復して行い調整をすすめる。

**3）　栄養食事指導・生活指導**

咀嚼・嚥下機能に問題がなければ常食や軟菜食とし，問題がある場合は，摂食可能な食事形態を提案する（3.17 摂食機能の障害を参照）。

### 3.18.2　知的障害

#### (1)　疾患の概要と医学的アプローチ

「知的障害は，知的機能の障害が発達期（おおむね18歳まで）にあらわれ，日常生活に支障が生じているため，何らかの特別な援助を必要とする状態にあるもの」と定義している。知的障害の程度は，知能水準（IQ）がⅠ～Ⅳのいずれに該当するかを判断するとともに，日常生活能力水準がa～dのいずれに該当するかを判断し，程度別判定を行う（**表 3.79**）。

**表 3.79**　知的障害の区分（程度別判定の導き方）

| IQ ＼ 生活能力 | a | b | c | d |
|---|---|---|---|---|
| Ⅰ（IQ　～20） | 最重度知的障害 | | | |
| Ⅱ（IQ 21～35） | 重度知的障害 | | | |
| Ⅲ（IQ 36～50） | 中度知的障害 | | | |
| Ⅳ（IQ 51～70） | 軽度知的障害 | | | |

注）程度判定においては日常生活能力の程度が優先される。例えば，知能水準が「Ⅰ（IQ ～20）」であっても，日常生活能力が「d」の場合の障害の程度は「重度」となる

出所）厚生労働省「知的障害の程度」
https://www.mhlw.go.jp/toukei/list/101-1c.html（2023.9.30）

#### (2)　栄養学的アプローチ

知的障害にみられる食習慣では，偏食や欠食，過食，早食いが多く見られ，家族や支援者への栄養教育・指導が大切である。運動技術の未熟や運動をする機会の制限などによって体力低下と身体活動の不足が原因であることから，特に知的障害児は健常児よりも肥満の

出現率は2～3倍高いとされる。

肥満やメタボリックシンドロームなどの生活習慣病を含めて総合的に評価する。

#### 1) 栄養評価

評価方法は，身体障害者に準じる。

#### 2) 栄養食事療法

「日本人の栄養摂取基準（2020年版）」に準じる。

#### 3) 栄養食事指導・生活指導

知的障害者は，食事中の必要栄養量の把握など本人に自覚が得られにくいことも多い。保護者などを介して食行動，食生活の改善を促す必要がある。特に小児・学童期は発達・成長ステージにあるため，過剰栄養を防ぎながら成長に必要な栄養量を確保することが重要である。必要に応じて早食いを防止する方法を指導したり，身体障害を伴う場合は食形態を指導する。

## 3.18.3 精神障害

### (1) 疾患の概要と医学的アプローチ

精神保健福祉法において，精神障害者とは「**統合失調症**[*1]，精神作用物質による急性中毒又はその依存症，知的障害，精神病質その他の精神疾患を有するもの」と定義している。判定により精神障害者保健福祉手帳（1～3級）が交付され，その対象となるのは統合失調症，**気分障害**[*2]（躁うつ病など），非定型精神病，てんかん，中毒精神病，器質精神病，発達障害，その他の精神疾患である。精神障害者の等級判定基準では，能力障害（活動制限）の状態を評価する項目のひとつに「調和のとれた適切な食事摂取」があり（**表3.80**），精神障害者の食事援助が必要とされている。

*1 **統合失調症** 幻覚や妄想という症状が特徴的な精神疾患で，会話，行動，感情，意欲の障害や病識障害（自分の病気を認識できない）が見られる。

*2 **気分障害** 気分が落ち込む「うつ病」と，気分が正常以上に高揚することを繰り返す「躁うつ病（双極性障害）」の二つの病気のことを気分障害という。

### (2) 栄養学的アプローチ

#### 1) 栄養評価

精神障害者は入院治療が長期にわたるため，施設における治療のための行動制限や薬剤の副作用など身体活動低下とつながりやすい。また抗精神病薬の一部には，肥満やメタボリックシンドロームなどの発症リスクが伴う。食行動の問題としては過食，砂糖・甘味食品，アルコール飲料の過剰摂取がある。うつ病では，味覚の変化や食欲減少，自閉症では偏食を伴うことが多い。いずれも栄養状態の改善が重要である。

**表3.80** 精神障害者等級判定基準における食事摂取の状態

| | 調和のとれた適切な食事摂取 |
|---|---|
| 1級 | できない。 |
| 2級 | 援助なしにはできない。 |
| 3級 | 自発的に行うことができるがなお援助を必要とする。 |

#### 2) 栄養食事療法

栄養基準は「日本人の栄養摂取基準（2020年版）」に準じる。**アルコール依存症**の場合は，偏った食事によるビタミンB1の欠乏（**ウェルニッケ・コルサコフ症候群**（3.1.2参照））や葉酸欠乏（巨赤芽球性貧血），肝臓障害（3.3 の項参照）に注意する。またマグネシウム欠乏やリン過剰が生じるなど，ビタミン，ミネラルの栄養不足に注意し，基本的な食生活の改善を心がける。

**3）　栄養食事指導・生活指導**

規則正しい食生活は，栄養状態を改善し精神的な安定につながる。食事内容では極端に偏った食事や，甘いものに注意する。アルコール依存症の場合は断酒が重要となる。

## 3.18.4　褥　　瘡

### (1)　定義および医学的アプローチ

褥瘡（床ずれ）とは，体のある部位が長時間圧迫されたことにより，その部位の血流がなくなった結果，皮膚の一部が炎症を起こしたり，傷ついたり，壊死する症状である。損傷は，圧迫されていた時間×圧力の大きさによって重症となる。健康人の場合は，寝返りや座り直しによって自然と体位を変えているため生じないが，特に寝たきりの場合には起こりやすい。そのほか，自力対位変換（寝返り）障害，やせによる骨突出，関節拘縮，低栄養，浮腫，オムツ内の湿潤などがあると褥瘡発生リスクが高くなる。

硬いベッドに長時間臥床すると骨突起部や皮膚組織が薄い部位では血流障害が生じやすい。特に体重の半分近くが臀部周囲にかかるため，仰臥位での仙骨部，側臥位での大転子部は褥瘡の好発部位である（**図 3.40**）。

褥瘡の発症リスク評価に**ブレーデンスケール**[*1]があるが，現在，日本褥瘡学会学による褥瘡評価スケール **DESIGN-R®2020**[*2]が広く用いられている（**表 3.81**）。

褥瘡は短時間で発症し治療には長期間かかる。理想的には体位変換を 2 時間ごとに行う，お尻の筋肉で体重を受ける 30 度側臥位をとる，体圧分散寝具やエアマットレス，車椅子用クッションを用いるなどして予防する。またスキンケアとして褥瘡部位を乾燥させない**ドレッシング材**[*3]が勧められている。しかし褥瘡により感染や発熱など全身状態が悪化した場合には，外科的**デブリードマン**[*4]や皮膚移植などの手術療法も行われる。

### (2)　栄養学的アプローチ

**1）　栄養評価**

褥瘡の発症リスクに低栄養がある。身長，体重，BMI，体重減少，食事摂取状況，血液検査を確認する。血清アルブミ

**＊1 ブレーデンスケール**　褥瘡のリスクアセスメントツールのひとつ。知覚の認知，湿潤，活動性，栄養状態，摩擦とずれの 6 項目について評価・点数化する。

**＊2 DESIGN-R®**　Depth（深さ），Exudate（滲出液），Size（大きさ），Inflammation/Infection（炎症／感染），Granulation（肉芽組織），Necrotic tissue（壊死組織），および末尾の Pocket（ポケット）の 7 項目からなる評価方法である。

**＊3 ドレッシング材**　創における湿潤環境形成を目的とした近代的な創傷被覆材のこと。

**＊4 デブリードマン**　褥瘡の壊死組織や細菌感染組織をメスで取り除く手術のこと。除去により創を清浄化し，肉芽組織の形成を促す。

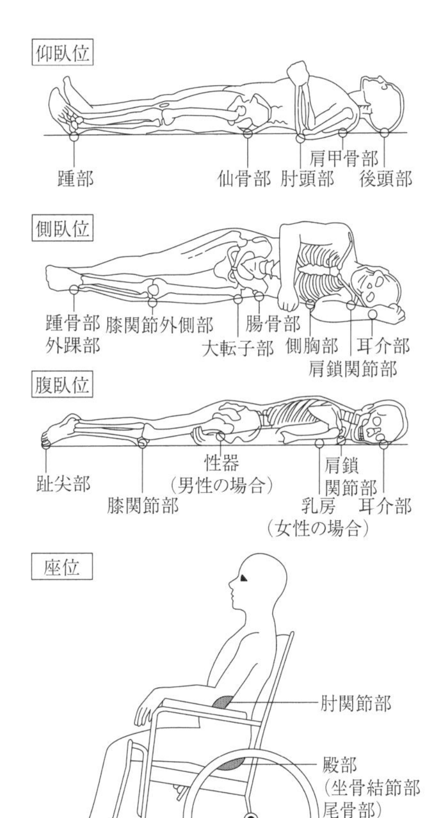


出所）美濃良夫：疾病の成り立ちと栄養ケア　目でみる臨床栄養学 UPDATE，230，医歯薬出版（2007）

**図 3.40**　褥瘡の好発部位

**表 3.81　DESIGN-R®2020 褥瘡経過評価用**

カルテ番号（　　　）

患者氏名　（　　　）　　月日 ／ ／ ／ ／ ／ ／

| | | | | | |
|---|---|---|---|---|---|
| Depth*1　深さ　創内の一番深い部分で評価し，改善に伴い創底が浅くなった場合，これと相応の深さとして評価する | | | | | |
| d | 0 | 皮膚損傷・発赤なし | D | 3 | 皮下組織までの損傷 |
| | | | | 4 | 皮下組織を超える損傷 |
| | 1 | 持続する発赤 | | 5 | 関節腔，体腔に至る損傷 |
| | | | | DTI | 深部損傷褥瘡（DTI）疑い*2 |
| | 2 | 真皮までの損傷 | | U | 壊死組織で覆われ深さの判定が不能 |
| Exudate　滲出液 | | | | | |
| e | 0 | なし | E | 6 | 多量：1日2回以上のドレッシング交換を要する |
| | 1 | 少量：毎日のドレッシング交換を要しない | | | |
| | 3 | 中等量：1日1回のドレッシング交換を要する | | | |
| Size　大きさ　皮膚損傷範囲を測定：［長径（cm）×短径*3（cm）］*4 | | | | | |
| s | 0 | 皮膚損傷なし | S | 15 | 100 以上 |
| | 3 | 4 未満 | | | |
| | 6 | 4 以上　16 未満 | | | |
| | 8 | 16 以上　36 未満 | | | |
| | 9 | 36 以上　64 未満 | | | |
| | 12 | 64 以上　100 未満 | | | |
| Inflammation/Infection　炎症/感染 | | | | | |
| i | 0 | 局所の炎症徴候なし | I | 3C*5 | 臨界的定着疑い（創面にぬめりがあり，滲出液が多い。肉芽があれば，浮腫性で脆弱など） |
| | 1 | 局所の炎症徴候あり（創周囲の発赤・腫脹・熱感・疼痛） | | 3*5 | 局所の明らかな感染徴候あり（炎症徴候，膿，悪臭など） |
| | | | | 9 | 全身的影響あり（発熱など） |
| Granulation　肉芽組織 | | | | | |
| g | 0 | 創が治癒した場合，創の浅い場合，深部損傷褥瘡（DTI）疑いの場合 | G | 4 | 良性肉芽が創面の 10%以上 50%未満を占める |
| | 1 | 良性肉芽が創面の 90%以上を占める | | 5 | 良性肉芽が創面の 10%未満を占める |
| | 3 | 良性肉芽が創面の 50%以上 90%未満を占める | | 6 | 良性肉芽が全く形成されていない |
| Necrotic tissue 壊死組織 混在している場合は全体的に多い病態をもって評価する | | | | | |
| n | 0 | 壊死組織なし | N | 3 | 柔らかい壊死組織あり |
| | | | | 6 | 硬く厚い密着した壊死組織あり |
| Pocket　ポケット　毎回同じ体位で，ポケット全周（潰瘍面も含め）［長径（cm）×短径*3（cm）］から潰瘍の大きさを差し引いたもの | | | | | |
| p | 0 | ポケットなし | P | 6 | 4 未満 |
| | | | | 9 | 4 以上 16 未満 |
| | | | | 12 | 16 以上 36 未満 |
| | | | | 24 | 36 以上 |

部位［仙骨部，坐骨部，大転子部，踵骨部，その他（　　　）］　合計*1

＊1　深さ（Depth：d/D）の点数は合計には加えない
＊2　深部損傷褥瘡（DTI）疑いは，視診・触診，補助データ（発生経緯，血液検査，画像診断等）から判断する
＊3　“短径”とは“長径と直交する最大径”である
＊4　持続する発赤の場合も皮膚損傷に準じて評価する
＊5　「3C」あるいは「3」のいずれかを記載する。いずれの場合も点数は3点とする

出所）https://www.jspu.org/medical/design-r/docs/design-r2020.pdf（2023.1.4）

ン値 3.5g/dL 以下，ヘモグロビン値 11g/dL 以下では発症のリクスが高い。

**2）栄養食事療法**

エネルギー量は消費量の 1.5 倍または 30～35kcal/kg 標準体重/日が推奨されている。良好な肉芽組織の形成を促すために，たんぱく質は，1.2～1.5g/kg 標準体重/日とする。ビタミンやミネラルも肉芽組織の合成や創傷治癒に不可欠である。ビタミン A・C，E，亜鉛・鉄・銅，カルシウムが不足しないように注意する。

**3）栄養食事指導・生活指導**

食事摂取量が十分でない場合は，栄養補助食品の使用も検討する。また，経口栄養法で必要栄養量が満たせない時は，経腸栄養や経静脈栄養にて栄養補給を行う。褥瘡発生の外的因子である発汗，尿・便失禁による皮膚の汚染や機械的刺激となる寝衣やシーツのしわによる摩擦を防ぐことも大切である。

**【演習問題】**

**問 1**　褥瘡に関する記述である。**誤っている**のはどれか。1 つ選べ。

（2019 年国家試験）

（1）大転子部は，好発部位である。
（2）貧血は，内的因子である。
（3）十分なたんぱく質の摂取量が必要である。
（4）亜鉛の摂取量を制限する。
（5）30 度測臥位が，予防となる。

**解答**　（4）

**問 2**　褥瘡に関する記述である。**誤っている**のはどれか。1 つ選べ。

（2018 年国家試験）

（1）評価法には，DESIGN-R®がある。
（2）肩甲骨部は，好発部位である。
（3）十分なエネルギー摂取が，必要である。
（4）滲出液がみられる時には，水分制限を行う。
（5）予防には，除圧管理が有効である。

**解答**　（4）

**【参考文献】**

日本栄養改善学会監修：臨床栄養学，医歯薬出版（2013）
日本褥瘡学会：褥瘡評価ツール DESIGN-R（2020）
*The A.S.P.E.N. Nutrition Support Practice Munual.* ASPEN. U.S.A.（1998）

## 3.19 乳幼児・小児の疾患における栄養ケア・マネジメント

### 3.19.1 消化不良症（乳幼児下痢症）

**消化不良症**とは，一般的に乳幼児の下痢を表す際に用いられる言葉である。実際に下痢が消化不良によるものであることは少なく，特に乳児期は消化機能の成熟にともない便の性状や排便パターンが変わっていくことへの理解が大切である。便の回数，色，硬さは，同じ月齢の乳児の間でも違うことが多い。出生後最初の便は**胎便**とよばれ，通常48時間以内に排泄される黒っぽい色の粘性便である。哺乳が始まると黄色～深緑色や茶褐色になり，水分と粘液が多く，ツブツブが混ざっている場合もある。頻度は数日おきから1日に6～8回になる場合もある。母乳栄養の乳児は便の回数が多く，人工栄養の乳児の便に比べると軟らかく色も黄色いことが多い。**離乳食**が始まると，乳幼児の便にコーンやニンジンなどの野菜が混ざっていることがあるが，これはおもに咀嚼が不十分であることを示しており，たびたびみられる。

乳幼児の下痢の原因としてはウイルスや細菌の感染による**急性胃腸炎**が多い。とくに**ロタウイルス**や**ノロウイルス**による急性胃腸炎は冬季に多くみられるが，**ロタウイルスワクチン**には**重症ロタウイルス胃腸炎**を予防する効果がある。乳幼児は，体重当たりの水分の必要量が多く，成人に比べて**脱水**に陥りやすい。そのため嘔吐や下痢が頻回で経口水分補給ができない場合は，高度の脱水となることがある。2週間以上続く下痢を認める場合は，**慢性下痢症**とみなす。慢性下痢症においては病歴調査と栄養状態の評価が重要で，必要に応じて便の検査を行う。慢性下痢症の一般的な原因としては，胃腸炎後の**吸収不良症候群**[*1]や**乳糖不耐症**[*2]，果汁などの過剰摂取が含まれる。正常な成長発達ができるよう適切な栄養摂取を維持することが重要である。

#### (1) 栄養学的アプローチ

##### 1) 栄養評価

問診で母乳や人工乳，離乳食などの経口摂取ができているかを確認する。また水分，果汁や果物の過剰摂取を示唆する食事歴や，下痢に関連した乳糖やショ糖の摂取がないかを確認する。臨床症状によって脱水の重症度が推定できる（**表3.82**）。体重，身長の計測を行い，普段の体重と比べてどれくらい減っているかという**体重減少率**を重症度評価に用いることもある。必要に応じて血液検査を行う場合は，電解質，BUN，Cr，TP，血清Alb，Hb，CRPなどの値の評価を行う。

##### 2) 栄養食事療法

軽度～中等度の脱水には，**経口補水療法**が第一選択である。塩分と水分の両者を適切に含んだもの（0.1～0.2%の食塩水）が推奨されるが，現実的には市販の**経口補水液**[*3]が望ましい（**表3.83**）。また乳児への母乳は，できるだ

*1 **吸収不良症候群**　消化吸収が障害され，各種の栄養素の欠乏が引き起こされた疾患群。症状としては下痢，脂肪便，体重減少などを呈する。例えば膵臓からリパーゼの分泌が不足すると，脂肪吸収不良が生じる。

*2 **乳糖不耐症**　乳糖分解酵素であるラクターゼが欠乏あるいは活性が低下することにより乳糖が分解されない状態。乳糖が腸の中に残ることで，腸管内の浸透圧が上がり，浸透圧性下痢症を起こすことが多い。

*3 **経口補水液**　脱水状態において不足している電解質（ナトリウムなどの塩分）を補うために，市販のスポーツドリンクよりも電解質濃度が高く，糖濃度は低い組成となっているもの。ゼリータイプも市販されている。

**表 3.82**　臨床症状による脱水の重症度評価

| 症　状 | 最小限の脱水または脱水なし（体重の3%未満の喪失） | 軽度から中等度の脱水（体重の3%以上9%以下の喪失） | 重度の脱水（体重の9%を超える喪失） |
|---|---|---|---|
| 精神状態 | 良好，覚醒 | 正常，疲れている，または落ち着きがない，刺激に過敏 | 感情鈍麻，嗜眠，意識不明 |
| 口渇 | 飲水正常，水を拒否することもある | 口渇あり，水を欲しがる | ほとんど水を飲まない，飲むことができない |
| 心拍数 | 正常 | 正常より増加 | 頻脈，ほとんどの重症例では徐脈 |
| 脈の状態 | 正常 | 正常より減少 | 弱い，または脈がふれない |
| 呼吸 | 正常 | 正常または早い | 深い |
| 眼 | 正常 | わずかに落ちくぼむ | 深く落ちくぼむ |
| 涙 | あり | 減少 | なし |
| 口・舌 | 湿っている | 乾燥している | 乾ききっている |
| 皮膚のしわ | すぐに戻る | 2秒未満でもとに戻る | 戻るのに2秒以上かかる |
| 毛細血管再充満 | 正常 | 延長 | 延長，またはもとに戻らない |
| 四肢 | 暖かい | 冷たい | 冷たい，斑状，チアノーゼあり |
| 尿量 | 正常から減少 | 減少 | ほとんどなし |

出所）日本小児救急医学会診療ガイドライン作成委員会編：エビデンスに基づいた子どもの腹部救急診療ガイドライン 2017，16（2017）

**表 3.83**　本邦で入手可能な市販の経口補水液の組成

| | Na（mmol/L） | Cl（mmol/L） | K（mmol/L） | ブドウ糖（%） | クエン酸（mmol/L） | 乳酸（mmol/L） | 浸透圧（mOsm/L） |
|---|---|---|---|---|---|---|---|
| OS-1 | 50 | 50 | 20 | 1.8 | 15 | — | 260 |
| アクアライト®ORS | 35 | 30 | 20 | 1.8 | — | — | 200 |
| ソリタ®-T 配合顆粒2号 | 60 | 50 | 20 | 1.8 | 11.3 | — | 249 |
| ソリタ®-T 配合顆粒3号 | 35 | 30 | 20 | 1.7 | 11.3 | — | 200 |

出所）日本小児救急医学会診療ガイドライン作成委員会編：エビデンスに基づいた子どもの腹部救急診療ガイドライン 2017，16（2017）

け早期に再開する。経口摂取ができず，脱水の程度が中等症～重症であれば，**経静脈輸液***を検討する（**表 3.82** 参照）。

**3）　栄養食事指導・生活指導**

脱水のない，もしくは中等度以下の脱水のある**急性胃腸炎**に対しては，**表 3.82** に示す経口補水療法を開始する。次に食事を再開するが，最初は粥，うどんなどの炭水化物を主とし，徐々に白身魚，豆腐，赤身の肉，軟らかい野菜など低脂肪，低残渣の食品を与える。乳糖不耐症の場合は，一定期間の乳糖摂取量の減量または除去を行う。

### 3.19.2　周期性嘔吐症

健康な期間をはさんで嘔吐を繰り返す症候群で，初発は通常2～5歳の間であることが多い。アセトン血性嘔吐症，自家中毒症とよばれることもある。周期性嘔吐症の嘔吐発作は，感染，疲労，精神的な緊張やストレスが，嘔吐中枢や自律神経中枢の異常な興奮を引き起こすためと考えられている。同様の症状をきたす疾患として，ケトン性低血糖症が知られているが，これはや

＊ **経静脈輸液**　一般に，腕などの末梢静脈から水分や電解質を点滴することを指す。食事ができない期間が長期間にわたると予想される場合は，心臓に近い太い血管である中心静脈から高カロリー輸液をする場合もある。

せ型の幼児が食事をとれないために糖の補給がなくなり，脂肪分解の亢進のため**ケトーシス**[*1]をきたして元気がなくなる状態をあらわしている。その他の鑑別診断として，ミトコンドリア異常症，有機酸代謝異常症，尿素サイクル異常症などがあげられる。本症は学童期には発症しなくなり，自然寛解することが多い。

***1 ケトーシス**　ケトン体は脂肪の分解により肝臓で作られる。体内にケトン体が増加する状態をケトーシスとよび，特にアセト酢酸，$\beta$-ヒドロキシ酪酸は比較的強い酸であるためケトアシドーシスともよばれる。

### (1)　栄養学的アプローチ

注意深い病歴と身体所見の確認を基本とし，必要に応じて血液検査等を行う。治療は嘔吐発作が治まるまでは原則経口摂取を禁止して安静とする。経静脈輸液を行い水分，電解質，ブドウ糖を補充して末梢循環と細胞代謝を改善させ，ケトーシスを補正する。発作が治まり経口摂取ができるようになったら，食事を再開する。

## 3.19.3　小児肥満

1970年代以降，食生活やライフスタイルの変化により小児肥満は急激に増加した。2000年頃からは男女共やや減少し，現在は大体10人に1人の頻度となっている。小児肥満の原因は原発性肥満がほとんどである。原発性肥満は，食事・菓子・ジュースなどの過剰摂取，食事内容のバランスの悪さ，運動不足などによって起こるとされる。甲状腺機能低下症やクッシング症候群などの特定の疾患に伴う肥満は**二次性肥満**とよばれている。小児肥満は，主に**肥満度**というものを使って評価する。肥満度は標準体重に対して実測体重が何％上回っているかを示すもので下記の式で計算される。

$$\text{肥満度} = (\text{実測体重} - \text{標準体重}) \;/\; \text{標準体重} \times 100 \quad (\%)$$

小児の標準体重は成人と異なり，身長以外にも，性別，年齢別に設定されている。そのため肥満度を簡単に知ることのできる**肥満度判定曲線**を用いて現在の肥満度を知る方法が有用である（**図3.41**）。乳児に関しては，二次性肥満以外は様子を見てよいとされている。幼児では肥満度15％以上は太りぎみ，20％以上はやや太りすぎ，30％以上は太りすぎとされている。小児肥満は肥満度20％以上で，かつ体脂肪が有意に増加した状態とされている。疾患として取り扱う小児肥満症は，6～18歳未満の「肥満に起因ないし関連する健康障害を合併するか，その合併が予測される場合」と定義されている（**図3.42**）。これらの健康障害の合併は，**動脈硬化**を促進し将来的に**心筋梗塞**や**脳卒中**を起こすリスクを高める。したがって治療の基本方針は単に体重を減らすことだけではなく，過剰に蓄積した**内臓脂肪**[*2]を減少させて，肥満に伴う合併症を減少させることである（**表3.84**）。小児は成長の途上にあるため，過激な食事療法や根拠の乏しいダイエットによって正常な発育を妨げ

***2 内臓脂肪**　内臓脂肪が蓄積すると，脂肪細胞から産生・分泌されるアディポサイトカインの分泌異常が起こる。血液中の悪玉物質が増加することで，動脈硬化を促進し，糖尿病・高血圧・脂質異常症を発症させ，メタボリックシンドロームにつながる。

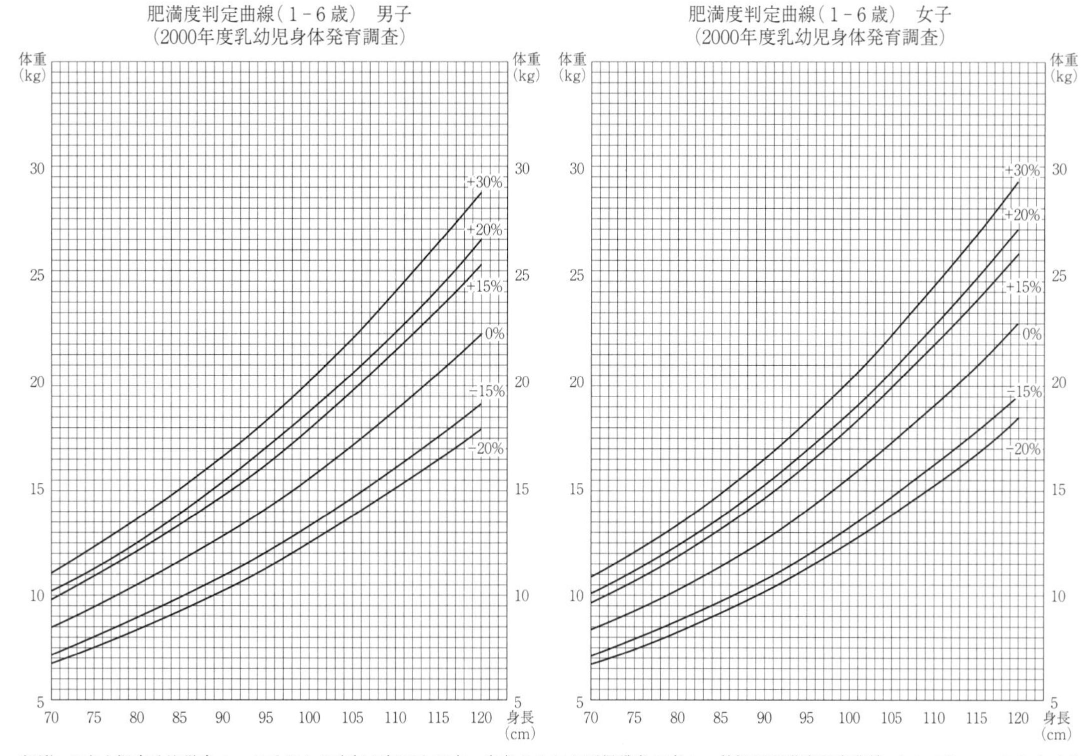


出所）日本小児内分泌学会：～お子さんの病気が気になる方，患者さんおよび保護者の方へ～幼児用肥満度判定曲線，http://jspe.umin.jp/public/himan.html（2023.9.30）

**図 3.41**　肥満度判定曲線（幼児用）

ることのないようにしなければならない。

### (1)　栄養学的アプローチ

#### 1)　栄養評価

食事調査などを行い，生活習慣や食事内容を知ることが望ましい。食品の配分や適量を示し，良い食習慣が身につくよう支援する。体重，身長の計測を継続的に行い，肥満度判定曲線や成長曲線をつけて肥満の程度を把握する。必要に応じて血清脂質などの血液検査値の評価を行う。

#### 2)　栄養食事療法

日本人の**食事摂取基準（2020 年版）**をもとに高たんぱく質，低炭水化物の食品構成を考える。おやつは禁止しないが，炭水化物過剰にならないように工夫する。給食はおかわりをしない，もしくはおかわりの回数を決める。

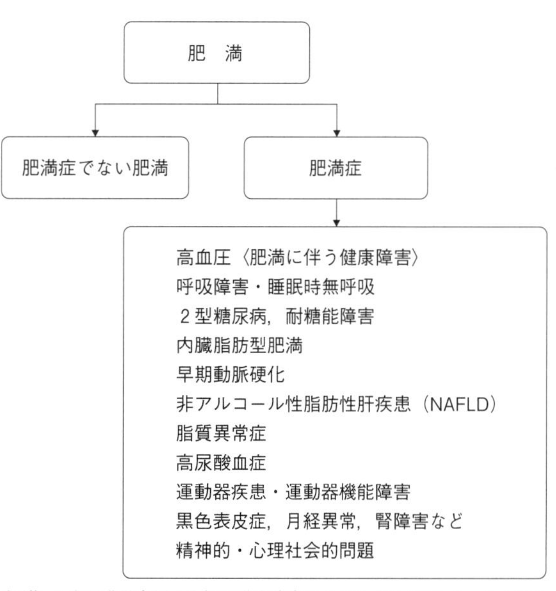


出所）日本肥満学会編：小児肥満症診療ガイドライン 2017，5，ライフサイエンス出版（2017）

**図 3.42**　小児の肥満，肥満症の概念と肥満に伴う健康障害

表 3.84　小児肥満症治療の基本方針

1. 正常な発育を妨げない。
2. 内臓脂肪を減少させる。
3. 加速している動脈硬化の進行を遅らせる。
4. 心血管病や2型糖尿病の発症を予防する。
（すでに発症している場合には合併症の予防と治療を行う）

出所）小児科臨床（**67**），2455-60，日本小児医事出版社（2014）

### 3）　栄養食事指導・生活指導

「日本人の食事摂取基準 2020 年版」の性・年齢別，身体活動レベルに基づいた年齢相当のエネルギー摂取量を目安とする。肥満の程度によっては摂取量の 80～90％に制限する場合もあるが，持続可能なエネルギー量で指導する必要がある。主食となる炭水化物のとり過ぎは肥満を招くため，食べるときには計量するとよい。主菜となる蛋白質は，成長期の体構成成分として欠かせないため，卵類，肉類，魚介類，豆類を1日の献立にバランス良く取り入れられれば理想的である。副菜となるビタミン，ミネラル（野菜類，海藻類，きのこ類）は，嵩が多く満足感を与え，栄養バランスを整える働きがあるため毎日とれるようにする。脂質については，2020 年版から新たに，これまで設定されていなかった3歳から18歳未満の飽和脂肪酸の摂取基準が設定された（**表 3.85**）。ラードなどが多用される市販の総菜や外食の揚げ物など，**飽和脂肪酸**の多い食品は控え，青魚や植物油などに含まれる**不飽和脂肪酸**を意識してとるなど，脂質の配分に気をつけることがすすめられる。

表 3.85　日本人の食事摂取基準 2020 年版（3-17 歳，身体活動レベルⅡ）

| 年齢（歳） | 推定エネルギー必要量（kcal/日）身体活動レベルⅡ | | 蛋白質推奨量（g/日） | | 脂肪目標量（％エネルギー） | | 飽和脂肪酸目標量（％エネルギー） | |
|---|---|---|---|---|---|---|---|---|
| | 男性 | 女性 | 男性 | 女性 | 男性 | 女性 | 男性 | 女性 |
| 3-5 | 1300 | 1250 | 25 | 25 | 20-30 | | 10 以下 | |
| 6-7 | 1550 | 1450 | 35 | 30 | 20-30 | | 10 以下 | |
| 8-9 | 1850 | 1700 | 40 | 40 | 20-30 | | 10 以下 | |
| 10-11 | 2250 | 2100 | 50 | 50 | 20-30 | | 10 以下 | |
| 12-14 | 2600 | 2400 | 60 | 55 | 20-30 | | 10 以下 | |
| 15-17 | 2850 | 2300 | 65 | 55 | 20-30 | | 8 以下 | |

出所）日本人の食事摂取基準 2020 年版改変

## 3.19.4　先天性代謝異常（フェニルケトン尿症，メープルシロップ尿症，ガラクトース血症，糖原病，ホモシスチン尿症）

### (1)　フェニルケトン尿症

フェニルケトン尿症は，生まれつき体内のフェニルアラニン（Phe）をチロシン（Tyr）に代謝するフェニルアラニン水酸化酵素（PAH）やその補酵素であるテトラヒドロビオプリテン（$BH_4$）が障害されているため，フェニルアラニンが体内に蓄積してチロシンが欠乏する**先天代謝異常症***である（**図 3.43**）。フェニルアラニンの蓄積による

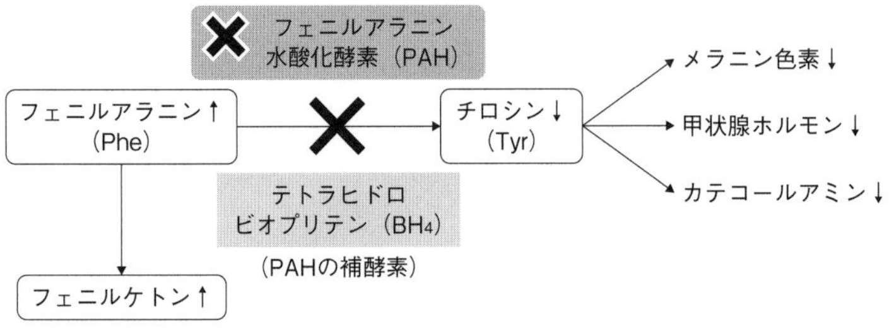

＊ **先天代謝異常症**　体の中で，細胞が生き続けるために必要な物質を合成したり，分解したりする現象を代謝とよぶ。代謝を助ける酵素の生まれつきの異常によって，代謝されない物質が蓄積して過剰症状がみられたり，合成されないために欠乏症状がみられたりする病態を先天代謝異常症とよぶ。



出所）羽生大記，河手久弥編：臨床医学，101，南江堂（2019）

図 3.43　フェニルアラニンの代謝経路

神経障害により，**精神発達遅滞**をきたすことがある。チロシン欠乏による症状には，メラニン色素減少などがある。

**1)　栄養学的アプローチ**

体内のフェニルアラニンとその代謝産物の蓄積を改善させるため，フェニルアラニンを含むたんぱく質の摂取は厳しく制限する。しかしエネルギー量および三大栄養素，微量栄養素は同年齢の健康小児とほぼ等しく摂取することで，成長曲線に沿った身長・体重増加を得られるようにする。乳児期はフェニルアラニンを除去した**治療用特殊ミルク**を摂取し，離乳期以降は，治療用特殊ミルクに低たんぱく米や野菜などの**低たんぱく質食品**＊を組み合わせた食事療法を行っていく。

小児期の発達遅滞を防ぐことだけでなく，成人後も認知機能や心理社会的機能を保ち，よりよい社会生活を送れることを目標として，米国における重症度別の摂取目安量と血中フェニルアラニン濃度の目標値が管理目標として設定されている（**表 3.86**）。患者が女性の場合，妊娠中の高フェニルケトン血症は，胎児に小頭症や心奇形，難治性てんかんや精神発達遅滞などをきたすことが報告されている。そのため，患者が妊娠を希望する場合，受胎前から全妊娠期間を通じて血中フェニルアラニン値を 2 ～ 6 mg/dL に厳格にコントロールすることが必要である。

**表 3.86**　重症度別・年齢別フェニルアラニン摂取量の目安（mg/kg/day）と＊目標血中 Phe 値（mg/dL）

| 無治療時 Phe（mg/dL） | 1 歳未満 | 2 ～ 5 歳未満（＊5 以下） | 5 歳以上（＊2～6 以下） |
|---|---|---|---|
| > 20 | 25～45 | < 20 | < 12 |
| 15～20 | 45～50 | 20～25 | 12～18 |
| 10～15 | 55 | 25～50 | > 18 |
| 6～10 | 70 | > 50 | データなし |

出所）Camp, K.M., et al: *Phenylketonuria scientific review conference, State of the science and future research needs*, 87-122, MolGenet Metab 112（2019）

＊ **低たんぱく質食品**　肉や魚はもちろん，ご飯やパン，野菜や果物，コーヒーまであらゆる食品にたんぱく質が含まれているため，食事療法には，治療用低たんぱく質食品が大切な役割をはたす。（特殊ミルク事務局のホームページに治療用低たんぱく質食品の問い合わせ先が紹介されている http://www.boshiaiikukai.jp/milk.html，2023.9.30）。

**(2)　メープルシロップ尿症**

メープルシロップ尿症は，バリン，ロイシン，イソロイシンといった**分枝鎖アミノ酸**（**BCAA**）から生成される分枝鎖ケト酸を代謝する脱水素酵素の障害により，体内に分枝鎖アミノ酸および分枝鎖ケト酸が蓄積する代謝異常である（**図 3.44**）。尿はメープルシロップ様の甘いにおいが特徴的である。ロイシンの血中濃度が高いほど臨床症状も重症となり，哺乳力の低下，嘔吐，意識障害や痙攣をきたす。分枝鎖ケト酸の血中濃度が高い場合は，精神発達遅滞をきたすことがある。

**1)　栄養学的アプローチ**

体内の分枝鎖ケト酸の蓄積を改善させるため，**BCAA 除去ミルク**に普通ミルクを混合して使用する。幼児期以降

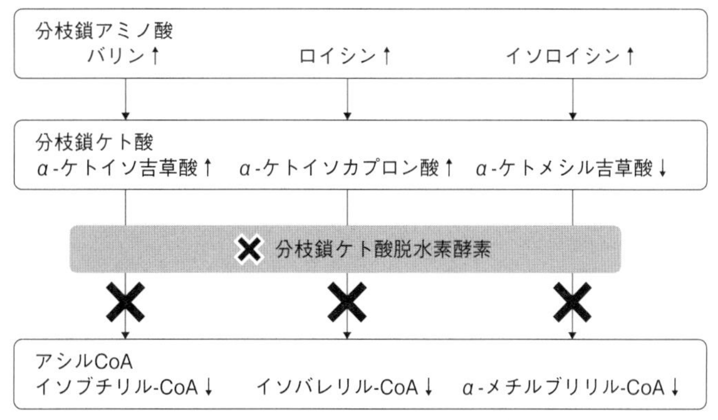


出所）羽生大記，河手久弥編：臨床医学，102，南江堂（2019）

**図 3.44**　分枝鎖アミノ酸の代謝経路

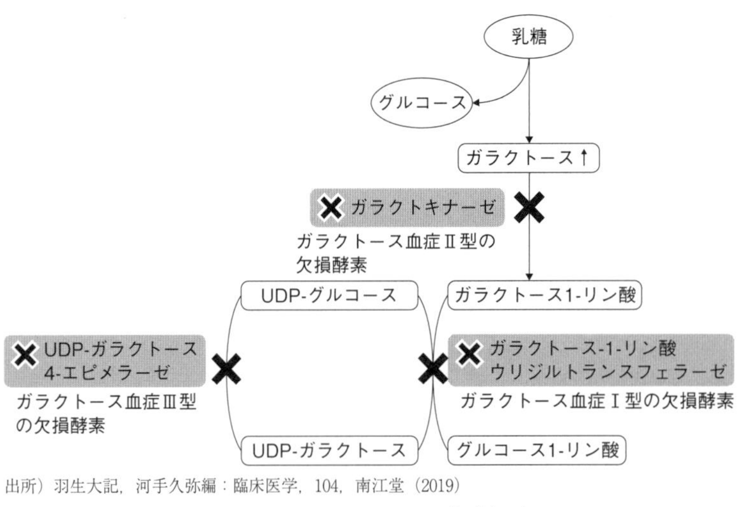


出所）羽生大記，河手久弥編：臨床医学，104，南江堂（2019）

**図 3.45**　ガラクトースの代謝経路

もBCAA除去ミルクもしくは低たんぱく質食品やアミノ酸製剤に自然たんぱく質を加えた治療を行いながら，血中ロイシン値を75〜300μmol/Lに維持することを目標とする。

### (3)　ガラクトース血症

ガラクトース血症は，**乳糖**の分解によって生じた**ガラクトース**が代謝されず，組織に蓄積する病態である。障害されている酵素の種類によってガラクトース血症Ⅰ〜Ⅲ型に分類される（**図 3.45**）。ガラクトースの蓄積による哺乳不良，嘔吐，下痢や肝障害を呈する。新生児早期の哺乳開始後から，全身にガラクトースが蓄積することで，食欲不振，下痢，嘔吐などの消化器症状や，低血糖，尿細管障害，**白内障**[*1]，肝障害，易感染性を呈し，乳糖除去を行わなければ致死的となる。

**1)　栄養学的アプローチ**

体内のガラクトースとその代謝産物の蓄積を改善させるため，新生児期，乳児期であれば**大豆乳**か**乳糖除去ミルク**を使用し，離乳期以降では摂取する食品から乳製品，乳糖の除去を行う。個々の食事内容が確定するまでは血中ガラクトース値やガラクトース1-リン酸値が上昇しないことを確認しながら食事療法を継続する。

### (4)　糖 原 病

糖原病は空腹時に**グリコーゲン**が**グルコース**に代謝できず，肝臓や腎臓に蓄積する代謝異常である。障害されている酵素の種類によって糖原病0〜Ⅸ型に分類される。Ⅰ型（フォン・ギルケ病）は，グルコース6-リン酸（G6-P）をグルコースに変換するグルコース-6-フォスファターゼが欠損する（**図 3.46**）。そのため，グリコーゲンがG6-Pを経てグルコースに分解されることができず，肝臓などへのグリコーゲンの蓄積と空腹時の低血糖が生じる。

**1)　栄養学的アプローチ**

体内のグリコーゲンの蓄積を改善させるため，乳児期は母乳または**糖原病用フォーミュラ**[*2]を2〜3時間ごとに与える。頻回哺乳でも低血糖になる場合は，経鼻夜間持続注入を行う。1〜2歳以上では，非加熱の**コーンスター**

＊1 **白内障**　眼の中の水晶体が年齢とともに白く濁って視力が低下する病気で，さまざまな原因で起こる。

＊2 **糖原病用フォーミュラ**　糖質（炭水化物）を多量に配合した糖原病治療用粉ミルク。フォーミュラDは，とくに昼間用につくられたもので，高カロリーになっている。フォーミュラNは，とくに夜間用につくられたもので，脂肪分を含まず夜間の血糖値の維持が目的となっている。

**チ***を投与し低血糖を予防する。幼児期以降は1日7～8回の少量頻回食にして空腹時間が3～4時間以内となるようにする。1日のエネルギー摂取量は理想体重における必要量を基本とし，乳酸上昇を防ぐためショ糖，果糖，乳糖，ガラクトースの摂取を制限する。

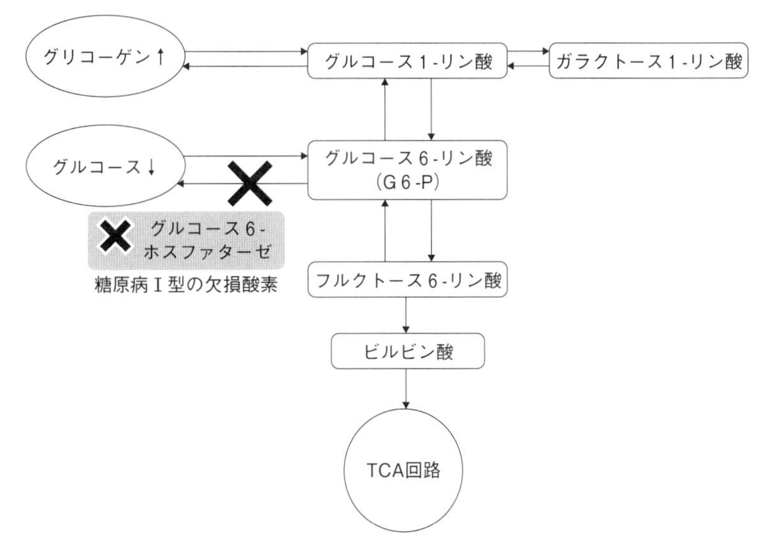


出所）羽生大記，河手久弥編：臨床医学，103，南江堂（2019）

**図 3.46**　糖代謝の経路

### (5)　ホモシスチン尿症

ホモシスチン尿症は，ホモシステインを代謝するシスタチオニンβ合成酵素の欠乏によりホモシステインが蓄積，シスチンが欠乏する代謝異常である（**図 3.47**）。ホモシステインの蓄積により精神発達障害，痙攣，水晶体亜脱臼，緑内障，白内障，血栓症などを呈するようになる。

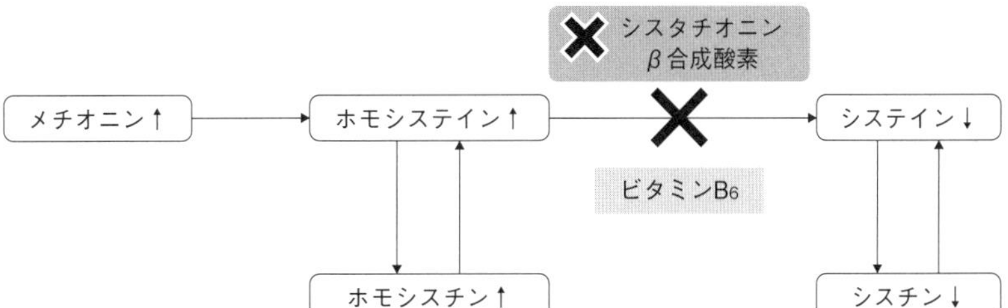


出所）羽生大記，河手久弥編：臨床医学，103，南江堂（2019）

**図 3.47**　メチオニンの代謝経路

#### 1)　栄養学的アプローチ

体内のメチオニンとその代謝産物のホモシステインの蓄積を改善させるため，新生児・乳児期には許容量かつ発育必要量のメチオニンを母乳・一般粉乳・離乳食などより摂取し，不足分のカロリー・必須アミノ酸などは治療乳（**メチオニン除去粉乳**）から補給する。またホモシステインの下流にあるL-シスチンを補充するが，治療乳にはL-シスチンが添加されている。ピリドキシン（ビタミン $B_6$）投与によりメチオニン，ホモシステインが低下する症例もある。

* **コーンスターチ**　トウモロコシから処理され，作られたデンプン。夜間の間欠的な非加熱のコーンスターチ投与が，グルコースの持続注入より低血糖の予防効果が高いという報告がある。

### 3.19.5　糖 尿 病

糖尿病はインスリン作用不足による慢性の高血糖状態をおもな特徴とする疾患である。糖尿病はその原因によって，小児や若年成人に比較的多い**1型糖尿病**と，成人から中高年に多い**2型糖尿病**の2種類に分けられている。近年日本の小児で糖尿病の治療を受けている人は，約6,500人といわれている。1型でも2型でも，治療によって良好な血糖コントロールが得られていれば，ほとんどの運動や学校行事への参加には制限がない。ただ小児期には**表 3.87**に示すように，小児の発達段階に合わせた病気の特性や，それに応じ

表 3.87　小児期の発達段階による疾患の特性と問題点

| 発達段階 | 特　徴 | よくみられる問題 |
|---|---|---|
| 乳幼児期 | 血糖変動が激しい<br>低血糖を把握しにくい<br>家族の負担が大きい | 注射を嫌がる<br>食事の食べむらがある |
| 学童期 | 自己管理のスタート<br>学校等の家庭外の活動が増える | 学校での注射や補食，学校行事等の対応 |
| 思春期 | 療養の主体が本人<br>二次性徴による血糖値の変動<br>心身共に不安定 | 血糖コントロールの悪化 |

出所）青野繁雄：1型糖尿病と歩こう，医学書院（2003）から改変

た治療，サポート体制が必要となるため，本人・家庭・学校・医療の協力が重要である。

**(1)　1型糖尿病**

小児に多い1型糖尿病は，数日～数週で急激に発症し，口渇，多飲，多尿，意識障害，体重減少などを認められることが多い。体内の**インスリン***1の分泌が絶対的に不足・欠乏していて，**インスリン注射***2で補充しなければならない。インスリン治療は，**図3.48**に示すように生活に合わせた多様な方法がある。

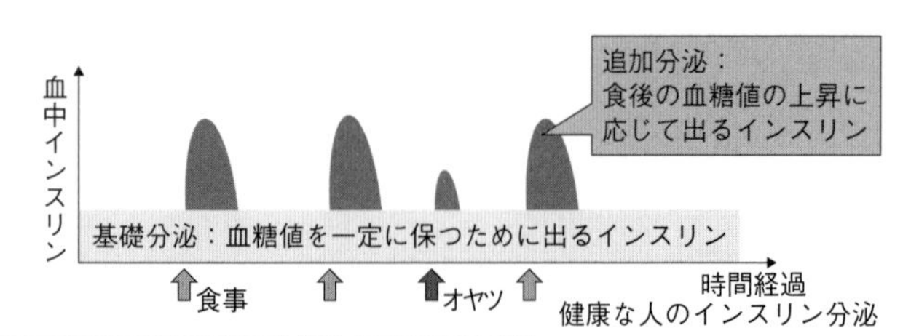


| インスリン製剤の種類 | インスリン注射法 | |
|---|---|---|
| ・超速効型<br>・速効型<br>・中間型<br>・持効型<br>・混合製剤 | ・2回法<br>・3回法<br>・4回法<br>・ポンプ療法<br>など | 健康な人のインスリン分泌に近づけるように，生活や気持ちに合わせて注射の種類や方法を選択していく。 |

出所）日本小児内分泌学会：～お子さんの病気が気になる方，患者さんおよび保護者の方へ～糖尿病，http://jspe.umin.jp/public/himan.html（2020.2.25）

**図 3.48**　正常なインスリン分泌と，さまざまなインスリン療法

**1)　栄養学的アプローチ**

小児期の正常な成長と発育を促すために同年齢の小児と同等のエネルギーを配分して摂取する。おやつは小児にとって楽しみであり，1日の摂取エネルギーを充実させるためにも必要であるから，決められたエネルギーのなかで摂取するよう指導する。おやつや夜食に伴う血糖上昇は，超即効型インスリンの追加注射によって対処する。運動に際しては，**表3.88**に示すように低血糖の予防と対処法に留意すれば，特に制限はない。低血糖および高血糖は認知機能に悪影響を与える可能性があるため，重症の低血糖や慢性の高血糖の発生を最小限にすることが目標となる。

**(2)　2型糖尿病**

従来成人以降に多いとされている2型糖尿病は，遺伝因子に加えて運動不足や過食によって体内のインスリン分泌が悪くなったり，効きが鈍くなったりすることが発症の誘因となる。ゆっくりと発症

*1 **インスリン**　膵臓から分泌されるホルモンの一種。インスリンの分泌により，細胞は血液中のブドウ糖をとりこみエネルギー源として利用できる。血糖値を下げる働きをするホルモンはインスリンのみ。

表 3.88　低血糖の予防と対処法

1）補食*
　ⓐ血糖値が60～70mg/dL以下に低下した場合にはグルコース錠（1錠20kcalを2～4錠）やグルコースゲル（1袋40kcalを1～2袋）を摂取する
　ⓑ夜間ではその後の低血糖防止のためにⓐに加えて，でんぷん質のもの（ビスケットやおにぎり）を40～80kcal加えて摂取する
2）インスリン注射の調節*
　ⓐ運動時間に相当する責任相の追加インスリンをあらかじめ25～75%減量する
　ⓑ長時間の運動ではⓐとともに，前日夜と当日の基礎注射，CSIIでは当日の日中および夜間の基礎注入量を30～50%減量することを考慮する
3）重症低血糖の治療
　ⓐグルカゴン筋肉注射（0.02～0.03mg/kg，0.5mg：12歳未満，1.0mg：12歳以上）
　ⓑブドウ糖静脈内注射（20%ブドウ糖1～2 mL/kgを目安）
　ⓒ意識障害が遅延する場合にはブドウ糖濃度7.5～10%の輸液を引き続いて行う

*使用しているインスリンの種類や個々の症例の血糖上昇反応の程度により，補食量やインスリン注射の調節は個人差があるため，個々の症例に適した対処法を主治医が把握する必要がある
出所）日本小児内分泌学会編：小児内分泌学（改訂第2版），510，診断と治療社（2016）

し，口渇，多飲，多尿，体重減少などの症状が認められることもあれば，症状はなく健診などで発見される場合もある。自覚症状が乏しいためか治療の動機づけが弱く，その結果として**慢性血管合併症**[*1]が1型糖尿病より多いことが報告されている。最近では小児の肥満の急増に伴って，2型糖尿病に罹る小児も増えてきている。必要に応じて**経口血糖降下薬**[*2]の内服や，インスリン注射を用いることもある。

**＊2 インスリン注射**　糖尿病の薬物療法のひとつ。不足しているインスリンを，体の外から注射で補給して血糖値を下げる。超即効型，持効型などの種類があり，効果が出るまでの時間や作用が持続する時間に違いがある。

**＊1 慢性血管合併症**　細小血管症とよばれる糖尿病神経障害，糖尿病網膜症，糖尿病腎症や，大血管症とよばれる心筋梗塞，脳梗塞，末梢動脈疾患，足病変（足壊疽など）などの合併症。

**＊2 経口血糖降下薬**　糖尿病の薬物療法のひとつ。食事と運動では十分な血糖コントロールが図れない場合に用いられる。インスリンを出しやすくする薬や糖の吸収を調整する薬などがある。

#### 1）　栄養学的アプローチ

小児2型糖尿病は肥満を有することが多いため，食事・運動療法が治療の基本となる。食事については**表 3.88** を参照に，食事制限というよりも本来の年齢相当のエネルギー摂取量に戻すこと，そして3食の規則正しい，バランスのとれた食事を心がけるよう栄養相談などを通じて身につけていくのが良い。

## 3.19.6　腎疾患（ネフローゼ症候群，急性糸球体腎炎）

### (1)　ネフローゼ症候群

**ネフローゼ症候群**とは多量のたんぱくが尿中に失われる結果，**低たんぱく血症**，**浮腫**が出現する疾患である。ネフローゼ症候群の診断基準を**表 3.89** に示す。高度のたんぱく尿が持続する結果として，**脂質異常症**が発症する。小児期にネフローゼ症候群をきたす疾患は数多くあるが，約 90％は原発性腎疾患であり，その 85％は**微少変化型**である。**微少変化型ネフローゼ症候群**とは，血尿は軽度かみられないかであるが，大量のたんぱく尿を呈する。一方，組織学的な糸球体病変はごくわずかで，腎機能の長期予後は良好な疾患である。微少変化型ネフローゼ症候群の 90％以上が**ステロイド治療**[*3]に反応してたんぱく尿は消失する（これを**寛解**とよぶ）。しかしそのうちの 70％が再発し，20％程度はステロイド治療を長期に必要とする。好発年齢は3～6歳で，男女比は約2：1である。症状は眼瞼や下肢の浮腫で，腹水が出現する場合もあり，下痢，食欲低下，腹痛などの消化器症状もみられることがある。初発

**＊3 ステロイド治療**　ステロイドホルモンの体の中の炎症を抑えたり，体の免疫力を抑制したりする作用を利用した治療。経口ステロイド療法や点滴注射でおこなうステロイドパルス療法などがあり，長期にわたる場合はその副作用に注意が必要となる。

**表 3.89**　ネフローゼ症候群の診断基準

| | |
|---|---|
| A　蛋白尿 | |
| 1日の尿蛋白量は 3.5g 以上ないし 0.1g/kg/day，または早朝起床時第一尿で 300mg/100mL 以上の蛋白尿が持続する | |
| B　低蛋白血症 | |
| 血清総蛋白量 | 学童幼児 6.0g/100mL 以下。乳児 5.5g/100mL 以下 |
| 血清アルブミン量 | 学童幼児 3.0g/100mL 以下。乳児 2.5g/100mL 以下 |
| C　高脂血症 | |
| 血清総コレステロール量 | 学童 250mg/100mL 以上。幼児 220mg/100mL 以上。乳児 200mg/100mL 以上 |
| D　浮　腫 | |

注1：蛋白尿。低蛋白血症（低アルブミン血症）は，本症候群診断のための必須条件である。
　2：高脂血症，浮腫は本症候群診断のための必須条件ではないが，これを認めれば，その診断はより確実となる。
　3：蛋白尿の持続とは3～5日以上をいう。
（厚生労働省特定疾患ネフローゼ症候群調査研究班）
出所）五十嵐隆：小児腎疾患の臨床（改訂第7版），187，診断と治療社（2019）

時の患者は入院にて検査・治療を行うことが安全であり，重篤な浮腫がみられるときは安静とする。

**1)　栄養学的アプローチ**

小児のネフローゼ症候群はステロイド反応性が多く，ステロイド治療開始後平均11日で尿たんぱくは消失する。その寛解に伴って臨床症状も次第に改善していくため，食事療法の期間は再発時も含めて比較的短期間で良い。寛解に至らない期間においては，浮腫の程度に応じて**食塩制限**（食塩0～5g/日）を，著しい浮腫のみられるときは**水分制限**を行う。[前日尿量＋不感蒸泄量（400～600mL/$m^2$/日）－食事内水分量］を参考に，食事以外に摂取してよい水分量を決める。成長期の小児のたんぱく制限は成長・発育に悪影響を与えるため，腎機能の低下が明らかになるまでは不要である。脂質異常症に対する脂質制限も重要であるが，厳格な脂肪摂取制限は家庭においては実施の困難さが推測される。食事中の脂質を総エネルギーの30%以下となるようにし，外食などによるコレステロールの過剰摂取を控えるようにする。

**(2)　急性糸球体腎炎**

**急性糸球体腎炎**とは，血尿，たんぱく尿などが突然出現して発症する腎炎のことで，急性腎炎ともよばれる。小児において肉眼的血尿や高度なたんぱく尿，浮腫，高血圧などがみられ，溶連菌感染後急性糸球体腎炎をうたがう場合は（診断基準を**表3.90**に示す），2週間ほど前に咽頭炎などの先行感染がなかったかを確認する。発症初期の高血圧には降圧薬を使用する。高血圧によるけいれんに対しては抗けいれん薬にて発作を止め，以降は発作予防を行う。ほとんどの溶連菌感染後急性糸球体腎炎は，急性期を乗り切れば後遺症なく治癒する。

**1)　栄養学的アプローチ**

急性腎炎の食事療法について**表3.91**に示す。食事療法の必要性が最も高いのは急性期（**乏尿期***）であり，**食塩制限**と**水分摂取制限**（水分投与量：前日尿量＋不感蒸泄）を行う。低たんぱく血症に対してたんぱく摂取量を増やすことは，むしろ腎機能の悪化につながる可能性がある。たんぱく質制限は，腎機能が低下している間は必要となる。摂取エネルギー量の減少は体たんぱ

＊ **乏尿期**　急性腎炎の発症初期で，急激に腎機能が低下することで乏尿（尿量が少なくなり）となり，むくみ（浮腫）が強くなる時期。

**表3.90**　溶連菌感染後急性糸球体腎炎の診断基準

| 次の5項目を満たせば，腎生検の裏付けがなくとも臨床的に急性胃炎と診断できる |
|---|
| 1．腎疾患，高血圧の既往がない |
| 2．臨床及び検査所見から全身性疾患，たとえば全身性エリテマトーデス（SLE）を否定できる |
| 3．扁桃炎その他の感染症状が先行する |
| 4．その2～4週後に蛋白尿，血尿，乏尿，浮腫，高血圧などの急性胃炎症候群が出現する |
| 5．血清ASOが2回以上の測定でいずれも高値を示す。血清補体価（C3またはCH5）が低下する |

出所）長沢敏彦：溶連菌感染後急性腎炎，日医新報，2755，139（1977）

くの分解をひきおこすため，患者の年齢または腎炎発症前の基準体重に相当するエネルギー量の80%程度を与えなくてはならない。**高カリウム血症**の予防のため，ピーナッツ，焼き芋，バナナ，みかんなどの果物の摂取は控える。**利尿期**[*1]になり，血圧も低下傾向になったら，食塩と水分の摂取を徐々に緩和する。軽度の食塩制限は必要であるが，原則として水分の摂取制限は中止する。十分な利尿がつき浮腫も消失し血圧も正常化し**回復期**[*2]となったら，普通食にさらに近い内容の食事にする。食塩を年齢，病態に応じて1.5〜5 g/日に緩和する。たんぱく尿が軽快したら塩分制限は2〜8 g/日程度にして，ほぼ普通食と同じ食事とする。

**表 3.91**　急性腎炎の食事療法

| 区　分 | 幼　児 | | | 学童・生徒 | | |
|---|---|---|---|---|---|---|
| 年齢（歳） | 1〜2 | 3〜5 | 6〜7 | 8〜10 | 11〜13 | 14〜15 |
| 体重（kg） | 10〜13 | 14〜19 | 20〜25 | 26〜35 | 36〜49 | 50〜57 |
| Ⅰ度（急性期腎炎食） | | | | | | |
| エネルギー（kcal） | 900 | 1,100 | 1,300 | 1,500 | 1,700 | 1,800 |
| 塩分（g） | 0 | 0 | 0 | 0 | 0 | 0 |
| Ⅱ度（利尿期腎炎食） | | | | | | |
| エネルギー（kcal） | 1,100 | 1,300 | 1,500 | 1,600 | 1,800 | 2,200 |
| 塩分（g） | 1.0 | 1.0 | 2.0 | 2.0 | 2.0 | 2.0 |
| Ⅲ度（回復前期腎炎食） | | | | | | |
| エネルギー（kcal） | 1,300 | 1,500 | 1,700 | 1,900 | 2,200 | 2,400 |
| 食塩（g） | 1.5 | 2.0 | 2.5 | 3.0 | 3.5 | 4.0 |
| Ⅳ度（回復後期腎炎食） | | | | | | |
| エネルギー（kcal） | 1,300 | 1,500 | 1,700 | 1,900 | 2,200 | 2,400 |
| 食塩（g） | 3.0 | 4.0 | 4.5 | 5.0 | 6.0 | 7.0 |

出所）五十嵐隆：小児腎疾患の臨床（改訂第7版），111，診断と治療社（2019）

＊1 **利尿期**　乏尿期から腎機能が回復し，利尿が多くなる。浮腫が軽くなり，血圧が下がってたんぱく尿が軽減する時期。

＊2 **回復期**　腎機能は正常近くに回復するが，血尿やたんぱく尿は残っていることが多い時期。

**コラム 12　よりよい成長，よりよい生活のための食事療法を続けていくために**

フェニルケトン尿症などのアミノ酸代謝異常症がわかった子どもは，生涯たんぱく質の摂取制限を続けていく必要がある。新生児期は治療用ミルクのみだが，成長にともない日々の食事の中で，たんぱく質を摂らないようにするための工夫が必要になってくる。基本的には治療用ミルク＋超たんぱく制限食であるが，具体的な献立として，どのようなものを作ったらよいのだろうか。2016年に，『食事療法ガイドブック』が改訂された（特殊ミルク事務局のホームページ http://www.boshiaiikukai.jp/milk.html に掲載）。誰でもネットで見ることができるようになっており，ここで紹介されている献立例は，美味しそうで，見た目も楽しいのが素晴らしい点である。アミノ酸代謝異常症の患者さんは多くはないが，本人や保護者の方々にとってはより良く成長してもらいたい一人ひとりの子どもである。管理栄養士として栄養指導を担当することになったら，『食事療法ガイドブック』も参考にして，成長してからも続けられる工夫を一緒に考えていってもらいたい。

【演習問題】

**問 1**　ホモシスチン尿症の治療で制限するアミノ酸である。**最も適当**なのはどれか。1つ選べ。　(2023年国家試験)

(1) ロイシン
(2) バリン
(3) メチオニン
(4) シスチン
(5) フェニルアラニン

**解答**　(3)

**問 2**　メープルシロップ尿症患者の食事療法中のモニタリング指標である。**最も適当**なのはどれか。1つ選べ。　(2022年国家試験)

(1) 血中チロシン値
(2) 血中ロイシン値
(3) 血中ガラクトース値
(4) 尿中ホモシスチン排泄量
(5) 尿中メチオニン排泄量

**解答**　(2)

**問 3**　フェニルケトン尿症の治療用ミルクで除去されているアミノ酸である。**最も適当**なのはどれか。1つ選べ。　(2022年国家試験)

(1) シスチン
(2) メチオニン
(3) アラニン
(4) フェニルアラニン
(5) チロシン

**解答**　(4)

【参考文献】


青野繁雄：1型糖尿病と歩こう，医学書院（2003）
五十嵐隆：小児腎疾患の臨床（改訂第7版），診断と治療社（2019）
小児科臨床（67），2455-60，日本小児医事出版社（2014）
長沢敏彦：溶連菌感染後急性腎炎，日医新報，2755，139（1977）
日本小児アレルギー学会食物アレルギー委員会：食物アレルギー診療ガイドライン2016（2018年改訂版），協和企画（2018）
日本小児救急医学会診療ガイドライン作成委員会編：エビデンスに基づいた子どもの腹部救急診療ガイドライン2017，日本小児救急医学会事務局（2017）
日本小児内分泌学会編：小児内分泌学（改訂第2版），診断と治療社（2016）
日本小児内分泌学会：～お子さんの病気が気になる方，患者さんおよび保護者の方へ～，HP http://jspe.umin.jp/public/himan.html（2020.2.25）
日本肥満学会編：小児肥満症診療ガイドライン2017，ライフサイエンス出版（2017）
羽生大記，河手久弥編：臨床医学，南江堂（2019）

## 3.20　妊産婦・授乳婦の疾患における栄養ケアマネジメント

### 3.20.1　肥満妊婦

#### (1)　疾病の定義

妊娠前のBMI ≧ 25以上を「肥満妊婦」と定義している。初期の妊娠体重は，妊娠悪阻の影響を受けている可能性があるため，妊娠前の体重を用いてBMIを算定する。25 ≦ BMI ＜ 30の妊娠を肥満（1度），BMI ≧ 30以上を肥満（2度以上）に分類している。

#### (2)　病因・病態

肥満妊婦は，①妊娠高血圧症候群，②妊娠糖尿病，③帝王切開分娩，④巨大児出産，⑤**微弱陣痛**[*1]の発症するリスクが高くなる。

#### (3)　検査・診断

診断は，妊娠初期〜23週は概ね4週間ごと，妊娠24〜35週は2週間ごと，妊娠36週〜出産は1週間ごとに行う。また，妊娠予後の合併症予防のため，糖代謝異常，妊娠高血圧症候群，切迫流早産，胎盤位置異常，胎児発育不全，胎児機能不全，付属物の異常（胎児形態異常を除く）を診断する。妊娠中の体重増加指導の目安を策定した（日本産科婦人科学会周産期委員会（2021年）（**表3.92**）。

#### (4)　栄養学的アプローチ

肥満妊婦は，目標体重× 30kcalを基本とし，エネルギーの付加はしない。妊娠期間（前期・中期・後期・授乳婦）ごとに，個別に栄養食事指導をする（**表3.93**）

**＊1 微弱陣痛**　分娩時に子宮収縮（陣痛）の強弱により分娩が妨げられる。強さが弱いのを微弱陣痛強いのを過強陣痛という。

**＊2 胎児発育不全**　妊娠中に胎児発育を抑制する因子によって，胎児の発育が遅延した病態である。

**＊3 低出生体重児**　出生体重2,500g未満を低出生体重児，1,500g未満を極低出生体重児，1,000g未満を超低出生体重児という。

**表3.92**　妊娠中の体重増加指導の目安

| 体重増加指導の目安* |
|---|
| BMI ＜ 18.5　（やせ）：12〜15kg |
| 18.5 ≦ BMI ＜ 25　（普通）：10〜13kg |
| 25 ≦ BMI ＜ 30（肥満1度）：7〜10kg |
| BMI ≧ 30（肥満2度以上）：個別対応（上限5kgまでが目安） |

＊自己申告による妊娠前の体重をもとに算定したBMIを用いる。
出所）産婦人科診療ガイドライン産科編（2023）

### 3.20.2　やせの妊婦

#### (1)　疾病の定義

妊娠前BMI18.5未満を「やせ」と定義している。

#### (2)　病因・病態

やせの妊婦は，①**胎児発育不全**[*2]，②**低出生体重児**[*3]**分娩**，③切迫早産，④早産，⑤貧血のリスクが高くなる。低出生体重児は，出生後に児の栄養環境が改善し過栄養となり，将来的に生活習慣病（糖尿病，高血圧，メタボリックシンドローム）の発症するリスクが高くなる。

#### (3)　検査・診断

妊婦の体格や妊娠中の体重増加量および胎児の発育状況を評価する。

**表3.93**　妊婦の食事摂取基準

| エネルギー | | 推定エネルギー必要量 | |
|---|---|---|---|
| エネルギー（kcal/日） | 初期 | ＋ 50 | |
| | 中期 | ＋250 | |
| | 後期 | ＋450 | |
| | 授乳婦 | ＋350 | |
| 栄養素 | | 推定平均必要量 | 推奨量 |
| 鉄（mg/日） | 初期 | ＋2.0 | ＋2.5 |
| | 中期・後期 | ＋8.0 | ＋9.5 |
| | 授乳婦 | ＋2.0 | ＋2.5 |
| 葉酸（μg/日） | 中期・後期 | ＋200 | ＋240 |
| | 授乳婦 | ＋ 80 | ＋100 |

出所）厚生労働省：日本人の食事摂取基準（2020年版）より一部抜粋

#### (4)　栄養学的アプローチ

妊娠期間（前期・中期・後期）ごとに，個別に栄養食事指導をする。

### 3.20.3　妊娠糖尿病（gestational diabetes mellitus：GDM）

#### (1)　疾病の定義

妊娠糖尿病は，妊娠中に初めて発見，または発症したのを「糖代謝異常合併妊娠（pregestational diabetes mellitus）」と定義している。妊娠により**インスリン抵抗性**[*1]の増大が原因で糖代謝異常が起こりやすい。

#### (2)　病因・病態

妊娠糖尿病は，①肥満，②過度の体重増加，③**巨大児**[*2]出産の既往，④尿糖陽性，⑤糖尿病家族歴，⑥加齢などがある。特に巨大児の**肩甲難産**[*3]は，腕神経麻痺や骨折および児の体重が増加するが，同じ体重でも糖尿病合併症は危険率が高く，母体，胎児に影響する（**表3.94**）。

#### (3)　検査・診断

妊娠中の血糖コントロールは，母体や児の合併症を予防するために厳格に行う。空腹時血糖値 95mg/dL 未満，食後1時間値 140mg/dL 未満または食後2時間値 120mg/dL 未満，**HbA1c**[*4] 6.0〜6.5 未満（妊娠週数や低血糖のリスクなどを考慮し，個別に設定する）を目標とする（**表3.95**）。

#### (4)　栄養学的アプローチ

糖代謝異常妊婦は，インスリン治療を基本とする。分割食とし，厳格な血糖コントロールを行う。経口血糖降下薬は，胎児の催奇性や低血糖などのリスクが否定できないため妊娠，授乳中は禁忌である。

### 3.20.4　妊娠性貧血（iron deficiency anemia：IDA）

#### (1)　疾病の定義

妊婦貧血は，①妊娠貧血，②妊娠母体偶発合併症，③妊娠経過中に認められる貧血を「妊娠貧血」としている。

#### (2)　病因・病態

妊婦貧血は，ほとんどが無症状である。高度の貧血では，労作による息切れや動悸などがみられる。また，妊娠中は，母体の造血機能が亢進し，さらに胎児への鉄需要が亢進するため鉄欠乏が起こりやすい。特に妊娠後期は，大きくなった子宮に多量の血液を送り込むため，血液中の水分が妊娠前と比べて 40〜50％増える。血液中に水分の割合が増えた状態を「**水血症**[*6]」という。

**表 3.94**　糖代謝異常妊娠の合併症

| | | |
|---|---|---|
| 母体への影響 | 産科合併症 | 妊娠高血圧症候群，流産，早産，巨大児に伴う難産，羊水過多症 |
| | 糖尿病合併症 | 網膜症，腎症の悪化，糖尿病ケトアシドーシス |
| 児への影響 | 周産期合併症 | 巨大児，HFD 児[*5]，胎児発達遅延，胎児仮死，胎児死亡，先天奇形，新生児期低血糖，低カルシウム血症，高ビリルビン血症，多血症，新生児呼吸促迫症候群，肥大型心筋症 |
| | 成長期合併症 | 肥満，糖尿病 |

出所）糖尿病・内分泌疾患（第2版）ビジュアルブック，学研メディカル秀潤社（2018）

＊1 **インスリン抵抗性**　胎盤より分泌されるヒト胎盤性ラクトゲン（hPL），エストロゲン，プロゲステロンなどのホルモンの影響によりインスリン抵抗性が増大する。ヒト胎盤性ラクトゲンは，母体の糖・脂質代謝に関与し，胎児の発育を促進させる。エストロゲン，プロゲステロンは，子宮や乳腺を刺激，妊娠を維持，脂肪蓄積を促進する。

＊2 **巨大児**　母体が高血糖の場合，胎児も高血糖になり，胎児のインスリン分泌が促進され巨大児（出生体重4,000g 以上）が生まれる。

＊3 **肩甲難産**（shoulder dystocia）　肩甲難産は，「児頭が娩出された後，通常の軽い牽引で肩甲が娩出されない状態」と定義している。娩出に時間を要すれば重度の新生児仮死，死亡につながり新生児外傷の原因になる。

＊4 **HbA1c（グリコヘモグロビン）**　血液中のたんぱくであるヘモグロビンと血液中のブドウ糖が結合したものである。1〜2ヵ月前の血糖値を反映する。

＊5 **HFD 児**（heavy for dates）在胎週数に比べて出生体重が大きい児のこと。

＊6 **水血症**　妊娠中は，非妊娠時よりも血液の循環量が増加して血液に水分が増える。血液がサラサラになり胎児にはよいが，余分な水分が浮腫を引き起こすことがある。血液の成分（血球）はそれほど増えないが，血漿成分（水分）が増える。妊娠中のむくみ（浮腫）は水血症の一つの原因でもある。むくみは直ぐには影響しないが，高血圧や尿蛋白を伴うときに妊娠高血圧症候群を疑うことになる。

**表 3.95**　妊娠糖尿病の診断基準

| |
|---|
| 1）妊娠糖尿病 gestational diabetes mellitus（GDM）<br>75gOGTT において次の基準の 1 点以上を満たした場合に診断する<br>①　空腹時血糖値 ≧ 92mg/dL（ 5.1mmol/L）<br>②　1 時間値　　≧ 180mg/dL（10.0mmol/L）<br>③　2 時間値　　≧ 153mg/dL（ 8.5mmol/L）<br>2）妊娠中の明らかな糖尿病 overt diabetes in pregnancy[注1)]<br>以下のいずれかを満たした場合に診断する<br>①　空腹時血糖値 ≧ 126mg/dL<br>②　HbA1c 値 ≧ 6.5%<br>＊随時血糖値≧ 200mg/dL あるいは 75gOGTT で 2 時間値≧ 200mg/dL の場合は，妊娠中の明らかな糖尿病の存在を念頭におき①または②の基準を満たすかどうか確認する[注2)]<br>3）糖尿病合併症妊娠 pregestational diabetes mellitus<br>①　妊娠前にすでに診断されている糖尿病<br>②　確実な糖尿病網膜症があるもの |

注 1）妊娠中の明らかな糖尿病には，妊娠前に見逃されていた糖尿病と妊娠中の糖代謝の変化の影響を受けた糖代謝異常および妊娠中に発症した 1 型糖尿病が含まれる。いずれも分娩後は診断の再確認が必要である。
注 2）妊娠中，特に妊娠後期は妊娠による生理的なインスリン抵抗性の増大を反映して糖負荷後血糖値は非妊時よりも高値を示す。そのため，随時血糖値や 75gOGTT 負荷後血糖値は非妊時の糖尿病診断基準をそのまま当てはめることはできない。
これらは妊娠中の基準であり，出産後は改めて非妊娠時の「糖尿病の診断基準」に基づき再評価することが必要である。
出所）日本糖尿病学会編：糖尿病治療ガイド（2022〜2023），文光堂（2022）

#### (3)　検査・診断

診断基準は，ヘモグロビン（Hb）≦ 11.0g/dL 未満，ヘマトリック（Ht）33.0%未満である。妊娠期間によって基準が異なり，妊娠初期と末期は，貧血を診断するための Hb の閾値は 11.0g/dL，妊娠中期は 10.5g/dL である。鉄欠乏性貧血には，鉄剤投与を考慮する。偶発合併症の貧血は，血液学的診断基準に従う。

#### (4)　栄養学的アプローチ

鉄の多い食品を摂取する。しかし，日本人の食習慣から食事のみで妊娠中の鉄必要量を補給することは困難である。特定保健用食品，栄養補助食品の利用もひとつの方法であるが摂りすぎに注意する。

### 3.20.5　妊娠高血圧症候群（hypertensive disoroders of pregnancy：HDP）

#### (1)　疾病の定義・分類

妊娠時に高血圧を認めた場合を「妊娠高血圧症候群」としている。妊娠高血圧症候群は，①妊娠高血圧腎症，②妊娠高血圧，③加重型妊娠高血圧腎症，④高血圧合併妊娠に分類している（**表 3.96**）。

#### (2)　病因・病態

産褥期に発症する疾患は，①妊娠高血圧腎症は，片麻痺，意識障害，構音障害，強度の頭痛，嘔吐，けいれんなどの**中枢神経系異常症**＊1を呈する。②**子癇**＊2（eclampsia）は，けいれんで，60〜70%の患者に視覚障害の前駆症状

＊1 **中枢神経系異常症**　皮質盲，可逆性白質脳症，高血圧に伴う脳出血および脳血管攣縮などが含まれる。皮質盲とは，後頭葉の皮質視中枢が両側性に障害され，視交叉までの視路や視覚器が正常でありながら両側性に視覚を喪失している状態である。

＊2 **子癇**　妊娠20週以降に初めて痙攣発作を起こし，てんかんや二次性痙攣が否定されるものをいう。痙攣発作の起こった時期によって，妊娠子癇，分娩子癇，産褥子癇と称する。子癇は大脳皮質での可逆的な血管原性浮腫による痙攣発作と考えられているが，後頭葉や脳幹などにも浮腫をきたし，各種の中枢神経障害を呈することがある。

表 3.96　妊娠高血圧症候群の病型分類

<table>
<tr><td>妊娠高血圧腎症:preeclampsia（PE）<br>1）妊娠 20 週以降初めて高血圧を発症し，かつ蛋白尿を伴うもので，分娩 12 週までに正常に復する場合。<br>2）妊娠 20 週以降初めて発症した高血圧に，蛋白尿を認めなくても以下のいずれかを認める場合で，分娩 12 週までに正常に復する場合。<br>ｉ）基礎疾患のない肝機能障害（肝酵素上昇【ALT もしくは AST ＞ 40IU/L】治療に反応せず他の診断がつかない重度の持続する右季助部もしくは心窩部痛）<br>ii）進行性の腎障害（Cr ＞ 1.0mg/dL，他の腎疾患は否定）<br>iii）脳卒中，神経障害（間代性痙攣・子癇・視野障害・一次性頭痛を除く頭痛など）<br>iv）血液凝固障害（HDP）に伴う血小板減少【＜ 15 万/UL】・DIC・溶血<br>3）妊娠 20 週以降初めて発症した高血圧に，蛋白尿を認めなくても子宮胎盤機能不全（胎児発育不良（FGR）*1，臍帯動脈血流波形異常*2，死産*3）を伴う場合。</td></tr>
<tr><td>妊娠高血圧:gestational hypertension（GH）<br>妊娠 20 週以降に初めて高血圧を発症し，分娩 12 週までに正常に復する場合で，かつ妊娠高血圧腎症の定義に当てはまらないもの。</td></tr>
<tr><td>加重型妊娠高血圧腎症:superimposed preeclampsia（SPE）<br>1）高血圧症が妊娠前あるいは妊娠 20 週までに存在し，妊娠 20 週以降に蛋白尿もしくは基礎疾患のない肝腎機能障害，脳卒中，神経障害，血液凝固障害のいずれかを伴う場合。<br>2）高血圧と蛋白尿が妊娠前あるいは妊娠 20 週までに存在し，妊娠 20 週以降にいずれかまたは両症状が増悪する場合。<br>3）蛋白尿のみを呈する腎疾患が妊娠前あるいは妊娠 20 週までに存在し，妊娠 20 週以降に高血圧が発症する場合。<br>4）高血圧が妊娠前あるいは 20 週までに存在し，妊娠 20 週以降に子宮胎盤機能不全を伴う場合。</td></tr>
<tr><td>高血圧合併妊娠:chronic hypertension（CH）<br>高血圧が妊娠前あるいは妊娠 20 週までに存在し，加重型妊娠高血圧腎症を発症していない場合。</td></tr>
</table>

＊1　FGR の定義は，日本超音波医学会の分類「超音波胎児計測の標準化と日本人の基準値」に従い胎児推定体重が－ 1.5SD 以下となる場合とする。染色体異常のないもしくは奇形症候群のないものとする。
＊2　臍帯動脈血流波形異常は，臍帯動脈血管抵抗の異常高値や血流途絶あるいは逆流を認める場合とする。
＊3　死産は，染色体異常のないもしくは奇形症候群のない死産の場合とする。
出所）日本妊娠高血圧学会編：妊娠高血圧症候群の診療指針，メジカルビュー社（2021）

を認める。③ **HELLP 症候群**＊1は，重症妊娠高血圧群の 10～20％に発症し，上腹部痛，嘔吐などの消化器系異常症状を呈する。④ HDP 関連は，**周産期心筋症**＊2，**肺水腫**＊3がある。原則安静とし，入院による管理が必要である。

**(3)　検査・診断**

診断基準は，①収縮期血圧 140mmHg 以上，または拡張期血圧が 90mmHg 以上の場合。② 24 時間尿でエスバッハ法などによって 300mg/日以上の蛋白尿が検出された場合。③随時尿で蛋白尿／クレアチニン（P/C）比が 0.3mg/mg・CRE 以上である場合。④ 24 時間畜尿や随時尿での P/C 比測定のいずれも実施できない場合には，2 回以上の随時尿を用いたペーパーテストで 2 回以上連続して尿蛋白 1 ＋以上陽性が検出された場合としている。

**(4)　栄養学的アプローチ**

体重コントロール目的で過度のエネルギー制限を行うことは避ける。また，軽度の減塩は推奨される（16g/日未満の減塩はすすめられない）。

**＊1 HELLP 症候群**　妊娠中，分娩時，産褥期に溶血所見（LDH 高値），肝機能障害（AST 高値），血小板数減少を同時に伴い，他の偶発合併症によるものではないものをいう。いずれかの症候のみを認める場合は，HELLP 症候群とは記載しない。HELLP 症候群の診断は，Sibai の診断基準に従うものとする。Sibai の診断基準は，（溶血：血清間接ビリルビン値＞ 1.2mg/dL，血清 LDH ＞ 600IU/L，病的赤血球の出現），（肝機能：血清 AST（GOT）＞ 70IU/L，血清 LDH ＞600IU/L），（血小板数減少：血小板数＜10万/$mm^3$）である。

**＊2 周産期心筋症**　心疾患の既往のなかった女性が，妊娠・産褥期に突然心不全を発生し，重症例では死亡に至る疾患である。HDP は重要なリスク因子となる。

**＊3 肺水腫**　HDP では，血管内皮機能障害から血管透過性を亢進させ，しばしば浮腫をきたす。重症例では，浮腫のみでなく肺水腫を呈する。

### 3.20.6　妊娠悪阻

妊娠悪阻は，妊娠16週以降の発症や妊娠後期まで症状が継続する場合もある。悪阻は，消化器症状（悪心，嘔吐，流涎，食欲不振など）が増悪し，全身状態が障害される。

#### (1)　医学的アプローチ

1）皮膚や口腔内乾燥など脱水の場合や5％以上の体重減少があり経口水分摂取ができない場合，尿中ケトン体強陽性が続く場合は輸液をする。

2）ビタミン$B_1$欠乏は，乳酸アシドーシスや**ウェルニッケ脳症**[*1]を引き起こす。

3）脱水の場合は，ブドウ糖を含んだ輸液にビタミン$B_1$を添加する。

4）悪心の場合は，ビタミン$B_6$（pyridoxine）を投与する。

#### (2)　栄養学的アプローチ

つわりの時は，少量頻回食，水分補給，嗜好に応じたものを提供する。

妊娠初期は，うま味の**認知閾値**[*2]が後期に比べて高く，甘味，塩味，酸味の強い食品の嗜好が高くなると報告している。また，朝方に強く現れることが多く，起床後すぐに少し食べると軽減すると報告している。

### 3.20.7　神経管閉鎖障害（Neural Tube Defects：NTDs）

**神経管閉鎖障害**[*3]は，先天性の脳や脊柱に発生する癒合不全で，二分脊椎，無脳症，脳瘤などがある。

#### (1)　医学的アプローチ

旧厚生省（2000年）は「当面，食品からの葉酸摂取に加えて，いわゆる栄養補助食品から1日0.4mgの葉酸を摂取すれば，神経管閉鎖障害の発症リスクが集団としてみた場合に低減することが期待できる旨情報提供を行うこと。医師の管理下にある場合を除き，葉酸摂取量は1日1 mgを超えるべきでないことを必ずあわせて情報提供すること」と通達した。

#### (2)　栄養学的アプローチ

妊娠を計画していたり，妊娠初期の人は，妊娠前から市販のサプリメントにより1日0.4mgの**葉酸**[*4]を補充することで,児の神経管閉鎖障害発症リスクの低減が期待できるとしている。

妊娠後期ポリフェノールの過剰摂取は，胎児の早期動脈管閉鎖による心不全や新生児遷延性肺高血圧症をきたす可能性がある。

### 3.20.8　その他栄養学的アプローチ

1）「妊産婦のための食生活指針」（厚生労働省2021年）を活用するとよい。

2）高濃度のカフェイン摂取は，胎児の発育を阻害（低体重）する可能

＊1 **ウェルニッケ脳症**　眼球運動障害，失調性歩行，意識障害を呈する疾患である。

＊2 **認知閾値**　味覚の検知閾は，味を感じるもっとも薄い濃度のことである。

＊3 **神経管閉鎖障害**　神経管の閉鎖は，妊娠6週末で完成するので妊娠に気付いてからの葉酸の服用は遅い。妊娠が成立する1ヵ月以上前から服用が必要である。尚，葉酸を含んでいる総合ビタミン剤などのサプリメントの摂取は，催奇形性が指摘されているビタミンAなどの過剰摂取になることもある。葉酸単剤で摂取する。

＊4 **葉酸**　→p. 73参照。

性があると報告している。

3）「妊婦への魚介類の摂食と水銀に関する注意事項」を厚生労働省（2010）が報告している。http://www.mhlw.go.jp/topics/bukyoku/iyaku/syoku-anzen/suigin/（2023.10.1）

**【演習問題】**

**問1** 妊娠16週の妊婦，35歳。身長165cm，体重73kg，BMI26.8kg/m$^2$，標準体重60kg，非妊娠時体重72kg。妊娠糖尿病と診断された。この妊婦の栄養管理に関する記述である。最も**適当なの**はどれか。1つ選べ。

（2021年国家試験）

(1) エネルギー摂取量は，2,200 kcal/日とする。
(2) たんぱく質摂取量は，40g/日とする。
(3) 食物繊維摂取量は，10g/日とする。
(4) 朝食前血糖値の目標は，70〜100mg/dLとする。
(5) 血糖コントロール不良時は，1日2回食とする。

**解答** (4)

**問2** 妊娠20週の妊婦，34歳。身長151cm，体重56kg，非妊娠時体重52kg（BMI22.8kg/m$^2$），標準体重50kg，妊娠高血圧症候群と診断された。心不全および腎不全は見られない。この妊婦の栄養管理に関する記述である。最も**適当なの**はどれか。1つ選べ。（2022年国家試験）

(1) エネルギー摂取量は，1.700kcal/日とする。
(2) たんぱく質摂取量は，40g/日とする。
(3) 食塩摂取量は，3g/日とする。
(4) 水分摂取量は，500mL/日以下とする。
(5) 動物性脂肪は，積極的に摂取する。

**解答** (1)

**【参考文献】**

大山正，今井省吾，和気典二「他」編：感覚・知覚心理学ハンドブック Part2,552，誠信書房（2013）
厚生労働省：日本人の食事摂取基準（2020年版）
厚生労働省：妊婦への魚介類の摂食と水銀に関する注意事項（2010）
産婦人科診療ガイドライン産科編，23-191（2023）
日本糖尿病学会編：糖尿病治療ガイド 2021-2022，104-106，文光堂（2022）
日本妊娠高血圧学会編：妊娠高血圧症候群の診療指針，6-16，メジカルビュー社（2021）
林道夫，渋谷祐子編：糖尿病・内分泌疾患ビジュアルブック第2版，53-57，学研メディカル秀潤社（2018）
松木道裕，今本美幸，小宮山百絵編著：新臨床栄養学，295-304，学文社（2020）

# 付　表

1．栄養診断の用語とコード
2．簡易栄養状態評価表
3．栄養管理計画書
4．血液検査項目
5．長谷川式簡易知能評価スケール

## 1．栄養診断の用語とコード

| | |
|---|---|
| NI：Nutirition Intake：摂取量<br>「経口摂取や栄養補給法を通して摂取するエネルギー・栄養素・液体・生物活性物質に関わることがら」と定義される | |
| NI-1　エネルギー出納：「実測または推定エネルギー出納の変動」と定義される | |
| NI-1.1　エネルギー消費量の亢進<br>NI-1.2　エネルギー摂取量不足<br>NI-1.3　エネルギー摂取量過剰 | NI-1.4　エネルギー摂取量不足の発現予測<br>NI-1.5　エネルギー摂取量過剰の発現予測 |
| NI-2　経口・経腸・静脈栄養補給:「患者・クライエントの摂取目標量と比較した実測または推定経口・非経口栄養素補給量」と定義される | |
| NI-2.1　経口摂取量不足<br>NI-2.2　経口摂取量過剰<br>NI-2.3　経腸栄養量不足<br>NI-2.4　経腸栄養量過剰<br>NI-2.5　最適でない経腸栄養法 | NI-2.6　静脈栄養量不足<br>NI-2.7　静脈栄養量過剰<br>NI-2.8　最適でない静脈栄養法<br>NI-2.9　限られた食物摂取 |
| NI-3　水分摂取：「患者・クライエントの摂取目標量と比較した，または実測または推定水分摂取量」と定義される | |
| NI-3.1　水分摂取量不足 | NI-3.2　水分摂取量過剰 |
| NI-4　生物活性物質：「単一または複数の機能的食物成分，含有量，栄養補助食品，アルコールを含む生物活性物質の実測または推定摂取量」と定義される | |
| NI-4.1　生物活性物質摂取量不足<br>NI-4.2　生物活性物質摂取量過剰 | NI-4.3　アルコール摂取過剰 |
| NI-5　栄養素：「適切量と比較した，ある栄養素群または単一栄養素の実測あるいは推定摂取量」と定義される | |
| NI-5.1　栄養素必要量の増大<br>NI-5.2　栄養失調<br>NI-5.3　たんぱく質・エネルギー摂取量不足<br>NI-5.4　栄養素必要量の不足<br>NI-5.5　栄養素摂取のインバランス<br>NI-5.6　脂質とコレステロール<br>NI-5.6.1　脂質摂取量不足<br>NI-5.6.1　脂質摂取量過剰<br>NI-5.6.1　脂質の不適切な摂取<br>NI-5.7　たんぱく質<br>NI-5.7.1　たんぱく質摂取量不足<br>NI-5.7.2　たんぱく質摂取量過剰<br>NI-5.7.3　たんぱく質やアミノ酸の不適切な摂取<br>NI-5.8　炭水化物と食物繊維<br>NI-5.8.1　炭水化物摂取量不足<br>NI-5.8.2　炭水化物摂取量過剰<br>NI-5.8.3　炭水化物の不適切な摂取<br>NI-5.8.4　不規則な炭水化物摂取<br>NI-5.8.5　食物繊維摂取量不足<br>NI-5.8.6　食物繊維摂取量過剰<br>NI-5.9　ビタミン<br>NI-5.9.1　ビタミン摂取量不足<br>NI-5.9.1.1　ビタミンA摂取量不足<br>NI-5.9.1.2　ビタミンC摂取量不足<br>NI-5.9.1.3　ビタミンD摂取量不足<br>NI-5.9.1.4　ビタミンE摂取量不足<br>NI-5.9.1.5　ビタミンK摂取量不足<br>NI-5.9.1.6　チアミン（ビタミン$B_1$）摂取量不足<br>NI-5.9.1.7　リボフラビン（ビタミン$B_2$）摂取量不足<br>NI-5.9.1.8　ナイアシン摂取量不足<br>NI-5.9.1.9　葉酸摂取量不足<br>NI-5.9.1.10　ビタミン$B_6$摂取量不足<br>NI-5.9.1.11　ビタミン$B_{12}$摂取量不足<br>NI-5.9.1.12　パントテン酸摂取量不足 | NI-5.9.2.12　パントテン酸摂取量過剰<br>NI-5.9.2.13　ビオチン摂取量過剰<br>NI-5.9.2.14　その他のビタミン摂取量過剰<br>NI-5.10　ミネラル<br>NI-5.10.1　ミネラル摂取量不足<br>NI-5.10.1.1　カルシウム摂取量不足<br>NI-5.10.1.2　クロール摂取量不足<br>NI-5.10.1.3　鉄摂取量不足<br>NI-5.10.1.4　マグネシウム摂取量不足<br>NI-5.10.1.5　カリウム摂取量不足<br>NI-5.10.1.6　リン摂取量不足<br>NI-5.10.1.7　ナトリウム（食塩）摂取量不足<br>NI-5.10.1.8　亜鉛摂取量不足<br>NI-5.10.1.9　硫酸塩摂取量不足<br>NI-5.10.1.10　フッ化物摂取量不足<br>NI-5.10.1.11　銅摂取量不足<br>NI-5.10.1.12　ヨウ素摂取量不足<br>NI-5.10.1.13　セレン摂取量不足<br>NI-5.10.1.14　マンガン摂取量不足<br>NI-5.10.1.15　クロム摂取量不足<br>NI-5.10.1.16　モリブデン摂取量不足<br>NI-5.10.1.17　ホウ素摂取量不足<br>NI-5.10.1.18　コバルト摂取量不足<br>NI-5.10.1.19　その他のミネラル摂取量不足<br>NI-5.10.2　ミネラル摂取量過剰<br>NI-5.10.2.1　カルシウム摂取量過剰<br>NI-5.10.2.2　クロール摂取量過剰<br>NI-5.10.2.3　鉄摂取量過剰<br>NI-5.10.2.4　マグネシウム摂取量過剰<br>NI-5.10.2.5　カリウム摂取量過剰<br>NI-5.10.2.6　リン摂取量過剰<br>NI-5.10.2.7　ナトリウム（食塩）摂取量過剰<br>NI-5.10.2.8　亜鉛摂取量過剰<br>NI-5.10.2.9　硫酸塩摂取量過剰 |

| | |
|---|---|
| NI-5.9.1.13　ビオチン摂取量不足 | NI-5.10.2.10　フッ化物摂取量過剰 |
| NI-5.9.1.14　その他のビタミン摂取量不足 | NI-5.10.2.11　銅摂取量過剰 |
| NI-5.9.2　ビタミン摂取量過剰 | NI-5.10.2.12　ヨウ素摂取量過剰 |
| NI-5.9.2.1　ビタミンA摂取量過剰 | NI-5.10.2.13　セレン摂取量過剰 |
| NI-5.9.2.2　ビタミンC摂取量過剰 | NI-5.10.2.14　マンガン摂取量過剰 |
| NI-5.9.2.3　ビタミンD摂取量過剰 | NI-5.10.2.15　クロム摂取量過剰 |
| NI-5.9.2.4　ビタミンE摂取量過剰 | NI-5.10.2.16　モリブデン摂取量過剰 |
| NI-5.9.2.5　ビタミンK摂取量過剰 | NI-5.10.2.17　ホウ素摂取量過剰 |
| NI-5.9.2.6　チアミン（ビタミン$B_1$）摂取量過剰 | NI-5.10.2.18　コバルト摂取量過剰 |
| NI-5.9.2.7　リボフラビン（ビタミン$B_2$）摂取量過剰 | NI-5.10.2.19　その他のミネラル摂取量過剰 |
| NI-5.9.2.8　ナイアシン摂取量過剰 | NI-5.11　すべての栄養素 |
| NI-5.9.2.9　葉酸摂取量過剰 | NI-5.11.1　最適量に満たない栄養素摂取量の予測 |
| NI-5.9.2.10　ビタミン$B_6$摂取量過剰 | NI-5.11.2　栄養素摂取量過剰の予測 |
| NI-5.9.2.11　ビタミン$B_{12}$摂取量過剰 | |

| NC：Nutrition Clinical：臨床栄養<br>「医学的または身体的状況に関連する栄養問題」と定義される | |
|---|---|
| NC-1　機能的項目：「必要栄養素の摂取を阻害・妨害したりする身体的または機械的機能の変化」と定義される | |
| NC-1.1　嚥下障害<br>NC-1.2　噛み砕き・咀嚼障害 | NC-1.3　授乳困難<br>NC-1.4　消化機能異常 |
| NC-2　生物学的項目：「治療薬や外科療法あるいは検査値の変化で示される機械的機能の変化」と定義される | |
| NC-2.1　栄養素代謝異常<br>NC-2.2　栄養関連の検査値異常 | NC-2.3　食物・薬剤の相互作用<br>NC-2.4　食物・薬剤の相互作用の予測 |
| NC-3　体重：「通常体重または理想体重と比較した。継続した体重あるいは体重変化」と定義される | |
| NC-3.1　低体重<br>NC-3.2　意図しない体重減少 | NC-3.3　過体重・肥満<br>NC-3.4　意図しない体重増加 |

| NB：Nutirition Behavioral/environmental：行動と生活環境「知識，態度，信念（主義），物理的環境，食物の入手や食の安全に関連して認識される栄養所見・問題」と定義される | |
|---|---|
| NB-1　知識と信念：「関連して観察・記録された実際の知識と信念」と定義される | |
| NB-1.1　食物・栄養に関連した知識不足<br>NB-1.2　食物・栄養に関連の話題に対する誤った信念（主義）や態度（使用上の注意）<br>NB-1.3　食事・ライフスタイル改善への心理的準備不足<br>NB-1.4　セルフモニタリングの欠如 | NB-1.5　不規則な食事パターン（摂食障害：過食・拒否）<br>NB-1.6　栄養関連の提言に対する遵守の限界<br>NB-1.7　不適切な食物選択 |
| NB-2　身体活動と機能：「報告・観察・記録された身体活動・セルフケア・食生活の質などの実際の問題点」と定義される | |
| NB-2.1　身体活動不足<br>NB-2.2　身体活動過多<br>NB-2.3　セルフケアの管理能力や熱意の不足 | NB-2.4　食物や食事を準備する能力の障害<br>NB-2.5　栄養不良における生活の質（QOL）<br>NB-2.6　自然的摂食困難 |
| NB-3　食の安全と入手：「食の安全や食物・水と栄養関連用品入手の現実問題」と定義される | |
| NB-3.1　安全でない食物の摂取<br>NB-3.2　食物や水の供給の制約 | NB-3.3　栄養関連用品の入手困難 |

| NO：Nutirition Other その他の栄養：「摂取量，臨床または行動と生活環境の問題として分類されない栄養学的所見」と定義される | |
|---|---|
| NO-1　その他の栄養：「摂取量，臨床または行動と生活環境の問題として分類されない栄養学的所見」と定義される | |
| NO-1.1　現時点では栄養問題なし | |

栄養管理プロセス研究会監修，木戸康博・中村丁次・寺本房子編：改訂新版　栄養管理プロセス Nutirition Care Process，第一出版（2023）

# 簡易栄養状態評価表
## Mini Nutritional Assessment
## MNA®

Nestlé NutritionInstitute

氏名：　　　　　性別：

年齢：　　　体重：　　kg　身長：　　cm　調査日：

スクリーニング欄の□に適切な数値を記入し、それらを加算する。11 ポイント以下の場合、次のアセスメントに進み、総合評価値を算出する。

### スクリーニング

**A 過去 3 ヶ月間で食欲不振、消化器系の問題、そしゃく・嚥下困難などで食事量が減少しましたか？**
0 = 著しい食事量の減少
1 = 中等度の食事量の減少
2 = 食事量の減少なし □

**B 過去 3 ヶ月間で体重の減少がありましたか？**
0 = 3 kg 以上の減少
1 = わからない
2 = 1〜3 kg の減少
3 = 体重減少なし □

**C 自力で歩けますか？**
0 = 寝たきりまたは車椅子を常時使用
1 = ベッドや車椅子を離れられるが、歩いて外出はできない
2 = 自由に歩いて外出できる □

**D 過去 3 ヶ月間で精神的ストレスや急性疾患を経験しましたか？**
0 = はい　2 = いいえ □

**E 神経・精神的問題の有無**
0 = 強度認知症またはうつ状態
1 = 中程度の認知症
2 = 精神的問題なし □

**F BMI 体重 (kg) ÷ [身長 (m)]$^2$**
0 = BMI が 19 未満
1 = BMI が 19 以上、21 未満
2 = BMIが 21 以上、23 未満
3 = BMI が 23 以上 □

スクリーニング値：小計（最大：14 ポイント） □□

| | |
|---|---|
| 12-14 ポイント: | 栄養状態良好 |
| 8-11 ポイント: | 低栄養のおそれあり (At risk) |
| 0-7 ポイント: | 低栄養 |

「より詳細なアセスメントをご希望の方は、引き続き質問 G〜Rにおすすみください。」

### アセスメント

**G 生活は自立していますか（施設入所や入院をしていない）**
1 = はい　0 = いいえ □

**H 1 日に 4 種類以上の処方薬を飲んでいる**
0 = はい　1 = いいえ □

**I 身体のどこかに押して痛いところ、または皮膚潰瘍がある**
0 = はい　1 = いいえ □

**J 1 日に何回食事を摂っていますか？**
0 = 1 回
1 = 2 回
2 = 3 回 □

**K どんなたんぱく質を、どのくらい摂っていますか？**
・乳製品（牛乳、チーズ、ヨーグルト）を毎日 1 品以上摂取　はい □　いいえ □
・豆類または卵を毎週 2 品以上摂取　はい □　いいえ □
・肉類または魚を毎日摂取　はい □　いいえ □
0.0 = はい、0〜1 つ
0.5 = はい、2 つ
1.0 = はい、3 つ □.□

**L 果物または野菜を毎日 2 品以上摂っていますか？**
0 = いいえ　1 = はい □

**M 水分（水、ジュース、コーヒー、茶、牛乳など）を 1 日どのくらい摂っていますか？**
0.0 = コップ 3 杯未満
0.5 = 3 杯以上 5 杯未満
1.0 = 5 杯以上 □.□

**N 食事の状況**
0 = 介護なしでは食事不可能
1 = 多少困難ではあるが自力で食事可能
2 = 問題なく自力で食事可能 □

**O 栄養状態の自己評価**
0 = 自分は低栄養だと思う
1 = わからない
2 = 問題ないと思う □

**P 同年齢の人と比べて、自分の健康状態をどう思いますか？**
0.0 = 良くない
0.5 = わからない
1.0 = 同じ
2.0 = 良い □.□

**Q 上腕（利き腕ではない方）の中央の周囲長(cm)：MAC**
0.0 = 21cm 未満
0.5 = 21cm 以上、22cm 未満
1.0 = 22cm 以上 □.□

**R ふくらはぎの周囲長 (cm)：CC**
0 = 31cm未満
1 = 31cm 以上 □

評価値：小計（最大：16 ポイント） □□.□
スクリーニング値：小計（最大：14 ポイント） □□.□
総合評価値（最大：30 ポイント） □□.□

**低栄養状態指標スコア**

| | | |
|---|---|---|
| 24〜30 ポイント | □ | 栄養状態良好 |
| 17〜23.5 ポイント | □ | 低栄養のおそれあり (At risk) |
| 17 ポイント未満 | □ | 低栄養 |

Ref. Vellas B, Villars H, Abellan G, et al. *Overview of MNA® - Its History and Challenges.* J Nut Health Aging 2006; 10: 456-465.
Rubenstein LZ, Harker JO, Salva A, Guigoz Y, Vellas B. Screening for Undernutrition in Geriatric Practice: *Developing the Short-Form Mini Nutritional Assessment (MNA-SF).* J. Geront 2001; 56A: M366-377.
Guigoz Y. The Mini-Nutritional Assessment (MNA®) *Review of the Literature – What does it tell us?* J Nutr Health Aging 2006; 10: 466-487.

さらに詳しい情報をお知りになりたい方は、www.mna-elderly.com にアクセスしてください。

## 3．栄養管理計画書

（別紙様式５）

# 栄養管理計画書

計画作成日　　　．　　．

フリガナ

氏 名　　　　　　　　　　　　殿（男・女）　　　　病　棟

明・大・昭・平　　年　　月　　日生（　　歳）　　担 当 医 師 名

入院日；　　　　　　　　　　　　　　　　　　　　担当管理栄養士名

入院時栄養状態に関するリスク

| |
|---|
| |

栄養状態の評価と課題

| |
|---|
| |

栄養管理計画

<table>
<tr><td colspan="2">目標</td></tr>
<tr><td colspan="2"></td></tr>
<tr><td colspan="2">栄養補給に関する事項</td></tr>
<tr><td rowspan="3">栄養補給量<br>・エネルギー　　kcal　・たんぱく質　　g<br>・水分　　　　　　・<br>・　　　　　　　　・</td><td>栄養補給方法　□経口　□経腸栄養　□静脈栄養</td></tr>
<tr><td>食事内容</td></tr>
<tr><td>留意事項</td></tr>
<tr><td colspan="2">栄養食事相談に関する事項</td></tr>
<tr><td colspan="2">入院時栄養食事指導の必要性　□なし□あり（内容　　　実施予定日：　月　日<br>栄養食事相談の必要性　□なし□あり（内容　　　実施予定日：　月　日<br>退院時の指導の必要性　□なし□あり（内容　　　実施予定日：　月　日<br>備考</td></tr>
<tr><td colspan="2">その他栄養管理上解決すべき課題に関する事項</td></tr>
<tr><td colspan="2"></td></tr>
<tr><td colspan="2">栄養状態の再評価の時期　実施予定日：　月　日</td></tr>
<tr><td colspan="2">退院時及び終了時の総合的評価</td></tr>
</table>

出所）厚生労働省ホームページ：https://www.mhlw.go.jp/bunya/iryouhoken/iryouhoken12/dl/index-030.pdf（2020.4.2）

# 血液検査項目の説明( 主要検査項目のみ)

※基準値表の項目で説明のない項目もございます．　東京大学医学部附属病院検査部　令和2年7月　改訂

病気の診断は，検査だけでなく問診・診察などとともに総合的に判断します．
結果の判断や下記以外の特殊な検査項目など，ご不明な点がございましたら担当医にご相談ください．

## 血球算定検査(血算)

ホームページもご参照ください（ http://lab-tky.umin.jp/patient/index.html ）．

**血液を構成する細胞成分(血球)の検査です．血球数を調べます．**

| 項目 | 説明 |
|---|---|
| 白血球数 | 白血球は病原微生物などから体を防御するための免疫機構の主役となる血球です．炎症や感染症などの時に増加します． |
| 赤血球数<br>ヘモグロビン，ヘマトクリット | ヘモグロビン(血色素)は赤血球中の主成分で酸素の運搬を担うタンパク質，ヘマトクリットは血液中に占める赤血球の全容積の割合です．これらが基準範囲より少ない場合は貧血，多ければ多血症と診断します． |
| 血小板数 | 血小板は止血のために働く血球で，減少した場合に出血しやすくなります．肝機能障害で減少することがあります． |

## 血液凝固検査

**血液の凝固能を調べる検査です．止血に際して血小板とともに重要です．**

| 項目 | 説明 |
|---|---|
| PT　プロトロンビン時間<br>APTT　活性化部分トロンボプラスチン時間 | PT活性低下(値が低下)，APTT延長(秒数が長い)のとき，凝固能低下(出血傾向)が予想されます．抗凝固薬の調節(ワーファリン：PT-INR，ヘパリン：APTT)や，肝臓病の重症度を判定します． |
| フィブリノゲン | 止血や血栓形成に必要なタンパク質です．重症肝障害などで低下，炎症や悪性腫瘍などで増加します． |

## 臨床化学検査

**血液を構成する液体部分（血清）の検査です．タンパク質(酵素類を含む)・脂質・糖・電解質などの成分が含まれています．**

| 分類 | 項目 | 説明 |
|---|---|---|
| 肝胆膵 | 総蛋白 | 血液中に含まれるさまざまな種類の蛋白質の総量値です．主に，アルブミン·免疫グロブリンが含まれます． |
| 肝胆膵 | アルブミン | 蛋白質の中で最も多く含まれます．肝臓の異常，悪性腫瘍や感染症などの炎症，栄養不足などで減少します． |
| 肝胆膵 | AST (GOT)<br>ALT (GPT) | ASTやALTは，炎症などによって体の細胞が壊れると血中に流出するため，増え方で障害の程度がわかります．AST(GOT)は，肝臓だけでなく，筋肉・赤血球にも含まれ，ALT(GPT)は主に肝臓に含まれている酵素です． |
| 肝胆膵 | 乳酸脱水素酵素 | 体内の多くの細胞に存在する酵素で，細胞が壊れると血中に流出し，壊れる細胞が多いほど上昇します． |
| 肝胆膵 | γ-GTP | 胆汁の流れ(肝～胆道～腸)に障害を生じると増加します．また，アルコール多飲により増加します． |
| 肝胆膵 | アルカリホスファターゼ | 肝臓，胆道，骨，胎盤，小腸にある酵素で，これらの障害により上昇します．令和2年7月29日からIFCC法に測定法を変更したため基準値も変更になっています． |
| 肝胆膵 | 総ビリルビン<br>直接ビリルビン | 黄疸（おうだん）の程度を測定します．肝臓や胆道に異常があると増加します（赤血球が壊れて出てきたヘモグロビンが変化してできるものが間接ビリルビンで，それが肝臓で処理され直接ビリルビンに変化します)． |
| 肝胆膵 | アミラーゼ | 膵臓や唾液腺で作られる酵素です．主として，膵疾患の診断に重要です． |
| 腎 | 尿素窒素<br>クレアチニン | 尿素窒素·クレアチニンは，ともに体で使われた物質の老廃物で，普段は腎臓からろ過され排泄されています．これらは，腎臓機能評価の時に検査され，腎機能が悪化し，排泄されなくなると上昇してきます． |
| 筋 | クレアチンキナーゼ | 心筋や骨格筋に含まれる酵素で，心筋梗塞や，筋肉の障害があると上昇します． |
| 脂質代謝 | 総コレステロール | 細胞膜の構成やホルモン生成に不可欠ですが，過多は動脈硬化や心筋梗塞などの危険因子です． |
| 脂質代謝 | 中性脂肪 | 血液中の脂肪の一種で，動脈硬化症の原因となります． |
| 脂質代謝 | HDLコレステロール | いわゆる「善玉コレステロール」で，血管の壁などに余分に蓄積されたコレステロールを回収する働きがあります． |
| 脂質代謝 | LDLコレステロール | いわゆる「悪玉コレステロール」で，動脈硬化症の原因となります． |
| 尿酸 | 尿　酸 | 核酸構成成分のプリン体が分解されてできた老廃物です．痛風や腎臓病，生活習慣病などの検査として測定します． |
| 電解質 | ナトリウム | 主に食塩の形で摂取され，浸透圧の調節などをしている電解質です．体液水分量の平衡状態を推測できます． |
| 電解質 | カリウム | 神経の興奮や，からだや心臓の筋肉の働きを助け，生命活動の維持調節に重要な電解質です． |
| 電解質 | カルシウム·無機リン | カルシウムとリンは密接な関連があり，骨ミネラルの重要な構成成分です．代謝異常で値が変化します． |
| 鉄 | 鉄 | 血液中に含まれる鉄です．鉄欠乏性貧血や出血，感染症などで減少し，頻回な輸血などで鉄過剰となります． |
| 鉄 | 不飽和鉄結合能 | 血清鉄と同時に測定して，貧血や各種の鉄代謝異常をきたす疾患の鑑別診断を行います． |

## 炎症反応検査

| 項目 | 説明 |
|---|---|
| 赤血球沈降速度 | 代表的な炎症マーカーです．貧血のときも上昇します． |
| C反応性蛋白 | 急性炎症あるいは組織崩壊性病変で増加する蛋白の一つです．炎症性病巣の存在や病変の活動性，障害程度を鋭敏に反映する代表的な炎症マーカーです．病気を特定することはできません． |

## 血糖検査

| 分類 | 項目 | 説明 |
|---|---|---|
| 糖代謝 | 血糖(グルコース) | 一般に血糖として測定されるのはブドウ糖(D-グルコース)で，筋肉や脳のエネルギー源です． |
| 糖代謝 | ヘモグロビンA1c (HbA1c)<br>グリコアルブミン | HbA1cはヘモグロビンと糖，グリコアルブミンはアルブミンと糖が結合したものです．血糖値（高血糖）の持続期間により変化し，平均血糖値（HbA1c：過去1～3カ月，グリコアルブミン：過去2週間前後）を反映します．糖尿病の治療指標の一つです．ヘモグロビンA1cは，学会の指針により，NGSP値で結果を表示しています． |

## 腫瘍マーカー

| 項目 | 説明 |
|---|---|
| α - FP | 主に肝がんで上昇する腫瘍マーカーです． |
| CEA | 胃がん・大腸がんなどの消化器がんや肺がんなどで上昇する腫瘍マーカーです． |
| CA19 - 9 | 主に膵がん・胆のうがんなどの消化器がんで上昇する腫瘍マーカーです． |
| PSA | 前立腺がんで上昇する腫瘍マーカーです． |

# 検査の基準値表(主要検査項目のみ)

○ここに掲載された血液を中心とする臨床検査の基準値は東京大学医学部附属病院検査部でのもので，成人を対象としています．
**基準値**には，**基準範囲(健常者の測定値の分布幅)**と**臨床判断値(臨床的に診断，治療，予後の判断を下す閾値)**があります．
○**基準範囲**は，一定の基準を満たす健常者(基準個体)の検査値分布の中央95%区間を数値範囲として算出したものです．健康であっても5%の方
は基準範囲から外れることになります．そのため，基準範囲は検査値を判読する目安にはなりますが，正常・異常を区別したり，特定の病態の有無を判断する値ではありません．また，機器・試薬の違いなど種々の要因により，施設によって若干の差が生じます．
当院ではJCCLS(日本臨床検査標準協議会)が「共用基準範囲」として設定した多くの基準値を採用し，基準値の標準化に努めています．
○**臨床判断値**には，疫学的調査研究に基づいて学会が提唱している予防医学的閾値などが含まれます．基準範囲とは異なった概念から得られた値ですので，同じ検査項目に関しても，臨床判断値と基準範囲(の上限値・下限値)とは異なることがほとんどです．
本基準値表の数値のほとんどは基準範囲ですが，(*)**の印がついたものは臨床判断値**です．
○掲載した項目は主な検査項目です．「血液検査項目の説明」(裏面)とあわせてご利用下さい(検査説明のない項目もあります)．
○検査結果の解釈・判断においてご不明な点については担当医にご相談ください．

## 血球計数検査(血算)

| 検査項目(略称) | 基準値 | 単位 |
|---|---|---|
| 白血球数(WBC) | 3.3〜8.6 | x千/μL |
| 赤血球数(RBC) | 男：435〜555<br>女：386〜492 | x万/μL |
| 血色素(ヘモグロビン:Hb) | 男：13.7〜16.8<br>女：11.6〜14.8 | g/dL |
| ヘマトクリット値(Hct) | 男：40.7〜50.1<br>女：35.1〜44.4 | % |
| 血小板数(Plt) | 15.8〜34.8 | x万/μL |
| 網赤血球比率 | 0.8〜2.0 | % |

## 血液凝固検査

| 検査項目(略称) | 基準値 | 単位 |
|---|---|---|
| プロトロンビン時間(活性)(PT%) | 86.0〜124.1 | % |
| プロトロンビン時間(比)(PT ratio) | 0.88〜1.09 | |
| プロトロンビン時間(国際標準化比)(PT-INR) | 基準値設定はありません | |
| 活性化部分トロンボプラスチン時間(APTT) | 24.0〜34.0 | 秒 |
| フィブリノゲン(Fbg) | 168〜355 | mg/dL |
| フィブリン・フィブリノゲン分解産物(FDP) | 5.0 以下* | μg/mL |
| Dダイマー | 1.0 以下* | μg/mL |

## 血糖関連検査

| 検査項目(略称) | 基準値 | 単位 |
|---|---|---|
| 糖代謝 | | |
| 血糖(グルコース)(Glu) | 73〜109(空腹時) | mg/dL |
| ヘモグロビンA1c(NGSP)(HbA1c(N)) | 4.9〜6.0 | % |
| ｸﾞﾘｺｱﾙﾌﾞﾐﾝ　グリコアルブミン | 11.0〜16.0 | % |

*☆参考　日本糖尿病学会の糖尿病の診断基準より*
*空腹時血糖　126 mg/dL 以上**
*随時血糖　200 mg/dL 以上**
*HbA1c (NGSP)　6.5% 以上*　が糖尿病型*

## 炎症反応関連検査

| 検査項目(略称) | 基準値 | 単位 |
|---|---|---|
| 赤血球沈降速度(ESR) | 男：2〜10*<br>女：3〜15* | mm/1時間 |
| C反応性蛋白(CRP) | 0.30 以下* | mg/dL |
| リウマトイド因子(RF) | 15 以下* | IU/mL |

## 微量分析検査

| 検査項目(略称) | 基準値 | 単位 |
|---|---|---|
| 甲状腺機能検査 | | |
| 甲状腺刺激ホルモン(TSH) | 0.61〜4.23 | μU/mL |
| 遊離サイロキシン(FT4) | 0.71〜1.69 | ng/dL |
| 遊離トリヨードサイロニン(FT3) | 1.7〜3.4 | pg/mL |
| 腫瘍マーカー | | |
| α-FP | 10 未満* | ng/mL |
| CEA | 5 未満* | ng/mL |
| CA19-9 | 37 未満* | U/mL |
| PSA | 4.00 未満* | ng/mL |

## 一般検査

| 尿一般検査・便検査(定量/定性) | | |
|---|---|---|
| 尿蛋白 | 陰性(−) | |
| 尿糖 | 陰性(−) | |
| 尿潜血 | 陰性(−) | |
| 便潜血(定量/定性) | 70 ng/mL以下*/陰性(-) | |

## 臨床化学検査(血清)

| 検査項目(略称) | 基準値 | 単位 |
|---|---|---|
| 肝・胆・膵機能検査 | | |
| 総蛋白(TP) | 6.6〜8.1 | g/dL |
| アルブミン(Alb) | 4.1〜5.1 | g/dL |
| コリンエステラーゼ(ChE) | 男：240〜486<br>女：201〜421 | U/L |
| 乳酸脱水素酵素(LD_IFCC)** | 124〜222 | U/L |
| AST (GOT) | 13〜30 | U/L |
| ALT (GPT) | 男：10〜42<br>女：7〜23 | U/L |
| γ-GTP | 男：13〜64<br>女：9〜32 | U/L |
| アルカリホスファターゼ(ALP_IFCC)** | 38〜113 | U/L |
| 総ビリルビン(T-Bil) | 0.4〜1.5 | mg/dL |
| 直接ビリルビン(D-Bil) | 0.0〜0.3 | mg/dL |
| アミラーゼ(Amy) | 44〜132 | U/L |
| 腎機能検査 | | |
| 尿素窒素(BUN) | 8〜20 | mg/dL |
| クレアチニン(Cre) | 男：0.65〜1.07<br>女：0.46〜0.79 | mg/dL |
| 筋(肉)関連酵素 | | |
| クレアチンキナーゼ(CK) | 男：59〜248<br>女：41〜153 | U/L |
| 脂質代謝(参考基準値は空腹時のものを記載) | | |
| 総コレステロール(T-Cho) | 142〜248 | mg/dL |
| 中性脂肪(TG) | 男：40〜149*<br>女：30〜149* | mg/dL |
| HDL-コレステロール(HDL-C) | 男：40*〜90<br>女：40*〜103 | mg/dL |
| LDL-コレステロール(LDL-C) | 65〜139* | mg/dL |
| 尿酸代謝 | | |
| 尿酸(UA) | 男：3.7〜7.8<br>女：2.6〜5.5 | mg/dL |
| 電解質検査 | | |
| カルシウム(Ca) | 8.8〜10.1 | mg/dL |
| 無機リン(IP) | 2.7〜4.6 | mg/dL |
| ナトリウム(Na) | 138〜145 | mmol/L |
| カリウム(K) | 3.6〜4.8 | mmol/L |
| クロール(Cl) | 101〜108 | mmol/L |
| 鉄関連検査 | | |
| 鉄(Fe) | 40〜188 | μg/dL |
| 不飽和鉄結合能(UIBC) | 126〜358 | μg/dL |

## ご注意

検査の結果は，食事，運動，投薬など種々の要因の影響を受けます．
結果の解釈に関しては，主治医にご確認下さい

**国際標準化のため，2020年7月29日より変更

東京大学医学部附属病院検査部　令和2年11月　改訂

## 5．長谷川式簡易知能評価スケール

### 改訂　長谷川式簡易知能評価スケール（HDS-R）

（検査日　　　　年　　月　　日）　　　　　　（検査者　　　　　　　　　）

| 氏名 | | 生年月日　　　年　　月　　日 | 年齢　　　　歳 |
|---|---|---|---|
| 性別　男 ／ 女 | 教育年数（年数で記入）　　年 | 検査場所 | |
| DIAG | | 備考 | |

| | | | |
|---|---|---|---|
| 1 | お歳はいくつですか？（2年までの誤差は正解） | | 0　1 |
| 2 | 今日は何年の何月何日ですか？　何曜日ですか？<br>(年月日，曜日が正解でそれぞれ1点ずつ) | 年<br>月<br>日<br>曜日 | 0　1<br>0　1<br>0　1<br>0　1 |
| 3 | 私たちが今いるところはどこですか？<br>(自発的に出れば2点，5秒おいて家ですか？　病院ですか？　施設ですか？<br>の中から正しい選択をすれば1点) | | 0　1　2 |
| 4 | これから言う3つの言葉を言ってみてください。あとでまた聞きますのでよく覚えておいてください。<br>(以下の系列のいずれか1つで，採用した系列に○印をつけておく)<br>1：a）桜　b）猫　c）電車　　2：a）梅　b）犬　c）自動車 | | 0　1<br>0　1<br>0　1 |
| 5 | 100から7を順番に引いてください。(100－7は？　それからまた7を引くと？　と質問する。最初の答えが不正解の場合，打ち切る) | (93)<br>(86) | 0　1<br>0　1 |
| 6 | 私がこれから言う数字を逆から言ってください。(6-8-2，3-5-2-9を逆に言ってもらう，3桁逆唱に失敗したら，打ち切る) | 2-8-6<br>9-2-5-3 | 0　1<br>0　1 |
| 7 | 先ほど覚えてもらった言葉をもう一度言ってみてください。<br>(自発的に回答があれば各2点。もし回答がない場合以下のヒントを与え正解であれば1点)　　a）植物　b）動物　c）乗り物 | | a：0　1　2<br>b：0　1　2<br>c：0　1　2 |
| 8 | これから5つの品物を見せます。それを隠しますので何があったか言ってください。<br>(時計，鍵，タバコ，ペン，硬貨など必ず相互に無関係なもの) | | 0　1　2<br>3　4　5 |
| 9 | 知っている野菜の名前をできるだけ多く言ってください。(答えた野菜の名前を右欄に記入する。<br>途中で詰まり，約10秒間待っても出ない場合にはそこで打ち切る)<br><br>0～5＝0点，6＝1点，7＝2点，8＝3点<br>9＝4点，10＝5点 | | 0　1　2<br>3　4　5 |
| | | 合計得点 | |

＊判定不能理由：

【判定方法】HDS-Rの最高得点は30点，20点以下を認知症，21点以上を非認知症としている。HDS-Rによる重症度分類は行わないが，各重症度群間に有意差が認められているので，平均得点を以下の通り参考として示す。

非認知症：24±4　軽度：19±5　中等度：15±4　やや高度：11±5　非常に高度：4±3

出所）加藤伸司，長谷川和夫ほか：改訂長谷川式簡易知能評価スケール（HDS-R）の作成，老年精神医学雑誌，**2**，1339-1347（1991）

# 索　引

## あ　行



## か　行

## さ 行



## た 行

## な　行



## は　行

## ま　行



## や　行



## ら　行



## わ　行

## 執筆者一覧


| | |
|---|---|
| 金石智津子 | 相愛大学人間発達学部発達栄養学科講師(1.1, 1.2, 1.4) |
| 大原　秋子 | 岡山済生会総合病院栄養科科長(1.3, 3.14) |
| 井ノ上恭子 | 大阪成蹊短期大学栄養学科准教授(2.1, 付表) |
| 幣　憲一郎 | 武庫川女子大学食物栄養科学部食物栄養学科教授(2.2, 3.2) |
| 藤澤　早美 | 川崎医療福祉大学医療技術学部臨床栄養学科准教授(2.3) |
| 三宅　沙知 | 川崎医療福祉大学医療技術学部臨床栄養学科講師(2.4) |
| 武政　睦子 | 川崎医療福祉大学医療技術学部臨床栄養学科教授(2.5) |
| 小見山百絵 | ノートルダム清心女子大学人間生活学部食品栄養学科准教授(2.6) |
| 市川　大介 | 社会医療法人 全仁会 倉敷平成病院薬剤部部長（薬剤師)(2.7) |
| 多田　賢代 | 中国学園大学現代生活学部人間栄養学科教授(3.1, 3.9) |
| *辻　秀美 | 園田学園女子大学人間健康学部食物栄養学科教授(3.3.1-7, 3.4.3-5) |
| 榊原美津枝 | 神戸女子大学家政学部管理栄養士養成課程准教授(3.3.8-12) |
| 塩谷　育子 | 園田学園女子大学人間健康学部食物栄養学科准教授(3.4.1-2, 3.4.6, 3.8) |
| 林　直哉 | 神戸松蔭女子学院大学人間科学部食物栄養学科准教授(3.5, 3.13) |
| 松木　道裕 | 医療法人和香会倉敷スイートホスピタル院長（医師)(3.6) |
| *今本　美幸 | 一般社団法人食と運動の健康技術研究会（ADAPT）代表理事(3.7, 3.18) |
| *栗原　伸公 | 神戸女子大学学長（医師)(3.10) |
| 富安　広幸 | 京都華頂大学現代家政学部食物栄養学科准教授(3.11, 3.17) |
| 小野　尚美 | 中国学園大学現代生活学部人間栄養学科教授(3.12) |
| 澤　幸子 | 島根県立大学看護栄養学部健康栄養学科准教授(3.15, 3.16) |
| 山下　美保 | ノートルダム清心女子大学人間生活学部食品栄養学科准教授（医師)(3.19) |
| 溝畑　秀隆 | 元神戸松蔭女子学院大学人間科学部食物栄養学科教授(3.20) |

（執筆順・*編者）



**サクセスフル食物と栄養学基礎シリーズ11　臨床栄養学**

2024年3月30日　第一版第一刷発行　　ⒸⒸ検印省略

編著者　栗原　伸公
今本　美幸
辻　秀美

発行所　株式会社 学　文　社
発行者　田　中　千　津　子

郵便番号　153-0064
東京都目黒区下目黒 3-6-1
電　話　03(3715)1501(代)
http://www.gakubunsha.com





Printed in Japan
印刷　亜細亜印刷

乱丁・落丁の場合は本社でお取替えします。
定価は，カバーに表示。

ISBN 978-4-7620-3348-3